새로 쓰는

식품학

새로 쓰는

식품학

조신호 · 조경련 · 강명수 · 송미란
주난영 · 임은정 · 이정은 지음

교문사

머리말

물질문명이 발달하면서 인간은 정신과 육체를 건강하게 보존하며 삶의 질을 높이는 데 의문을 갖게 되었고, 한걸음 더 나아가 음식물과 식생활에 대한 관심이 더욱 높아지고 있다. 어떤 식품이 사람에게 잘 맞는지, 건강한 삶을 사는 데 필요한 식품은 어떤 것인지, 또 그 식품에는 어떤 영양소가 있는지 등 관심의 영역이 점점 넓어지고 있다.

또한 4차 산업혁명과 국민경제의 성장으로 국민의 의식구조가 변화되면서 식생활 수준도 매우 빠른 속도로 향상되고 있으며, 식품의 영양, 기호, 위생, 저장, 경제 등 여러 면에서 향상된 식생활을 요구하게 되었다. 그리고 이러한 요구를 충족시키기 위해 식품에 대한 올바른 이해와 최신의 지식을 얻을 수 있는 체계화된 연구서적이 필요하게 되었다.

저자들은 이러한 시대적 변화에 발맞춰 최근의 국내외 학술자료를 수집함은 물론 다년간 대학 강단에서 연구하며 교육한 많은 학습자료들을 정리하여 이 책을 출간하게 되었다.

이 책은 식품학 원론을 중심으로 하되 식품 관련 학문을 연구하는 다른 여러 분야에서도 활용할 수 있도록 포괄적으로 구성하였으며, 식품학을 구성하는 영양소인 수분, 탄수화물, 지질, 단백질, 무기질, 비타민의 특성과 식품의 색, 식품의 냄새, 식품의 맛, 식품의 물성, 식물성 식품, 동물성 식품, 그 외의 식품들, 독성 성분, 식품첨가물 등으로 구분하여 쉽고 체계적으로 기술하려고 노력하였다. 특히, 인터넷에 익숙한 학생들의 이해를 높이고자 서술식 설명보다는 표, 그림, 사진 등의 컬러를 이용한 자료를 많이 활용하여 시각적인 효과를 극대화하였다.

따라서 식품영양학, 조리학, 식품과학 등 식품 관련 학문을 연구하는 전공자와 영양사, 조리기능사, 조리산업기사, 식품가공기사 등 자격증을 준비하는 사람들에게 식품학, 식품화학을 모두 아우를 수 있는 지침서가 될 것이다.

저자들이 심혈을 기울여 집필하였으나 미비한 최신자료들은 선후배 교수님들의 의견을 듣고 계속 채워나갈 것이다.

끝으로 이 책이 출간되기까지 격려와 조언을 아끼지 않은 동료 교수님들과 많은 자료들을 실을 수 있도록 허락해 주신 분들께도 감사드린다. 무엇보다도 이 책이 출간되기까지 물심양면으로 도와주신 교문사 류제동 회장님을 비롯한 모든 직원분들께도 진심으로 감사드린다.

2020년 2월

저자 일동

차례

CHAPTER 05 단백질

CHAPTER 06 무기질

CHAPTER 07 비타민

CHAPTER 08 식품의 색

CHAPTER 09 식품의 냄새

CHAPTER 10 식품의 맛

CHAPTER 11 식품의 물성

CHAPTER 12 식물성 식품

CHAPTER 13 동물성 식품

CHAPTER 14 그 외의 식품들

CHAPTER 15 독성 성분

CHAPTER 16 식품첨가물

CHAPTER 01

서 론

- 식품학이란
- 식품과 영양소
- 식품의 성분
- 식품의 선택
- 식품의 분류
- 여섯 가지 식품군과 식품구성자전거

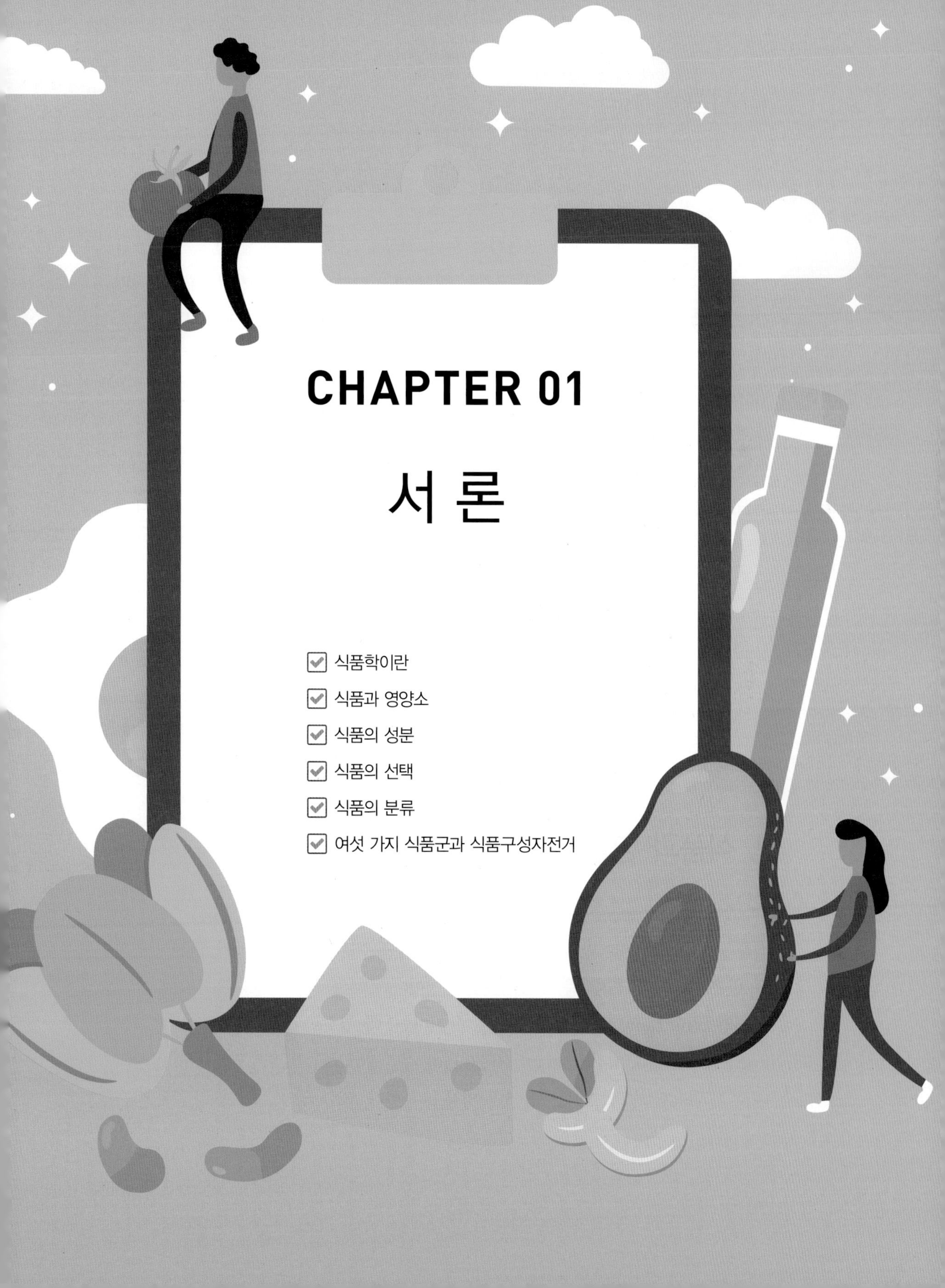

1. 식품학이란

식품학은 재료를 처리하여 제품을 만드는 일련의 과정과 과정 중의 변화, 재료 및 제품의 영양성, 관능성, 이화학·생물학적 성질, 저장성, 상품성 등에 관한 모든 내용을 기초적인 측면에서 종합적으로 연구하는 학문이다. 그러므로 재료 자체, 재료의 처리 공정, 공정 중의 이화학적 변화·영양적 변화·물성적 변화·생화학적 변화 등을 비롯하여 가공식품의 종류 및 특성, 조리 및 영양 정보, 상표 부착 행위, 수송, 저장, 유통, 위생에 관한 모든 것을 식품학에서 다루고 있다.

식품학의 기원은 인류가 생존을 위해 원시적인 식품을 구하기 시작한 때부터이며, 이때부터 원시적인 가공기술도 시작되었다고 볼 수 있다. 이후 19세기 후반에 들어와 본격적으로 식품학에 대한 이론이 과학적으로 해석·응용되었고, 제1, 2차 세계대전을 통해 식품가공기술이 급속히 발전하여 현재의 우수한 식품학 기술을 뒷받침하는 이론과 학설이 정착되었다. 앞으로 21세기의 식품학과 관련된 연구는 식량문제의 해결, 기능성 식품(건강지향식품)의 개발, 무역 자유화 정책에 대비한 전통식품의 상품화, 식품산업과 관련한 환경문제의 해결, 저공해식품·편의식품 및 특수 목적의 식품 개발, 부정식품의 근절 등에 초점을 맞추어 진행되어야 할 것이다.

2. 식품과 영양소

식품(food material)이란 한 종류 이상의 영양소를 가지며 인체에 해가 없는 천연식품, 반조리식품 및 조리식품, 가공식품의 총칭이다.

영양소(nutrient)란 인체가 생명을 유지하는 데 필요한 모든 물질로 탄수화물(carbohydrate), 단백질(protein), 지질(lipid), 무기질(mineral), 비타민(vitamin) 등의 다섯 가지를 들 수 있으며, 이를 5대 영양소라 한다. 또한 영양소는 그 작용에 따라

그림 1-1과 같이 열량소(생체 내에서 산화 연소하여 에너지를 공급하는 영양소), 구성소(분해 소모되는 생체 구성 성분을 보충하여 생체조직을 구성하는 영양소), 조절소(생체의 대사를 조절하는 영양소)로 나눌 수 있다.

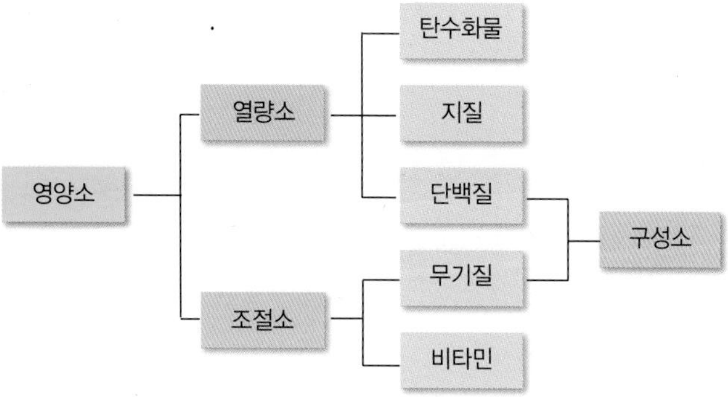

그림 1-1 영양소의 구분

3. 식품의 성분

식품의 성분을 화학적으로 나누면 그림 1-2와 같다.

여기서 탄수화물(당질+섬유질), 지질(조지방), 단백질(조단백), 무기질(회분), 비타민

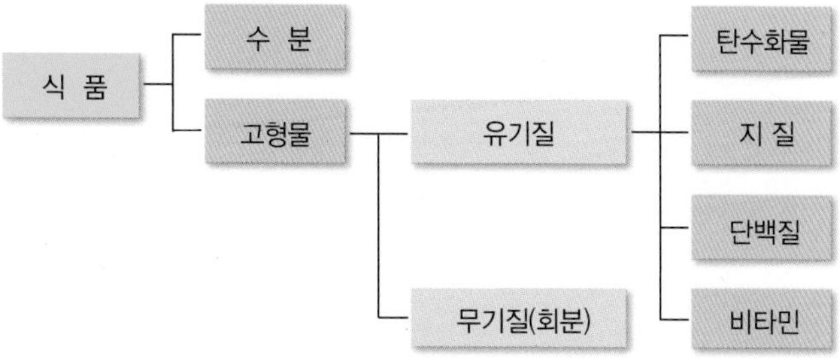

그림 1-2 식품의 성분

의 다섯 성분이 식품성분표의 기본을 이루는 것으로, 수분을 포함하여 일반 성분이라 한다.

4. 식품의 선택

건강한 일상생활을 영위하기 위해서는 양질의 식품을 섭취해야 하는데 이를 위해 식품의 선택 시 고려해야 할 점은 다음과 같다.

1) 영양성

식품을 먹는 중요한 목적은 신체의 성장·유지 및 조직의 대사 등에 필요한 성분이나 에너지원을 보충하는 일이다. 따라서 5대 영양소가 조화롭게 포함되고, 소화 및 흡수가 잘 되는 식품을 선택해야 한다.

2) 안전성

식품은 생명을 지키고 건강을 유지하기 위한 것이기 때문에 안심하고 먹을 수 있어야 한다. 식품첨가물의 안전성, 저장 중의 성분 변화에 의한 유해성, 미생물에 의한 독소의 생성, 식품 재료 속의 독소 등이 모두 고려되어야 한다.

3) 기호성

식품에 영양소가 충분히 함유되어 있고, 안전할지라도 외관, 향, 맛 등의 기호성이 나쁘면 식욕이 감퇴된다. 기호 성분들은 식욕을 증진시켜 만족감을 부여하고 소화액의 분비를 촉진시켜 영양소의 흡수율도 높일 수 있다.

4) 경제성

식품의 값은 생산량, 수급관계, 자급률, 외관, 풍미, 희귀성 등에 의해 좌우되는데, 맛있고 영양가가 높고 위생적인 식품을 값싸게 먹는 것이 최상의 목표이다.

5. 식품의 분류

사람이 일상 섭취하고 있는 식품은 약 300여 종이 되며, 기근, 재해가 발생할 때 먹을 수 있는 구황식품을 포함하면 약 2,000여 종 이상이 된다. 이와 같이 식품에는 여러 가지 종류가 있으므로 다음과 같이 분류할 수 있다.

공급원에 따른 분류

- 식물성 식품 : 곡류, 서류, 두류, 채소류, 과일류, 해조류, 버섯류
- 동물성 식품 : 식육류, 어패류, 우유류, 달걀류
- 광물성 식품 : 소금

영양에 따른 분류

- 열량 공급원 식품 : 곡류, 서류, 전분류, 설탕류, 유지류, 견과류
- 단백질 공급원 식품 : 두류, 어패류, 식육류, 우유류, 달걀류
- 비타민과 무기질 공급원 식품 : 과일류, 채소류, 해조류
- 기호식품 : 조미료, 소금, 주류, 과자, 차, 커피, 청량음료

소비성에 따른 분류

- 영양강화식품(enriched food)
- 인스턴트식품(instant food)
- 다이어트식품(diet food)
- 구황식품(emergency food)
- 진공동결건조식품(vacuum freeze dried food)
- 우주식품(space food)

식품의 생산 양식에 따른 분류

- 농산식품 : 곡류, 두류, 서류, 과채류 등
- 축산식품 : 식육류, 우유류, 달걀류 등
- 수산식품 : 어류, 갑각류, 조개류, 해조류 등
- 발효식품 : 주류, 장류 등

6. 여섯 가지 식품군과 식품구성자전거

한국인의 일상 식생활에서 섭취하고 있는 식품류는 영양소와 기능에 따라 여섯 가지 식품군으로 나눈다(표 1-1). 각 식품군은 우리 몸에 필요한 열량, 탄수화물, 단백질, 비타민, 무기질 등을 공급해 주고 있으나 제공하는 영양소는 다르므로 매 끼니마다 각 식품군을 고려하여 다양한 식품을 적당량 섭취하는 것이 바람직하다.

여섯 가지 식품군은 권장식사 패턴(식사횟수와 분량)에 따라 식품구성자전거로 표시한다(그림 1-3). 자전거 앞바퀴로 수분 섭취의 중요성을, 뒷바퀴로 다양한 식품 섭취를 통한 균형잡힌 식사의 중요성을, 굴러가는 자전거로 적절한 운동의 중요성을 강조한다. 따라서 여섯 가지 식품군과 식품구성자전거는 개인별 식사를 계획하여 식사구성안을 작성하고 평가하는 데 활용될 수 있다.

표 1-1 여섯 가지 식품군에 함유된 주요 영양소 및 식품의 종류

식품군	주요 영양소	식품 종류
곡류	탄수화물	밥, 국수, 식빵, 감자, 시리얼 등
고기, 생선, 달걀, 콩류	단백질, 비타민, 무기질	육류, 닭고기, 생선, 달걀, 두부, 콩 등
채소류	섬유질, 비타민, 무기질	콩나물, 배추김치, 오이소박이, 버섯 등
과일류	섬유질, 비타민, 무기질	사과, 귤, 참외, 포도, 오렌지주스 등
우유·유제품류	칼슘, 단백질, 비타민 B_2	우유, 호상요구르트, 액상요구르트, 아이스크림, 치즈 등
유지·당류	지방, 탄수화물	식용유, 버터, 마요네즈, 설탕, 커피믹스 등

그림 1-3 식품구성자전거

자료 : 한국영양학회(2015), 한국인 영양섭취기준

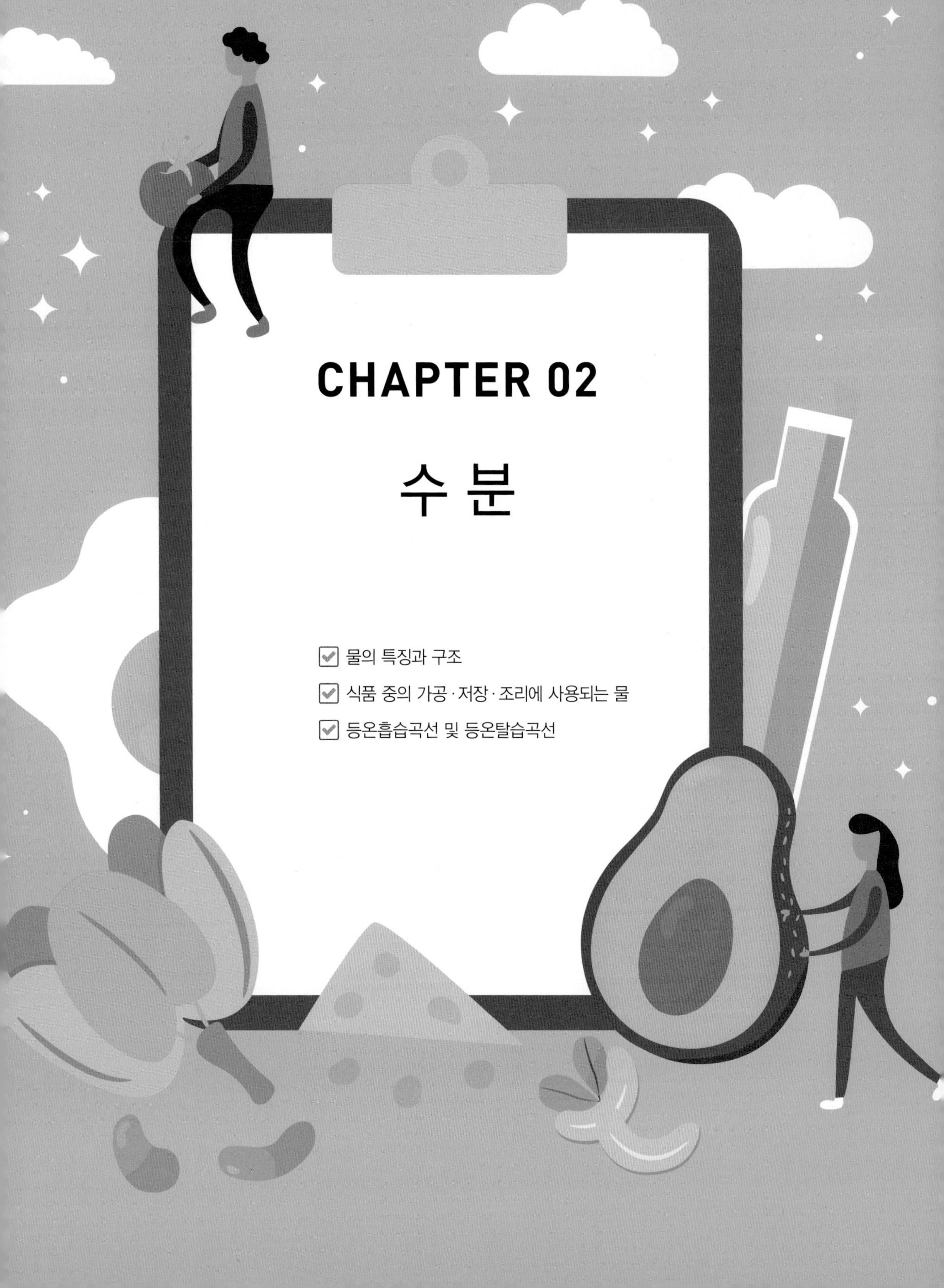

CHAPTER 02

수 분

- 물의 특징과 구조
- 식품 중의 가공·저장·조리에 사용되는 물
- 등온흡습곡선 및 등온탈습곡선

1. 물의 특징과 구조

1) 물의 특징

물은 거의 모든 식품에 존재하며 가장 많이 함유되어 있는 성분이다. 물은 식품의 구조를 유지하고, 식품의 물성과 선도, 맛 등에 영향을 주며, 효소 반응, 색의 변화와 갈변 반응에도 관여한다. 또, 식품성분의 용매로서 성분 변화에 관여하고, 생물체의 세포내·외액의 성분으로 존재하고 분산매 혹은 용매로 작용하며, 수화 및 가수분해반응 등에 반응물질로 작용한다. 식품의 수분함량은 식품의 조리성과 보존성을 좌우한다. 식품들은 수분이 감소되면 식품 본래의 기능과 특성을 잃어버린다. 채소류는 5%, 어·육류는 3% 이상 수분이 감소하면 선도 및 품질이 유지되지 않는다. 식품의 구조는 물에 의해 유지되며, 건조에 의해 조직이 붕괴된다.

표 2-1 각종 식품의 수분함량

식품	수분함량(%)	식품	수분함량(%)
곡류	9~15	두부	81.2
밥	63.6	육류, 생선	60~82
두류(건조)	8~12	달걀	75.9
식빵	34.8	우유	87.4
국수	10.6(70.9)	채소, 과일	80~96
백설기	42.6	배추김치	92.8
감자(삶은 것)	79.5	치즈	23~79
분유	2.0~4.3	잼	24~47
쇼트닝	0	땅콩, 깨, 호두	5 이하
버터, 마가린	15.3~16.7	버섯	80~94

자료 : 농촌진흥청 국립농업과학원(2017), 식품성분표 제9차 개정

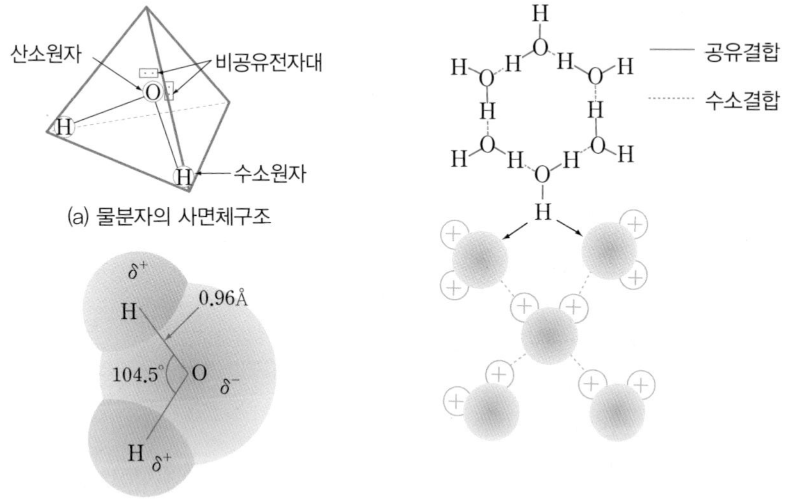

(a) 물분자의 사면체구조

(b) 물분자의 모형

(c) 물분자 간의 수소결합

그림 2-1 물분자의 구조와 물의 수소결합

2) 물분자의 구조

물 한 분자는 2개의 수소원자(H)와 1개의 산소원자(O)가 각각 공유결합하여 입체적으로는 그림 2-1과 같이 변형된 사면체 구조를 갖는다. 2개의 O–H결합 각도는 약 104.5°이며, O–H 사이의 거리는 0.096nm(0.96Å)이다.

물분자의 산소원자는 결합할 수 없는 비공유전자대를 가지고 있어서, 전자는 산소원자 측으로 전자가 기울어져 산소원자는 (–)전하를, 수소원자는 (+)전하를 갖는다. (+)전하를 가진 수소원자는 다른 물분자의 (–)전하를 가진 산소원자와 약하게 결합한다. 이 수소원자를 사용하는 분자 간의 결합을 수소결합이라고 부르며, 물분자는 계속하여 수소결합에 의해 여러 분자가 연결된 집합체로 존재하기 때문에 분자의 인력이 매우 크다. 그래서 융점과 비점이 높고 비열, 융해열과 기화열이 크다.

2. 식품 중의 가공 · 저장 · 조리에 사용되는 물

1) 결합수 · 준결합수 · 자유수

식품에 존재하는 물은 식품의 성분과 상호작용에 의해, 식품의 결속 정도에 따라 결합수, 준결합수, 자유수로 나눈다.

(1) 결합수

결합수(bound water)는 식품성분과 결합한 물로 운동성이 고정되어 이동할 수 없는 물이며, 식품의 표면에 단분자층으로 흡착된 물로 단백질, 당질, 염류 등과 수소결합과 이온결합을 하고 있다. 결합수는 물질의 구조 유지에 관여하는 물로 자유수와 비교하면 증발과 동결이 되지 않으며(결합수는 −80℃까지, 준결합수는 −20℃에서도 얼지 않는다), 효소반응과 미생물 증식에 이용되기 어렵고, 용매작용이 없다. 동결되지

자유수의 특징

- 0°C 이하에서 쉽게 동결된다.
- 100°C 이상 가열하거나 건조시키면 쉽게 제거된다.
- 수용성 물질의 용매로 이용된다.
- 미생물의 번식과 포자의 발아에 이용된다.
- 화학반응에 관여하는 물이다.
- 식품이 주변 환경에 따라 흡습·방습하는 동적인 물이다.

결합수의 특징

- 0°C 이하에서도 얼지 않는다.
- 100°C 이상으로 가열해도 증발되지 않는다.
- 다른 용질의 용매로 이용되지 않는다.
- 미생물의 번식에 이용되지 않는다.
- 식품 성분들과 결합되어 이동할 수 없는 정적인 물이다.

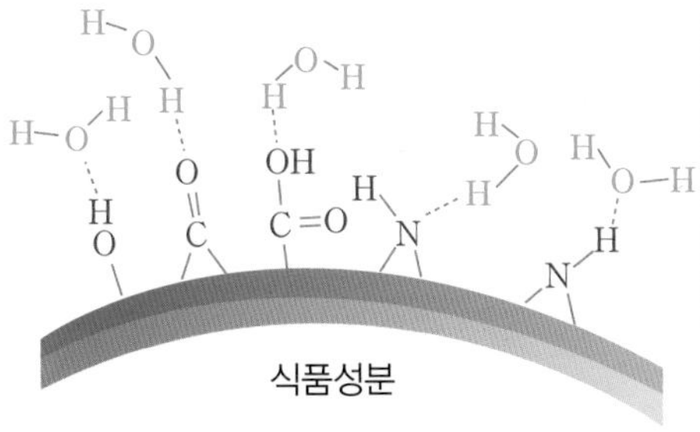

식품성분의 관능기의 종류

- 히드록시기(수산기) : $-OH$
- 알데히드기 : $-CHO$
- 케톤기 : $>CO$
- 카르복실기 : $-COOH$
- 니트로기 : $-NO_2$
- 아미노기 : $-NH_2$
- 술포기 : $-SO_3H$
- 아미드기 : $-CONH_2$
- 에스테르결합 : $-COO-$
- 에테르결합 : $-O-$

그림 2-2 식품성분의 관능기와 물분자(결합수)의 수소결합

않는 물의 양은 동물조직의 총 수분함량 중 8~10%이다. 난백, 난황, 육류, 살코기, 생선 등은 동결되지 않는 물을 11.4% 가지며, 과일과 채소는 6% 미만, 곡류는 34%를 갖는다.

(2) 준결합수

준결합수(inter-mediate water)는 단분자층 위에 2~3층 더 결합한 물로 다분자층 흡착수로 불리며 결합된 힘은 약하지만 자유롭게 운동할 수 없는 물이다. 결합수와 준결합수는 식품 중 전체 수분의 10~30%를 차지한다.

(3) 자유수

자유수(free water)는 이들 주위에 자유롭게 움직이며 증발하기 쉬운 물로 존재한다.

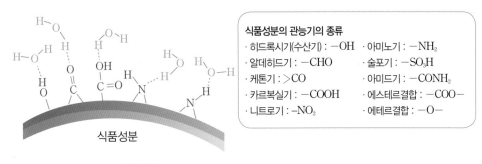

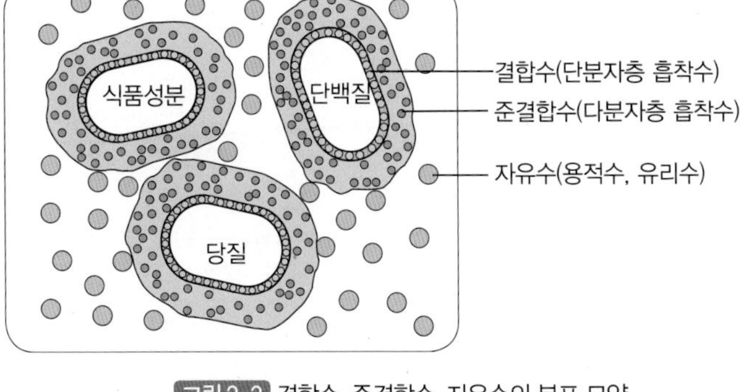

그림 2-3 결합수, 준결합수, 자유수의 분포 모양

자유수는 식품의 세포와 망상조직의 막, 혈관(직경 1μm 이상), 섬유 등에 의해 물리적으로 가두어진 물과 콜로이드상 물질 중에서 다중층 흡착에 의해 생긴 응축수가 있다. 식품의 조직성분과 결합하지 않은 물로 압착, 증발, 동결, 이동이 가능한 물로 유리수라고도 부른다.

2) 수분활성과 식품의 보존성

(1) 수분활성

식품에 존재하는 물의 함량은 보통 %로 표시하지만 물의 상태가 다르기 때문에 식품의 저장성은 단순히 수분함량의 많고 적음에 의해 결정되지 않고 식품을 둘러싸고 있는 주변의 온도와 습도에 의해 항상 변화한다. 식품 속의 물은 밀폐된 용기에 들어 있는 경우를 제외하고 대기 중에 방치할 경우 수분이 서로 교환되어 평형상태에 이른다. 즉, 대기 중의 습도가 높으면 식품은 수분을 흡습하고, 낮으면 식품은 건조된다.

식품 중의 수분함량은 식품 자체의 수분함량과 대기의 상대습도(RH, Relative Humidity) 간의 상관관계에 영향을 받는다. 그러므로 식품 중 물의 상태는 식품의 수분함량과 상대습도 간의 두 값의 비율인 수분활성도(Aw, Water Activity)의 개념을

[조건 : 일정온도, 밀폐용기]

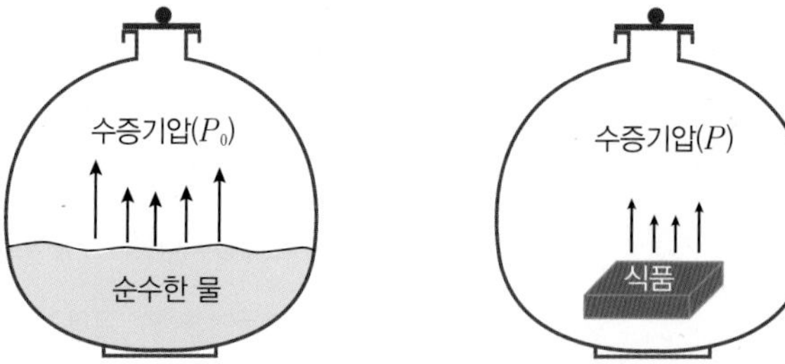

순수한 물이 증발하여 용기 내 수증기압은 P_0가 된다.

식품 중의 물(자유수)이 증발하여 용기 내 수증기압은 P가 된다.

식품의 수분활성(Aw)$=\frac{P}{P_0}<1$

그림 2-4 식품의 수분활성

사용한다. 미생물의 생육으로 인한 변패와 산화·갈변 등 화학반응에 관여하는 지표로 수분함량보다는 수분활성도를 이용한다.

순수한 물은 밀폐용기에 넣어 일정한 온도에 두면 일정한 증기압(P_0)을 나타내며 식품도 밀폐된 용기 내에서 증발하여 일정한 증기압(P)을 갖는다. 이 P/P_0의 값을 수분활성이라 부른다. 식품 중에는 식품의 성분과 결합하는 결합수가 존재하므로 같은 온도에서 식품의 수증기압(P)은 순수한 물의 증기압(P_0)보다 작다.

즉, 순수한 물의 Aw는 1이며, 식품의 Aw는 1보다 작다. 식품은 각종 성분을 함유하므로 신선한 식품은 미생물이 번식하기 쉬워서 빨리 부패하기 쉽다. 미생물 생육으로 인한 변패와 산화, 갈변 등 화학반응에 관여하는 지표로 수분함량보다는 수분활성이 사용된다. 수분활성과 미생물의 증식과의 관계를 보면 일반세균은 수분활성도가 0.90 이상, 효모는 0.88 이상, 곰팡이는 0.80 이상에서 성장이 가능하다. 내건성 곰

수분활성도(Aw)

$Aw = P/P_0$

P = 같은 온도에서의 식품이 나타내는 수증기압

P_0 = 순수한 물의 수증기압

식품의 수분활성도는 그 식품이 나타내는 수증기압(P)에 대한 같은 온도에서 순수한 물의 수증기압(P_0)의 비율이다.

평형상대습도(ERH)

$ERH = P/P_0 \times 100$

ERH = **식품 주위의 평형상대습도**(equilibrium relative humidity)

평형상대습도는 수분활성도를 %로 나타낸 것이며, 포화상태의 상대습도는 100이 된다.

$$ERH = \frac{n_1}{n_1 + n_2} \times 100$$

n_1 = 식품 중의 물의 몰수

n_2 = 식품 중의 용질의 몰수

식품의 수증기압은 그 식품 속의 수분에 녹아 있는 용질의 종류와 양에 영향을 받으므로

$Aw = \frac{n_1}{n_1 + n_2}$ 이 된다.

팡이는 0.64의 수분활성에서도 생육할 수 있지만 보통 곰팡이는 0.60 이하에서는 성장이 불가능하다. 따라서 미생물의 증식과 억제, 식품의 보존성을 높이려면 Aw를 0.7 이하로 할 필요가 있다. 또, 효소활성과 갈변반응은 Aw가 낮은 만큼 반응이 억제된다.

(2) 식품의 보존성

식품의 부패 및 변질은 미생물의 증식, 식품성분의 산화, 효소반응에 의해 일어난다. 이들의 작용은 수분함량보다는 수분활성과 관련이 깊으므로 식품의 부패에 의한 변질은 수분활성을 낮추면 방지된다.

수분활성을 낮추는 방법은 세 가지가 있는데, 첫 번째는 건조법으로 수분함량을 가능한 한 낮추어 자유수의 양을 감소시킨다. 과즙, 우유 등 가열에 의해 변질되는 것

표 2-2 각종 식품의 수분활성

구분	수분활성(Aw)	소금(%)	설탕(%)	식품의 종류
자유수가 많다	1.00~0.95	0~8	0~44	신선육, 과일, 채소, 시럽에 절인 과일통조림, 조리된 소시지, 버터, 저염베이컨
	0.95~0.90	8~14	44~59	프로세스치즈, 빵류, 생햄, 드라이소시지, 고염베이컨, 농축오렌지주스
	0.90~0.80*	14~19	59~포화 (Aw 0.86)	체다치즈, 가당연유, 잼, 마가린
	0.80~0.70*	19~포화 (Aw 0.75)	–	당밀, 고농도 염장어, 과일케이크, 말린 무화과, 건멸치, 훈제오징어, 드라이소시지, 마멀레이드
	0.70~0.60*	–	–	파마산치즈, 건조과일, 콘시럽, 밀가루, 곡류, 두류
	0.60~0.50	–	–	초콜릿, 벌꿀, 국수
	0.4	–	–	건조란, 코코아
	0.3	–	–	건조감자크래커, 감자칩, 비스킷, 크래커, 케이크믹스, 녹차, 인스턴트커피
결합수가 많다	0.2	–	–	분유, 건조채소, 콘플레이크

*• Aw가 0.65~0.85의 식품을 중간수분식품이라 부른다.
• 미생물은 수분활성이 0.7보다 작으면 번식하지 않는다.
• Aw가 0.9 이상이면 수분함량이 50% 이상이다.
• 수분활성 0.95는 소금농도 8%, 설탕농도 44%와 같다.

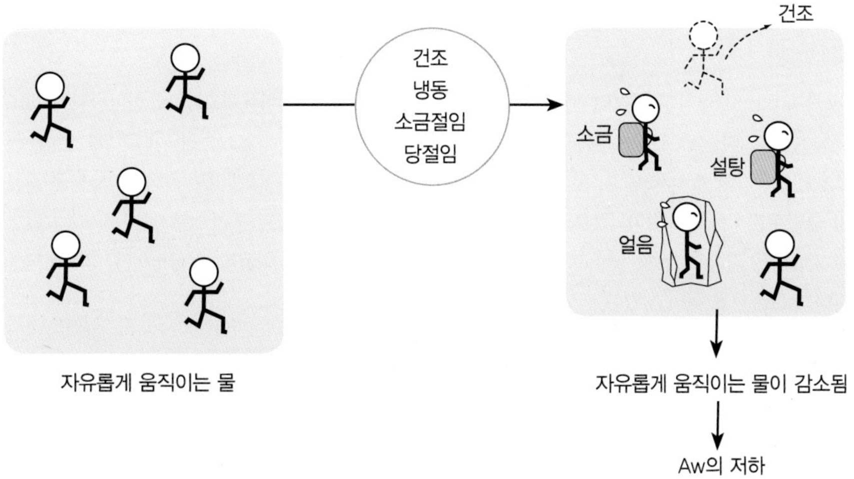

그림 2-5 수분활성을 저하시키는 방법
자료 : 種村安子외(2007), 食品學總論

은 감압저온 농축시켜 수분을 제거하면 보존성이 높아진다. 동결탈수에 의한 건조방법으로 한천, 언두부가 있다. 그러나 건조식품은 건조에 의해 조직이 약화되어 기계적인 손상을 받고, 지질의 산화도 진행되므로 물을 다시 가해도 본래 상태로 회복되지 않는다.

두 번째는 용질을 첨가하여 자유수가 용질과 결합함으로써 수분함량은 낮추지 않고 상대적으로 결합수의 양만 증가시켜 물의 활동성, 즉 수분활성을 저하시키는 방법이다. 예를 들면, 잼, 마멀레이드, 훈제생선, 절임식품 등은 설탕이나 소금을 첨가하여 자유수를 결합수로 바꾸어 수분활성을 저하시켜 보존효과를 높인 것이다.

세번째는 식품을 냉동하여 자유수를 동결시켜 수분활성을 저하시키는 방법이다. 하지만 냉동식품은 해동시킬 때 드립이 생성되어 품질이 열화하고 기계가 필요한 결점이 있다.

표 2-2에서 건조식품들의 수분활성은 0.4 이하로 대부분의 수분은 결합수이다. 수분활성은 0.4 부근이 되면 식품 중의 효소활성이 정지되고, 비효소적 갈변반응이 일어난다. 지질의 산화반응은 수분활성 0.35 부근에서 가장 억제되지만, 수분활성이 더 낮아지면 단분자층의 물도 손실되어 지방이 공기에 노출되므로 산화가 촉진된다.

중간수분식품

Aw가 0.65~0.85의 수분량이 10~40%인 식품은 세균의 생육이 억제되고 물을 첨가하지 않아도 먹을 수 있으며, 충분한 가소성을 가지고 있다. 이러한 식품을 중간수분식품이라 하며 잼, 젤리, 건조 과실, 드라이 소시지, 양갱, 훈제품, 된장, 간장, 염장(건조)생선, 가다랭이포 등이 있다. 최근 신선한 중간수분식품의 개발이 진행되고 있는데, 우주식은 최초로 개발된 중간수분식품이며 다가 알코올과 설탕을 가하여 Aw를 낮추고 블랜칭(blanching) 처리를 하거나 항균제, 항곰팡이제, 항산화제를 가하여 보존성을 높이고 있다.

3. 등온흡습곡선 및 등온탈습곡선

1) 등온흡(탈)습곡선

식품을 일정 온도의 각종 상대습도에 두면 식품의 수분은 상대습도와 평형에 이르며, 이때의 수분함량을 평형수분함량(equilibrium moisture content)이라 한다. 이러한 평형수분함량과 상대습도 사이의 관계를 표시한 곡선을 등온흡(탈)습곡선이라 하며, 각종 식품 중의 물의 존재상태는 등온흡(탈)습곡선으로 나타낼 수 있다.

등온흡습곡선은 그림 2-6 과 같이 일정한 온도에서 여러 가지 습도로 조절된 용기에 식품을 넣고 상대습도와 식품의 수분이 서로 평형을 이룰 때까지 방치한 후 무게를 측정하여 가로축은 상대습도를, 세로축은 식품의 평형수분함량(%)을 표시한 것을 연결하여 그리며 대부분 역 S자형(sigmoid)의 곡선이다.

식품이 대기 중에서 수분을 흡수하여 평형수분함량에 도달하는 곡선은 등온흡습곡선, 수분을 방출하여 얻어지는 곡선은 등온탈습곡선이다.

그림 2-7 에서 여러 가지 식품들의 수분활성을 살펴보면 가열 건조시킨 식품은 흡습곡선 근처에 모여 있어 눅눅한 상태가 되기 쉽고, 또 수분이 많은 동·식물성 식품의 대부분은 탈습곡선 근처에 모여 있어 건조되기 쉬운 상태에 있음을 알 수 있다.

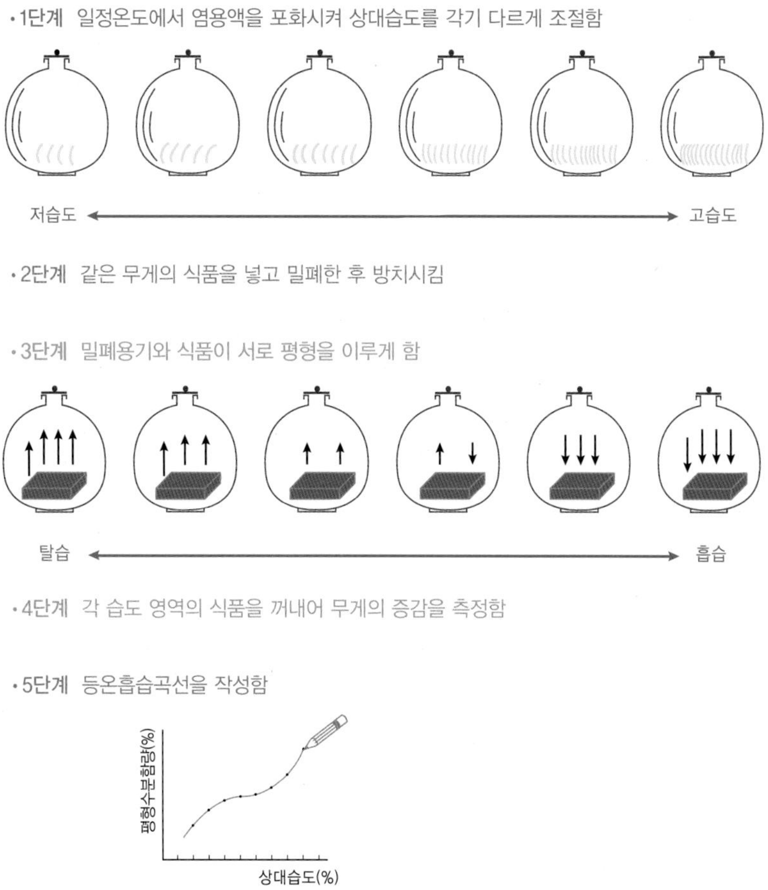

• 1단계 일정온도에서 염용액을 포화시켜 상대습도를 각기 다르게 조절함
저습도
고습도
• 2단계 같은 무게의 식품을 넣고 밀폐한 후 방치시킴
• 3단계 밀폐용기와 식품이 서로 평형을 이루게 함
탈습
흡습
• 4단계 각 습도 영역의 식품을 꺼내어 무게의 증감을 측정함
• 5단계 등온흡습곡선을 작성함
평형수분함량(%)
상대습도(%)

그림 2-6 등온흡습곡선의 측정방법

2) 이력현상

식품의 흡습과 탈습은 완전한 가역반응은 아니다. 즉, 건조식품이 대기 중에서 수분을 흡수하고 방출할 때의 흡습과 탈습곡선은 일치하지 않으며, 흡습할 때보다 방출할 때가 동일한 Aw에 있어서 수분함량은 높게 되어 그림 2-8과 같은 차이가 생긴다. 이처럼 흡습과정과 탈습과정에서 식품의 수분함량의 차이가 있는 것을 이력현상(hysteresis)으로 부른다. 곡선 상에는 2개의 굴곡점이 있는데 히스테레시스 효과는 곡선의 굴곡점에서 가장 크다.

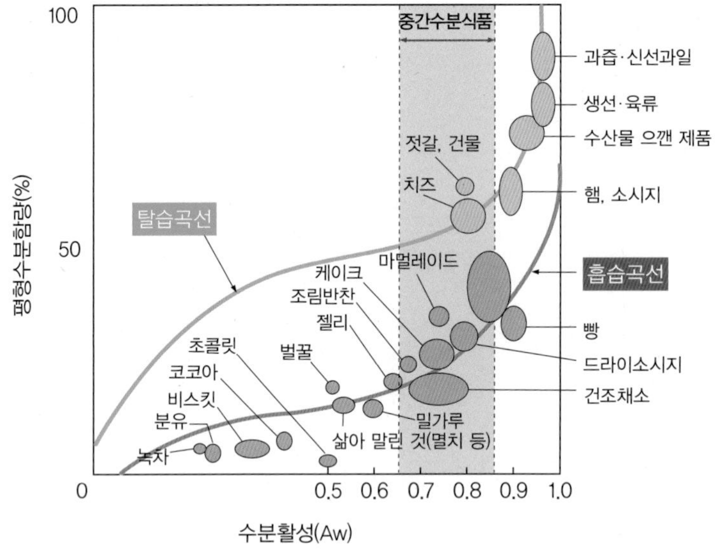

그림 2-7 여러 가지 식품의 수분활성과 수분함량

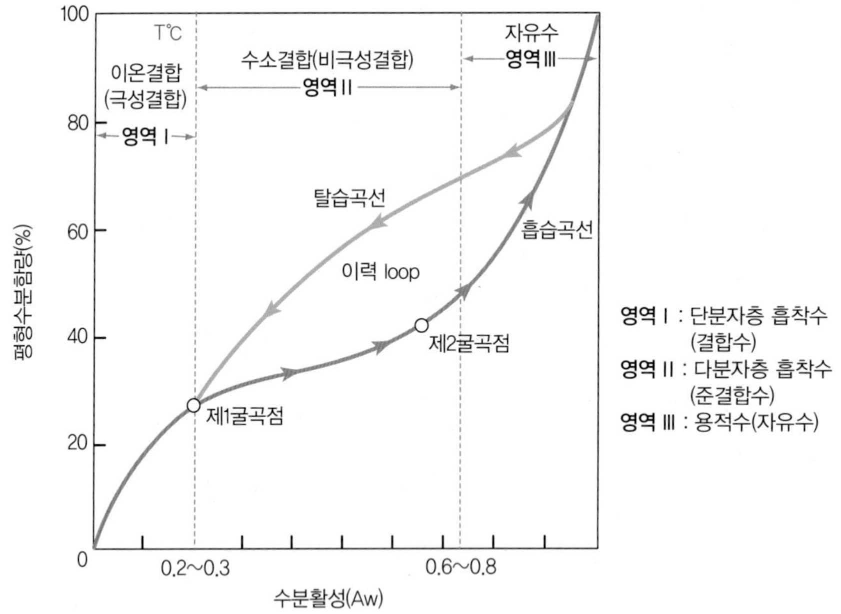

그림 2-8 식품의 전형적인 등온흡습·탈습곡선과 이력현상

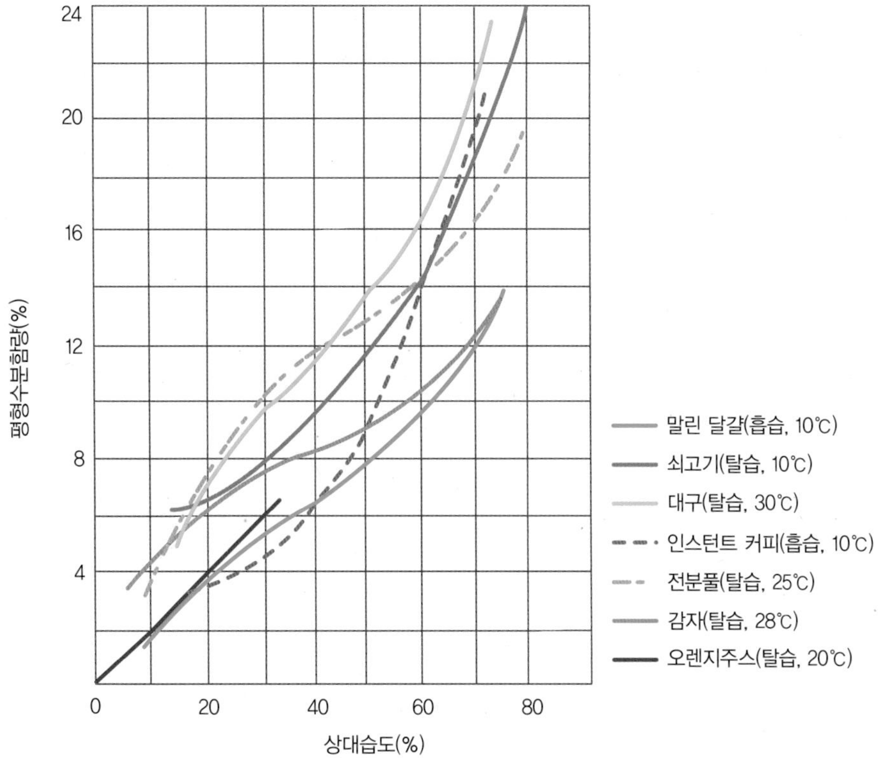

그림 2-9 각종 식품의 등온흡습곡선
자료 : 김광수 외(2000), 식품화학

3) 식품의 등온흡습곡선 각 영역의 특징

그림 2-8 의 등온흡습곡선의 각 부분의 특징은 다음과 같다. I영역인 저습도 역의 제1 굴곡점의 물은 식품의 조직성분과 단단히 결합하여 단분자층을 형성하는 결합수이다. 즉, 식품의 단층수(monolayer water) 구간으로 수분은 식품 중의 카르복실기나 아미노기와 이온결합되어 있다.

II영역의 물은 다중층에 흡수되는 준결합수로서 식품의 가용성 성분을 용해한다. 이 물은 I영역과 흡습과정에서 추가된 것으로 다층수(multilayer water)라 부른다. 다층수는 주로 물과 물, 물과 용질의 수소결합에 의해 이웃 분자들과 화합하여 존재한다. 다층수의 기화열 용량은 순수한 물보다 약간 크고 −20℃에서 얼지 않는다.

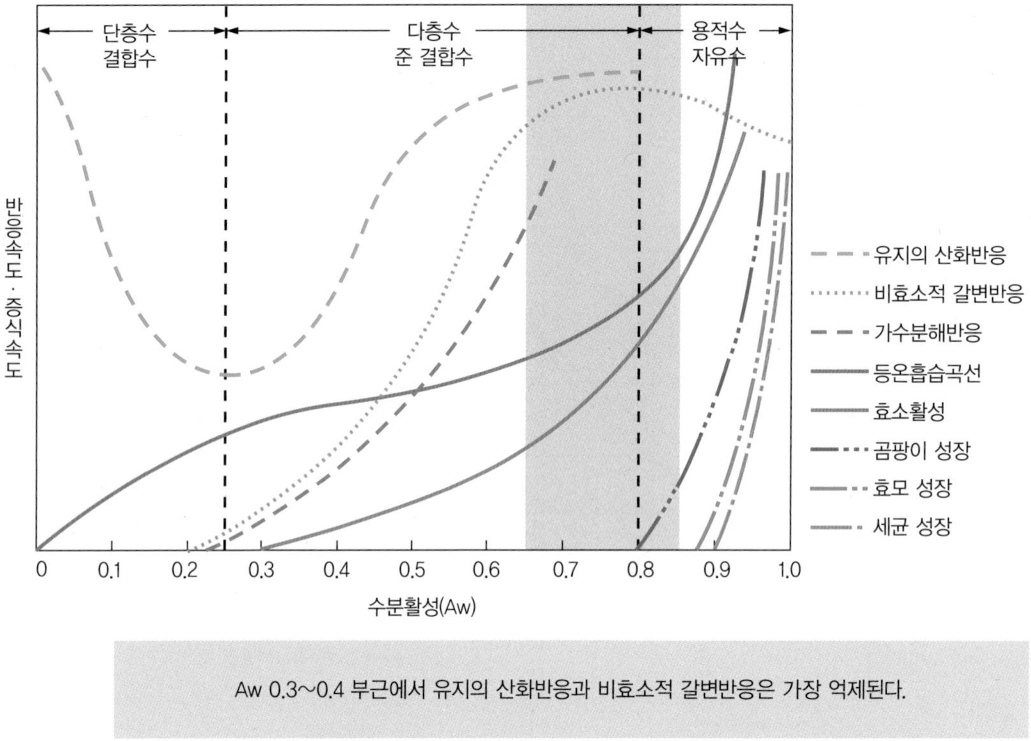

그림 2-10 식품의 각종 변성요인의 반응속도와 수분활성의 관계

III영역은 고습도 역의 제2굴곡점 이상의 물은 식품의 다공질구조에 응축된 자유수이다. 이 물은 I과 II영역의 물에 대기 중의 수분을 흡수한 것으로 가장 약하게 결합되어 있고, 이동성이 강하며 용적수(bulk–phase water)라 부른다. 이 용적수는 기화열 용량은 순수한 물과 같고 동결되며 용매로 쓰이고, 미생물 성장에 사용된다. 그러므로 품질 저하를 가져오는 여러 가지 화학반응이 진행될 수 있다.

상온에서 식품을 건조시키면 자유수가 증발하고 그 다음에 다중층에 흡착되어 있는 준결합수가 증발한다. 식품이 건조되어 수분량이 적은 식품은 그 건조 상태를 유지시키면 저장성이 높아진다. 그러나 어떤 범위를 넘어 지나치게 건조시키면 식품조직과 결합한 단분자층의 물까지도 파괴되어 식품조직이 직접 공기에 노출되어 지방이 산화되므로 식품의 열화가 촉진된다(그림 2-10).

해양심층수

해양심층수란 태양광이 도달하지 않는 수심 200m 이상의 깊은 곳에 위치하는 바닷물이다. 심층수는 그린랜드에서 발원하여 2000년을 주기로 대서양, 인도양, 태평양을 순환하는 해수자원이다. 가장 깊은 수심에 있는 가장 저온이면서 중층수(intermediate water)보다 다소 염분이 높은 수괴(water mass)를 심층수라 하며, 그 원천은 양 극지방에서 대부분 형성되어 공급된다.
해양심층수가 가지는 저온성, 청정성, 부영양성 및 숙성성 등의 특성을 이용한 활용분야는 수산분야(양식), 에너지분야(냉방), 제품분야(식품, 소금, 술, 생수, 화장품) 및 의료분야(아토피성 피부치료) 등으로 외국에서는 이미 상용화되어 있다.
특히, 해수에는 필수 미량원소나 각종 미네랄이 균형 있게 포함되어 있기 때문에 담수화 등을 통한 미네랄워터의 생산 등 먹는 물 분야에도 이용되고 있다.
가까운 일본에서는 음료수, 미네랄워터, 간장, 입욕제, 화장품, 소주, 발포주, 맥주, 어묵, 조미료, 과자 등이 생산되고 있으며 우리나라에서는 영덕에서 해양심층수에 대하여 연구하고 있다.

자료 : 해양수산부, 해양심층수의 개발 및 관리에 관한 법률 제정(안)

CHAPTER 03

탄수화물

- ☑ 탄수화물의 분류
- ☑ 단당류와 이당류의 화학적 구조
- ☑ 단당류
- ☑ 이당류와 소당류
- ☑ 다당류

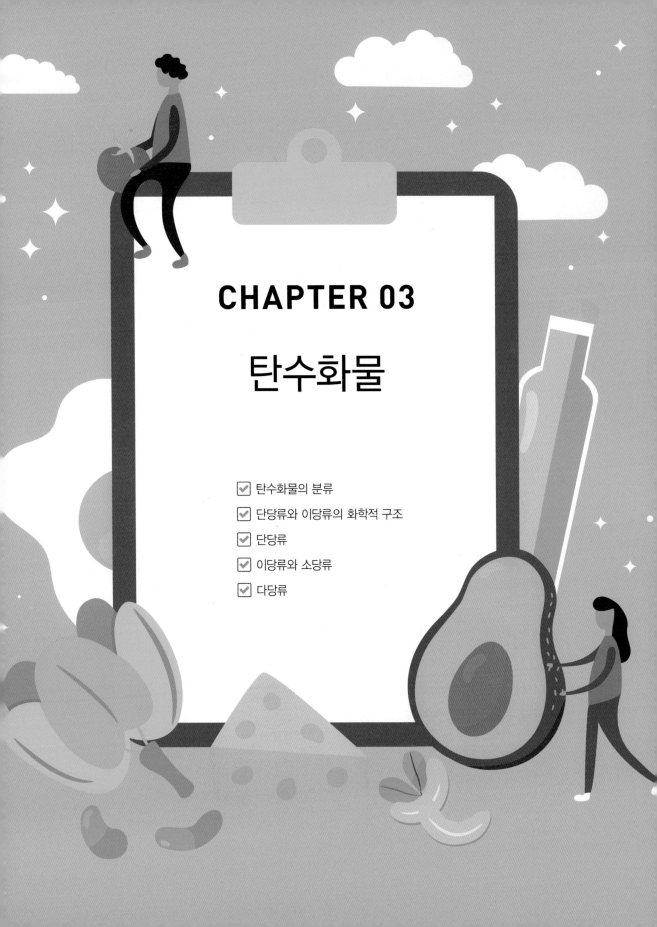

탄수화물(carbohydrate)은 포도당, 자당, 전분, 섬유소 등으로 자연계에 널리 분포되어 있고 탄소(C), 수소(H), 산소(O)의 세 원소로 구성되어 있으며, 분자 내에 2개 이상의 수산기(−OH)와 1개의 알데히드기(aldehyde group, −CHO) 또는 1개의 케톤기(ketone group, > CO)를 갖는다.

탄수화물은 $C_m(H_2O)_n$의 일반식으로 표시되고 있으나 탄소와 물이 결합된 화합물이 아니며, 맛이 달기 때문에 당질(glucocides)이라고도 한다.

녹색식물은 엽록소의 작용으로 태양에너지를 이용하여 공기 중의 이산화탄소(CO_2)와 뿌리에서 흡수한 물로 탄수화물을 합성하고, 인간이나 동물이 그 탄수화물을 섭취하여 에너지원으로 이용한다. 탄수화물 대사과정에서 생성되는 중간대사 산물로부터 단백질, 지방 및 그 밖의 다른 성분이 합성된다. 또 탄수화물은 식품가공에서 감미료나 식품첨가제로 이용된다.

1. 탄수화물의 분류

탄수화물은 가수분해로 생성되는 당분자의 수에 따라 단당류, 소당류, 다당류의 세 종류로 분류한다(표 3-1).

1) 단당류

단당류(monosaccharides)는 더 이상 가수분해되지 않는 당류이며, 탄소수에 따라 3탄당, 4탄당, 5탄당, 6탄당으로 구분한다.

표 3-1 탄수화물의 분류

종류		예
단당류	3탄당(C_3)	글리세르알데히드(glyceraldehyde) 디히드록시아세톤(dihydroxyacetone)
	4탄당(C_4)	에리트로오스(erythrose), 트레오스(threose)
	5탄당(C_5) 또는	리보오스(ribose), 데옥시리보오스(deoxyribose), 자일로오스(xylose), 아라비노오스(arabinose)
	6탄당(C_6) 또는	포도당(glucose), 과당(fructose), 갈락토오스(galactose), 만노오스(mannose)
소당류	2당류	자당(sucrose), 맥아당(maltose), 유당(lactose), 겐티오비오스(gentiobiose), 셀로비오스(cellobiose), 루티노오스(rutinose), 트레할로오스(trehalose), 멜리비오스(melibiose)
	3당류	라피노오스(raffinose), 멜레아토오스(meleatose), 겐티아노오스(gentianose)
	4당류	스타키오스(stachyose)
다당류	단순다당류	전분(starch), 덱스트린(dextrin), 셀룰로오스(cellulose), 글리코겐(glycogen), 덱스트란(dextran), β-글루칸(β-glucan), 이눌린(inulin)
	복합다당류	갈락토만난(galactomannan), 글루코만난(glucomannan), 펙틴(pectin), 알긴산(alginic acid), 헤미셀룰로오스(hemicellulose), 황산콘드로이틴(chondroitin sulfate)
당유도체	당알코올	소르비톨(sorbitol), 자일리톨(xylitol), 리비톨(ribitol), 만니톨(mannitol), 이노시톨(inositol)
	데옥시당	데옥시리보오스(deoxyribose), 람노오스(rhamnose)
	아미노당	갈락토사민(galactosamine), 글루코사민(glucosamine)
	티오당(유황당)	티오글루코오스(thioglucose)
	알돈산	글루콘산(gluconic acid),
	우론산	갈락투론산(galacturonic acid), 글루쿠론산(glucuronic acid), 만뉴론산(mannuronic acid)
	당산	포도당산(glucosaccharic acid), 갈락토오스산(galactaric acid)

• : 탄소원자

: 다른 종류의 단당류

2) 소당류

소당류(oligosaccharides)는 단당류가 2~8개 결합된 것으로 구성 단당류의 수에 따라 2당류, 3당류, 4당류 등으로 구분한다.

3) 다당류

다당류(polysaccharides)는 단당류가 수백 또는 수천 개 축합된 것으로 한 가지 단당류만으로 구성된 단순다당류와 두 종류 이상의 단당류들로 구성된 복합다당류로 구분한다.

4) 당 유도체

당 유도체(sugar derivative)는 당의 산화 · 환원반응에 의한 것과 아미노기가 결합된 것 또는 비당류와 결합에 의하여 생성된 것 등이 있다.

2. 단당류와 이당류의 화학적 구조

단당류 중 6탄당인 포도당, 과당, 갈락토오스, 만노오스는 화학식이 모두 $C_m(H_2O)_n$으로 같은 구조식을 나타내지만 성질은 모두 다르므로 그 차이점은 입체구조로 나타낼 수 있다. 단당류는 수산기, 알데히드기, 케톤기와 부제탄소원자를 가지므로 다음과 같은 성질을 나타낸다(그림 3-1).

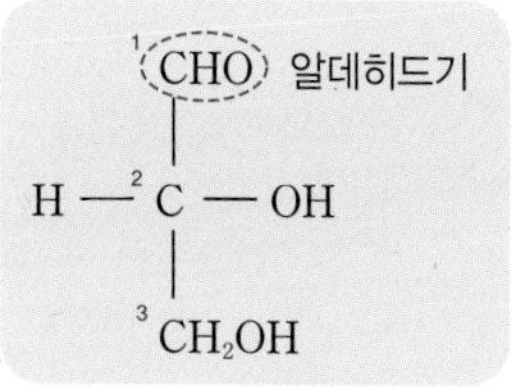

글리세르알데히드

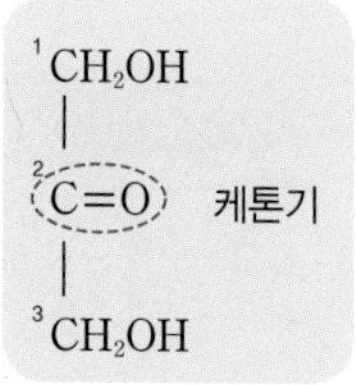

디히드록시아세톤

그림 3-1 단당류의 화학적 구조

단당류

- 알도오스(aldose) : 단당류 중에서 알데히드기를 갖는 당
- 케토오스(ketose) : 단당류 중에서 케톤기를 갖는 당

1) 부제탄소와 이성체

단당류는 카르보닐기(알데히드기, 케톤기)와 부제탄소원자(asymmetric carbon atom)를 가지므로 분자식이 같아도 여러 개의 입체이성체(isomer)가 있을 수 있고, 편광(polarized light)면을 회전시키는 광학적인 성질을 갖는다.

3탄당(triose)인 글리세르알데히드에서 중앙 탄소에 있는 4개의 결합손에는 서로 다른 4개의 원자 또는 원자단이 결합되어 있으므로 이 탄소원자는 부제탄소원자(비대칭 탄소원자)가 되고 2개의 이성체가 생긴다. 따라서 부제탄소와 결합한 −OH가 오른쪽에 있으면 D−형, 왼쪽에 있으면 L−형이라고 한다(그림 3-2).

3탄당에 탄소 한 개가 더 붙은 4탄당인 에리트로오스(erythrose)는 부제탄소원자가 2개가 되어 4개의 이성체가 생기며, 5탄당인 리보오스(ribose)는 부제탄소원자가 3개가 되어 8개의 이성체가 생성된다. 이와 같이 탄소수가 증가함에 따라 이성체 수가 증가하여 부제탄소수가 n개가 되면 2^n개의 이성체가 존재하게 된다. 이것을 반트호프(Vant Hoff) 법칙이라 한다.

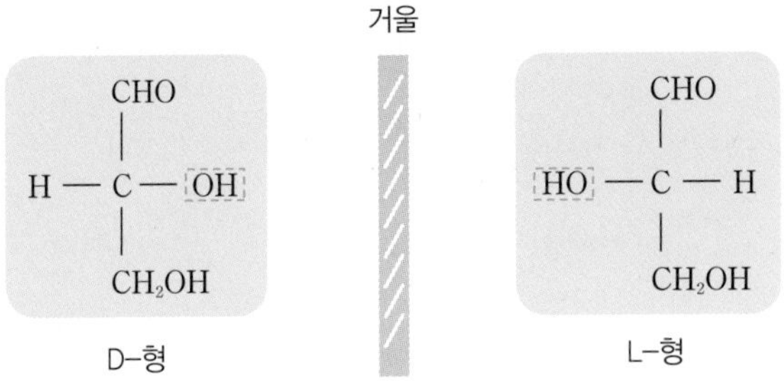

그림 3-2 부제탄소의 구조

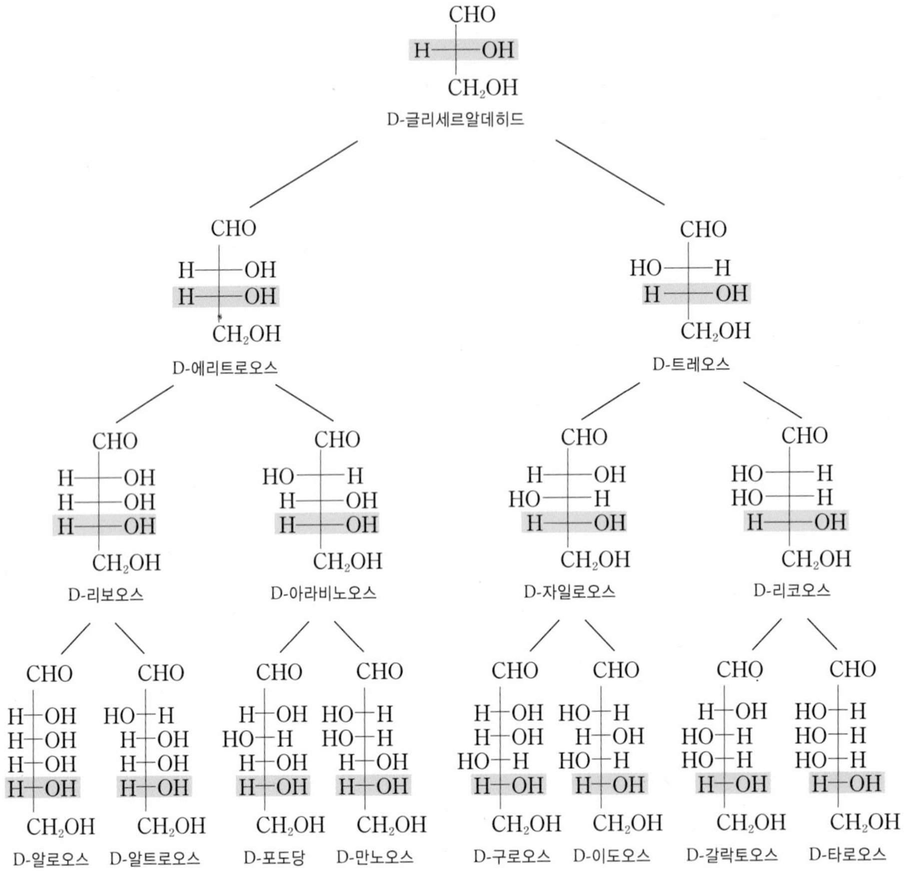

그림 3-3 D-알도오스의 배열

부제탄소

탄소의 4개의 결합손에 서로 다른 4개의 원자 또는 원자단이 결합되어 있는 탄소를 말한다.

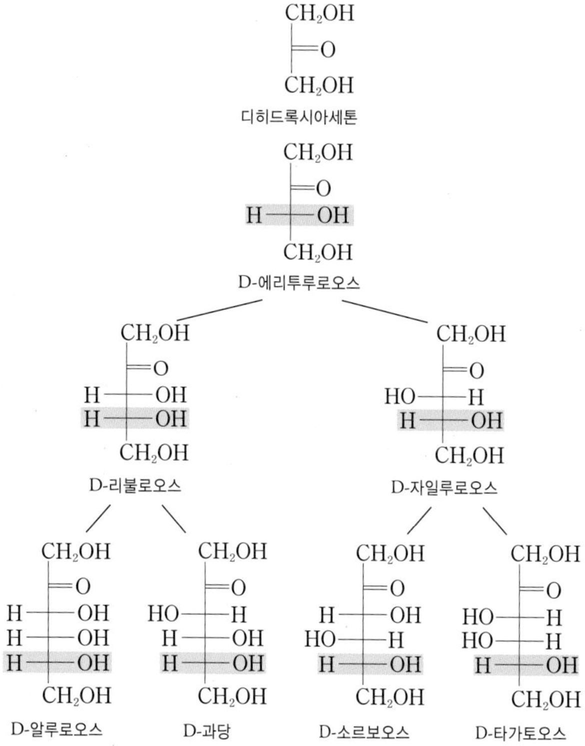

그림 3-4 D-케토오스의 배열

부제탄소원자가 많은 당의 경우에는 1번 탄소에서 가장 멀리 있는 탄소(포도당의 경우 C_5)와 결합한 -OH의 위치에 따라 D-형과 L-형이 결정된다(그림 3-3, 그림 3-4). D-형과 L-형을 결정하는 부제탄소원자를 제외한 부제탄소 원자들에 결합된 OH의 위치에 의해 생성되는 입체이성체는 성질이 다른 별개의 당이 된다. 그중에서 -OH의 위치가 1개만 다른 이성체를 에피머(epimer)라고 한다(예 : D-포도당과 D-갈락토오스, D-포도당과 D-만노오스).

2) 좌선성과 우선성

당용액에 편광을 통과시키면 빛의 회전 방향이 회전하게 되는데 이와 같이 당용액이 빛의 회전 방향을 회전시키는 성질을 선광(rotation of light)이라 하며 입체 이성체는 선광이 서로 다르다. 그 회전 방향이 오른쪽이면 우선성(dextrorotatory)으로 (+)를, 왼쪽이면 좌선성(levorotatory)으로 (–)를 당의 이름 앞에 각각 붙여 D(+)–포도당으로 표시하며, 그 회전시키는 크기를 선광도(α)로 나타낸다(그림 3-5, 그림 3-6).

비선광도

선광도는 여러 가지 요인에 의하여 달라지기 때문에 서로 비교하기가 어려우므로 일정한 조건, 즉 100g의 광학활성물질을 100mL의 용액에 녹이고 1dm의 측정관에 넣은 후 나트륨의 방전관에서 나오는 편광(D선)을 이용하여 20°C에서 선광도를 측정하고 이를 비선광도라고 하고 $[\alpha]_D^{20}$으로 표시한다.

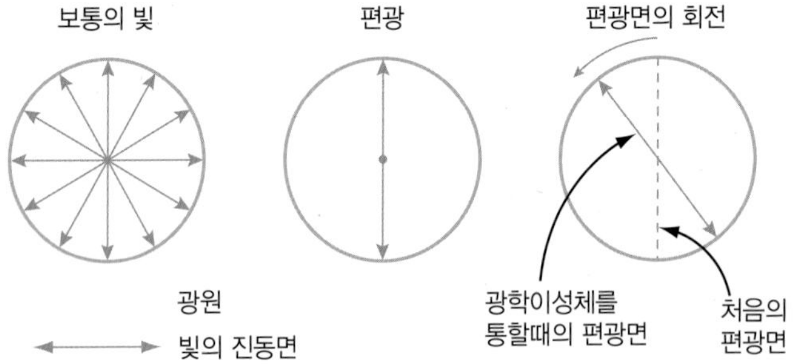

그림 3-5 선광의 모형

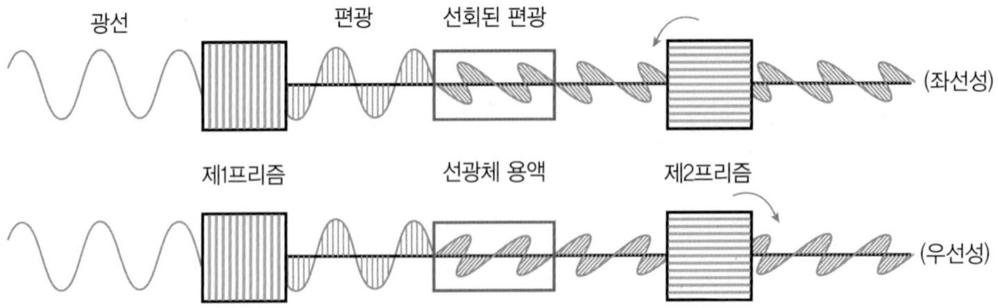

그림 3-6 좌선성과 우선성

자료 : 남궁석(2006), 식품학 총론

3) 당의 쇄상구조와 환상구조

당의 구조에는 쇄상구조(chain structure)와 환상구조(ring structure, Haworth식 구조)가 있다(그림 3-7).

쇄상구조는 부제탄소원자에 결합된 −OH와 −H가 좌우 양쪽에 배치되어 있고 탄소들이 쇄상으로 연결된 구조이다. 같은 분자 내에 알코올기와 카르보닐기가 함께 존재하면 고리모양의 환상구조를 형성한다. 이는 같은 분자 중 알데히드기(−CHO) 또는 케톤기(=CO)와 C_5 또는 C_6에 결합된 기(−OH) 사이에 안정된 환상의 헤미아세탈(hemiacetal)이나 헤미케탈(hemiketal)이 형성되는 반응에 기인한다.

환상구조에서 포도당과 같은 알도오스의 C_1은 부제탄소가 되므로 환상구조를 가진 단당류의 부제탄소수는 탄소수−1이 된다. 즉 포도당은 쇄상구조일 때는 4개의 부제탄소(C_2, C_3, C_4, C_5), 환상구조일 때는 5개의 부제탄소(C_1, C_2, C_3, C_4, C_5)를 갖는다

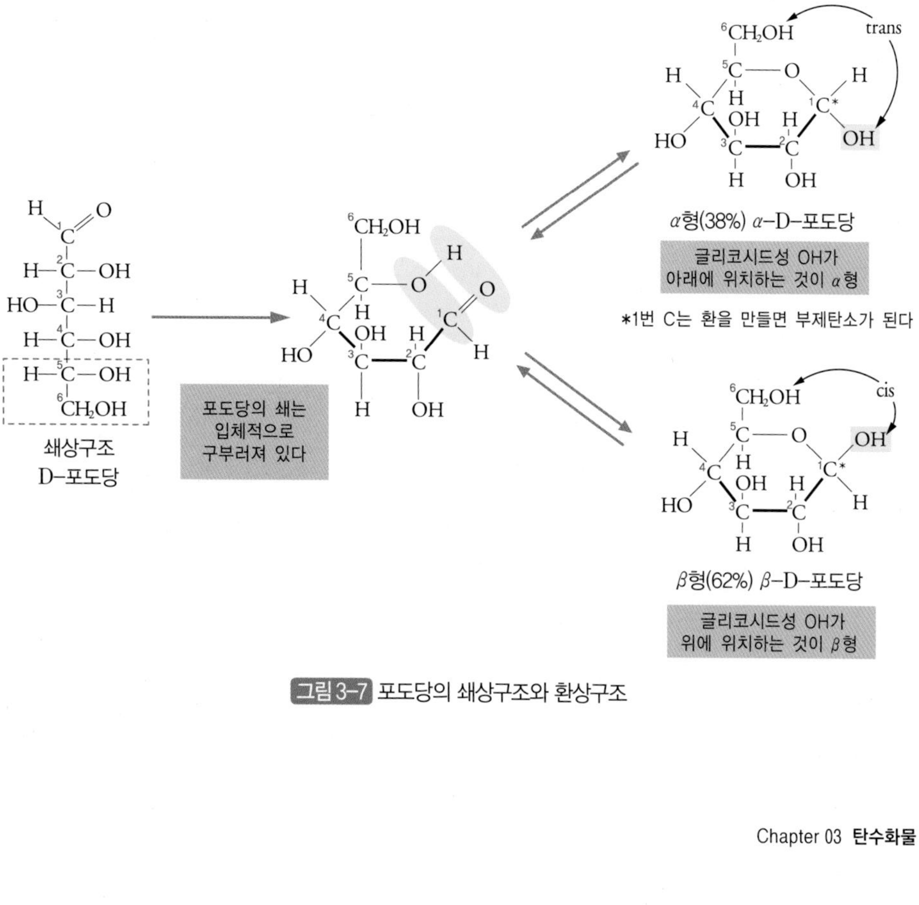

그림 3-7 포도당의 쇄상구조와 환상구조

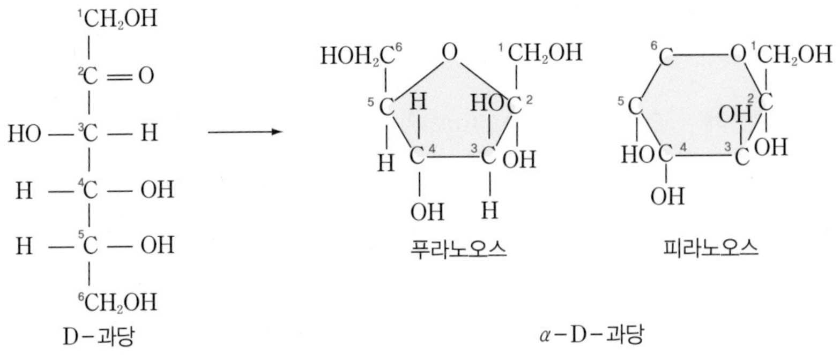

그림 3-8 과당의 쇄상구조와 환상구조

(그림 3-7). 과당과 같은 케토오스는 C_2가 부제탄소가 되므로 쇄상구조에서 부제탄소 수는 3개(C_3, C_4, C_5), 환상구조에서 부제탄소수는 탄소수−2(C_2, C_3, C_4, C_5)가 된다. 과당의 환상구조에는 푸라노오스(furanose, 5각환)와 피라노오스(pyranose, 6각환)의 두 가지가 있다(그림 3-8).

포도당을 환상구조로 나타내면 C_1은 부제탄소로 되기 때문에 C_1에 결합된 −H와 −OH의 위치에 따라 α형과 β형의 두 개의 이성체가 생긴다. C_1에 결합된 −OH가 평면 아래로 배치되면 α형, 평면 위로 배치되면 β형이라 하며 일반적으로 당의 수용액에서는 α형과 β형이 평형상태를 이루고 있다.

당이 환상구조를 취함으로써 새로 생긴 부제탄소의 −OH를 글리코시드(glycoside) −OH 또는 헤미아세탈 −OH라 한다. 글리코시드 −OH의 입체배치만이 다른 이성체를 아노머(anomer)라고 하며, 예를 들면 α−D−포도당과 β−D−포도당은 아노머 관계이다.

4) 글리코시드결합

쇄상구조에서 환상구조로 바뀌면서 새롭게 생성된 부제탄소의 −OH는 다른 탄소에 붙어 있는 −OH보다 반응성이 높으며 환원성이 강하다. 이것을 글리코시드 −OH라 한다.

단당류 두 개가 결합된 이당류는 하나의 단당류의 글리코시드 −OH가 다른 하나의 단당류의 −OH와 결합하는데 이것을 글리코시드결합(glycosidic bond)이라 한다.

(1) 자당의 구조

α−포도당의 *α*−글리코시드 −OH와 *β*−과당의 *β*−글리코시드 −OH가 *α*−1,2결합하면 자당이 된다. 자당은 글리코시드 −OH가 없으므로 비환원당이며 *α*, *β*의 구분이 없다.

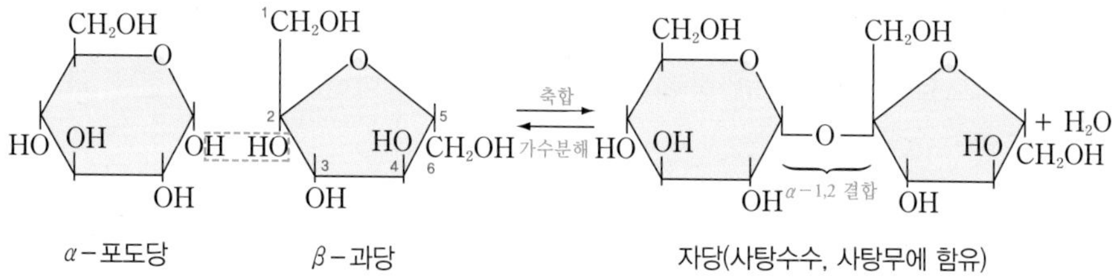

그림 3-9 자당의 구조

(2) 맥아당의 구조

두 분자의 포도당에서 첫 번째 *α*−포도당의 C_1의 −OH와 다른 하나의 *α*−포도당의 C_4의 −OH가 *α*−1,4결합을 하면 *α*−맥아당이 된다.

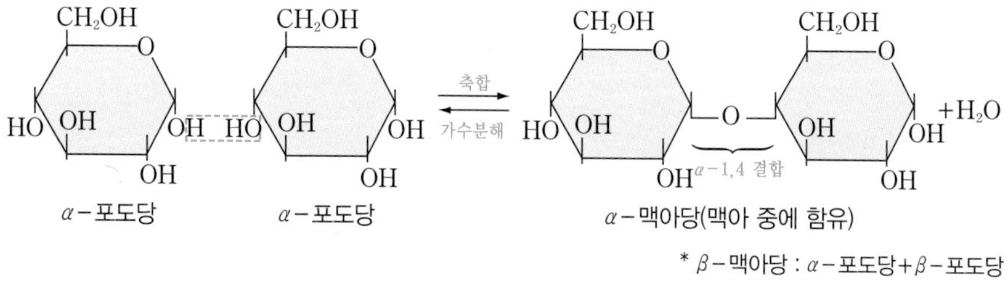

그림 3-10 맥아당의 구조

(3) 유당의 구조

β−갈락토오스 C_1의 −OH와 *α*−포도당 C_4의 −OH가 *β*−1,4결합하면 *α*−유당이 된다.

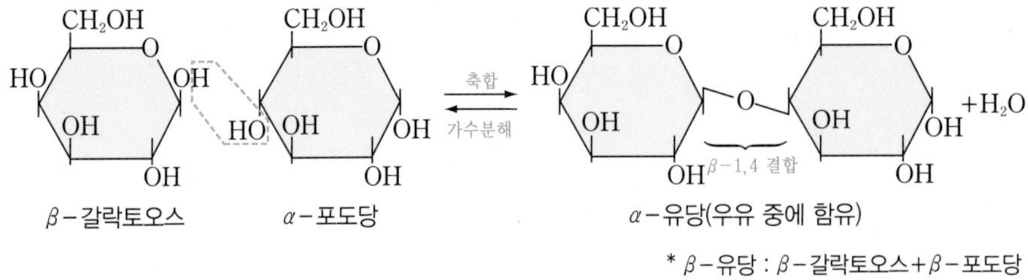

그림 3-11 유당의 구조

5) 환원당

당은 일반적으로 알칼리 용액 중에 있을 때 자신은 산화하고 다른 물질은 환원시키는 성질을 갖는다.

단당류와 이당류는 글리코시드 -OH의 유무에 따라 환원당과 비환원당으로 구분된다. 즉, 모든 단당류와 맥아당, 유당은 각각 글리코시드 -OH가 있어서 환원성이 있으므로 환원당(reducing sugar)이라 하지만 자당은 글리코시드 -OH가 없기 때문에 비환원당이라고 한다.

당의 환원성은 당류의 정성 또는 정량시험에 이용된다. $CuSO_4$의 알칼리 용액에 포도당(환원당)을 가하면 Cu^{2+}가 환원되어 Cu^{+}인 이산화구리(Cu_2O)의 붉은 침전이 생긴다. 이것을 펠링 테스트(fehlling's test)라 하며 자당은 비환원당이므로 이 반응을 나타내지 않는다.

환원당과 비환원당

- 환원당 : 글리코시드 -OH가 있는 당
  모든 단당류, 맥아당, 유당, 셀로비오스, 겐티오비오스, 루티노오스, 멜리비오스
- 비환원당 : 글리코시드 -OH가 없는 당
  자당, 트레할로오스, 라피노오스, 겐티아노오스, 스타키오스, 다당류

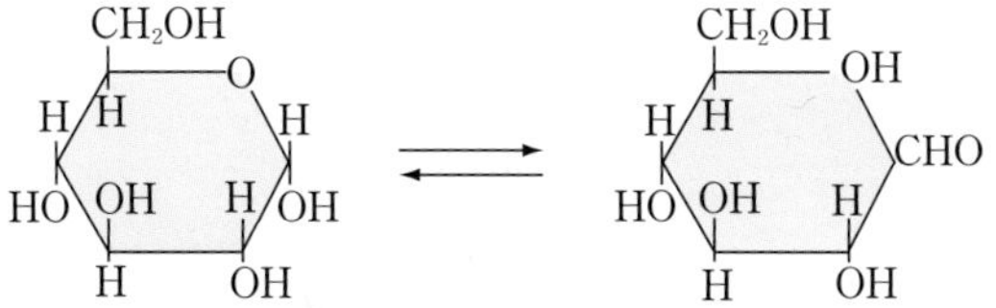

그림 3-12 변선광의 구조

6) 변선광

α형이나 β형인 당을 물에 녹이면 선광도가 변한다. 즉 결정 포도당은 보통 α-D-글루코피라노오스(α-D-glucopyranose)이며 선광도가 +112°인데, 이것을 물에 녹이면 선광도가 점점 내려가 α형과 β형의 평형혼합용액으로 되어 +52°에 이르러 일정하게 되며 이러한 현상을 변선광(mutarotation)이라 한다.

다시 말해 변선광은 결정성 환원당을 수용액 상태로 방치시키면 천천히 이성체들 사이에 평형을 이루게 되어 일정한 값의 선광도를 나타내는 현상을 말한다.

그림 3-12와 같이 산소의 다리가 끊어져 알데히드형이 되고, 이로부터 이성체 β-D-글루코피라노오스가 생기는 것은 α형과 β형이 37:63으로 평형을 이루기 때문이다.

3. 단당류

단당류(monosaccharide)는 분자 중의 탄소원자 수에 따라 3탄당, 4탄당, 5탄당, 6탄당 등으로 구분되며 3탄당과 4탄당은 유리상태로는 존재하지 않기 때문에 식품에서 중요한 단당류는 주로 5탄당과 6탄당이다.

단당류는 가장 단순한 탄수화물이며 물에 잘 녹는 결정형이다(표 3-2).

표 3-2 식품 중에 존재하는 주요 단당류

종류		구조식	소재 및 성질
5탄당 (펜토오스, pentose)	D-리보오스 (ribose)	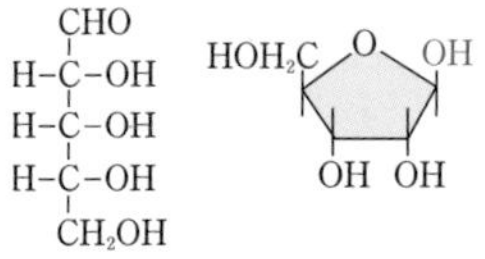	• 천연에 단독으로 존재하지 않는다. • 핵산 성분으로 동·식물계에 존재하는 RNA, ATP, ADP, CoA, 비타민 B_2, 보조효소(NAD, NADP, FAD), 핵산계 조미료 성분(GMP나트륨, IMP나트륨)의 구성당이다. • 효모에 의해 발효되지 않는다.
	D-자일로오스 (xylose)	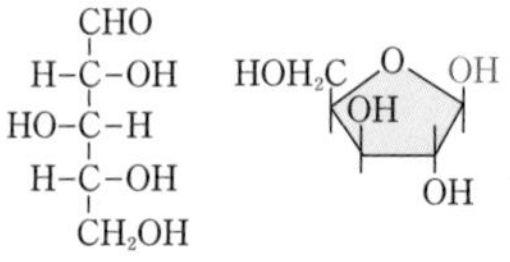	• 죽순에 유리 상태로 존재하며, 볏짚, 밀짚, 나무껍질, 종자류의 껍질 등에 들어 있는 다당류인 자일란(xylan)의 구성 성분이다. • 자당의 60% 정도의 단맛을 가지며 당뇨병 환자 등의 저칼로리 감미료나 효모의 제조에 이용되기도 한다. • 토룰라(*torula*) 속을 제외한 효모에 의해 발효되지 않는다.
	L-아라비노오스 (arabinose)	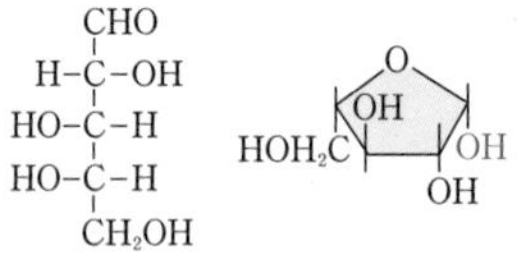	• 아라비아 검(arabia gum)의 성분인 아라반(araban)의 구성 성분이며 대두다당, 식물 검, 종피 등에도 들어 있다. • 묽은 산으로 가수분해하면 얻을 수 있으며, 자연계에서 유일하게 L-형으로 존재하는 당이다.
6탄당 (헥소오스, hexose)	D-포도당 (glucose)	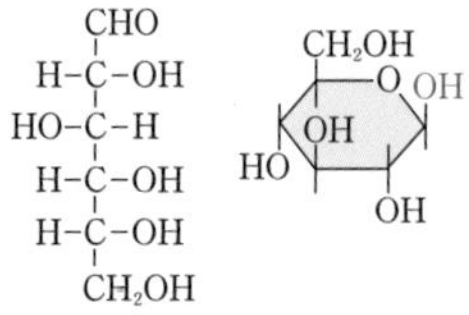	• 유리형 또는 결합형으로 식물체에 널리 분포하며, 탄수화물 중에서 가장 기본적인 당으로 동물체내에는 글리코겐의 형태로 저장된다. • 유리상태로는 과실, 특히 포도에 많고 포유동물의 혈액에는 혈당으로 약 0.1% 정도 존재한다. • 결합상태로는 전분, 글리코겐, 셀룰로오스, 맥아당, 유당, 자당, 배당체(glycoside) 등의 구성단당류로 존재한다. • α, β형의 두 이성체로 존재하는 환원당으로, α형이 β형보다 더 안정하며 단맛도 강하고 보통 수용액에서 결정시킨 포도당이다.

(계속)

종류	구조식	소재 및 성질
6탄당 (헥소오스, hexose) — D-과당 (fructose)	$\begin{array}{l} CH_2OH \\ C=O \\ HO-C-H \\ H-C-OH \\ H-C-OH \\ CH_2OH \end{array}$	• 유리상태로 과일, 꽃, 벌꿀 중에 널리 존재하며 특히 벌꿀에 많다. • 포도당과 결합하여 자당을 이루며, 돼지감자와 다알리아 뿌리에 많이 들어 있는 다당류인 이눌린(inulin)의 구성 성분이기도 하다. • 천연 당류 중 가장 단맛이 강하고 상쾌하여 감미료로 사용되며, 용해도가 크므로 결정화되기 어렵다. • 포도당이나 자당보다 점도는 작고 흡습성이 크다. • 결합상태일 때는 푸라노오스(furanose)형이며, 유리형일 때는 푸라노오스와 피라노오스(pyranose)의 두 형으로 존재한다. • 환원당이며 α, β형 두 개의 이성체가 존재한다.
D-갈락토오스 (galactose)	$\begin{array}{l} CHO \\ H-C-OH \\ HO-C-H \\ HO-C-H \\ H-C-OH \\ CH_2OH \end{array}$	• 자연계의 갈락토오스에는 D형과 L형이 있고, 유리상태로 존재하지 않는다. • 포도당과 결합하여 유당이 되며, 라피노오스, 스타키오스, 한천(寒天)의 구성단당류이다. • 동물 체내에서 단백질 또는 지방과 결합하여 동물의 뇌, 신경조직 내의 당지질인 세레브로시드(cerebroside)의 구성 성분이 된다. • 환원당이며 α, β형의 두 이성체가 존재한다.
D-만노오스 (mannose)	$\begin{array}{l} CHO \\ HO-C-H \\ HO-C-H \\ H-C-OH \\ H-C-OH \\ CH_2OH \end{array}$	• 자연상태에서 유리상태로는 거의 존재하지 않고 곤약(konjak)의 주성분인 다당류 만난(mannan)의 구성단당류이다. • 만난은 글루코만난(glucomannan)의 형태로 곤약에 들어 있으며 발효성이 있다. • 환원당으로 α, β형의 두 이성체로 존재하며, 단맛은 있으나 약하다.

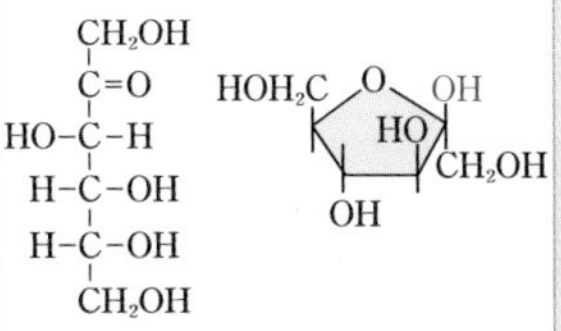

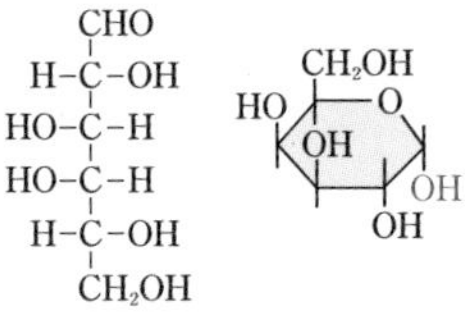

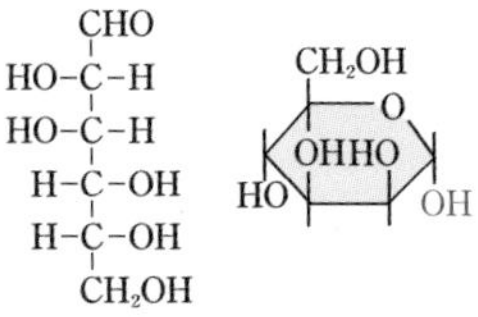

1) 5탄당

5탄당(pentose)은 자연계에 유리상태로는 거의 존재하지 않으며 주로 다당류나 핵산의 구성 성분으로 존재한다. 5탄당으로 이루어진 다당류 펜토산(pentosan)은 초식동물의 중요한 사료 성분이 되나 인체 내에는 소화효소가 없어서 영양 성분으로는 가치가 없다. 자일로오스, 아라비노오스, 리보오스 등이 있으며, 효소에 의해 발효되지 않는다.

2) 6탄당

6탄당(hexose)은 자연식품에 많이 함유되어 있다. 식품 성분으로 중요한 6탄당에는 포도당, 과당, 갈락토오스, 만노오스 등이 있으며, 모두 환원당이다. 모두 효모에 의해 발효되므로 지모헥소오스(zymohexose)라 부른다.

3) 단당류의 유도체

당의 산화·환원반응에 의해 생성된 것, 아미노기 또는 황과 결합된 것 또는 비당류와 결합 등에 의하여 생성된 것 등이 있으며 종류로는 당알코올, 데옥시당, 아미노당, 티오당(유황당), 알돈산, 우론산, 당산 등이 있다(그림 3-13, 표 3-3).

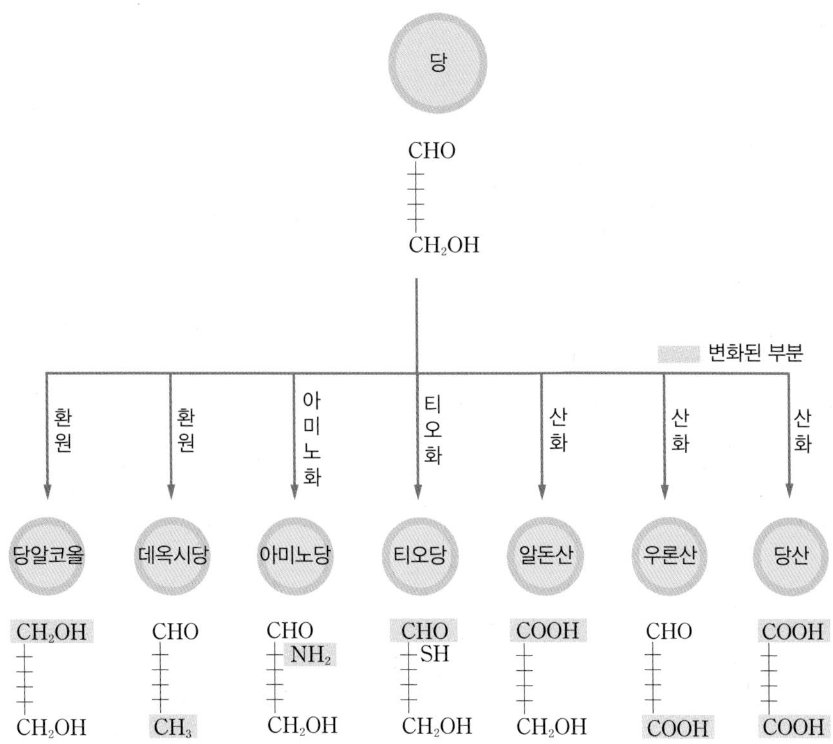

그림 3-13 식품 중에 존재하는 중요한 당 유도체

표 3-3 유도당의 종류 및 특징

종류		구조식	소재 및 특성
당알코올 당류의 알데히드기(-CHO)가 알코올기(-CH₂OH)로 치환된 당, 환원형	에리트리톨 (erythritol)	CH₂OH H-C-OH H-C-OH CH₂OH	• 저칼로리 감미료로 이용된다.
	D-자일리톨 (xylitol)	CH₂OH H-C-OH HO-C-H H-C-OH CH₂OH	• 자일로오스가 환원된 것으로 충치 예방에 효과적이다. • 저칼로리이며 무설탕껌, 감미료로 이용된다.
	D-리비톨 (ribitol)	CH₂OH H-C-OH H-C-OH H-C-OH CH₂OH	• 5탄당인 리보오스(ribose)가 환원된 것이며 비타민 B₂(riboflavin)의 구성 성분이다.

(계속)

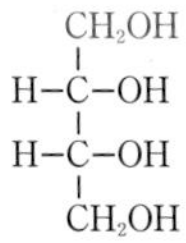

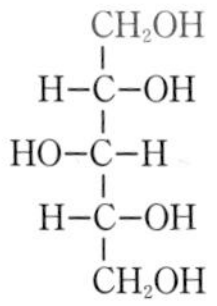

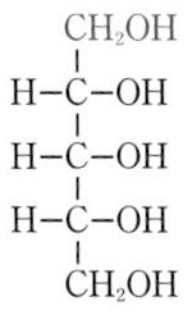

종류		구조식	소재 및 특성
당알코올 당류의 알데히드기(-CHO)가 알코올기(-CH₂OH)로 치환된 당, 환원형	D-소르비톨 (sorbitol)	$$\begin{array}{c}CH_2OH\\H-C-OH\\HO-C-H\\H-C-OH\\H-C-OH\\CH_2OH\end{array}$$	• 포도당이 환원된 것으로 과실에 존재한다. • 인공감미료나 비타민 C의 합성 원료로 사용된다.
	D-만니톨 (mannitol)	$$\begin{array}{c}CH_2OH\\HO-C-H\\HO-C-H\\H-C-OH\\H-C-OH\\CH_2OH\end{array}$$	• 만노오스가 환원된 것으로 버섯, 균류, 해조류에 존재한다. • 곶감·건미역의 백색 분말, 고구마에 생기는 흰 가루 성분, 만나 나무에서 얻어지는 만나꿀의 주성분이다. • 단맛이 강하고 체내에서 이용되지 않아서 당뇨병 환자의 감미료로 사용된다.
	둘시톨 (dulcitol)	$$\begin{array}{c}CH_2OH\\H-C-OH\\HO-C-H\\HO-C-H\\H-C-OH\\CH_2OH\end{array}$$	• 갈락토오스가 환원된 것으로 약간의 단맛을 가진다. • 독성이 강하므로 식품첨가물로 이용되지 않는다.
	말티톨 (maltitol)		• 말토오스가 환원된 것으로 저칼로리 감미료로 이용된다.
	미오-이노시톨 (myo-inositol)		• 환상구조의 당알코올로 식물의 두류와 과일, 동물의 근육, 뇌, 내장 등에 존재하므로 근육당이라고도 한다. • 비타민 B 복합체의 한 가지로 특히 쌀겨에 있는 피틴(phytin)은 칼슘(Ca), 아연(Zn), 철(Fe) 등과 강하게 결합하여 생체 내 이용도를 감소시킨다.
데옥시당 단당류에서 산소가 하나 제거된 것으로 당의 수산기(-OH)가 수소원자(H)로 치환된 당, 환원형	2-데옥시-D-리보오스 (2-deoxy-D-ribose)		• 리보오스의 C₂에서 산소가 제거된 당이다. • DNA의 구성 성분으로 동·식물에 널리 분포하는 오탄당이다.
	람노오스 (rhamnose)	$$\begin{array}{c}CHO\\OH-C-H\\OH-C-H\\H-C-OH\\H-C-OH\\CH_3\end{array}$$	• 만노오스의 C₆에서 산소가 제거된 당이다. • 식물계의 색소 성분에 존재하고 단맛이 강하다.

(계속)

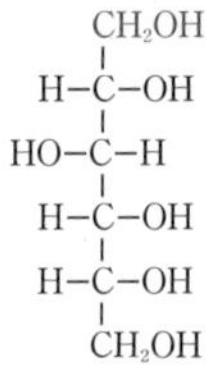

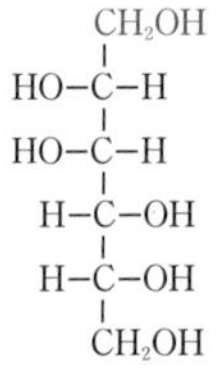

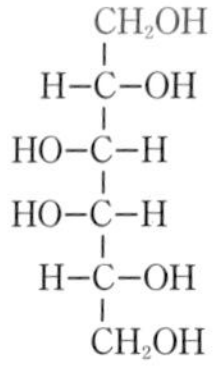

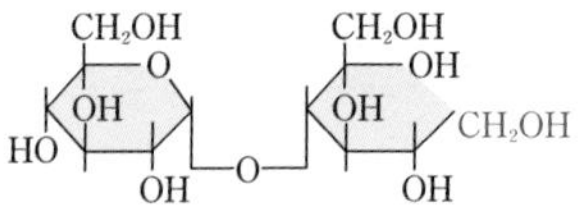

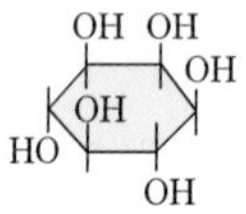

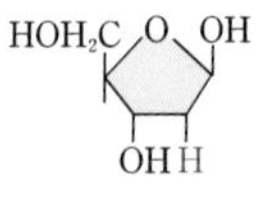

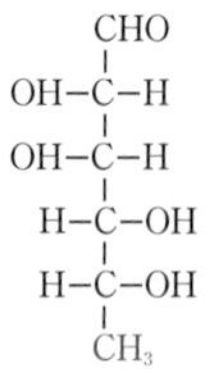

종류		구조식	소재 및 특성
	푸코오스 (fucose)	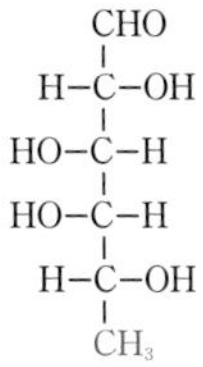	• 갈락토오스의 C_6에서 산소가 제거된 당이다. • 갈조류의 다당류인 푸칸(fucan)의 구성 성분으로 세포막 또는 껍질에 존재하며 단맛은 거의 없다.
아미노당 단당류 6탄당에서 C_2의 수산기(–OH)가 아미노기(–NH_2)로 치환된 당	D–글루코사민 (D–glucosamine, chitosamine)	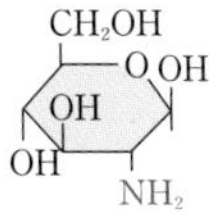	• 새우, 게 등 갑각류 껍질의 주성분인 키틴(chitin)의 구성 성분이다.
	D–갈락토사민 (D–galactosamine)	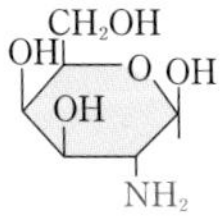	• 연골이나 건의 당단백질 중 황산콘드로이틴(chondroitin sulfate)의 구성 성분이다.
티오당 C_2의 –OH가 –SH로 치환된 당	티오글루코오스 (thioglucose)	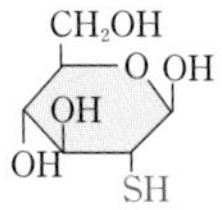	• 글루코오스가 치환된 당이다. • 무, 마늘, 고추냉이의 매운맛 성분인 시니그린의 구성 성분이다.
알돈산 단당류에서 C_1의 알데히드기(–CHO)가 산화되어 카르복실기(–COOH)로 치환된 당, 산화형	D–글루콘산 (D–gluconic acid)	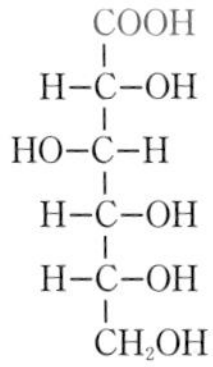	• 포도당이 산화된 것으로 곰팡이나 세균에 존재한다.
우론산 단당류의 C_6의 알코올기(–CO_2OH)가 카르복실기(–COOH)로 치환된 당, 산화형	D–글루쿠론산 (D–glucuronic acid)	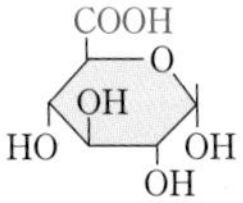	• D–포도당(glucose)이 산화된 것으로 식물 검질의 구성 성분이다. • 헤파린, 황산콘드이틴(chondroitin sulfate), 히아루론산(hyaluronic acid)의 성분이며 동물체 내에서 해독작용에 관여한다.
	D–만뉴론산 (D–mannuronic acid)	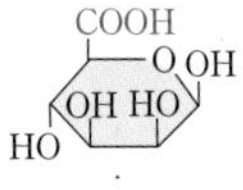	• D–만노오스가 산화된 것으로 갈조류의 다당(알긴산)의 구성 성분이다.
	D–갈락투론산 (D–galacturonic acid)	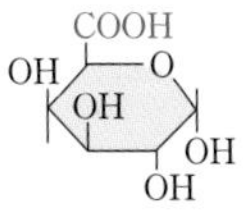	• D–갈락토오스가 산화된 것으로 펙틴의 구성 성분이다.

(계속)

종류		구조식	소재 및 특성
당산 단당류에서 C_1의 알데히드기(-CHO)와 C_6의 알코올기($-CH_2OH$) 모두 산화되어 카르복실기(-COOH)로 치환된 당. 산화형	D-포도당산 (D-glucosaccharic acid)	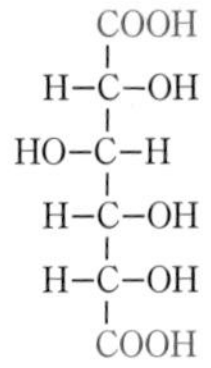	• D-포도당이 산화된 것으로 수용성이며, 인도 고무나무에 존재한다.
	D-갈락토오스산 (D-galactaric acid)	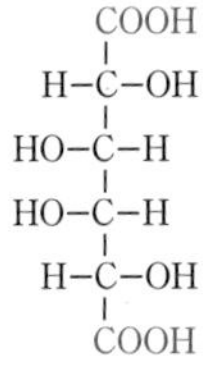	• D-갈락토오스가 산화된 것이며 불용성이다.
배당체* 단당류에서 환원성 -OH기와 비당류의 -OH기가 글리코시드성 결합(또는 -OH기가 -SH기로 치환되어 -S- 결합)을 한 것. 배당체의 비당류 부분을 아글리콘(aglycone)이라 부른다.	솔라닌 (solanine)	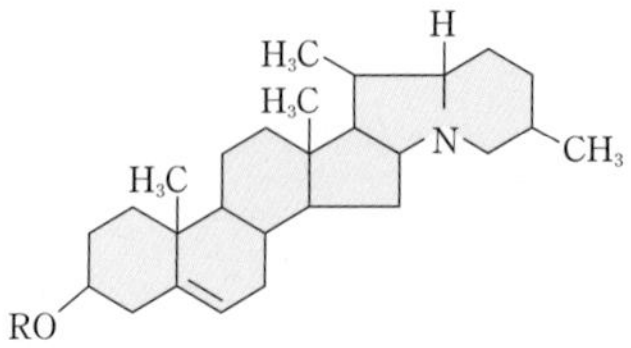	• 감자의 싹에 많이 들어 있는 유독성분이다. • R : 글루코오스-갈락토오스-람노오스가 붙는다.
	안토시아닌 (anthocyanin)	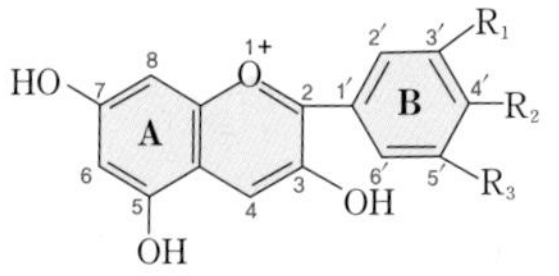	• 가지와 포도 등의 색소이다. • C_3, C_5 : 글루코오스, 갈락토오스, 람노오스, 자일로오스 등이 붙는다. • R_1, R_2, R_3 : 색소의 종류에 따라 -H, -OH, $-OCH_3$ 등이 붙는다.
	나린진 (naringin)	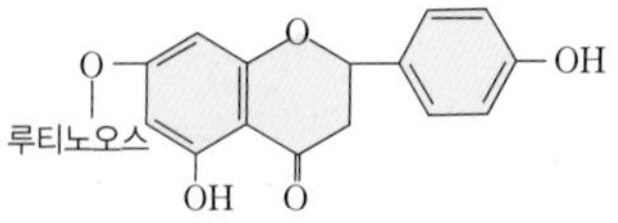	• 밀감의 쓴맛 성분이며 나린진 가수분해효소에 의해 분해되어 아글리콘이 되면 쓴맛이 없어진다. • 루티노오스=람노오스+포도당
	헤스페리딘 (hespiridin)	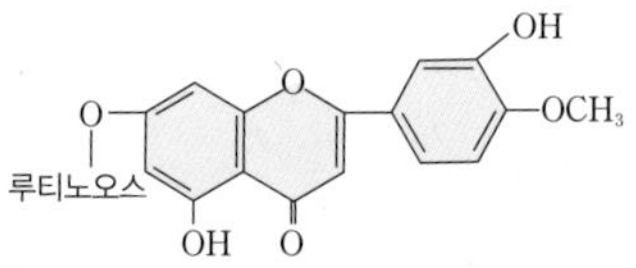	• 밀감과 레몬에 존재하며, 밀감 통조림 제조 시 백탁을 일으키는 원인 물질이다.
	루틴 (rutin)	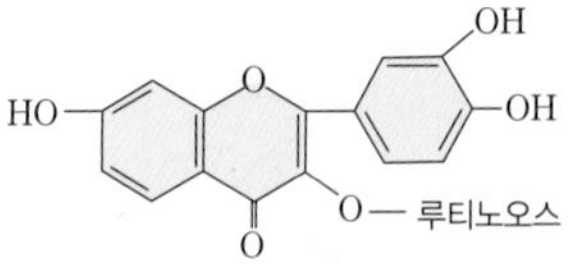	• 메밀, 토마토 등에 들어 있으며, 혈관 강화로 뇌출혈 등을 방지한다.

* 배당체의 역할 : 당의 저장, 해독작용, 삼투압조절작용, 대사에 필요한 물질의 공급조절 등

4. 이당류와 소당류

소당류는 2~8개의 단당류로 구성된 당류이며 구성하는 단당류의 수에 의하여 2당류, 3당류, 4당류, 5당류 등이 있는데, 식품 중에는 2당류가 가장 많다(표 3-4).

전화당

자당을 산 또는 자당 가수분해효소(sucrase or invertase)로 가수분해하면 포도당과 과당의 등량 혼합물이 얻어지는데 이를 전화당이라 한다. 단맛은 자당보다 강하고 상큼하며, 환원력과 용해도도 자당보다 크다.

전화당은 벌꿀에 많이 들어 있는데, 이것은 벌의 타액효소인 전화효소에 의하여 자당이 전화되기 때문이다.

자당은 글루코시드성 -OH가 없어 α형, β형으로 구별되지 않으므로 변선광은 없으며 비선광도는 +66.5°이다. 그러나 자당을 산이나 효소로 가수분해한 전화당은 포도당(+52°)과 과당(-92°)의 혼합물이 되어 비선광도는 -20°가 된다. 이렇게 비선광도가 변하는 현상을 전화(inversion)라 하며 이때 생성된 포도당과 과당의 1:1 혼합물을 전화당(invert sugar)이라 한다.

1) 이당류

이당류(disaccharide)는 두 분자의 단당류로 가수분해되며, 단당류 두 분자가 글리코시드(glycoside)결합을 한 것이다. 이당류에는 자당, 맥아당, 유당 등이 있다.

2) 소당류

소당류(oligosaccharide)는 2당류를 포함하여 2~8개의 단당류가 결합된 당류이다. 소당류 중 중요한 것은 3당류인 라피노오스와 4당류인 스타키오스이다.

표 3-4 식품 중에 존재하는 주요 소당류

종류			구조식	소재 및 성질
2 당류	환원성	맥아당 (maltose)	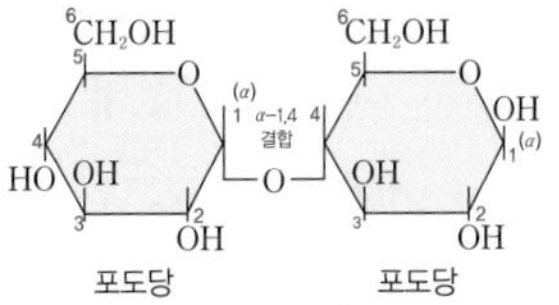	• 두 분자의 포도당이 α–1,4 글루코시드결합한 당이며 엿당이라고도 한다. • 맥아, 식혜, 물엿에 함유되어 있으며, 전분의 구성당이다. • 효소에 의해서 발효된다.
		이소말토오스 (isomaltose)	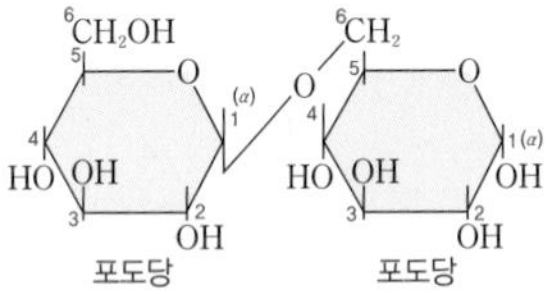	• 포도당 2분자가 α–1,6 글리코시드결합한 당이다. • 청주, 식혜, 벌꿀, 물엿에 함유되어 있으며, 전분을 가수분해하여 얻을 수 있다.
		유당 (lactose)	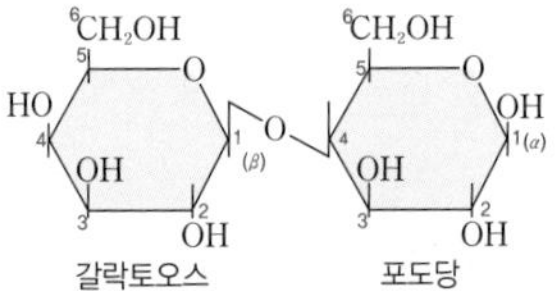	• 한 분자의 갈락토오스와 한 분자의 포도당이 β–1,4결합한 당이며, 젖당이라고도 한다. 단맛은 약하다. • 우유에 약 4.5%, 모유에 약 7% 들어 있으며 소장에서 분비되는 유당 분해효소(lactase)에 의해 가수분해되어 포도당과 갈락토오스로 된다. • 포유동물의 성장과 뇌신경조직에 중요한 역할을 하므로 어린이의 영양에 필요하다. • 유산균의 영양원이 되어 칼슘의 흡수를 돕고 장내 악성 발효나 설사를 막는 정장작용을 할 수 있게 한다.
		셀로비오스 (cellobiose)	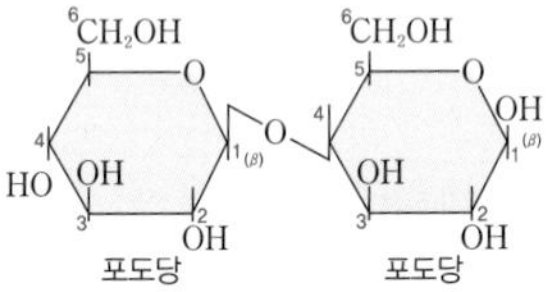	• β–D–포도당 2분자가 β–1,4결합한 것으로 단맛이 없다. • 자연에 유리상태로 존재하지 않으며 섬유소(cellulose)의 구성 성분이다. • 융점은 255℃이고 비선광도는 $[\alpha]_D^{20}$=+14.2°이다.
		겐티오비오스 (gentiobiose)	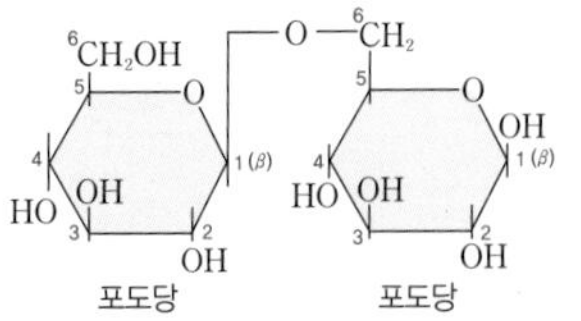	• β–D–포도당 2분자가 β–1,6결합된 당이며 삼당류인 겐티아노오스 또는 배당체인 아미그달린(amygdalin)의 구성 단위이다. • 전분의 가수분해과정에서 맥아당과 함께 소량이 형성되기도 한다. 전분이 일단 가수분해된 후 포도당에서 역 생성되어 만들어진다. • 융점은 209℃ 정도이고 비선광도는 $[\alpha]_D^{20}$=+31.5°이다. • 단맛이 없고 쓴맛이 있으므로, 미각개선제로 이용된다.

(계속)

종류			구조식	소재 및 성질
2당류	환원성	멜리비오스 (melibiose)	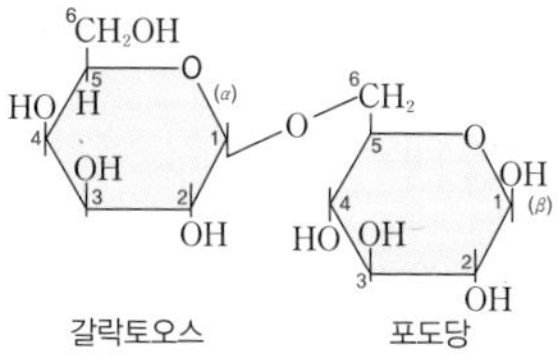	• 갈락토오스와 포도당이 α-1,6결합한 당이며, 라피노오스의 구성 단위당이다. • β-멜리비오스는 2수화물($C_2H_{22}O_{11} \cdot 2H_2O$)로 존재하며 융점은 84°C, 비선광도는 $[\alpha]_D^{20}=+111.7°$이다. • α, β-형의 평형농도(equilibrium mixture)의 비선광도는 $[\alpha]_D^{20}=+129.5°$이다.
		팔라티노오스 (palationose)	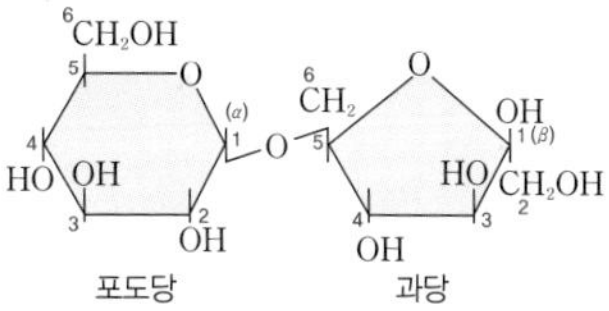	• 포도당과 과당이 α-1,6 글리코시드결합한 당이며, 감미료로 이용된다.
		루티노오스 (rutinose)	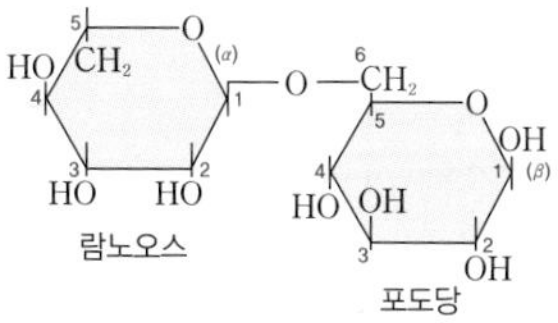	• α-람노오스와 β-포도당이 β-1,6결합한 당이며, 배당체인 메밀의 루틴(rutin), 감귤류의 헤스페리딘, 나린진 등의 구성 성분이다.
	비환원성	자당 (sucrose)	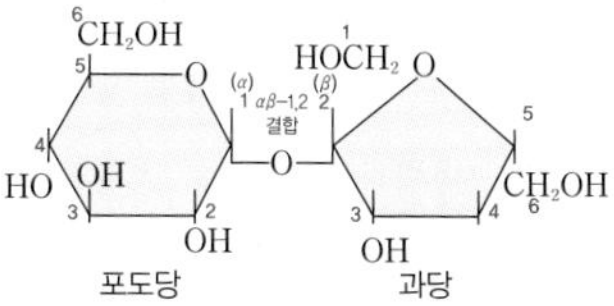	• 포도당 한 분자와 과당 한 분자가 α, β-1,2 결합한 당으로 환원력이 없다. • 과실, 꽃, 종자, 벌꿀 등의 식물계에 널리 분포되어 있으며, 특히 사탕수수 줄기나 사탕무에서 얻은 즙을 농축하여 결정화하고 정제하여 만든다. • 소장의 자당 가수분해효소(sucrase)에 의해 포도당과 과당으로 분해된다. • 자연식품의 감미의 주요 성분이며 자당의 단맛은 당류 중에서 가장 수응력(受應力)이 높기 때문에 감미료의 표준이 된다. • 약 160℃ 이상으로 가열하면 캐러멜(caramel)화하여 갈색 색소인 캐러멜이 된다. 이것은 자당이 탈수 축합한 것으로 식품의 착색에 이용한다.
		트레할로오스 (trehalose)	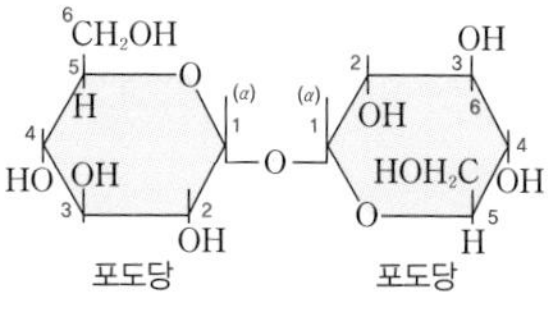	• 포도당 2분자가 α-1,1결합한 비환원당으로 버섯, 효모, 맥각 등에 존재한다. • 보통 α형은 2수화물($C_2H_{22}O_{11} \cdot 2H_2O$)로 존재하며 융점은 97°C이고 비선광도는 $[\alpha]_D^{20}=+178.3°$이다.

(계속)

종류			구조식	소재 및 성질
3당류	비환원성	라피노오스 (raffinose)	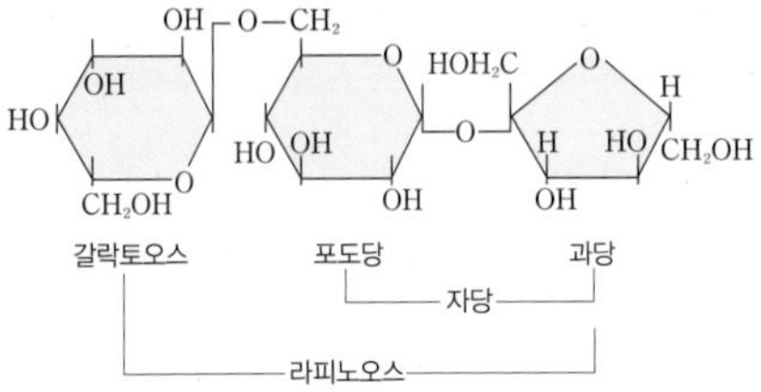	• 갈락토오스, 포도당 및 과당으로 이루어져 있으며, 대두, 면실 등 식물의 종자나 뿌리에 존재한다.
		멜레아토오스 (meleatose)	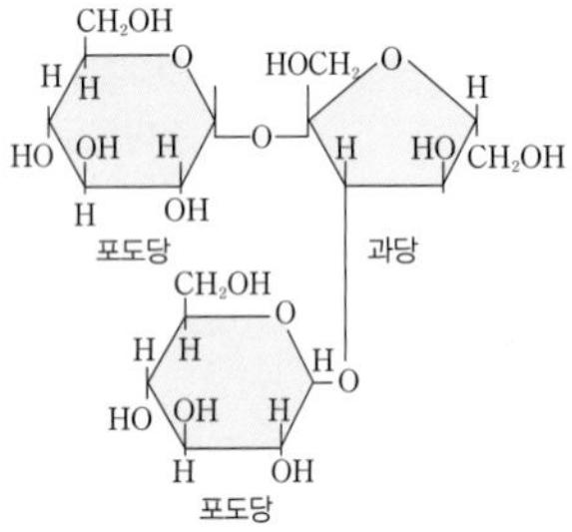	• 두 분자의 포도당과 한 분자의 과당이 결합한 당으로 만나에 존재한다.
		겐티아노오스 (gentianose)	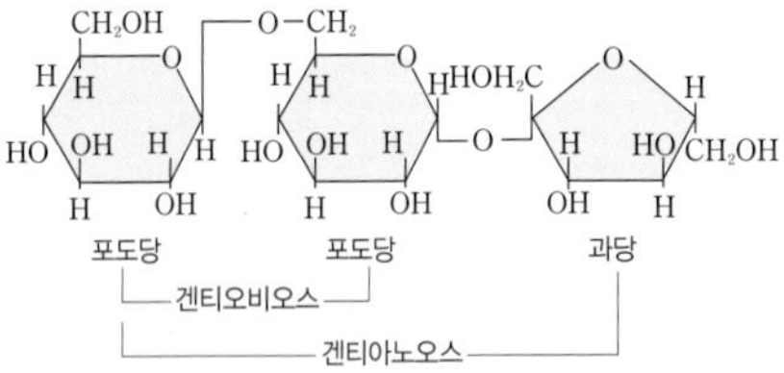	• 두 분자의 포도당과 한 분자의 과당이 결합된 당으로 용담 속 식물의 뿌리에 존재한다. • 식물체에 존재하는 효소인 인베르틴(invertin)이나 산에 의해 가수분해하여 겐티오비오스와 과당이 생성된다. • 단맛이 없고 비선광도는 $[\alpha]_D^{20}=+31.5°$이다.
4당류	비환원성	스타키오스 (starchyose)	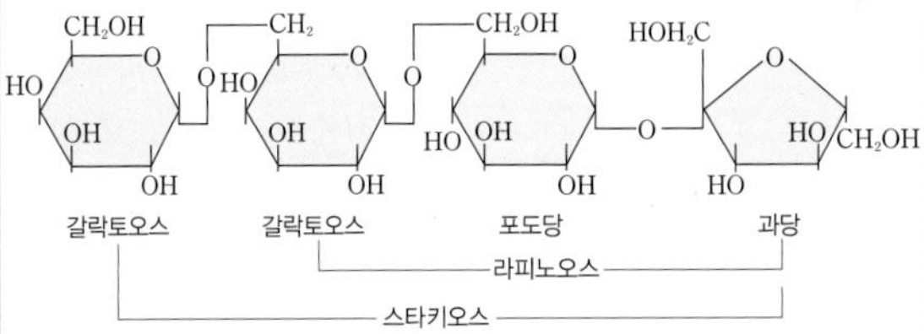	• 라피노오스(갈락토오스, 포도당, 과당)에 또 하나의 갈락토오스가 결합된 4당류이다. • 대두, 면실에 존재하며, 장내 세균의 발효에 의해 가스를 형성한다. • 비피더스균의 활성을 증가시키며 간 기능 보호, 변비방지, 혈압강하, 항암효과가 있는 것으로 알려져 있다.

표 3-5 당 종류에 따른 상대적인 감미도

종류	감미도	종류	감미도
자당	100	전화당	120
과당	100~173	자일리톨	75
포도당	54~74	자일로오스	40
맥아당	50~60	만노오스	60
갈락토오스	27~32	만니톨	45
젖당	16~28	소르비톨	48~70

올리고당

올리고당은 단당류가 2~8개 결합된 탄수화물로 소장 내 소화효소에 의해 가수분해되지 않으므로 에너지를 생성하지는 않는다. 특히 프락토올리고당, 갈락토올리고당, 이소말토올리고당, 자일로올리고당 등은 대장에서 비피더스균의 먹이가 되어 비피더스균의 증식을 자극하고 유해균의 증식을 억제함으로써 설사, 변비, 대장암 등을 방지하여 장 건강을 유지해 준다. 또한 충치예방, 혈청 콜레스테롤 저하, 혈당치 개선 등의 생리기능이 있어 기능성 올리고당이라고 하며 유아의 식품이나 요구르트 등의 기능성 식품에 첨가되고 있다.

5. 다당류

다당류(polysaccharide)는 수많은 단당류나 그 유도체가 글루코시드 결합으로 연결된 고분자 탄수화물이며 구성단당류가 한 가지만으로 되어 있는 단순다당류와 두 가지 이상으로 되어 있는 복합다당류가 있다. 다당류는 동물, 식물, 미생물 등에 널리 분포한다(표 3-6).

표 3-6 식품 속에 존재하는 다당류의 분류

분류		종류
식물성 다당류	저장 다당류	전분, 덱스트린, 이눌린, 글루코만난
	구성 다당류	섬유소, 헤미셀룰로오스, 펙틴, β-글루칸
동물성 다당류	저장 다당류	글리코겐
	구성 다당류	키틴, 황산콘드로이틴
검	식물에서 얻어지는 검	아라비아검, 구아검
	해조류에서 얻어지는 검	한천, 알긴산, 카라기난
	미생물에서 얻어지는 검	덱스트란, 잔탄검

※ 소화성 다당류 : 전분, 덱스트린, 글리코겐
난소화성 다당류 : 이눌린, 글루코만난, 섬유소, 헤미셀룰로오스 등

1) 전 분

전분(starch)은 대표적인 식물성 저장 탄수화물로 포도당 수백, 수천 개가 중합된 것이며 녹색식물의 잎에서 엽록소로부터 공기 중의 이산화탄소(CO_2)와 흙의 수분(H_2O)을 이용하여 태양에너지를 흡수하는 광합성으로 만들어져서 종자나 뿌리 등에 에너지원으로 저장된다.

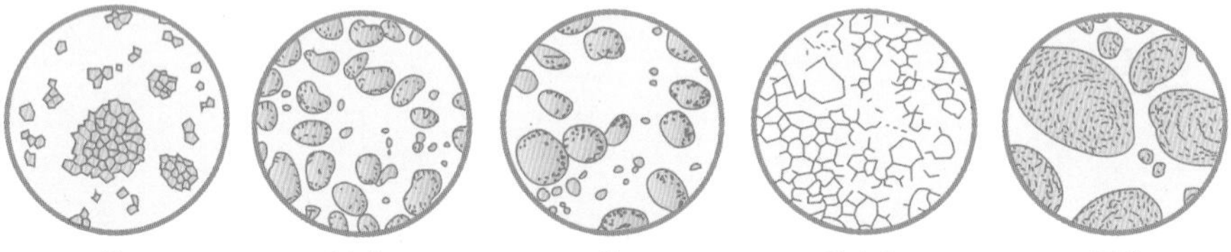

그림 3-14 전분의 입자

(1) 전분의 성질

전분은 맛과 냄새가 없으며 흰색 입자 형태로 물에 녹지 않고 물보다 비중이 커(1.65) 물에서 백색 침전으로 가라앉으며 요오드를 가하면 청색을 띤다. 전분은 물과 함께 가열하면 팽윤하고, 60~70℃에서 호화되어 투명해지며 점착성을 갖게 된다.

표 3-7 전분구조의 종류와 특성

구분	아밀로오스	아밀로펙틴
모양	직선형의 분자구조로 포도당이 6개 단위로 된 나선형	가지를 친 분자구조로 전체적으로 나뭇가지 모양
결합방식	50~3,000개의 포도당이 α-1,4결합(말토오스 결합양식)	300~3,000개의 포도당이 α-1,4 및 α-1,6결합(이소말토오스 결합양식)
분자량	40,000~340,000	4,000,000~6,000,000
요오드 반응	청색	자색
수용액에서의 안정도	노화	안정
용해도	잘 녹음	거의 녹지 않음
X선 분석	고도의 결정성	무정형
호화반응	쉬움(직선구조)	어려움(가지모양)
노화반응	쉬움	어려움
포접화합물	형성함	형성 안함
함량	전분의 0~20%	전분의 80~100%

전분은 녹말이라고도 하고 곡류나 감자류 등에 저장되어 있으며, 식물의 종류에 따라 그 모양과 크기가 다르다(그림 3-14).

(2) 전분의 분자구조

전분은 수많은 포도당이 다수 결합된 것이며 분자식은 $(C_6H_{10}O_5)_n$으로 표시된다. 전분은 포도당이 α-1,4결합으로 연결된 아밀로오스(amylose)와 아밀로오스 사슬 군데군데에서 α-1,6결합에 의해 가지가 달리는 아밀로펙틴(amylopectin)으로 구성되며 서로 다른 특성을 가진다(표 3-7).

대부분 전분립은 아밀로오스와 아밀로펙틴의 함량 비율이 20 : 80 정도로 구성되어 있으나 찹쌀, 찰옥수수, 차조 등의 찰전분은 거의 아밀로펙틴만으로 되어 있으며 이와 반대로 아밀로오스의 함량이 많은 것도 있다.

① 아밀로오스

아밀로오스는 α-포도당이 α-1,4결합만으로 연결된 긴 사슬 모양(straight chain)으

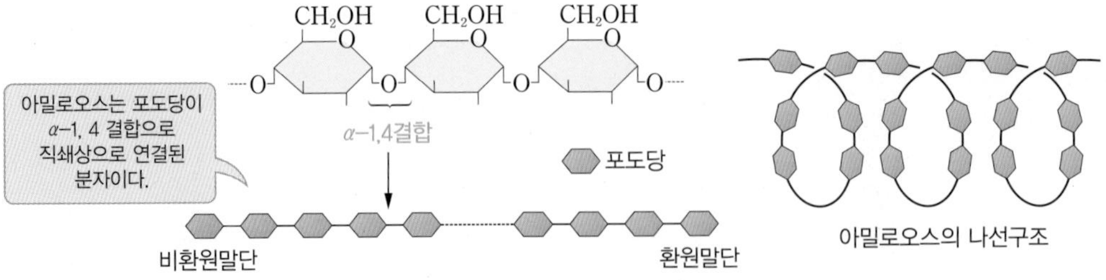

그림 3-15 아밀로오스의 구조

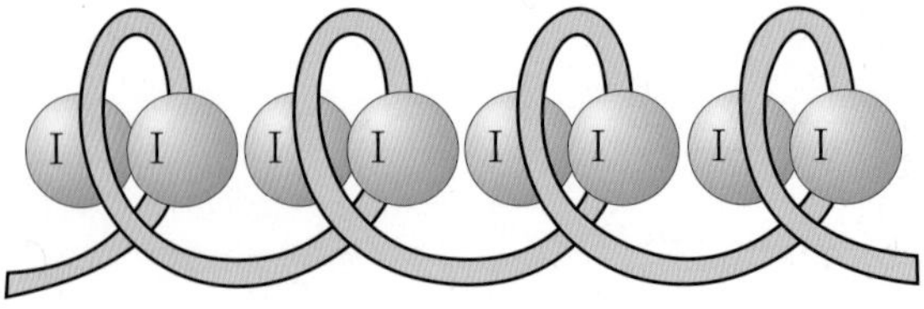

그림 3-16 아밀로오스의 요오드 반응

로 중합된 것인데 α-포도당은 대개 6~7분자마다 한 번씩 감으면서 길게 연결된 나선상 구조(α-helical form)의 모양을 이루고 있다(그림 3-15).

아밀로오스 분자는 가지, 즉 곁사슬(side chain)이 없으므로 직선상의 분자(linear molecule)로 나타내고 있다.

아밀로오스는 나선의 내부 공간에 지방산 분자나 요오드 분자가 들어가서 포접화합물(inclusion compound)을 형성하는 경우가 있다. 이 포접화합물은 특유한 청색의 요오드 정색반응을 나타내며 아밀로오스의 사슬 길이가 길수록 색깔은 짙어진다(그림 3-16).

② 아밀로펙틴

α-포도당이 α-1,4결합으로 연결된 아밀로오스의 사슬 군데군데에 다른 아밀로오스 사슬이 α-1,6결합에 의해서 가지(branch)를 지닌 구조이며, 포도당 18~27개마다 1개의 가지를 갖게 된다. 전체로는 공 모양의 분자형태를 이루며, 더운물에는 녹지 않으나 가열하면 호화한다.

아밀로펙틴은 나선상의 형태를 이루고 있지 않으므로 포접화합물을 형성하지 않으

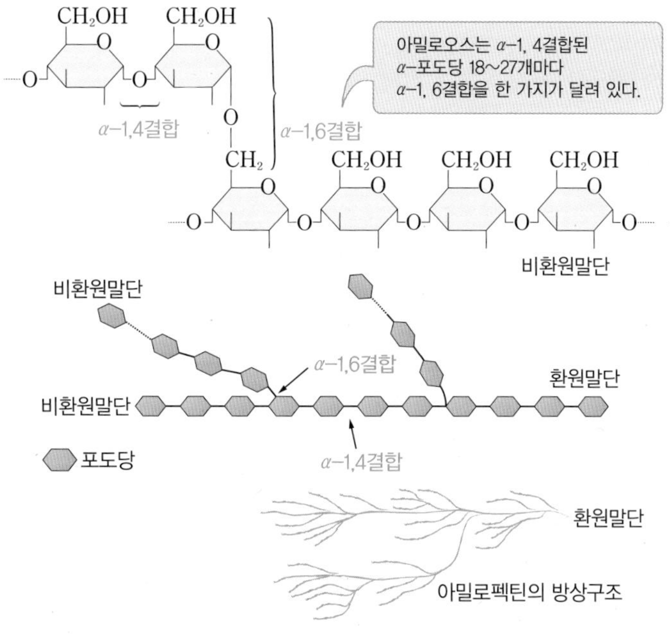

그림 3-17 아밀로펙틴의 구조

며 요오드와 거의 반응하지 않고 아밀로오스와 달리 정색반응에 의한 빛깔은 자주색이다. 아밀로펙틴의 전체적인 분자형태는 나무 모양, 즉 수상의 형태를 가진 메이어(Meyer)의 모델로 나타난다. 아밀로펙틴 분자는 보통 1,000여 개 이상의 포도당의 구성단위로 구성되어 있다(그림 3-17).

③ 전분 분해효소

전분을 가수분해하는 효소에는 α-아밀라아제, β-아밀라아제와 gluco-아밀라아제가 있다(그림 3-18, 표 3-8).

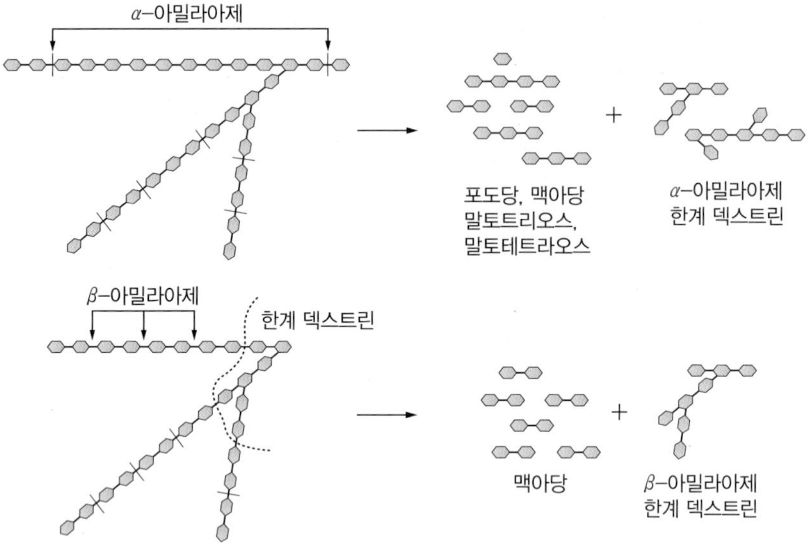

그림 3-18 α–아밀라아제와 β–아밀라아제의 작용

표 3-8 전분 분해효소

종류	소재 및 특성
α–아밀라아제 (α–amylase)	• 타액(침), 췌장액, 발아 중인 종자들, 미생물 등에 존재한다. • 전분 분자들의 α–1,4결합을 무작위로 가수분해하여 덱스트린(dextrin)을 형성하며, 계속해서 맥아당과 포도당으로 분해한다. • 아밀로펙틴의 α–1,6결합에는 작용하지 못하므로 α–아밀라아제 한계 덱스트린이 생성된다. • 전분분자들을 가수분해하여 용액상태로 만드므로 액화효소라고도 한다. • 전분을 가수분해하여 물엿 또는 결정포도당을 만들 때 이용된다.
β–아밀라아제 (β–amylase)	• 감자류, 곡류, 두류, 엿기름, 타액에 존재한다. • 전분분자들의 α–1,4결합을 끝에서부터 맥아당 단위로 순서대로 가수분해하여 맥아당이 생성된다. • 아밀로펙틴의 α–1,6결합에는 작용하지 못하므로 β–아밀라제 한계 덱스트린이 생성된다. • 전분을 가수분해하여 단맛이 증가되므로 당화효소라고도 한다.
gluco–아밀라아제 (glucoamylase)	• 동물의 간조직과 각종 미생물에 존재한다. • 전분분자들의 α–1,4결합, α–1,6결합, α–1,3결합까지도 포도당 단위로 끝에서부터 순서대로 가수분해하여 직접 포도당을 생성한다. • 아밀로오스는 100% 분해하고 아밀로펙틴은 80~90% 분해한다. • 전분을 가수분해하여 고순도의 결정포도당을 공업적으로 생산하는 데 이용된다.

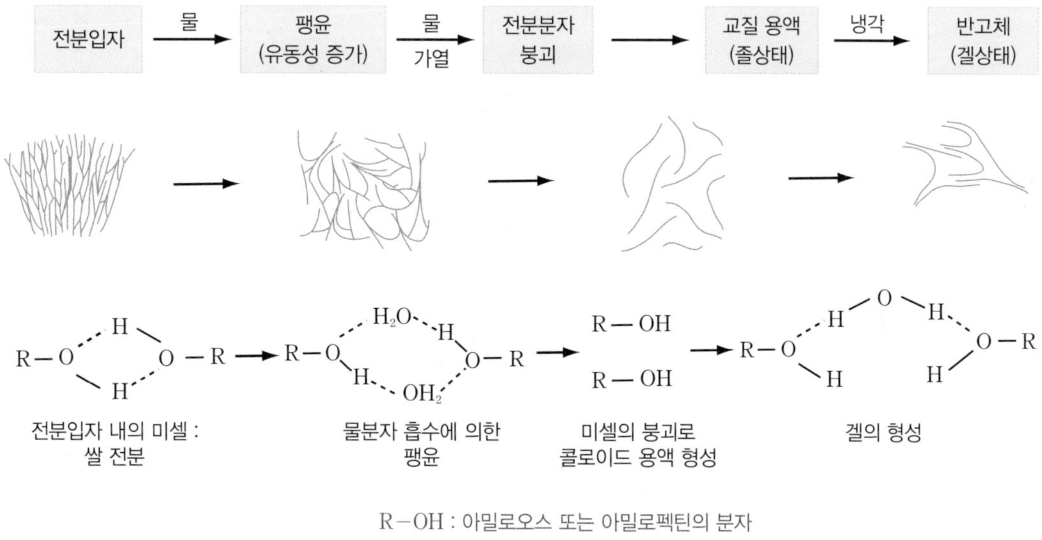

그림 3-19 전분의 호화과정

(4) 전분의 변화

① 호 화

전분을 물과 가열하면 60~80℃에서 전분입자가 파괴되어 풀처럼 된다.

전분입자는 분자 상호 간에 강한 결합력에 의하여 규칙적으로 모여진 미셀(micell) 구조로 되어 있는데 이를 생전분(β−전분)이라 하며, 미셀구조가 흐트러진 전분을 호화전분(α−전분)이라 한다. β−전분에서 α−전분으로 변화하는 것을 교질화, 호화(gelatinization) 또는 α화라 하며 호화과정은 그림 3-19와 같다.

[호화과정]

- **제1단계 수화현상(hydration)** : 전분을 물에 담그면 미셀을 형성하고 있는 아밀로오스나 아밀로펙틴 분자들 사이로 물 분자가 스며들어 수화된다. 즉, 전분입자들이 중량의 20~30%의 물을 가역적으로 흡수하고 건조하면 원상태로 회복되는 과정이다.
- **제2단계 팽윤(swelling)** : 전분 현탁액의 온도가 상승하면 계속 수분을 흡수하고 팽윤하여 분자들 사이의 간격이 늘어나 붕괴하기 전까지 중량의 25배의 수분을 비가

표 3-9 전분의 호화에 영향을 주는 요인

종류	요인
전분의 종류	• 입자의 크기가 작은 전분(쌀, 수수 등)이 입자의 크기가 큰 전분(감자, 고구마 등)보다 호화 온도가 높다(쌀 98℃, 감자 70℃). • 아밀로펙틴의 함량이 높을수록 호화속도는 느리다.
수분 함량	• 물분자가 전분입자 안으로 흡수되면 전분입자가 팽윤되므로 수분 함량이 높으면 호화가 촉진된다.
pH	• 전분분자들 사이의 수소결합은 산·알칼리에 의해서 크게 영향을 받는데, 특히 알칼리성일수록 호화는 촉진되고 노화는 지연된다.
온도	• 호화 최저 온도는 전분의 종류나 수분의 양에 따라 다르나 약 60℃ 전후이며 온도가 높으면 호화시간은 단축된다.
염류	• 염류는 수소결합에 영향을 주므로 거의 대부분의 염류는 전분의 호화를 촉진시킨다. 그러나 황산염은 호화를 억제시킨다.

역적으로 흡수한다.

- **제3단계 콜로이드(colloid) 형성** : 온도가 계속 상승하여 전분이 호화 온도에 도달하면 수용성 아밀로오스가 전분입자 밖으로 빠져나가 붕괴되고 현탁액은 졸(sol)상태의 교질용액으로 변한다. 이 교질 용액을 급속히 냉각하면 반고체의 겔이 형성되며 서서히 냉각하면 전분분자들은 침전하여 규칙성을 가진 형태를 회복한다. 만약 이때 겔을 가열하면 가역적인 졸상태로 돌아간다.

[호화에 영향을 미치는 요인]

전분의 호화에 영향을 마치는 요인으로는 전분의 종류·내부구조와 크기·형태, 아밀로오스와 아밀로펙틴의 함량, 수분함량, pH, 온도, 염류 등이 있다(표 3-9).

② 노 화

호화된 α-전분을 낮은 온도에 장시간 방치하면 전분입자가 모이면서 점차 규칙적인 미셀구조로 되돌아가 β-전분이 된다. 이 과정을 노화(retrogradation) 또는 β화라 한다. 이때 X-선 회절도는 α-전분의 V형에서 다시 β-전분의 회절도로 바뀐다.

그림 3-20 전분의 호화와 노화

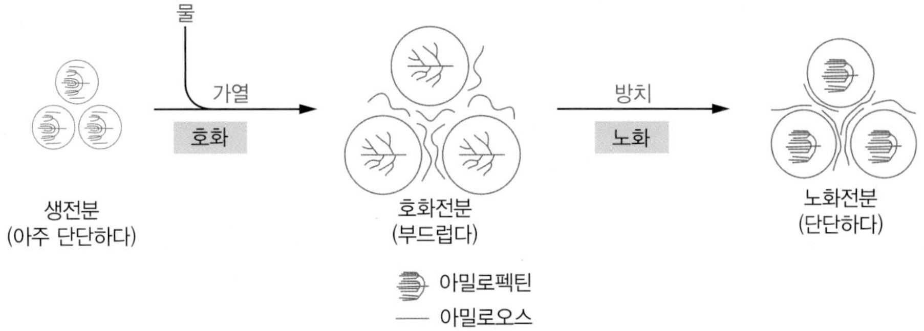

그림 3-21 전분의 호화·노화 모델

[노화과정]

호화상태에서 불규칙적인 배열을 하고 있던 졸상태의 전분입자들이 온도가 낮아지면 전분분자의 운동이 줄어들어 결정화되어 반결정상태의 침전을 형성하므로 겔상태의 미셀구조로 다시 되돌아가게 된다(그림 3-20, 그림 3-21).

[노화에 영향을 미치는 요인]

전분의 노화에 영향을 주는 요인으로는 전분의 종류, 수분함량, pH, 온도, 염류 등이 있다(표 3-10).

[노화억제]

전분의 노화 억제방법으로는 수분함량 조절, 온도 조절, 설탕의 첨가 또는 유화제 첨가 등이 있다(표 3-11).

표 3-10 전분의 노화에 영향을 주는 요인

종류	요인
전분의 종류	• 전분입자의 크기가 작으면 노화되기 쉽다. 예 쌀, 밀, 옥수수 등의 곡류 전분은 감자, 고구마, 타피오카 등의 근경류 전분보다 노화되기 쉽다. • 아밀로오스는 직선상의 분자로 입체장애가 없으므로 노화되기 쉽고, 아밀로펙틴은 가지형태의 입체장애 때문에 노화되기 어렵다. 예 찹쌀이나 찰옥수수 등의 녹말은 노화되기 어렵다.
수분 함량	• 전분의 수분 함량 30~60%에서 노화가 잘 일어난다. • 수분이 10% 이하이거나 60% 이상이면 노화가 억제된다. • 자당을 첨가하면 자당이 탈수제로 작용하기 때문에 노화가 억제된다.
pH	• 일반적으로 산성에서는 노화가 촉진되나 강산성일 때는 노화가 지연된다.
온도	• 0~5℃의 냉장온도에서 아밀로오스 분자들의 회합, 침전 등이 촉진되므로 노화가 잘 일어난다. • 60℃ 이상이거나 자유수가 얼음이 되는 −2℃ 이하에서는 아밀로오스 분자들의 노화가 잘 일어나지 않는다.
염류	• 황산염을 제외한 무기염류는 노화를 억제한다. • 음이온은 $CNS^- > PO_3^- > CO_3^{2-} > I^- > NO_3^-$ 순으로, 양이온은 $Ba^{2+} > Sr^{2+} > Ca^{2+} > K^+ > Na^+$ 순으로 호화를 촉진하고 노화를 억제한다.

표 3-11 전분의 노화억제

방법		응용한 식품의 예
수분 (15% 이하)	고온(80℃ 이상)	α화미, 팽화미, 쿠키, 비스킷, 과자, 건빵, 라면, 건조미
	급속냉동(0℃ 이하)	냉동쌀밥, 냉동면
온도	보온(60℃ 이상)	보온밥솥의 밥
첨가물	다량의 당 첨가	양갱(탈수제로 작용)
	유화제 첨가	빵(전분 콜로이드 용액의 안정성 증가)

(5) 전분의 호정화

전분을 수분 첨가 없이 고온, 즉 150~190℃ 정도로 가열하면 전분분자 자체의 수분에 의하여 가용성의 덱스트린이 생성된다(그림 3-22). 이러한 과정을 호정화(dextrinization)라 한다. 호정(dextrin)은 물에 잘 녹고 소화가 잘 된다. 호정화된 식품으로는 비스킷, 팽화곡류(puffed cereal), 토스트 등이 있다.

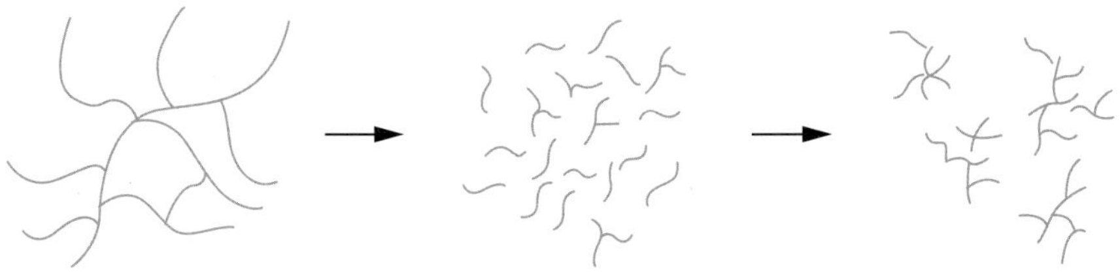

그림 3-22 전분의 호정화

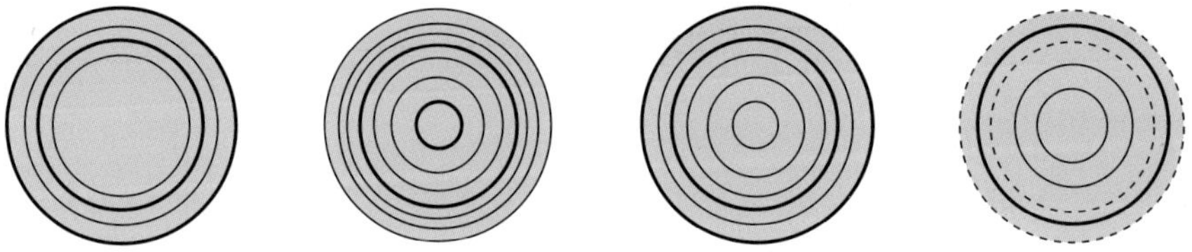

그림 3-23 전분의 X-선 회절도

(6) 전분의 X선 회절도

전분분자들은 규칙적인 배열로 미셀을 형성하고 있는데 이 규칙적인 배열이 결정성 영역(crystalline region)이다. 이 부분에 X-선을 조사하면 산란현상을 일으켜서 반점이나 동심원륜선을 나타내는 X-선 회절도형을 보여 준다(그림 3-23).

A형은 곡류 전분(옥수수, 쌀, 밀), B형은 찰옥수수를 제외한 옥수수 전분 또는 감자와 같은 근경류 전분, C형은 고구마, 칡, 타피오카 등의 전분에서 나타난다.

한편, 호화 전분은 미셀구조가 파괴되어 규칙적인 배열 부분인 결정성 영역이 없어지고 배열이 불규칙적으로 변하여 V형을 나타낸다.

당류의 캐러멜화

당류를 가열하여 융점 이상이 되면 점조성의 적갈색 물질로 변하는 현상을 캐러멜화(caramelization)라 하고, 이 색소를 캐러멜(caramel)이라 한다.
자당을 가열하면 갈색의 캐러멜이 된다. 이 갈색 물질은 식품가공 시 독특한 향미와 색을 준다. 자당은 160~180℃, 포도당은 147℃에서 분해되기 시작한다.

2) 덱스트린

덱스트린(dextrin)은 전분을 묽은 산 또는 효소로 가수분해할 때 생성되는 전분의 가수분해 중간산물로 전분이 가수분해될 때 그 진행 정도에 따라 아밀로덱스트린(amylodextrin), 에리트로덱스트린(erythrodextrin), 아크로덱스트린(achrodextrin), 말토덱스트린(maltodextrin) 등이 만들어지며, 나중에는 맥아당과 포도당이 된다.

덱스트린은 일반적으로 물에 녹고, 전분처럼 겔을 형성하지 않으며 단맛이 있다. 물엿에는 약 40%의 덱스트린이 들어 있다.

덱스트린에 요오드를 반응시키면 아밀로덱스트린은 청색 반응을 나타내지만 에리트로덱스트린, 아크로덱스트린, 말토덱스트린은 요오드 반응을 나타내지 않는다.

3) 이눌린

이눌린(inulin)은 돼지감자, 다알리아의 뿌리, 백합 뿌리 등에 들어 있는 다당류로 과당의 중합체다.

사람은 이눌린을 분해하는 소화효소가 없기 때문에 식품으로서의 가치는 없으나 과당의 제조 원료로 쓰인다.

4) 글루코만난

글루코만난(glucomannan)은 만난(mannan)이라고도 하며 포도당과 만노오스가 약 1:2로 결합된 것이다. 구약감자의 분말로 만든 곤약의 주성분이며 인체에서 거의 흡수되지 않기 때문에 저칼로리 식품의 원료로 사용된다.

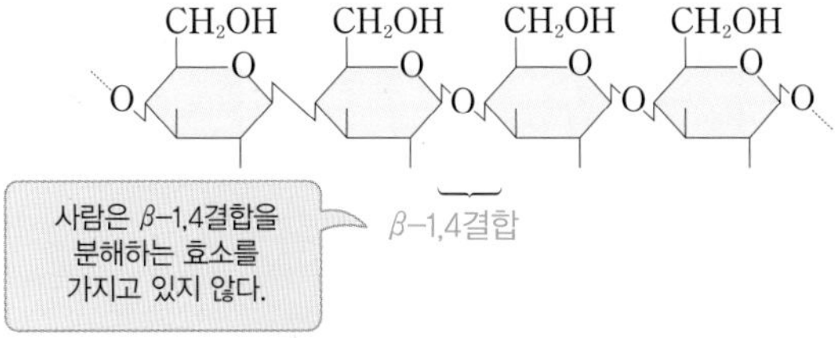

그림 3-24 섬유소의 구조

5) 섬유소

섬유소(cellulose)는 자연계에 널리 분포되어 있는 다당류인데 주로 식물성 세포벽의 주성분을 이루며, 어린 잎에는 약 10%, 목재에는 약 50%, 솜에는 90% 이상의 섬유소가 들어 있다. 섬유소는 포도당이 β–1,4결합에 의하여 직쇄상으로 연결되어 있는 구조이다(그림 3-24).

초식동물은 사료 중의 섬유소를 장(腸)내의 세균에 의해 분해하여 일부 흡수 이용하고 있다. 그러나 사람은 이것을 소화시키는 효소가 없기 때문에 영양적인 가치는 없으나 장관의 운동을 자극하여 변통을 좋게 하는 효과가 있다.

근래에는 섬유소를 염산으로 분해하여 결정섬유소를 만들어 식품첨가물로 이용하고 있다. 즉, 결정섬유소는 소화되지 않고 염색이 잘 되며, 보향성이 좋기 때문에 저칼로리 식품을 만들 때 넣거나, 착색 안료를 만들어 식품을 착색시킨다. 또한 휘발성이 강한 향기를 흡착·유지시키는 데에도 이용한다. 섬유소의 β–1,4결합은 수분 존재하에 가열하거나 산, 알칼리 또는 섬유소 가수분해효소(cellulase)에 의해서 가수분해된다.

식이섬유소

- **불용성 식이섬유소 : 셀룰로오스, 헤미셀룰로오스, 리그닌**
  - 현미·통밀·호밀 등 모든 식물의 줄기나 곡류의 겨층에 존재
  - 분변량 증가, 배변 촉진, 포도당 흡수 지연
- **수용성 식이섬유소 : 펙틴, 검, 헤미셀룰로오스 일부, 점액질**
  - 감귤류·사과·바나나·보리·키위·두류·해조류 등에 존재
  - 위·장 통과 지연, 포도당 흡수 지연, 혈청콜레스테롤 감소

6) 헤미셀룰로오스

헤미셀룰로오스(hemicellulose)는 화학구조나 성분은 규명되어 있지 않으나 식물의 세포벽 성분 중에서 셀룰로오스(cellulose)를 뺀 여러 가지 다당류의 혼합물이다.

헤미셀룰로오스는 알칼리에 잘 녹으며 비섬유상이고 무정형 물질로 존재한다. 셀룰로오스는 가수분해하면 포도당을 생성하지만 헤미셀룰로오스는 자일로오스(xylose)를 생성한다.

7) 펙틴 물질

펙틴 물질(pectic substance)은 식물의 뿌리, 과일이나 해조류 등에 함유되어 있다. 식물조직의 세포벽 사이에 존재하여 세포를 결착시켜 주는 물질로 작용하여 벽돌 사이에 시멘트 같은 역할을 하므로 채소류나 과일류의 가공·저장 중의 조직이나 신선도를 유지하는 역할을 한다. 특히 펙틴은 분자 내 친수성기가 많아 물분자에 의해 수화되는 힘이 강하므로 당과 산의 존재하에 겔을 형성한다. 사과, 감귤류, 사탕무 등에는 특히 펙틴 함량이 많아 pH 3.0~3.5 및 50% 이상의 당과 함께 가열하면 젤리화하는 성질이 있으므로 잼이나 젤리, 마멀레이드(mamalade)를 만드는 데 이용한다.

표 3-12 펙틴 물질의 종류와 특징

<table>
<tr><th>종류</th><th colspan="2">특징</th></tr>
<tr><td>프로토펙틴(protopectin)</td><td colspan="2">• 덜 익은 과일에 있다.
• 불용성으로 겔 형성 능력이 없다.
• 과일·채소가 익어감에 따라 프로토펙티나아제에 의해 가수분해되어 수용성 펙틴과 펙틴산으로 된다.</td></tr>
<tr><td>펙틴산(pectinic acid)</td><td rowspan="2">• 성숙한 과일에 있다.
• 수용성으로 겔 형성 능력이 있다.</td><td>• 분자 속의 카르복실기(−COOH)가 일부 메틸에스테르(−$COOCH_3$)의 형태로 존재한다.</td></tr>
<tr><td>펙틴(pectin)</td><td>• 펙틴산, 펙틴산의 중성염과 산성염 또는 그 혼합물에 대한 총칭이다.</td></tr>
<tr><td>펙트산(pectic acid)</td><td colspan="2">• 과숙한 과일에 있다.
• 수용성이나 찬물에 녹지 않으며, 겔 형성 능력이 없다.
• 분자 속의 카르복실기(−COOH)가 전혀 메틸에스테르(−$COOCH_3$)의 형태로 되어 있지 않으며, 중성염이나 산성염 혹은 그들의 혼합물로 존재한다.</td></tr>
</table>

(1) 펙틴 물질의 구조와 종류

펙틴 물질의 기본구조는 α−D−갈락투론산(α−D−galacturonic acid)이 α−1,4결합으로 연결된 직선상 고분자이며, α−나선상의 형태(α−helical form)를 갖고 있다. 펙틴 물질의 종류에는 불용성인 프로토펙틴과, 수용성인 펙틴산, 펙틴, 펙트산 등이 있다(표 3-12).

(2) 펙틴겔의 형성

α−D−갈락투론산의 카르복실기(−COOH)는 메틸기(−CH_3)와 결합하여 메틸에스테르(methylester)화 되거나, 나트륨·칼슘 등의 염을 형성할 수 있다(그림 3-25).

이론상 펙틴 분자 속의 모든 유기산기가 메틸에스테르화 되었다면 메톡실(methoxyl, −CH_3)기 함량은 약 16.32%이지만 실제로 메톡실기의 최대 함량은 14%이다. 따라서 그 중간값을 기준으로 하여 메톡실기가 7% 이하일 때는 저메톡실펙틴, 7% 이상일 때는 고메톡실펙틴이라 하며, 각각은 겔을 형성하는 과정이 매우 다르다.

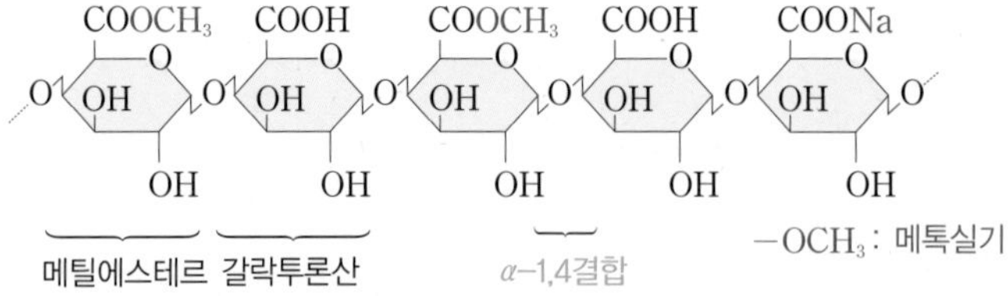

그림 3-25 펙틴의 구조

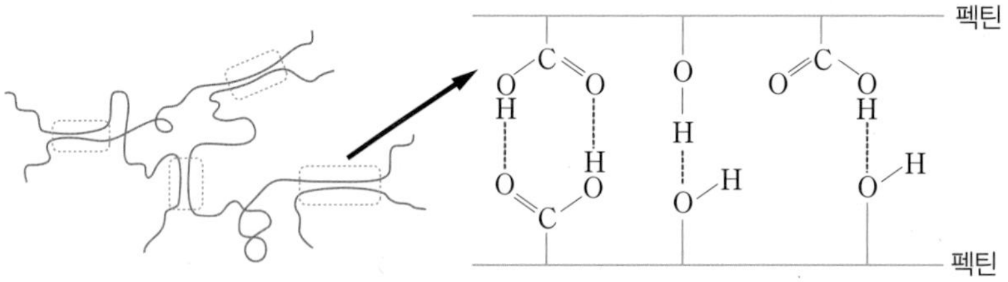

그림 3-26 고메톡실펙틴의 겔화 구조

① 고메톡실펙틴겔

고메톡실펙틴 용액에 설탕과 산을 첨가하면 겔을 형성한다(그림 3-26). 첨가된 설탕분자에 의하여 펙틴분자에 수화되어 있는 물분자가 탈수되면서 안정 상태가 파괴되고 침전되기 쉬운 상태가 된다. 또한 양전하인 산을 첨가하면 음전하를 가진 펙틴분자의 COO^-와 결합하여 전기적으로 중성이 되고, 이웃한 펙틴분자들과 수소결합하여 겔 구조를 안정시켜 준다.

② 저메톡실펙틴겔

저메톡실펙틴 용액에 Ca^{2+}, Mg^{2+} 등 2가 이상의 금속 양이온이 존재하면 당과 산이 적어도 펙틴 분자의 COO^-가 이들 금속이온과 이온결합을 하여 약한 망상구조의 겔을 형성한다(그림 3-27).

(3) 펙틴 분해효소

펙틴 분해효소 중 대표적인 것으로는 프로토펙티나아제, 펙틴 메틸에스터라아제와 폴리갈락투로나아제가 있다(그림 3-28, 표 3-13).

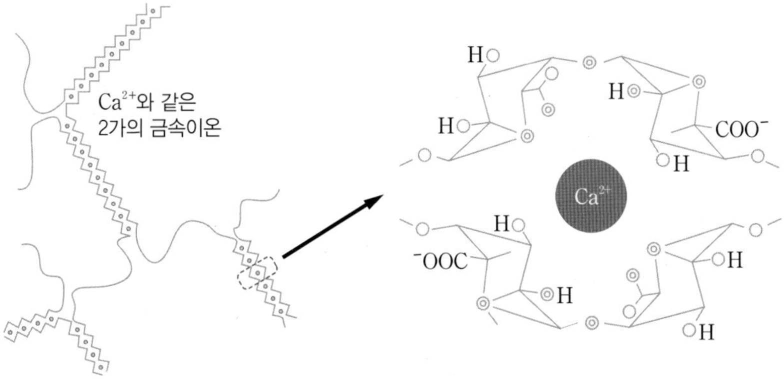

그림 3-27 저메톡실펙틴의 겔화 구조

표 3-13 펙틴 가수분해효소

종류	특성
프로토펙티나아제 (protopectinase)	• 식물조직 내 세포벽 사이에 존재하며 과일이 익어감에 따라 불용성인 프로토펙틴을 가수분해하여 수용성인 펙틴으로 만들어주는 효소이다. • 이 효소에 의해 과일의 조직이 먹기 좋게 연해진다.
펙틴(메틸)에스터라아제 (pectin(methyl)esterase) 또는 펙타아제 (pectase)	• 펙틴의 메틸에스테르 결합을 가수분해하는 효소로 감귤의 껍질, 곰팡이 등에 존재한다. • 이 효소에 의해 과실이나 채소의 조직은 더 단단해질 수 있으며, 포도주 등의 발효과정에서는 메탄올이 형성되기도 한다.
폴리갈락투로나아제 (polygalactronase)	• 갈락투론산 분자를 가수분해시켜 분자의 크기를 감소시키는 효소이다. • 미생물 또는 고등식품에 존재하며, 절임식품의 연부현상을 일으킨다.

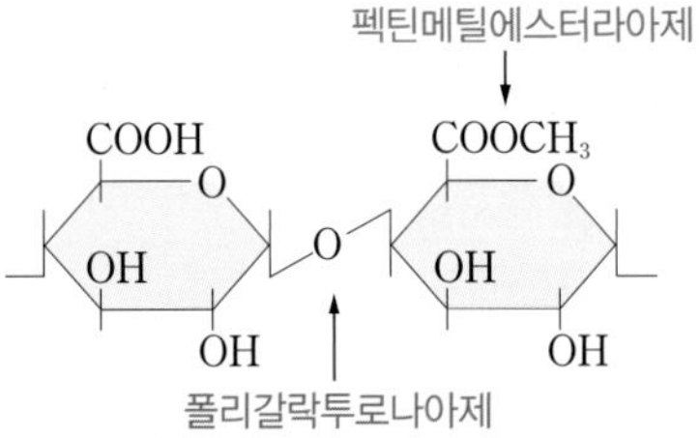

그림 3-28 펙틴 분해효소

8) 글리코겐

글리코겐(glycogen)은 동물의 저장 탄수화물로 간, 근육에 많으며 조개류, 효모, 미생물에도 들어 있다.

글리코겐의 구조는 아밀로펙틴과 비슷하나 가지가 더 많고 길이는 더 짧다. 구성단위는 포도당만으로 되어 있으며 α-포도당이 α-1,4결합으로 이어진 중합체나 포도당 8~16개마다 α-1,6결합을 가지므로 분자형태는 공과 같은 구형이다.

요오드와 반응하여 적갈색을 나타내므로 청색의 정색반응은 일으키지 않으며 호화나 노화현상도 없다. 글리코겐은 무정형의 분말로 맛과 냄새가 없으며 찬물에 녹아 교질용액이 된다.

9) 키 틴

키틴(chitin)은 새우, 게 등의 껍질에 존재하는 단단한 갑각 성분이다.

최근에는 이 키틴을 이용하여 여러 가지 생리활성효소로 인정되는 키토산(chitosan)을 만들어 건강보조식품 등 여러 용도로 이용하고 있다. 그러나 비용이 많이 들어 최근에는 미생물을 배양하여 키토산을 생산하는 연구를 하고 있다.

키토산은 중금속 흡착제, 점도조절제, 접착제, 응집제로 이용되어 왔는데 최근에는 항균활성, 항암성, 면역활성, 콜레스테롤 저하 등의 효과가 보고되어 그 이용이 증가되고 있다.

10) 황산콘드로이틴

황산콘드로이틴(chondroitin sulfate)은 연골의 주성분인 N-아세틸갈락토사민, 우론산, 황산으로 이루어진 다당류이다. 콘드로이틴은 인체의 관절과 연골, 피부, 혈관벽 등에 존재하는 생리활성 물질로 관절 연골에 영양을 공급하고 물리적인 충격과 스트레스를 흡수시켜 주는 유액이 연골에 머물도록 한다.

11) 아라비아검

아라비아검(arabia gum)은 아카시아과의 수액에 들어 있는 다당류로 주로 칼슘, 마그네슘, 칼륨과 염을 만들고 있으며 강한 겔을 만드는 성질이 있어서 과자류 제조에 안정제로 쓰인다.

12) 구아검

구아검(guar gum)은 콩과 식물의 종자에서 얻어진다. β-만노오스의 직쇄에 D-갈락토오스가 만노오스 2개마다 α-1,6결합을 통하여 곁가지로 결합되어 있다. 냉수에 잘 녹으며, 1% 이하의 낮은 농도에서 농후한 용액을 만든다. 아이스크림 증점제, 샐러드 드레싱과 소스의 안정제 및 증점제로 사용된다.

13) 한 천

한천(agar)은 홍조류인 우뭇가사리에서 추출된 다당류로 갈락토오스로 된 복합다당류 갈락탄(galactan)이다. 한천은 홍조류를 건조한 후 뜨거운 물에 녹여 동결건조시켜서 만든다. 겔 형성력이 좋은 아가로오스(agarose)와 아가로펙틴(agaropectin)의 두 성분으로 되어 있다. 한천은 고온에서 잘 견디고 겔 형성능력이 강해 빵이나 과자류의 안정제, 젤리나 양갱의 원료로 이용된다.

미생물 배양배지에서 고체상태를 유지시키기 위해서도 사용되며, 사람은 한천을 소화할 수는 없으나 물을 흡수하면 팽창하기 때문에 장을 자극하여 변통을 좋게 하는 효과가 있다.

14) 알긴산

미역이나 다시마와 같은 갈조류의 세포벽 성분의 다당류이며, 갈조류에서 추출된 알긴(algin)은 알긴산(alginic acid)의 염이다. 아이스크림이나 냉동과자의 안정제로 쓰인다.

15) 카라기난

카라기난(carrageenan)은 홍조류에 들어 있는 다당류로 세포벽의 구성 성분이다. 단백질 분자 등과 반응하면 점도가 증가하고 겔을 만들어 유탁액이나 현탁액을 안정화하는 작용이 있다. 그러므로 잼, 젤리, 아이스크림, 기름의 유화 등에 안정제로 쓰인다.

16) 덱스트란

α-글루코오스가 α-1,6결합으로 연결된 다당류로서, 루코노스톡(Leuconostoc)에 속하는 세균이 설탕 또는 과당을 소비하여 점성의 덱스트란을 생성한다.

김치를 담글 때 설탕을 많이 넣으면 덱스트란이 많이 생성되어 국물이 걸쭉해진다.

17) 잔탄검

잔탄검(xantan gum)은 *Xanthomonas campestris*균에서 생산되는 다당류이다. D-포도당이 β-1,4결합을 하고 직쇄에 D-만노오스, D-글루쿠론산, 6-O-아세틸-D-만노오스, 피루브산 등이 결합되어 있다. 물에 잘 녹고, 낮은 농도에서 점도가 높은 용액을 만든다. 높은 온도, 염류나 산에 안정하므로 오렌지주스의 현탁질 안정제, 과일파이 필링의 안정제, 냉장 샐러드 드레싱의 유동성 보존제 등으로 이용된다.

18) β-글루칸

포도당이 β-1,3 글리코시드 결합에 의해 중합된 다당류로 체내에서 합성되지 못하므로 보리, 귀리, 버섯, 흑곰팡이, 효모 등을 통해 섭취할 수 있다. 혈당 강하 및 혈중 콜레스테롤 감소, 지질대사의 개선을 통한 항비만 효과, 항암 효과를 가지며 인체 면역력도 증가시키는 것으로 알려져 있다.

CHAPTER 04

지 질

- 지질의 분류와 구조
- 식용유지 및 유지제품
- 유지의 유화
- 유지의 이화학적 성질
- 유지의 산패와 자동산화

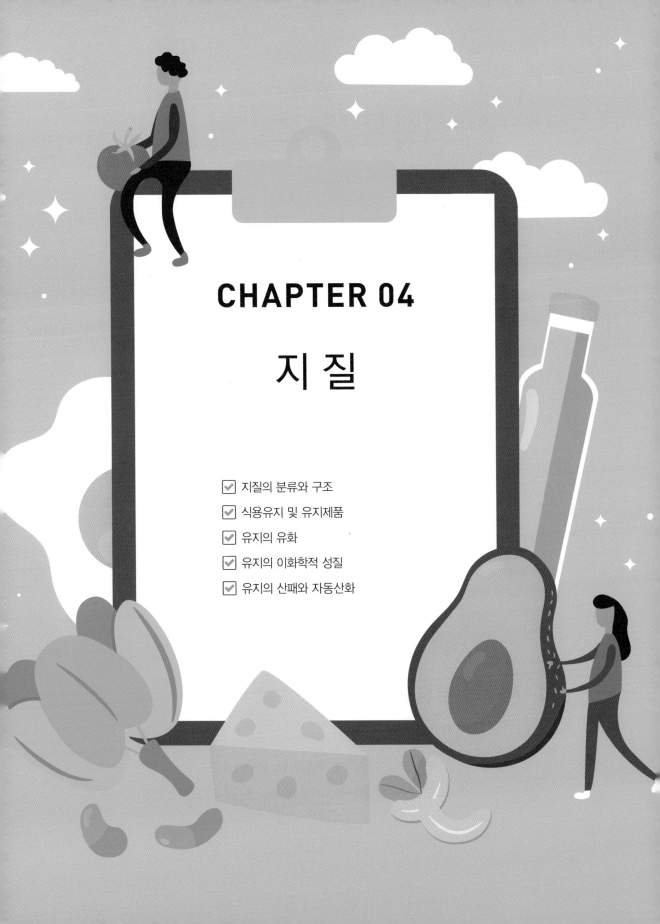

지질(lipid)은 당질과 함께 에너지원과 세포막의 구성성분이 되는 물질이며, 식물의 종자와 동물의 피하조직 등에 주로 존재한다. 지질은 탄소, 수소, 산소의 3원소로 이루어져 있으며, 물에는 녹지 않지만 에테르, 클로로포름, 헥산, 알코올, 아세톤 등의 유기용매에 녹기 쉬운 물질이다. 식품성분표의 지질은 클로로포름과 메탄올로 추출한다. 지질 중에는 트리글리세리드(triglyceride)가 대부분을 차지하므로 식용 유지처럼 트리글리세리드가 많은 것을 지방이라 부르기도 한다.

지질은 높은 연소열을 가져 9kcal/g의 에너지원으로 중요하다. 또 필수지방산의 공급원이며, 지용성 비타민(비타민 A, D, E 등)을 함유하고 있다. 트리글리세리드는 탄소와 수소에서 만들어지고 산소를 많이 함유하므로 많은 에너지를 응축하여 비축하고 있다. 또 열전도가 나쁘므로 체온을 유지하고 탄력성을 가지므로 쿠션 역할을 하여 체내의 장기를 보호한다.

상온에서 액체인 것을 유(油, oil), 고체인 것을 지(脂, fat)라 부르며, 유지라는 말은 지질과 똑같은 의미로 사용된다. 지질의 성질은 결합하고 있는 지방산의 종류와 양에 의해 결정된다. 포화지방산을 많이 함유하고 있는 것(쇠기름, 돼지기름등의 동물성 유지와 야자유)은 일반적으로 고체이고, 식물성 기름은 불포화지방산이 많으며 액체이다.

가시지방과 비가시지방

가시지방은 기름, 마가린, 버터, 라드, 쇼트닝같은 정제된 유지제품들이며, 비가시지방은 육류, 생선, 유제품, 견과류, 씨앗 등과 같이 식품에 본래부터 들어 있는 숨겨진 지방이다.

1. 지질의 분류와 구조

지질은 구성성분에 따라 크게 단순지질, 복합지질, 유도지질로 나눌 수 있다. 단순지질의 트리글리세리드는 동물 체내에서는 지방조직에 에너지 저장체로 존재하고 복합

표 4-1 지질의 분류와 특징

종류			특징	예
단순지질	중성지질		글리세롤과 지방산의 에스테르	트리글리세리드, 디글리세리드, 모노글리세리드
	왁스		고급 1가 알코올과 고급지방산의 에스테르	밀랍, 경랍
	스테롤에스테르		스테롤과 지방산의 에스테르	–
복합지질	인지질	글리세로인지질	글리세롤, 지방산, 인산이 결합한 지질	레시틴, 세팔린
		스핑고인지질	스핑고신, 지방산, 인산이 결합한 지질	스핑고미엘린
	당지질	글리세로당지질	글리세롤, 지방산, 당질이 결합한 지질 식물의 엽록체에 존재	디갈락토–디글리세리드
		스핑고당지질	스핑고신, 지방산, 당질이 결합한 지질 동물의 세포막에 존재	갈락토–세레브로시드
	지단백(아미노지질)		단백질과 결합한 지질	–
유도지질	지방산		–	–
	고급 알코올	스테롤	알칼리로 검화한 유지의 불검화물	콜레스테롤, 에르고스테롤
		고급 1가 알코올	왁스를 구성하는 알코올	–
	각종 탄화수소	스쿠알렌	심해 상어의 간유에 존재	–
		지용성 비타민	–	비타민 A, D, E, K
		지용성 색소	–	카로틴

지질은 생체막의 구성성분이다. 유도지질은 단순지질이나 복합지질의 가수분해물로서 대부분은 물에 녹지 않는다.

1) 지방산의 분류

지방산은 탄화수소 사슬의 말단에 1개의 카르복실기(–COOH)와 짝수 개의 탄소(C)를 가진 산으로 단순지질과 복합지질의 구성성분으로 존재한다. 천연에 존재하는 지방산은 대부분 탄소수가 짝수 개이다. 탄소수 4~6개는 짧은 사슬 지방산, 8~12개는

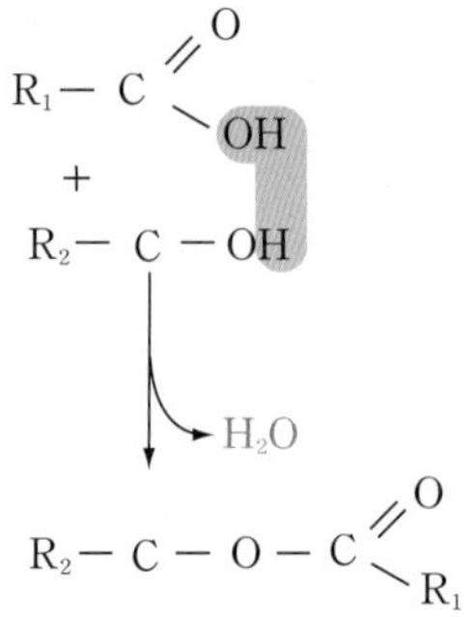

그림 4-1 지질의 생성

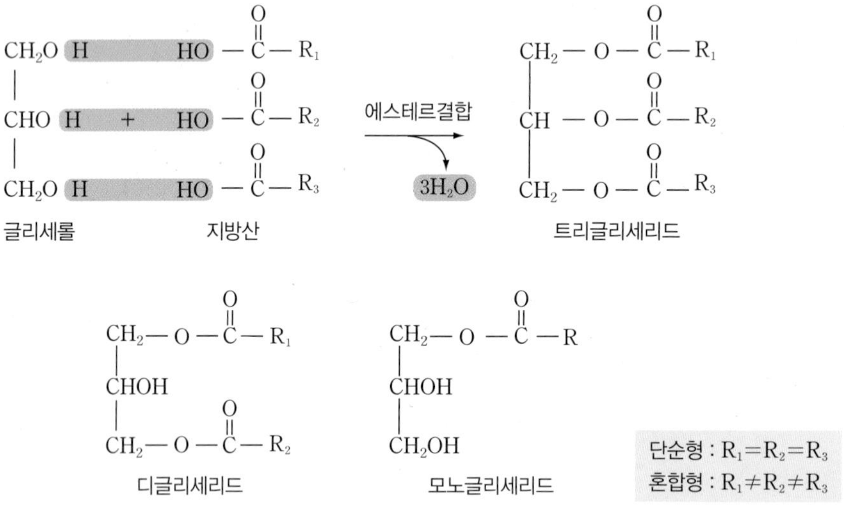

그림 4-2 중성지질의 구조

에스테르와 글리세리드

알코올과 산의 반응으로 물이 분리되는 화합물을 에스테르라 하며, 에스테르 생성반응을 에스테르화(esterification)라 한다.

글리세롤은 −OH가 3개이므로 3가 알코올이다. 글리세롤과 1분자의 지방산(RCOOH)과의 에스테르를 모노글리세리드, 2분자의 지방산과의 에스테르를 디글리세리드, 3분자의 지방산과의 에스테르를 트리글리세리드라 한다.

- 포화지방산 saturated fatty acid (S)

  스테아린산($C_{18:0}$), $CH_3(CH_2)_{16}COOH$

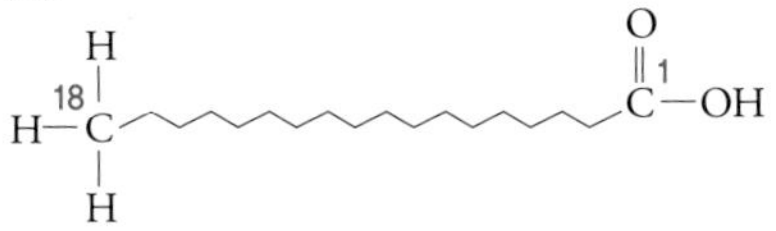

- 1가 불포화지방산 monounsaturated fatty acid (M)

  n-9(ω_9)올레산($C_{18:1}$, Δ^9), $CH_3(CH_2)_7CH=CH(CH_2)_7COOH$

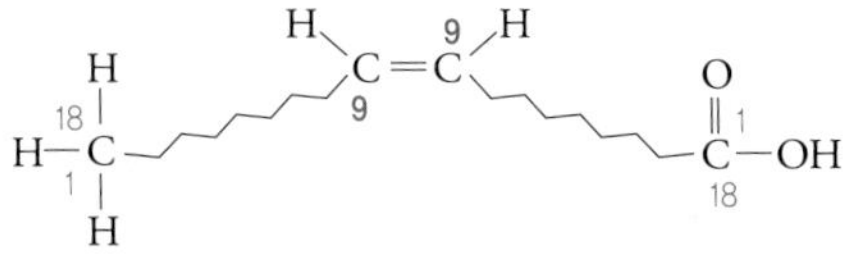

- 다가 불포화지방산 polyunsaturated fatty acid (p)

  n-6(ω_6)리놀레산($C_{18:2}$, $\Delta^{9,\ 12}$), $CH_3(CH_2)_4CH=CHCH_2\ CH=CH(CH_2)_7COOH$

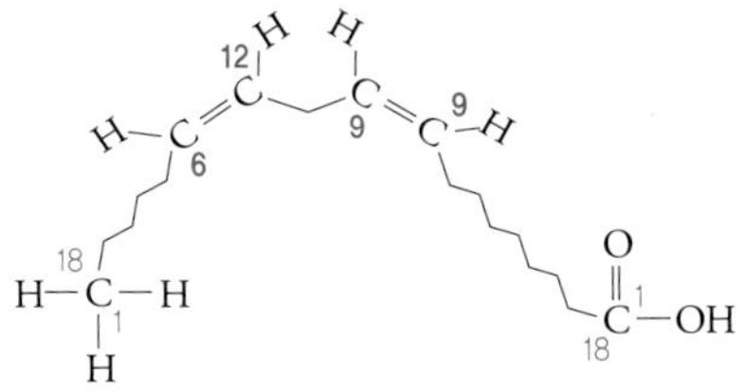

n-3(ω_3)α-리놀렌산($C_{18:3}$, $\Delta^{9,\ 12,\ 15}$), $CH_3CH_2CH=CHCH_2\ CH=CHCH_2\ CH=CH(CH_2)_7COOH$

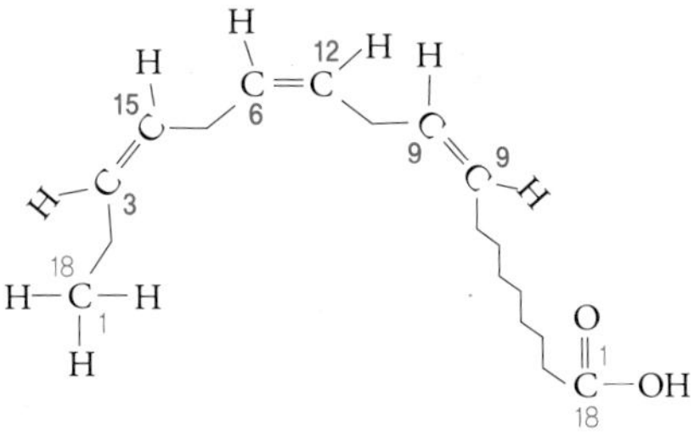

그림 4-3 지방산의 종류와 구조

중간 사슬 지방산, 14~20개는 긴 사슬 지방산, 22개 이상은 매우 긴 사슬 지방산으로 나누며, 식품에 함유되어 있는 지방산은 12~22개의 것이 많다. 지방산은 분자 내에 이중결합이 없는 포화지방산(saturated fatty acid)과 이중결합을 가지는 불포화지방산(unsaturated fatty acid)으로 나누어지며, 불포화지방산은 이중결합을 1개 가지는 1가 불포화지방산(M), 2개 이상 가지는 다가(고도) 불포화지방산(P)으로 분류한다. 영양적으로는 필수지방산과 불필수지방산으로 나눈다.

지방산의 번호 명명과 이중결합의 위치 표시법

〈리놀렌산의 구조식〉

$CH_3-CH_2-CH=CH-CH_2-CH=CH-CH_2-CH=CH-CH_2-CH_2-CH_2-CH_2-CH_2-CH_2-CH_2-COOH$

		15	12	9	4	3	2	1
ω_1	ω_2	ω_3 ……… ω_6		ω_9	γ	β	α	
n_1	n_2	n_3 ……… n_6		n_9				

1. 지방산의 탄소 번호는 카르복실기(−COOH)의 탄소를 1번으로 하여 차례로 2, 3, 4, … 또는 α, β, …로 부른다(IUPAC계통명*).
2. 영양학적으로는 메틸기(CH_3) 말단의 탄소에서 시작하여 최초 이중결합이 몇 번째인가로 표시하는 방법은 계열로 ω탄소, n으로 불린다.
   예) 리놀렌산($C_{18:3}$)의 경우 : 카르복실기(COOH)의 탄소에서 시작하여 9~10번, 12~13번, 15~16번 탄소 사이에 이중결합이 있으므로 IUPAC계통명은 $\Delta^{9,\ 12,\ 15}$로 표시, 메틸기의 탄소에서 시작하는 표기법(계열)에서는 n_3, ω_3가 된다.
3. 탄소의 숫자는 보통 C_{10}, C_{12}로 표시한다.
   예) 포화지방산 : 팔미트산 $C_{16:0}$ $CH_3(CH_2)_{14}COOH$
   불포화지방산 : 리놀렌산 $C_{18:3}$ $CH_3(CH_2)_{10}(CH)_6COOH$
4. 불포화지방산의 이중결합 위치를 보통 Δ^9, Δ^{12} …로 표시한다.

* IUPAC(International Union of Pure and Applied Chemistry) : 국제순수 · 응용화학연맹

(1) 포화지방산

포화지방산은 버터, 쇠기름, 돼지기름, 난유 등 동물성 식품의 유지에 비교적 많이 함유되어 있다. 대부분의 포화지방산은 탄소수가 12~20개로 그중에서도 탄소수 16개의 팔미트산(palmitic acid)과 18개의 스테아르산(stearic acid)이 많이 존재한다. 야자유와 버터는 저급지방산을 많이 가지며, 탄소수 26개 이상은 주로 왁스 성분을 이룬다. 보통 탄소수 4개 이상일 때 탄소사슬이 길수록 물에 녹기 어렵고 녹는점(융점)도 높아진다.

(2) 불포화지방산

불포화지방산은 이중결합의 수에 의해 모노 · 디 · 트리 등의 지방산으로 나눈다. 또,

표 4-2 포화지방산($CH_3(CH_2)_nCOOH$: $C_nH_{2n+1}COOH$)의 종류와 주요 소재

탄소수	명칭	구조	함유식품	융점(℃)	안정상태
4	부티르산(butyric acid)	$CH_3(CH_2)_2COOH$	버터, 김치류	−7.9	안정
6	카프로산(caproic acid)	$CH_3(CH_2)_4COOH$	버터, 야자유	−3.4	
8	카프릴산(caprylic acid)	$CH_3(CH_2)_6COOH$	버터, 야자유	16.7	
10	카프르산(capric acid)	$CH_3(CH_2)_8COOH$	버터, 야자유	31.6	
12	라우르산(lauric acid)	$CH_3(CH_2)_{10}COOH$	팜유, 야자유	44.2	
14	미리스트산(myristic acid)	$CH_3(CH_2)_{12}COOH$	팜유, 야자유, 땅콩기름	53.9	
16	팔미트산(palmitic acid)	$CH_3(CH_2)_{14}COOH$	일반 동·식물성 유지	63.1	
18	스테아르산(stearic acid)	$CH_3(CH_2)_{16}COOH$	일반 동·식물, 특히 쇠기름	69.6	
20	아라키드산(arachidic acid)	$CH_3(CH_2)_{18}COOH$	땅콩기름	75.3	
22	베헨산(behenic acid)	$CH_3(CH_2)_{20}COOH$	땅콩기름, 어유	79.9	
24	리그노세르산(lignoceric acid)	$CH_3(CH_2)_{22}COOH$	땅콩기름	84.2	
26	세로티산(cerotic acid)	$CH_3(CH_2)_{24}COOH$	밀랍	88	
28	몬탄산(montanic acid)	$CH_3(CH_2)_{26}COOH$	몬탄랍	91	
30	메리시산(melissic acid)	$CH_3(CH_2)_{28}COOH$	밀랍	94	

기하이성체로 시스(cis)와 트랜스(trans)지방산이 있다. 동 · 식물에 널리 분포되는 것은 올레산, 리놀레산, 리놀렌산이다. 불포화지방산은 대두유, 미강유, 옥수수유, 채종유 등 식물성 기름에 많이 함유되어 있으며 상온에서 굳어지지 않는다. 불포화지방산은 이중결합이 붙어 있는 탄화수소 사슬의 입체배치에 의해 시스형과 트랜스형으로 나누어지는데, 천연에 존재하는 불포화지방산은 대부분 시스형이다. 이중결합이 많을수록 굴곡이 커지며 트랜스형과 포화지방산은 직선구조이다. 어유와 고래기름은 아이코사펜타에노산($C_{20:5}$, EPA)과 도코사헥사에노산($C_{22:6}$, DHA) 등 이중결합이 좀 더 많은 지방산도 함유한다. 이들은 다가 불포화지방산으로 부르며 리놀렌산과 함께 ω_3계 지방산에 속한다.

불포화지방산은 같은 탄소수의 포화지방산과 비교하여 융점은 현저히 낮고 상온에서 액체이며 반응성이 풍부하다. 이들의 특성은 지방산이 결합되어 있는 유지의 성질에 영향을 미쳐서 어유와 같이 이중결합이 많으면 산화하기 쉽고 불안정하다.

천연에 존재하는 불포화지방산의 이중결합은 시스형으로 탄소사슬이 구부러져 있

표 4-3 불포화지방산의 종류와 주요 소재

계열	탄소수	명칭	이중결합의 위치	주요 소재	융점(℃)	안정상태
모노에노산 (mono-enoic acid)	이중결합이 1개 C_nH_{2n-1} COOH					
	10 : 1	카프롤레산 (caproleic acid)	Δ^{9}	버터		
	12 : 1	라우롤레산 (lauroleic acid)	Δ^{9}	버터		
	14 : 1	미리스톨레산 (myristoleic acid)	Δ^{9}	버터, 어유, 고래유	0.5	
	16 : 1	팔미톨레산 (palmitoleic acid)	Δ^{9}	버터, 어유, 고래유	−11.5	
	18 : 1	올레산 (oleic acid)	Δ^{9} (ω_9)	동·식물성 유지 (특히 올리브유)	13.4	
	18 : 1	바센산 (vaccenic acid)	Δ^{11} (ω_7)	어유	15	
	18 : 1	리시놀레산 (ricinoleic acid)	Δ^{9}	피마자유	4.0	
	20 : 1	가돌레산 (gadoleic acid)	Δ^{9}	어유, 고래유	20	
	22 : 1	에루스산 (erucic acid)	Δ^{13}	유채유, 겨자유	34.7	
	24 : 1	네르본산 (nervonic acid)	Δ^{15}	상어간유, 어유, 당지질	42.5	
디에노산 (dienoic acid)	이중결합이 2개 C_nH_{2n-3} COOH					불안정
	18 : 2	리놀레산 (linoleic acid)	$\Delta^{9, 12}$ (ω_6)	일반 식물유	−5	
폴리에노산 (poly-enoic acid)	이중결합이 3개 C_nH_{2n-5} COOH					
	18 : 3	α-리놀렌산(linolenic acid)	$\Delta^{9, 12, 15}$ (ω_3)	아마인유, 대두유	−11	
	18 : 3	엘레오스테아르산 (eleostearic acid)	$\Delta^{9, 11, 13}$	오동유	49	
	이중결합이 4개 C_nH_{2n-7} COOH					
	20 : 4	아라키돈산 (arachidonic acid)	$\Delta^{5, 8, 11, 14}$ (ω_6)	간유, 난황	−49.5	
	이중결합이 5개 C_nH_{2n-9} COOH					
	20 : 5	아이코사펜타에노산, EPA (eicosapentaenoic acid)	$\Delta^{5, 8, 11, 14, 17}$ (ω_3)	어유	−54.1	
	22 : 5	클루파노돈산 (clupanodonic acid)	$\Delta^{4, 8, 12, 15, 19}$	어유, 정어리유		
	이중결합이 6개 C_nH_{2n-11} COOH					
	22 : 6	도코사헥사에노산, DHA (docosahexaenoic acid)	$\Delta^{4, 7, 10, 13, 16, 19}$ (ω_3)	어유, 어간유	−44.3	
	24 : 6	니신산 (nisinic acid)	$\Delta^{4, 8, 12, 15, 18, 21}$ (ω_3)	청어유		

* ω계열은 CH_3 말단에서 시작하여 나타내는 이중결합의 위치를 표시함

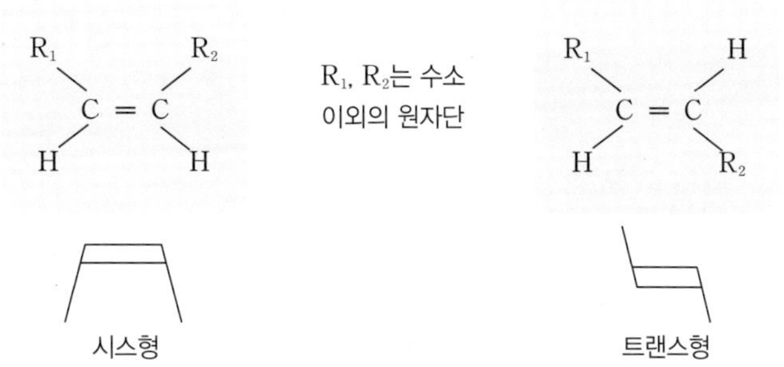

그림 4-4 불포화지방산의 원자단

고 트랜스형 지방산은 천연유지에 수소를 첨가한 마가린, 쇼트닝을 제조하는 과정에서 생성된다(p.104 트랜스지방 참고).

(3) 필수지방산

불포화지방산 중에서 리놀레산, 리놀렌산, 아라키돈산은 동물의 정상적인 성장과 건강유지를 위하여 꼭 필요하지만 체내에서 합성되지 않거나 합성되는 양이 적어서 식사를 통하여 섭취해야 하므로 필수지방산(EFA, Essential Fatty Acid)으로 불린다. 이들은 생체막의 중요한 구성성분이며 혈중 콜레스테롤 함량을 낮추고 습진성 피부염 · 성장발육장애 및 생식장애 · 지방간 등을 막는다.

(4) 식품 중 유지의 지방산 조성

주요 유지의 지방산 조성은 표 4-4에 있으며, 잇꽃(홍화)유는 리놀레산 함량이 70% 이상이다. 야자유는 탄소수 12, 14개의 포화지방산을 많이 함유하며 상온에서 고체이다. 식물성 유지는 비타민 E, 카로틴을 함유하지만 식용유 정제과정에서 대부분 소실된다. 동물성 유지 중 육류는 팔미트산, 스테아르산, 올레산이 대부분이지만 수산물은 고도 불포화지방산의 함량이 높다. 동물성 유지는 모두 비타민 A, D와 색소를 함유한다. 유채유는 에루스산을 다량 함유한다.

식물성 유지는 불포화지방산을 다량 함유한다.

표 4-4 주요 유지 및 각종 식품의 지방산 조성

식품	지방산(g)/가식부 100g				포화지방산(g/총지방산 100g)								불포화지방산(g/총지방산 100g)					
	총량	포화	불포화 1가	불포화 다가	4:0 부티르	6:0 카프로	8:0 카프릴	10:0 카프로	12:0 라우르	14:0 미리스트	16:0 팔미트	18:0 스테아르	18:1 올레	18:2 n-6 리놀레	18:3 n-3 리놀렌	20:4 n-6 아라키돈	20:5 n-3 EPA	22:6 n-3 DHA
올리브유	94.58	13.29	74.0	7.24							10.4	3.1	**77.3**	7.0	0.6			
참기름	93.83	15.04	37.59	41.19							9.4	5.8	39.8	**43.6**	0.3			
미강유(현미유)	91.86	18.80	39.80	33.26							16.9	1.9	**42.6**	35.0	1.3			
잇꽃유	92.40	9.26	12.94	70.19							6.8	2.4	13.5	**75.7**	0.2			
대두유	92.76	14.87	22.12	55.78							10.6	4.3	23.5	**53.5**	6.6			
옥수수유	92.58	13.04	27.96	51.58							11.3	2.0	29.8	**54.9**	0.8			
유채유	93.26	7.06	60.09	26.10							4.3	2.0	62.7	19.9	8.1			
팜핵유	93.13	76.34	14.36	2.43			4.1	3.6	**48.0**	15.4	8.2	2.4	15.3	2.6	0.0			
해바라기유	95.44	8.74	79.90	6.79							3.6	3.9	83.4	6.9	0.2			
야자유	92.08	83.69	6.59	1.53			8.3	6.1	**46.8**	17.3	9.3	2.9	7.1	1.7	0.0			
땅콩유	92.26	19.92	43.34	29.00							11.7	3.3	45.5	31.2	0.2			
우지	89.67	41.05	45.01	3.61						2.5	**26.1**	**15.7**	**45.5**	3.7	0.2			
라드	92.66	39.29	43.56	9.81						1.7	**25.1**	**14.4**	**43.2**	9.6	0.5	0.3		
버터	70.56	50.45	17.97	2.14	3.8	2.4	1.4	3.0	3.6	11.7	**31.8**	**10.8**	**22.2**	2.4	0.4			
소프트마가린	77.28	21.86	31.19	23.57							17.8	5.8	39.8	29.1	1.4			
쇼트닝	93.69	33.86	47.02	9.93							28.0	6.1	49.6	9.5	1.1			
마요네즈	66.35	6.85	36.50	22.99							6.4	2.7	53.3	26.9	7.6			
고등어유	8.82	3.29	3.62	1.91						4.0	24.0	6.7	27.0	1.1	0.6	1.4	**5.7**	**7.9**
꽁치	19.25	4.23	10.44	4.58						7.3	11.4	1.9	5.8	1.4	1.1	0.9	**4.6**	**8.6**
참치	22.65	5.91	10.20	6.41						4.0	15.4	4.9	20.6	1.5	0.9		**6.4**	**14.1**

동물성 유지는 포화지방산을 다량 함유한다.

어유는 EPA, DHA 등의 다가 불포화지방산을 함유한다.

2) 단순지질

단순지질(simple lipid)은 지방산과 각종 알코올이 에스테르결합한 것으로 중성지질, 왁스로 나눌 수 있다. 식품이나 체내 지질의 95%는 중성지질의 형태로 존재한다.

(1) 중성지질

중성지질(glyceride)은 3가 알코올인 글리세롤의 수산기(−OH)와 지방산의 카르복실기(−COOH)가 에스테르 결합을 하여 물이 빠져나온 것이다. 그림 4-2 와 같이 트리글리세리드, 디글리세리드, 모노글리세리드 등이 있으나 유지에는 대부분 트리글리세리드의 형태로 존재하므로 중성지질을 트리글리세리드라고도 한다.

천연유지의 물리·화학적 성질은 글리세리드에 에스테르 결합한 지방산의 종류와 양에 의해 결정된다. 쇠기름, 돼지기름, 야자유처럼 긴사슬 포화지방산과 1가 불포화지방산이 많은 유지는 융점이 높아 실온에서 고체이고 어유, 대두유, 옥수수유처럼 다가 불포화지방산이 많은 유지는 융점이 낮아 실온에서 액체이다.

(2) 왁 스

왁스(wax)는 지질의 일종으로 고급 지방산과 고급 알코올이 에스테르 결합한 것이다. 동식물의 표피지질에 함유되어 있지만 유지와 달리 영양적 가치는 없다. 동물성과 식물성 왁스로 구분하며 광택제나 공업용으로 사용된다.

$$\underset{\text{고급 1가 알코올}}{ROH} + \underset{\text{고급 지방산}}{R'COOH} \longrightarrow \underset{\text{왁스}}{ROOCR'} + H_2O$$

식물의 잎과 과일 표피의 왁스는 식물체의 외피를 보호하며 미생물의 침입을 막고 수분의 증발을 막아주는 역할을 한다. 식물성 왁스는 옻나무 열매에서 추출된 재팬 왁스(Japan wax), 식물잎의 카나우바 왁스(carnauba wax)가 있으며, 동물성 왁스는 벌꿀집의 밀랍과 고래기름의 경랍이 있다.

3) 복합지질

지방산과 알코올(단순지질)에 인산, 당, 단백질 등이 결합한 것을 복합지질(compound lipid)이라 한다. 구성물질에 따라 인지질(phospholipids)과 당지질(glycolipids)로 나눈다.

글리세로인지질

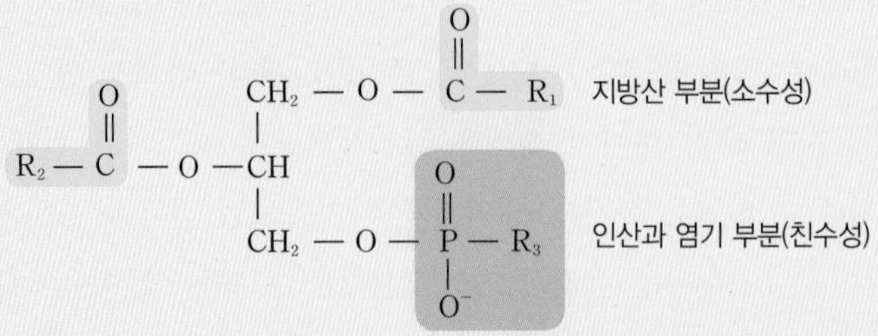

R_3의 이름	R_3의 구조	인지질의 이름
콜린	$-CH_2CH_2N^+(CH_3)_3$	포스파티딜콜린(레시틴)
에탄올아민	$-CH_2CH_2NH_3^+$	포스파티딜에탄올아민(세팔린)
세린	$-CH_2CH(NH_3^+)COO-$	포스파티딜세린(세팔린)
글리세롤	$-CH_2CHOHCH_2OH$	포스파티딜글리세롤

스핑고인지질

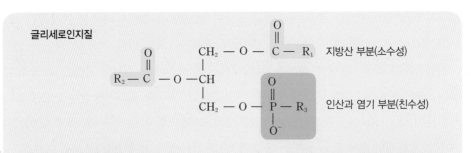

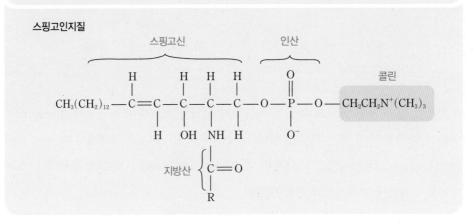

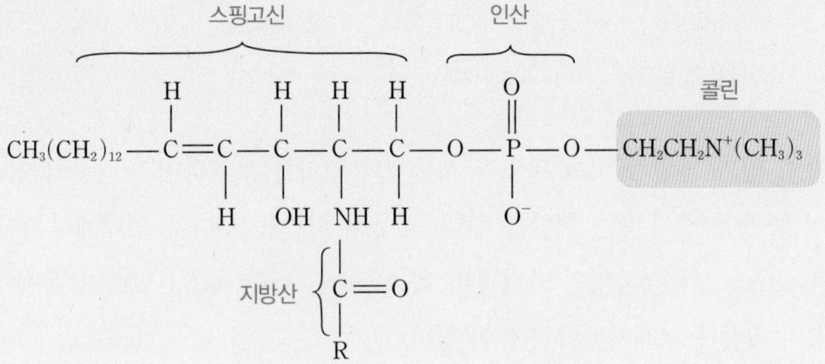

그림 4-5 대표적인 인지질의 구조

(1) 인지질

인지질은 글리세롤(또는 스핑고신)에 지방산과 인산이 결합한 지질이다. 종류는 글리세롤을 가지는 글리세로인지질(glycerophospholipid)과 스핑고신(sphingosine)을 가지는 스핑고인지질(sphingophospholipid)로 나눈다.

① 글리세로인지질

글리세로인지질은 생물체 세포막의 주요한 지방질 성분으로 글리세롤에 2분자의 지방산이 결합하고 남은 글리세롤에 인산과 질소를 함유하는 염기가 결합된 것이다. 대표적인 글리세로인지질로는 레시틴과 세팔린이 있으며 구조는 그림 4-5 와 같다.

레시틴은 트리글리세리드와 비교할 때 염기(R_3)로 콜린(choline)을 함유하여 물과 친숙한 성질을 가진다. 물론 분자 내 지방산 부분은 소수성이고, 인산과 염기가 결합한 부분은 친수성으로 양쪽 성질을 모두 가지고 있다. 레시틴은 생체막의 구성에 관여하여 동물조직의 세포막, 뇌와 신경에 많이 분포한다. 또한 유지와 물을 분산시키는 유화제로 작용하기 때문에 난황, 대두에 많고 마가린, 초콜릿, 아이스크림, 마요네즈 제조에 이용한다.

레시틴과 함께 유화제로 이용되는 세팔린은 R_3 부분에 에탄올아민(ethanolamine)이나 세린(serine)이 에스테르결합한 포스파티딜에탄올아민(phosphatidyl ethanolamine)과 포스파티딜세린(phosphatidyl serine)의 혼합물이다. 역시 난황과 동물조직(뇌, 신경, 콩팥)에 다량 존재한다.

② 스핑고인지질

글리세로인지질의 글리세롤 대신 스핑고신을 가지는 것으로 뇌와 신경조직에 존재하며 하등동물에는 비교적 적다. 대표적인 스핑고인지질은 스핑고미엘린으로 구조는 그림 4-5 와 같다.

(2) 당지질

당지질은 글리세롤(또는 스핑고신)에 지방산과 당질이 결합한 지질이다. 종류는 글리세롤을 가지는 글리세로당지질(glyceroglycolipid)과 스핑고신을 가지는 스핑고당지질(sphingoglycolipid)로 분류된다. 글리세로당지질은 식물조직의 엽록체에 많으며 스핑고당지질은 동물조직 세포막의 주요 성분이다. 당은 갈락토오스, 글루코오스 등의 단당류 또는 올리고당의 상태로 글리코시드 결합하고 있다.

대표적인 당지질과 그 구조는 그림 4-6 과 같다.

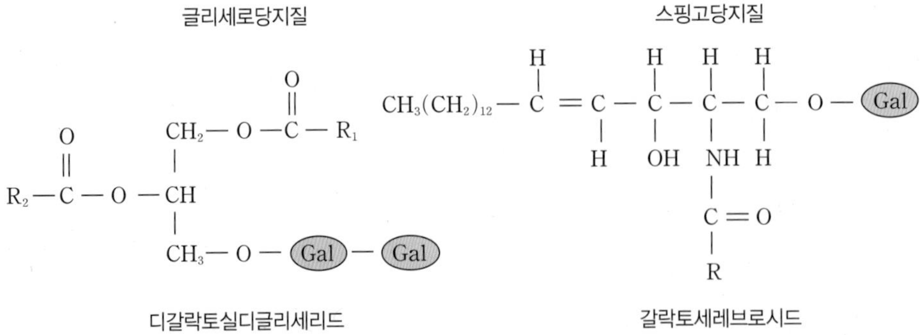

그림 4-6 대표적인 당지질의 구조(R : 지방산, Gal : 갈락토오스)

4) 유도지질

유도지질은 주로 단순지질에서 유도되어 만들어진다. 지방산, 고급 알코올(스테롤, 고급 1가 알코올), 각종 탄화수소(스쿠알렌, 지용성 비타민, 지용성 색소) 등이 속한다.

(1) 스테롤

유지를 알칼리로 검화하면 불검화물로 스테롤이 얻어진다. 각종 스테롤은 스테롤 골격 17번에 탄화수소사슬이 결합하고 3번째 히드록실기에 지방산이 에스테르 결합하고 있는 형태이다. 스테롤에는 동물성 스테롤(cholesterol, lanosterol)과 식물성 스테롤(ergosterol, stigmasterol, β−sitosterol)이 있다.

동물성 스테롤 중 콜레스테롤은 난황, 간장, 버터, 어란, 성게, 새우, 오징어 등에 많고 체내에도 널리 함유되어 있다. 동물 체내에서 콜레스테롤은 인지질과 함께 세포막

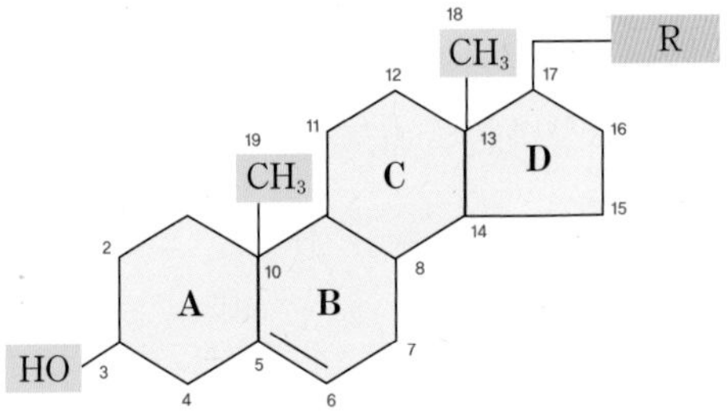

그림 4-7 스테롤의 기본구조

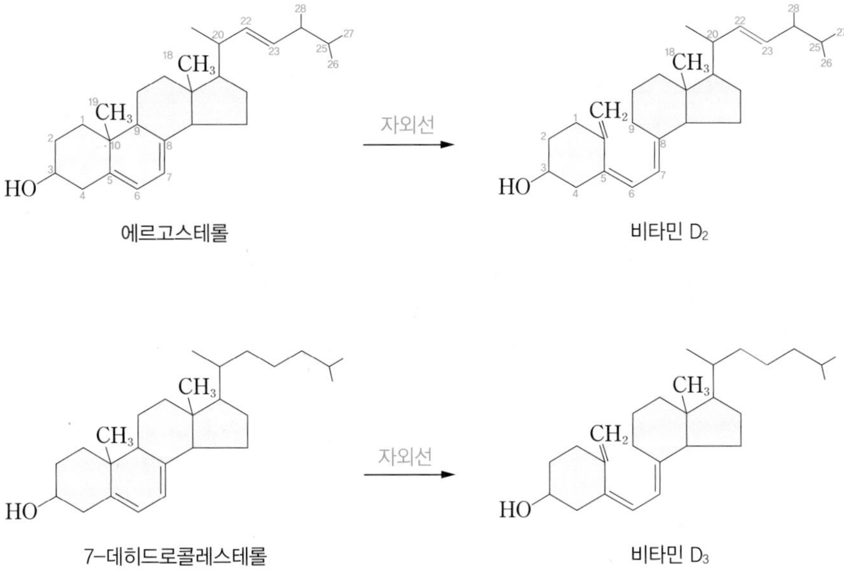

그림 4-8 각종 스테롤의 구조

의 구성성분이며 담즙산, 스테로이드 호르몬, 비타민 D_3 등을 합성하므로 꼭 필요하지만 혈중 콜레스테롤의 농도가 높으면 동맥경화의 원인이 된다.

식물성 스테롤은 혈중 콜레스테롤 농도를 저하시키는 것으로 알려져 있다. 표고버섯에는 에르고스테롤이 있어 자외선 조사에 의해 비타민 D_2로 전환되며 버섯, 곰팡이, 효모 등에 많다. 또한 시토스테롤은 밀의 배아와 옥수수유에, 스티그마스테롤은 쌀의 배아, 옥수수유, 콩기름, 팜유 등에 많이 존재한다.

(2) 탄화수소

탄화수소는 스쿠알렌(squalene), 지용성 비타민(비타민 A, D, E, K) 및 지용성 색소(카로틴) 등이 있다.

스쿠알렌은 심해 상어의 간유에서 처음으로 분리된 탄화수소로 올리브유, 미강유에도 들어 있으며 피부를 윤택하게 하고, 몸속의 피를 깨끗하게 하며, 신진대사를 촉진한다.

표 4-5 각종 식품의 콜레스테롤 함량

식품명		함유량(mg/가식부 100g)
육류	돼지고기, 삼겹살	69
	돼지고기, 목살	65
	햄, 슬라이스햄	57
	소시지	49
	베이컨	58
	소간	396
	소콩팥	1,000
	쇠고기, 한우	61
	소내장	150
유지류	쇠기름, 돼지기름	100
	버터	232
	마요네즈	26
	화이트초콜릿	21 21
과채류	채소	0
	과일	0
유제품	체다치즈	65
	액상 요쿠르트	1
	우유	10

식품명		함유량(mg/가식부 100g)
조류	오리고기	98
	닭날개	95
	닭다리살	92
	닭가슴살	56
	오골계	–
난류	달걀	329
	달걀노른자	630
	달걀흰자	0
해산물	고등어	67~92
	참다랑어	8
	대구	1~22
	굴	12
	연어	51
	낙지	21
	전복	–
	홍합	–
	조기	53
	생오징어	21

자료 : 농촌진흥청 국립농업과학원(2017), 식품성분표 제9차 개정

2. 식용유지 및 유지제품

식용유지는 식물성 유지와 동물성 유지로 분류하며, 가공과정을 거쳐 다양한 유지 제품을 만든다.

1) 식물성 유지

기름을 짜는 방법은 크게 압착법과 추출법의 두 가지로 나눈다. 식물성 유지는 식물의 종자, 열매, 배아 등을 짜서 만드는데, 보통은 불순물을 제거한 후 탈색, 탈취, 고형성분을 제거한다. 참기름처럼 유지량이 많은 것은 압착법을 사용하고 대두처럼 유지량이 적은 것은 추출법을 사용한다. 유채유는 생리적으로 해로운 것으로 알려진 불포화지방산 에루스산(erucic acid)을 함유하는 유채씨에서 주로 생산된다. 요즈음 우리나라 사람들이 말하는 유채유(rapeseed oil)는 거의 캐나다에서 수입된 카놀라유(canola oil)로 에루스산의 함량을 낮춘 개량종이다. 이 카놀라유는 처음에는 압착하고 그 다음에는 추출하는 2단계를 적용한다. 정제된 식물성 유지에는 콩기름, 옥수수기름, 면실유, 올리브유, 홍화유 등이 있다.

올리브유의 분류

- 엑스트라 버진(extra virgin) : 지중해 연안의 잘 익은 올리브 열매만을 선별하여 수확 후 24시간 이내에 저온 압착하여 만들기 때문에 신선하며 향이 살아 있는 최상급 올리브유이다. 올레산이 70% 이상 함유되어 있고, 발연점이 낮으므로 튀김요리보다는 샐러드 드레싱이나 빵을 찍어 먹는 등 열을 가하지 않는 후레시요리에 사용한다. 우리나라에서는 압착올리브유로 불린다(산도 0.8 이하).
- 파인 버진(fine virgin) : 엑스트라 버진을 짜고 남은 올리브를 한 번 더 짜낸 기름으로 일반요리에 사용한다(산도 2 이하).
- 퓨어(pure) : 엑스트라 버진 오일(10%)과 정제된 올리브 오일(90%)을 혼합한 것으로 순도가 떨어지나 일반 식용유처럼 튀김, 부침, 볶음에도 사용하기 편하다. 우리나라에서는 요리 전용 또는 혼합 올리브유라 부른다.

2) 동물성 유지

쇠기름과 돼지기름은 포화지방산인 팔미트산, 스테아르산, 단일 불포화지방산인 올레산이 많다. 우유, 인유, 버터는 짧은 사슬의 지방산이 많이 함유되어 있다. 등푸른 생선은 EPA, DHA, 올레산 및 팔미트산 등의 지방산을 가지고 있다.

표 4-6 식물유의 종류와 특징

종류	특징
대두유	• 수입량이 가장 많아 우리나라에서 사용되는 기름의 60%를 차지한다. • 안정성이 낮아 오래되면 나쁜 냄새가 나는 결점이 있지만 대두의 풍미와 산뜻한 맛을 가진다. • 발연점이 높아 일반 요리와 튀김유로 널리 사용된다.
옥수수유	• 옥수수의 배아가 원료이며 미국에서 가장 많이 생산되어 소비된다. • 담백한 풍미로 안정성이 높으므로 드레싱, 마요네즈의 원료, 튀김에 사용된다.
올리브유	• 지중해 지역에서 생산되는 가장 오래된 기름의 하나로 올리브씨앗의 과육에서 채취한다. 열매의 익은 상태에 따라 담황색에서 심록색까지 색상이 다르다. • 정제하지 않은 버진 오일은 향이 강하며 정제한 것은 향이 없어져 다른 식물유와 비슷하다. • 올레산을 75% 정도 함유하고 리놀레산 등 다가 불포화지방산의 함량이 낮아 산화되기 어렵다.
참기름	• 가장 오래 전부터 이용해 온 기름으로 깊은 맛과 향을 내며 색도 검다. • 참깨 특유의 성분인 세사몰이 많아 항산화성을 가지므로 매우 안정성이 높고 열에도 강하다. • 풍미와 안정성을 살려 무침, 나물요리에 사용되며, 중화요리의 마지막에 사용하여 풍미를 높인다.
카놀라유	• 대두유, 팜유 다음으로 생산량이 많다. • Canadian oil이라고도 부르는데, 1970년대에 캐나다에서 기존 유채씨(평지씨)의 에루스산(erucic acid) 함량을 낮춰 몸에 좋도록 품종을 개량한 저에루스산 유채유의 상업적 명칭이다. • 냄새가 없고 산뜻한 맛을 낸다. • 카놀라유는 올레산 함량이 60% 수준으로 올리브유보다는 낮지만 불포화지방산이 90% 이상이다. • 발연점이 240℃로 높아 고온의 튀김요리에 사용할 수 있다.
홍화유 (잇꽃유)	• 홍화는 옛날부터 세계 각지에서 색소를 얻기 위해 재배했지만 최근 미국에서 압착유로 개량하였다. • 홍화유(safflower oil)는 리놀레산을 많이 함유하며, 깔끔하고 냄새가 없다.
현미유 (미강유)	• 현미 도정 시 나오는 쌀겨에서 채취하며, α-리놀렌산을 거의 함유하지 않으므로 안정성이 높다. • 튀김과자, 포테이토칩, 기름에 절인 통조림 등의 가공용으로 많이 사용한다.
면실유	• 목화의 종자에서 추출하며, 미국 남부지역의 면화 생산에 따라 사용되기 시작한 미국 최초의 식물성 기름이다. • 면실유는 샐러드나 튀김용으로 주로 사용되고, 쇼트닝으로도 제조된다.
팜유	• 팜나무의 종자에서 추출하며, 착유용 작물 중 수율이 가장 높다. • 상온에서 고형이므로 마가린, 쇼트닝 제조에 사용된다.
들기름	• 들깨씨에서 추출하며, 참깨에 비하여 수율이 낮다. • 리놀렌산이 많아 산화하기 쉬워 저장성이 낮다.
포도씨유	• 포도씨에서 기름을 추출한 것으로 발연점이 250℃로 튀김이나 부침 등 고온 요리에 적합하며 가볍고 산뜻한 맛과 다른 기름에 비해 자체 냄새가 적다. • 채소와 과일 샐러드의 드레싱용으로도 사용할 수 있어 올리브유와 함께 다용도로 이용된다. • 필수지방산인 리놀레산이 70% 이상으로 풍부하고 상온에서 2년 이상 보관 가능하다.

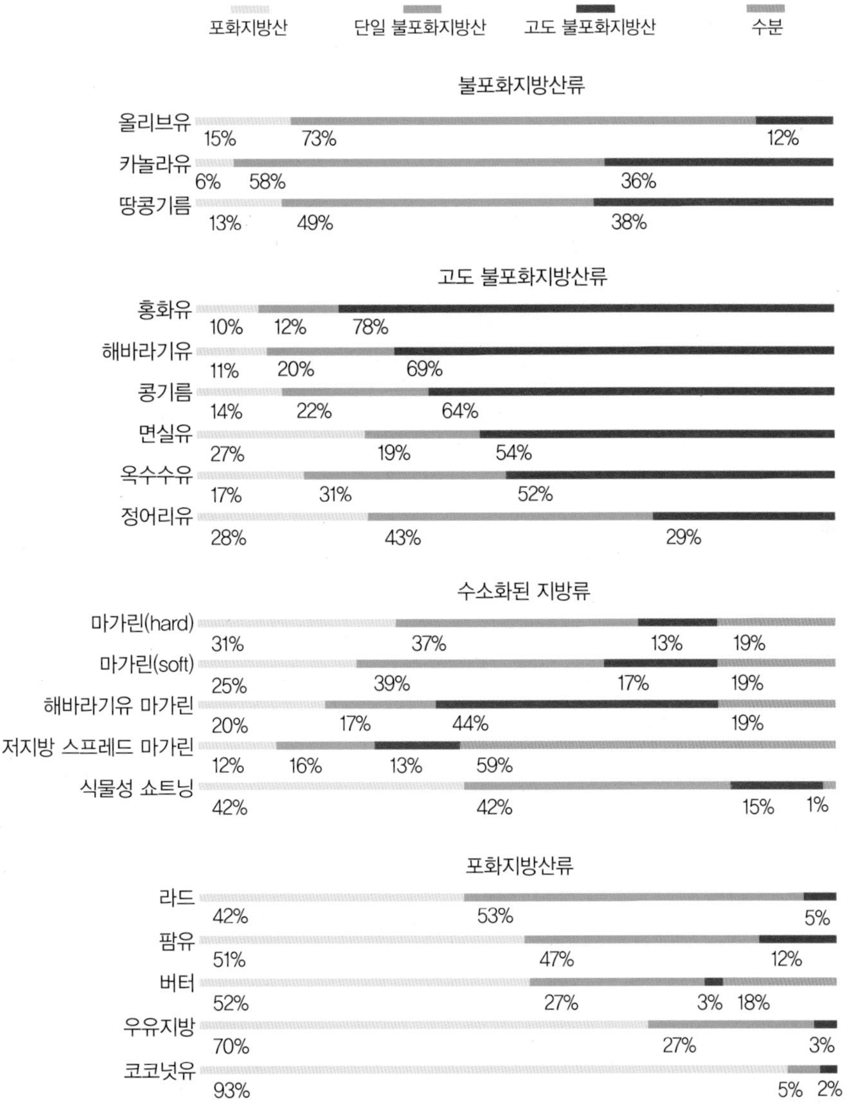

포화지방산
단일 불포화지방산
고도 불포화지방산
수분
불포화지방산류
올리브유 15% 73% 12%
카놀라유 6% 58% 36%
땅콩기름 13% 49% 38%
고도 불포화지방산류
홍화유 10% 12% 78%
해바라기유 11% 20% 69%
콩기름 14% 22% 64%
면실유 27% 19% 54%
옥수수유 17% 31% 52%
정어리유 28% 43% 29%
수소화된 지방류
마가린(hard) 31% 37% 13% 19%
마가린(soft) 25% 39% 17% 19%
해바라기유 마가린 20% 17% 44% 19%
저지방 스프레드 마가린 12% 16% 13% 59%
식물성 쇼트닝 42% 42% 15% 1%
포화지방산류
라드 42% 53% 5%
팜유 51% 47% 12%
버터 52% 27% 3% 18%
우유지방 70% 27% 3%
코코넛유 93% 5% 2%

그림 4-9 여러 가지 유지식품의 지방산 비율

표 4-7 식품에 함유된 지방의 양

식품	지방함량(%)	식품	지방함량(%)
옥수수기름	99.74	소등심	26.3
버터	82.04	소갈비	24.4
마가린	81.4	청어	15.1
볶은 땅콩	46.24	달걀	7.37
땅콩버터	51.91	베이컨	17.12
휘핑크림	40.7	체다치즈	21.30
올리브피클	12.36	우유	3.32
밀크초콜릿	36.9	닭살코기	1.4
노란콩	17.21	돼지갈비	17.06
아몬드	51.29	오리고기	18.99
참깨	45.31	고등어	10.4
호두	68.4	대구	0.3
잣	61.5	뱀장어	17.1
은행	4.53	명태	0.7

자료 : 농촌진흥청 국립농업과학원(2017), 식품성분표 제9차 개정

(1) 쇠기름

쇠기름(탤로우, beef tallow)은 소의 지방조직에서 얻은 유지로 신장 주위와 장간막의 지방이다. 융점이 사람의 체온보다 높아 입에 넣으면 잘 녹지 않으므로 쇠기름을 찬 요리에 사용하면 식감이 나쁘다.

(2) 돼지기름

돼지기름(라드, lard)은 돼지의 지방조직에서 얻는 지방으로 부위에 따라 지방산 조성과 성질이 다르며, 크리밍성은 나쁘지만 쇼트닝성은 우수하다.

정제된 라드는 품질규격상 100% 돼지기름을 사용하지만, 조정된 라드는 돼지기름을 주체로 해서 쇠기름과 팜유 등 다른 유지를 첨가한 것이다. 라드는 천연의 항산화성 물질을 함유하지 않으므로 안정성이 나빠 산패하기 쉽다. 그러므로 토코페롤 등 항산화제를 첨가하면 안정성이 아주 좋아진다. 라드는 융점이 낮으므로 입속에서도

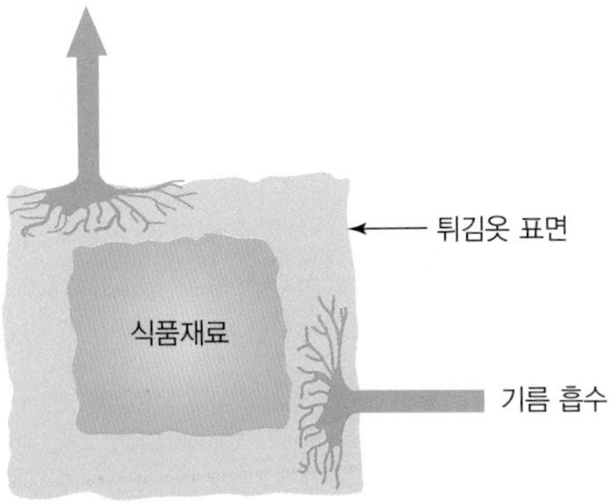

그림 4-10 튀김에서 기름의 흡수와 물의 휘발과정

잘 녹으며, 조리용이나 즉석 면류의 튀김 기름용 혹은 마가린, 쇼트닝의 원료로서 사용된다.

(3) 버 터

버터는 우유에서 분리한 크림을 교반(churning)하여 덩어리로 모으고 식염을 첨가한 것이다. 유지방을 80% 이상 함유하고 소량의 수분과 유고형분을 함유한다. 버터는 원료 크림의 발효 유무에 따라 발효 버터와 발효시키지 않고 생크림으로 만든 비발효 버터가 있다.

3) 가공유지

식물성 원료로부터 얻은 원유는 유리지방산, 스테롤, 색소 및 지용성 물질 등을 제거하여 정제하며, 그 용도에 따라 튀김유, 샐러드유, 경화유, 마가린, 쇼트닝, 마요네즈 등으로 나눌 수 있다.

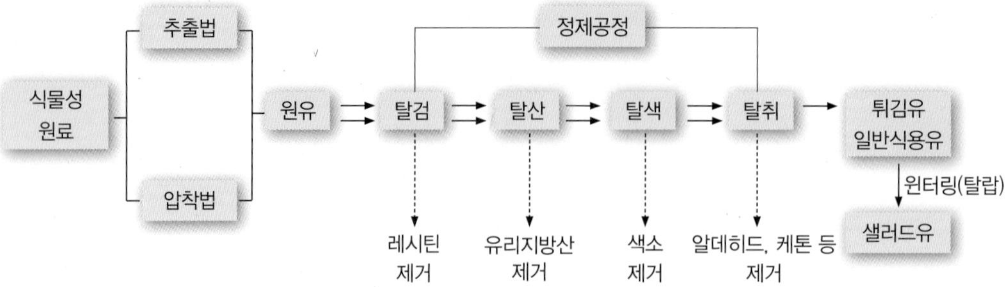

그림 4-11 유지 정제공정의 예

(1) 튀김유

튀김유는 튀김에 이용하는 식용유의 총칭으로 샐러드유만큼 충분히 정제하지 않는다. 색상은 담색으로 냄새가 없는 것이 좋으며 주로 콩기름, 유채유, 옥수수유, 미강유, 올리브유(퓨어) 등이 있다.

(2) 샐러드유

샐러드유는 튀김용 기름보다 더 고도로 정제한 식용유이다. 샐러드유는 차게 해서 먹는 경우가 많으므로 저온에서 백색 침전하거나 고체지방 등이 결정화되지 않도록 미리 냉각해서 고체지방을 제거하도록 한다. 샐러드유는 충분히 정제시키므로 튀김용으로도 가볍게 튀겨지며 기름을 첨가하는 통조림가공품의 주입유와 마요네즈 등에 사용한다.

튀김유와 샐러드유의 지방산 조성은 제조회사가 같으면 거의 비슷하다. 하지만 샐러드유는 제조공정상 동유처리(wintering)를 했기 때문에 냉장 중에도 혼탁해지지 않으므로 찬 요리에 사용 가능하다.

> **동유처리(wintering, 탈랍)**
>
> 착유한 유지에 탈검, 탈산, 탈색, 탈취 등의 공정을 거친 후 −1~3℃로 냉각했을 때 생기는 백색 침전물(융점 높은 포화지방산)을 분리하는 조작이다. 이 처리를 한 유지는 겨울에도 탁해지지 않고, 저온에 저장해도 투명하여 샐러드유를 만들 때 이용한다.

(3) 경화유

어유, 식물유 등에 니켈을 촉매로 하여 수소를 첨가하면 불포화지방산의 이중결합 부분이 수소로 포화되어 액체가 고체로 변한다. 이를 기름의 경화라 부르며, 고체화된 유지를 경화유라 한다. 이 공정을 거치면 탈색과 탈취가 쉬워지고 가공적성도 좋아지나 트랜스지방산이 생성되어 건강에 유해하다. 경화유를 이용한 제품에는 마가린과 쇼트닝이 있다.

① **마가린** : 버터의 대용품으로 개발된 마가린은 동물성 지방, 경화유, 식물성 기름 등을 적당한 비율로 혼합한 후 식염, 물, 유화제, 향료, 색소 혹은 발효유 등을 첨가, 유화시켜 만든 제품이다. 마가린은 주로 제과와 제빵에 이용된다.

② **쇼트닝** : 쇼트닝은 라드의 대용품으로 만들어졌으며 정제시킨 동물성 지방, 식물성 기름, 경화유를 주원료로 하며, 유화시키지 않는 대신 10~20% 정도의 질소가스나 탄산가스를 혼입시키면서 굳힌 제품이다. 무색, 무미, 무취이고 실온에서 부드러운 고형이며 보존성이 높다. 쇼트닝성, 크리밍성이 커서 바삭바삭한 질감의 과자류와 부드러운 질감의 빵을 만들 때 이용되었으나 트랜스지방산의 존재로 사용이 감소되고 있다.

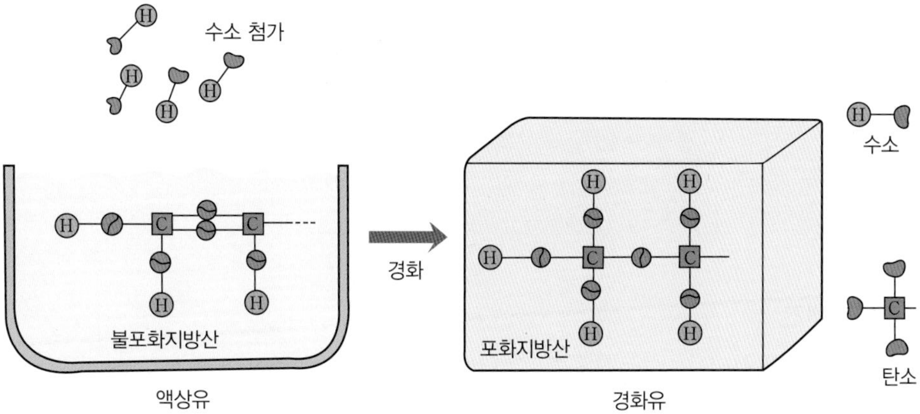

그림 4-12 기름의 경화과정

트랜스지방이란

트랜스지방은 액체 기름인 불포화 지방에 수소를 첨가해 인위적으로 고체상태로 만드는 과정에서 생성되는 지방이다. 이 과정에서 시스형의 불포화지방산이 트랜스형으로 바뀌게 되므로 트랜스지방은 불포화지방과 같은 이중결합을 가진 구조이지만 입체적인 모양은 포화지방과 비슷하여 실온에서 고체이고 몸속에서도 포화지방과 비슷한 기능을 한다.

• 지질의 종류별 섭취 형태

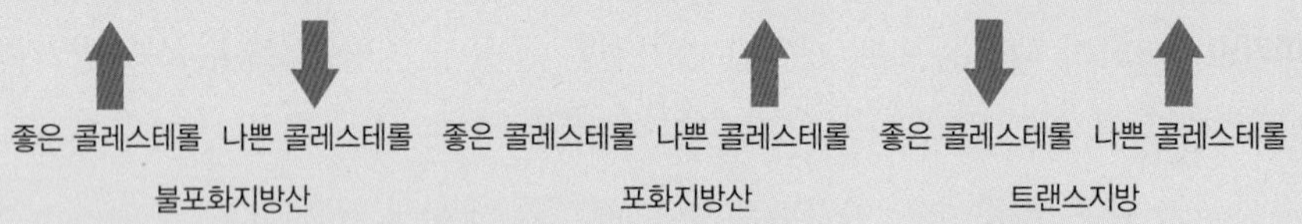

※ 세계보건기구에서는 하루섭취열량의 1% 이하로 섭취하도록 권고(2,000kcal의 경우 2.2g 이하)

• 식품 조리법 중 트랜스지방의 함량 10순위

순위	식품군	식품명	조리법	함량(g/100g)	'조리 전' 함량(g/100g)
1	유지류	버터	그대로	5.47	5.47
2	육류	햄, 통조림	볶기	5.40	1.54
3	유지류	버터	굽기	4.16	5.47
4	유지류	버터	볶기	4.03	5.47
5	유지류	버터	볶기 후 끓이기	3.88	5.47
6	육류	햄, 통조림	끓이기	3.36	1.54
7	곡류	밀가루	기름에 넣어 튀기기	3.06	0.02
8	육류	햄, 통조림	굽기	2.96	1.54
9	육류	햄, 통조림	부치기	2.07	1.54
10	육류	슬라이스햄	볶기	2.00	0.00

자료 : 식품의약품안전처, 2016 트랜스지방 위해평가, 식품의약품안전평가원

(4) 마요네즈

마요네즈는 샐러드유, 난황, 식초를 주재료로 하여 수중유적형으로 유화한 제품이다. 기름과 물을 혼합하면 바로 분리되므로 유화제로 난황을 섞어 준다. 실제로 만들 때는 난황에 소량의 식초와 각종 향신료를 가하여 충분히 섞은 후 기름을 조금씩 가해서 섞고 최후에 식초를 적당량 가하여 맛을 낸다. 이때 혼합하는 동안 공기가

10~15% 정도 섞이면 유화상태가 좋아진다.

크리밍성

버터, 마가린, 쇼트닝 같은 고체지방을 거품기로 저어주면 공기가 들어가 부피가 증가하고 부드러운 크림상태로 변하는 성질. 유지량에 비하여 공기를 많이 품을수록 크리밍성이 좋다.
(활용 예 : 버터크림, 쿠키, 파운드케이크)

쇼트닝성

유지가 밀가루 단백질인 글루텐을 짧게 만든다는 쇼트(short)라는 의미이다. 밀가루는 물을 넣어 반죽하면 끈기와 탄력을 가지는 글루텐이 형성되지만, 유지를 혼합하여 반죽하면 지방이 글루텐에 흡착하여 글루텐이 형성되는 것을 막아주므로 반죽을 구우면 부드러우며, 바삭하고 부서지기 쉬운 형태가 된다.
(활용 예 : 크래커, 파이, 약과)

3. 유지의 유화

유화액(에멀전, emulsion)이란 서로 섞이지 않는 두 가지 액체, 즉 기름과 물이 유화제

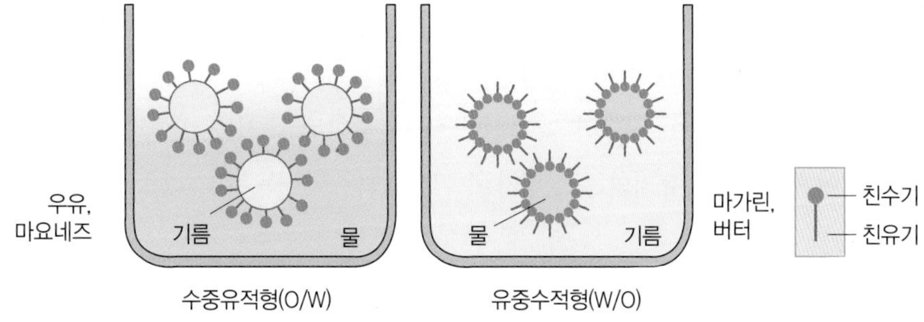

그림 4-13 유화액의 종류

에 의해 혼합된 상태이다. 한 액체가 그것과 혼합되지 않는 다른 액체 속에 작은 입자로 분산된 물질을 분산상(dispersed phase)이라 하며, 입자를 포함하는 다른 액체를 분산매(dispersion medium)라 한다.

유화액은 두 가지 형태가 있는데, 물속에 기름입자가 분산된 수중유적형(O/W)과 기름 속에 물이 분산된 유중수적형(W/O)으로 나뉜다. 수중유적형 식품에는 우유와 마요네즈 등이 있고, 유중수적형에는 마가린과 버터가 있다.

유화제는 지방질의 분자 중 친수성기(hydrophilic group)와 소수성기(hydrophobic group)를 동시에 가지는 것으로 친수성기는 물과, 소수성기는 기름과 결합한다.

유화제의 성질을 가진 대표적인 지방질로는 레시틴, 모노글리세리드, 디글리세리드, 담즙산 등이 있다. 지방산의 경우 극성의 카르복실기(−COOH)는 물에, 비극성의 탄화수소(−CH_3) 부분은 유기용매에 녹는다.

4. 유지의 이화학적 성질

1) 물리적 성질

(1) 비중 및 굴절률

천연 유지의 비중(specific gravity)은 15℃에서 0.92~0.96으로 물보다 가볍다. 불포화지방산, 저급지방산, 산화 중합된 유지가 많을수록 비중이 커진다.

유지의 굴절률은 버터처럼 저급지방산이 많으면 낮고, 아마인유, 유채유처럼 긴사슬지방산에 불포화지방산이 많으면 높아진다. 산화 중합된 유지는 비중과 굴절률이 증가하므로 이 두 지표는 유지의 품질평가에 이용된다.

(2) 점 도

점도는 유지를 구성하는 지방산의 종류에 따라 차이가 있다. 즉, 구성지방산의 탄소

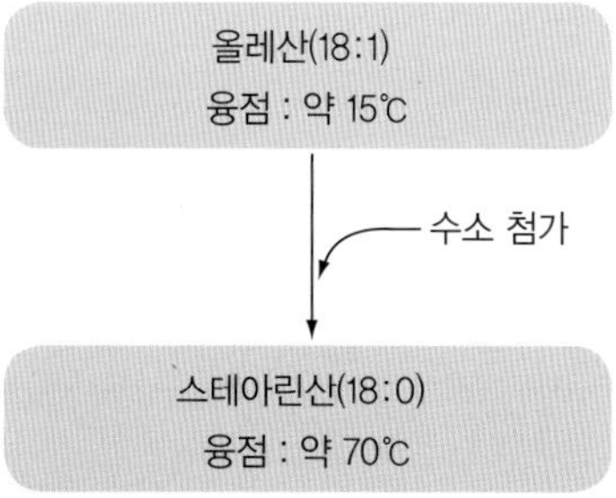

그림 4-14 수소 첨가에 의한 유지의 융점 변화

수가 증가할수록 점도(viscosity)가 증가하며, 불포화도가 증가할수록 감소된다.

(3) 융 점

유지는 단일화합물이 아니고 여러 트리글리세리드의 혼합물이므로 넓은 온도 범위에 걸쳐 녹는다. 또한 트리글리세리드는 외부 온도나 압력에 의해 녹거나 굳으면서 결정의 변화(β, α, β' 등)를 보이기 때문에 유지의 융점은 일정하게 유지될 수 없다.

불포화지방산보다 포화지방산을, 탄소수가 적은 지방산보다 많은 지방산을 함유하는 유지가 융점이 높다. 식물성 유지는 불포화지방산을 많이 함유하여 융점이 낮고 실온에서 액체이지만, 동물성 유지는 고급 포화지방산을 많이 함유하여 융점이 높고 실온에서 고체이다. 그러나 버터의 경우는 포화지방산은 많지만 저급지방산(탄소수 10개 이하)이 많아 다른 동물성 유지에 비하여 융점이 낮아 녹기 쉽다. 불포화도가 높은 유지가 융점이 낮은 이유는 불포화지방산은 이중결합이 있는 곳에서 한 번씩 꺾이므로 다른 분자와 좀 더 밀착하여 차곡차곡 쌓을 수 없기 때문이다. 차곡차곡 쌓을 수 없는 트리글리세리드 분자는 이동할 때 적은 열에너지가 필요하므로 융점도 낮아지게 된다. 액상유지 중 불포화지방산의 이중결합 일부분에 수소를 첨가하면 융점이 상승한다. 이를 경화유라 부르며 마가린, 쇼트닝의 원료가 된다.

(4) 응고점

단일 트리글리세리드의 응고점(solid point)은 융점과 일치하지만 혼합 트리글리세리드는 융점과 응고점이 다르다. 예로, 야자유는 융점이 20~28℃인데 응고점은

[표 4-8] 유지의 발연점 · 인화점 · 연소점

지방/기름	발연점(℃)	인화점(℃)	연소점(℃)
식물성 쇼트닝+유화제	180~188	-	-
라드	183~205	265	340
올리브유	199	-	-
옥수수유	227	249	287
대두유	256	-	-
면실유	222~232	273	340

14~25℃이다.

(5) 발연점 · 인화점 · 연소점

유지의 비열은 0.45 전후로 물에 비하여 온도 상승이 빠르다. 유지를 가열하여 표면에 푸른 연기가 발생할 때의 온도를 발연점(smoke point, 230℃ 전후), 발연점 이상 계속 가열하여 발생하는 증기가 공기와 섞여서 점화되는 온도를 인화점(flash point)이라 한다. 인화점 이상 가열하여 자연적으로 발화하는 온도를 연소점(fire point)이라 하며 300℃ 이상이다.

유지를 가열할 때 발생하는 푸른 연기는 열로 인하여 트리글리세리드가 분해 산화되어 아크롤레인(acrolein)이 생성되기 때문이다. 유지의 발연점은 오랜 시간 가열할수록, 유지의 유리지방산의 함량이 높을수록, 표면적이 클수록, 불순물이 많을수록 낮아진다. 그러면 지방의 산화 가수분해로 인하여 튀김식품의 맛과 향이 신선한 기름에 비하여 나빠진다. 이 분해는 비가역적이므로 유지를 튀김에 사용할 때는 발연점보다 낮은 온도를 유지시켜야 한다.

(6) 가소성

가소성(plasticity)이란 고체에 가해지는 압력이 어느 한도를 넘었을 때 변형이 일어나고, 압력이 제거된 후에도 본래의 형태로 복귀되지 않는 성질로 버터, 마가린, 쇼트닝, 라드 등은 가소성을 가지는 대표적인 유지이다. 실온에서 고체형태인 대부분의 지방들도 실제로는 고체지방과 액체오일을 함께 보유하고 있는데, 이때의 액체 부분은 작

$$
\begin{array}{c}
\text{CH}_2\text{—O—}\overset{\overset{\text{O}}{\|}}{\text{C}}\text{—R}_1 \\
| \\
\text{CH—O—}\overset{\overset{\text{O}}{\|}}{\text{C}}\text{—R}_2 + 3\text{NaOH} \xrightarrow[\triangle]{3\text{H}_2\text{O}} \\
| \\
\text{CH}_2\text{—O—}\overset{\overset{\text{O}}{\|}}{\text{C}}\text{—R}_3
\end{array}
\qquad
\begin{array}{c}
\text{CH}_2\text{OH} \qquad \text{R}_1\text{COO}^-\text{Na}^+ \\
| \\
\text{CHOH} \quad + \quad \text{R}_2\text{COO}^-\text{Na}^+ \\
| \\
\text{CH}_2\text{OH} \qquad \text{R}_3\text{COO}^-\text{Na}^+
\end{array}
$$

트리글리세리드 글리세롤 비누

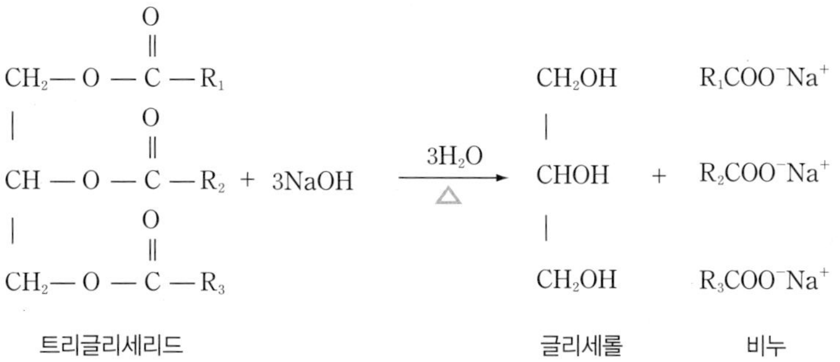

그림 4-15 유지의 비누화 과정

은 결정체의 망상조직 내에 포함되어 있어서 밖으로는 나타나지 않지만 밀가루와 혼합했을 때 부스러지지 않고 다양한 모양으로 성형하거나 눌러 펼 수 있게 한다. 이러한 성질을 유지의 가소성이라 하며 제과공업에서 매우 중요하다.

2) 화학적 성질

(1) 비누화값

유지에 알칼리 용액(KOH, NaOH)을 넣어 가열할 때 글리세롤과 지방산염(비누)이 형성되는 것을 검화 또는 비누화(saponification)라 한다. 검화값(SV, Saponification Value)은 유지 1g을 검화(비누화)하는 데 소요되는 수산화칼륨(KOH)의 mg수로 표시한다. 보통 유지의 검화값은 180~200 정도인데, 분자량이 작은 저급지방산의 함량이 높을수록 검화값은 커지고, 고급지방산이 많이 함유된 유지일수록 작아진다.

(2) 산 값

유지 1g에 함유되어 있는 유리지방산을 중화하는 데 필요한 수산화칼륨(KOH)의 mg수를 산값(AV, Acid Value)이라 한다.

$$\text{R–COOH} + \text{KOH} \longrightarrow \text{R–COOK} + \text{H}_2\text{O}$$

유지의 산값 또는 유리지방산값은 유지의 품질이나 사용 정도를 나타내는 척도로

식용유지는 1.0 이하이다. 신선한 유지의 산값은 낮지만 가열, 저장, 가공, 산패 등에 의해 유리지방산이 생성되면 산값은 높아진다.

(3) 요오드값

불포화지방산의 이중결합 부위는 수소이온 또는 할로겐원소(요오드 등)에 의해 쉽게 부가반응을 일으킨다. 수소 첨가로 불포화지방산은 융점이 높은 포화지방산으로 되며 액상유지가 고체지방으로 바뀐다. 유지 100g에 첨가되는 요오드(I_2)의 g수를 요오드값(IV, Iodine Value)이라 한다.

$$-CH=CH- + I_2 \longrightarrow \begin{array}{ccccc} & H & & H & \\ & | & & | & \\ - & C & - & C & - \\ & | & & | & \\ & I & & I & \end{array}$$

요오드가는 유지의 불포화도를 파악하는 척도로 사용되며, 요오드가 130 이상을 건성유, 100~130인 것을 반건성유, 100 이하인 것을 불건성유로 분류한다.

- **건성유** : 아마인유, 호두기름, 들기름, 잣기름, 대구간유
- **반건성유** : 참기름, 유채유, 현미유, 콩기름, 면실유, 고래기름
- **불건성유** : 올리브유, 땅콩기름, 피마자유, 동백유, 동물성 기름

> **건성유(Drying oil)**
>
> 공기 중에서 산소를 흡수하여 산화 중합되면 점성이 증가하고 최종 고화하는 성질을 가진 기름

(4) 아세틸값

아세틸값은 유지 속에 존재하는 수산기를 가진 지방산의 함량을 나타내는 수단으로 유지에 무수 초산을 첨가하면 유지 속의 수산기와 반응하여 아세틸화한다. 이 아세틸화된 유지를 다시 가수분해하여 생성된 초산을 중화하는 데 필요한 수산화칼륨의 mg수로 표시한다.

표 4-9 유지의 화학적 성질과 측정법

구분	측정 목적	측정 방법	판정
검화값(SV)	유지가 비누화되는 양	유지 1g을 비누화하는 데 필요한 KOH의 mg수	이것에 의해 지질 구성지방산의 분자량을 구한다. 분자량이 적은 저급 지방산을 함유하는 버터, 야자유는 높고 고급 지방산을 많이 함유하는 팜유는 낮다.
산값(AV)	유리지방산의 함량	유지 1g이 포함된 유리지방산을 중화하는 데 필요한 KOH의 mg수	산값이 높은 것은 지질이 변질되었음을 의미한다. 정제된 신선한 유지는 1.0 이하이고, AV 30 이상은 식용에 부적당하다.
요오드값(IV)	지방산의 불포화도	유지 100g 중의 불포화 결합에 첨가되는 요오드의 g수	소비되는 요오드의 양을 측정하여 지질을 구성하는 지방산의 불포화도를 구한다. • 건성유 : 130 이상 • 반건성유 : 100~130 • 불건성유 : 100 이하
아세틸값	유지 중의 -OH기의 양	아세틸화한 유지 1g을 검화하여 생성되는 초산을 중화하는 데 필요한 KOH의 mg수	순수한 중성지방의 아세틸값은 0이지만 산패될수록 값은 상승한다.
폴렌스케값	불용성 휘발성 지방산의 양	유지 5g 속의 불용성 휘발성 지방산을 중화하는 데 필요한 N/10 KOH의 mL수	야자유와 다른 유지의 구별에 사용된다. • 팜유 : 16.8~18.2 • 버터 : 1.5~3.5 • 일반 유지 : 1.0
라이헤르트-마이슬값(RMV)	수용성 휘발성 지방산의 양	유지 5g을 검화한 후 산성에서 증류하여 얻은 수용성 휘발성 지방산을 중화하는 데 필요한 N/10 KOH의 mL수	C_4~C_{10} 지방산을 가지는 비율을 표시하며 버터의 위조 검정에 사용된다. • 버터 : 26~32 • 야자유 : 5~9 • 돌고래유 : 5~12 • 신선유지 : 1
과산화물값(PV)	과산화물의 양, 유지의 초기 산패도 측정	유지 1kg에 함유된 과산화물(hydroperoxide)의 밀리당량수	산패된 유지는 초기 PV가 높다. • 신선유지 : 10 이하
티오바르비탈산 반응성 물질량(TBA)	TBA 반응성 물질, 유지의 산패도 측정	유지 산화생성물의 알데히드류에 티오바르비탈산(TBA)을 작용시켜 생기는 적색 색소의 양을 유지 1g당 흡광도로 표시	산패된 유지는 TBA값이 높다.

(5) 폴렌스케값

폴렌스케(polenske)값은 유지 5g을 비누화한 후 얻어진 불용성 휘발성 지방산을 중화하는 데 필요한 0.1N KOH의 mL수로 표시한다. 폴렌스케값은 물에 녹지 않는 미리스트산, 라우르산과 또 물에 약간 녹는 카프릴산, 카프르산의 양을 결정하는 것이다. 폴렌스케값은 팜유는 16.8~18.2, 버터가 1.5~3.5, 일반유지는 1.0 이하로 버터 속의 팜유 혼입을 검사하는 데 사용된다. 팜유가 버터보다 수치가 높은 이유는 팜유가 수용성인 휘발성 지방산은 적고 불용성인 휘발성 지방산이 많기 때문이다.

(6) 라이헤르트-마이슬값

라이헤르트-마이슬(Reichert-Meissl)값(RMV)은 물에 잘 녹는 부티르산, 카프로산과 물에 약간 녹는 카프릴산, 카프르산의 양을 결정한다. 유지 중 수용성의 휘발성 지방산 양을 나타내는 척도이다. 유지 5g을 검화하여 산성에서 중화하는 데 필요한 0.1N 수산화칼륨의 mg수로 표시하며, 버터의 위조검정에 이용된다. 즉, 버터는 26~32이고 마가린은 0.55~5.5이므로 버터 대신 사용한 마가린을 구별해낼 수 있다.

(7) 과산화물값

과산화물가(PV, Peroxide Value)는 유지 1kg에 생성된 과산화물의 mg당량으로 표시하며, 초기 산패도 결정에 이용한다. 유지의 과산화물은 산패 초기에 증가하다가(PV↑) 다시 분해되는(PV↓) 특성을 나타내므로 과산화물가로 산패의 진행 정도를 계속 추적할 수는 없다.

(8) TBA 값

유지 산화생성물(알데히드류)에 티오바르비탈산(TBA)을 작용시키면 적색을 띠므로 비색정량하여 산패 정도를 판단한다.

3) 에스테르 교환반응

트리글리세리드 분자 중 지방산의 위치나 종류는 에스테르 교환반응에 의하여 변할 수 있다. 에스테르 교환반응은 유지와 알코올, 유지와 지방산, 유지와 유지 사이에서 일어난다. 특히 유지와 유지 간 반응은 유지의 가공 시 물리적 성질을 변화시켜 사용

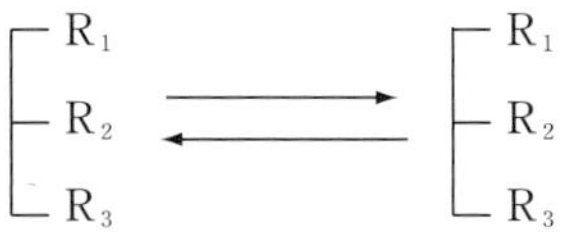

분자 내 에스테르 교환반응

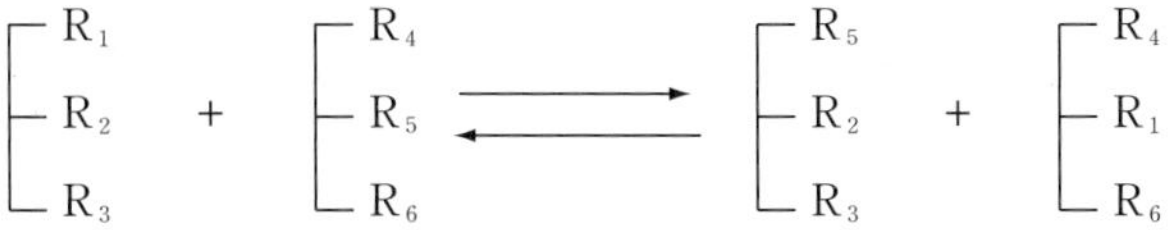

분자 간 에스테르 교환반응

그림 4-16 유지의 에스테르 교환반응(R_{1-6} : 지방산잔기)

목적에 맞는 물성을 가지는 유지를 만들기 위해 이용한다. 예를 들어, 액체인 면실유는 촉매와 가열에 의해 에스테르 교환반응이 일어나면 수소 첨가 없이도 반고체 상태의 쇼트닝이 될 수 있다.

5. 유지의 산패와 자동산화

유지를 다량 함유한 식품이 저장 중에 산소를 흡수하여 산화하거나 산, 알칼리, 효소 등에 의하여 가수분해가 일어나 고유의 맛, 색, 냄새 등이 나빠지는 것을 산패(rancidity)라고 한다. 특히 가열·가공과정 중에는 유지의 산패가 더욱 급속히 진행되어 영양성, 물성, 기호성 등이 감소할 뿐만 아니라 이취(off-flavor), 필수지방산의 파괴, 색깔의 변화, 독성 물질이 생성된다.

1) 산패의 종류

유지의 산패를 일으키는 원인은 여러 가지가 있지만 ① 상온에서 서서히 일어나는 산소에 의한 자동산화, ② 가수분해에 의한 산화, ③ 180℃ 전후의 고온으로 가열했을 때 생기는 가열산화, ④ 리폭시게나제에 의한 효소적 산화 등으로 나눌 수 있다.

(1) 자동산화에 의한 산패

유지는 상온에서 공기 중의 산소와 만나면 서서히 산화가 진행되므로 자동산화(autoxidation)라 부른다. 이 반응은 자동적으로 진행되어 과산화물(히드로페르옥시드)을 축적하는 라디칼 반응이다. 한편 축적된 과산화물은 계속 분해되어 산패취의 원인이 되는 알데히드 등의 2차 생성물을 만들고 또 다른 한편으로는 중합되어 이량체, 삼량체 등 중합체를 형성하여 유지의 점도를 증가시킨다(그림 4-18). 자동산화의 속도는 지방산의 종류에 따라 다르며, 이중결합의 수가 많을수록 산화속도가 빠르다. 그 예로 스테아르산(18:0)을 1로 볼 때 올레산(18:1)은 100 정도가 되며, 올레산을 1로 보면 리놀레산(18:2) 15~20배, 리놀렌산(18:3) 40~50배, EPA(20:5)는 300배 빠른 것으로 보고된다. 자동산화과정에서 생성되는 과산화물(hydroperoxide)과 2차 생성물은 동물실험으로 성장억제, 효소의 불활성화, 간 비대 등의 독성이 보고된다. 과산화물이 분해되어 생기는 알데히드, 케톤산물 등은 악취의 원인이 된다.

또한 유지를 함유하는 식품에서 자동산화가 일어나면 다른 성분에도 영향을 준다. 예를 들면, 단백질 중 염기성 아미노산인 리신, 아르기닌, 히스티딘은 반응 생성물인 카르보닐 화합물과 쉽게 반응하여 소화율과 영양가 저하, 착색, 비타민 A의 손실을 일으킨다.

(2) 가수분해에 의한 산패

유지는 산·알칼리·가수분해효소 등에 의해 글리세롤과 유리지방산으로 가수분해(hydrolysis)되어 불쾌한 냄새나 맛을 형성하고 산패된다. 예를 들면, 식품 속에 함유된 여러 가지 산(구연산, 사과산, 주석산 등)과 튀김옷에 사용하는 중조($NaHCO_3$, 알칼리)는 식품에서 나오는 물과 반응하여 조리에 사용하는 기름을 지방산과 글리세롤로 분해시킨다. 이때 유지의 조리온도가 높거나 장시간 가열하면, 가수분해에 의해 생성된 글리세롤 1분자에서 2분자의 물이 빠져나가 아크롤레인을 생성한다.

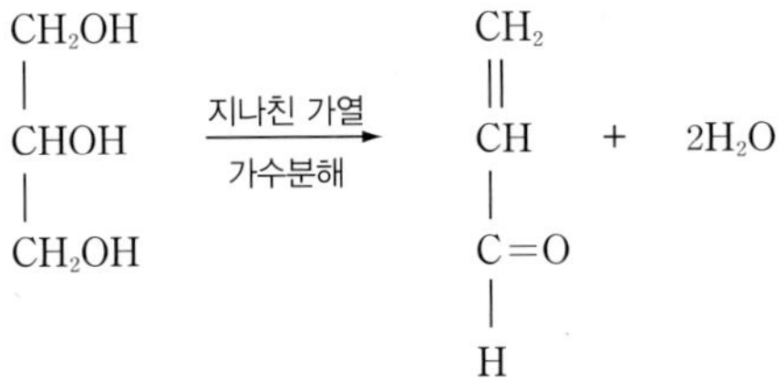

글리세롤 아크롤레인 물

그림 4-17 아크롤레인의 생성과정

(3) 가열산화에 의한 산패

유지를 높은 온도에서 장시간 가열하였을 때 일어나는 산화이다. 튀김식품이나 고온 요리의 가열에 의한 산화는 자동산화와 같은 기전으로 진행되지만 속도가 빠르고 생성된 과산화물은 고온으로 인하여 축적되지 않고, 바로 중합되어 다량체를 형성하거나 저분자화합물로 분해되는 반응이 일어난다. 가열시간이 길어질수록 산소흡수량이 증가하고, 이중결합의 감소, 평균분자량의 증가, 거품과 점도의 증가, 산 · 알코올 · 알데히드 등의 휘발성 물질이 생성된다. 또한 색상도 흑색으로 변하며 냄새나 소화율도 떨어져 가열산화한 유지를 섭취하면 구토와 설사를 일으킨다. 알데히드 중 자극취를 가진 아크롤레인이 가열 산화유의 특징적인 휘발성 화합물이다.

(4) 산화효소에 의한 산패

유지는 곡류, 콩류, 동물조직 등에 분포하는 리폭시게나제(lipoxigenase)와 리포히드로페르옥시다아제(lipohydroperoxidase) 등 산화효소에 의해서도 산패될 수 있다.

변 향

대두유와 같은 불포화도가 높은 기름은 정제과정에서 풋내나 콩 비린내를 제거하였음에도 잠시 저장하는 동안 다시 냄새가 나는 경우가 있다. 이와 같이 냄새가 새로 생기거나 정제하기 전의 유지가 가졌던 냄새로 복귀하는 현상을 변향(flavor reversion)이라 부른다.

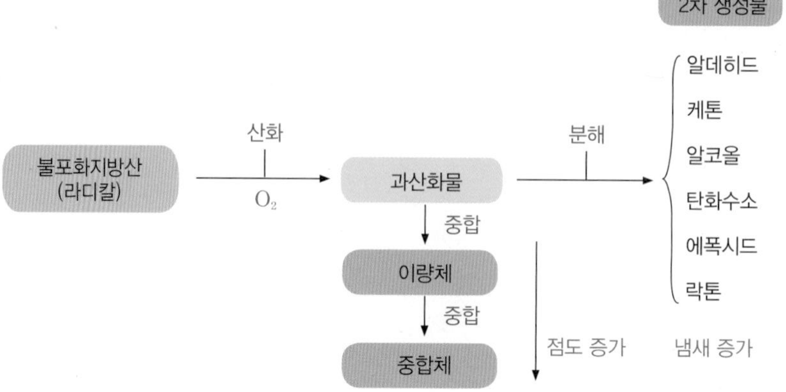

그림 4-18 유지의 자동산화 개요

2) 유지의 자동산화

유지의 자동산화는 이중결합의 틈에 끼인 메틸기의 수소가 분리되는 것에서 시작하므로 이중결합을 2개 이상 가진 고도 불포화지방산을 많이 함유하는 유지가 산화를 쉽게 일으킨다.

(1) 자동산화의 3단계 과정

- 개시단계(initiation) : 이중결합을 가진 불포화지방산이 열, 빛, 금속이온 등에 의해 느슨하게 결합된 수소 원자를 빼앗겨 라디칼(R·)을 형성하는 단계이다. 이중결합 사이에 끼인 활성 메틸기의 수소는 탈락되기 쉬우며, 이때 생성된 라디칼은 대단한 반응성을 갖는다.
- 진행(연쇄)단계(propagation) : 생성된 라디칼에 산소가 결합하여 페르옥시라디칼(ROO·)이 형성되고 이것이 다른 불포화지방산으로부터 수소를 빼앗아 히드로페르옥시드(ROOH)를 만드는 동시에 새로운 라디칼도 생성되어 반응은 연쇄적으로 진행된다. 이 반응은 수천 번 반복되며 불포화지방산의 이중결합이 거의 없어질 때까지 계속된다. 더구나 히드로페르옥시드의 분해는 산, 알코올, 알데히드, 케톤 같은 보다 작은 단위로 전환되어 나쁜 냄새를 유발한다.

① 개시

$$RH \xrightarrow{\text{열, 빛, 금속 이온}} R\cdot + H\cdot$$

유지 중의 불포화지방산 라디칼

$$CH_2-CH=CH-\boxed{CH_2}-CH=CH-CH_2$$

\boxed{H}

$-\boxed{CH}-$ 활성메틸렌의 수소를 빼앗긴다.

$-CH-$

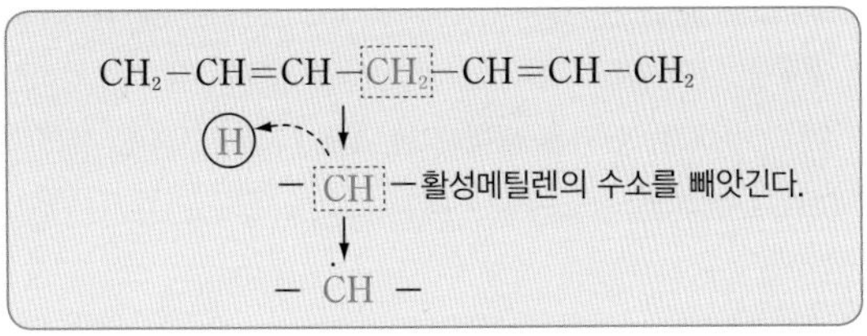

② 진행

$$R\cdot + O_2 \longrightarrow ROO\cdot$$

페르옥시라디칼

$$ROO\cdot + R'H \longrightarrow ROOH + R'\cdot$$

다른 히드로페르옥시드

불포화지방산 (과산화물)

O_2

라디칼 →

$-CH-$
|
$OO\cdot$ 산소와 결합하자.

RH

$-CH-$
|
OOH 다른 불포화지방의 수소를 가져오자.

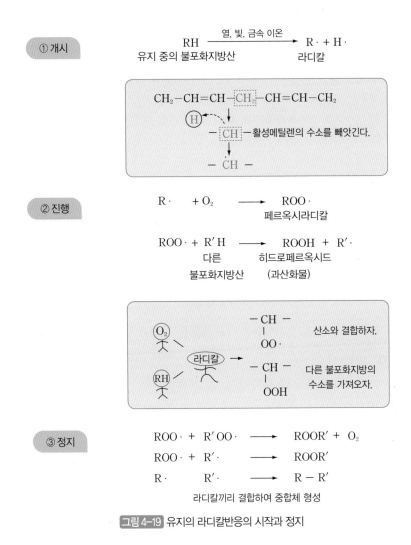

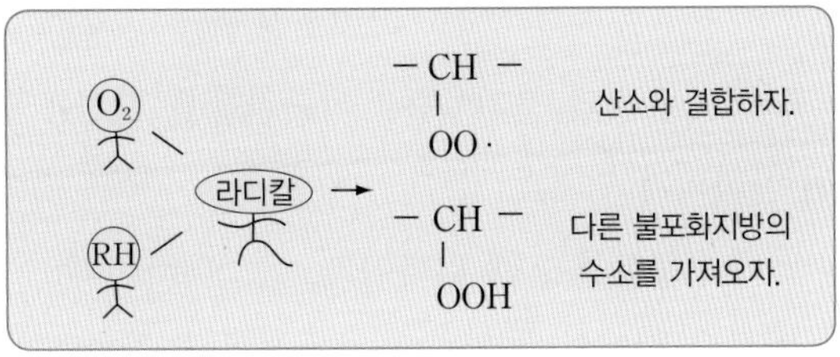

③ 정지

$$ROO\cdot + R'OO\cdot \longrightarrow ROOR' + O_2$$
$$ROO\cdot + R'\cdot \longrightarrow ROOR'$$
$$R\cdot \quad\quad R'\cdot \longrightarrow R-R'$$

라디칼끼리 결합하여 중합체 형성

그림 4-19 유지의 라디칼반응의 시작과 정지

- **정지(최종)단계(termination)** : 연쇄반응은 라디칼이 또 다른 라디칼이나 항산화제와 반응하거나 불포화지방산이 없어질 때까지 계속된다. 이때 생성된 중간산화물들이 서로 결합하여 새로운 중합체(polymer)를 형성한다. 이 중합체는 라디칼이 아니므로 반응성이 상실되어 연쇄반응이 종결된다.

라디칼(유리기, free radical)

라디칼은 부대전자를 한 개 이상 가진 원자 또는 원자단이다. 부대전자는 전자가 부족한 상태이므로 반응성이 매우 강하여 쉽게 다른 물질의 전자를 빼앗아 새로운 라디칼을 생성한다.

A : B → A· + ·B (결합전자를 쌍방에 한 개씩 나누어 가지면 유리 라디칼이라 한다).

3) 유지의 산패에 영향을 미치는 인자

유지는 상온에 저장하는 동안 천천히 산화되지만 다음과 같은 인자에 의하여 더욱 촉진된다.

- **유지의 불포화도** : 유지의 분자 속에 이중결합을 가지는 불포화지방산은 포화지방산보다 훨씬 산화되기 쉽다.
- **효소** : 지질 가수분해효소인 리파아제, 에스테라아제, 포스포리파아제 등의 작용으로 유리지방산을 형성하여 유지의 자동산화를 촉진한다. 리폭시다아제는 리놀레산, 리놀렌산, 아라키돈산에 작용하여 과산화물을 생성한다.
- **광선** : 유지에 광선(특히, 자외선)을 조사시키면 라디칼의 생성을 촉진시켜 유도기를 단축하고 과산화물의 분해를 촉진한다.
- **온도** : 온도가 올라감에 따라 산화속도가 빨라진다. 100℃ 이상에서는 과산화물이 분해된다.
- **금속이온** : 코발트(Co), 구리(Cu), 철(Fe), 망간(Mn), 니켈(Ni) 같은 중금속은 자동산화 중 생성된 과산화물의 분해를 촉진시키고 유리라디칼을 생성하여 산화의 연쇄반응을 촉진한다.
- **헤마틴 화합물** : 헤모글로빈, 미오글로빈, 시토크롬 등의 헤마틴 화합물들은 유지의 산화를 촉진한다.
- **산소** : 공기에 노출되면 산화하기 쉽다.
- **색소** : 색소가 존재하면 라디칼 생성이 촉진되어 자동산화가 개시된다.

• **건조** : 식품의 결합수를 잃어버릴 만큼 건조시키면 산화하기 쉽다.

4) 유지의 산화 방지

유지의 산화를 방지하는 방법은 두 가지로 나뉜다. 첫째는 물리적 산화방지법으로 저온 저장하거나 산소와의 접촉을 막기 위하여 진공포장 또는 탈산소제를 사용한다. 또 자외선 차단 포장재를 이용하거나 암소에 보관하는 방법도 있다. 두 번째는 항산화제를 사용하는 화학적 산화방지법이다.

5) 항산화제

항산화제(antioxidant)는 유지의 산화를 억제하는 예방 물질로서 산화방지제라고도 부르며 라디칼 제거, 활성산소 제거, 금속이온 불활성화 등의 기전으로 작용한다.

이 중 라디칼 제거제로서의 항산화제(AH, AH_2)는 자동산화과정에서 생성되는 여러 가지 라디칼들의 연쇄반응을 중지시킨다.

(1) 항산화제 작용기전

① 라디칼에 수소원자를 제공하여 라디칼을 제거한다

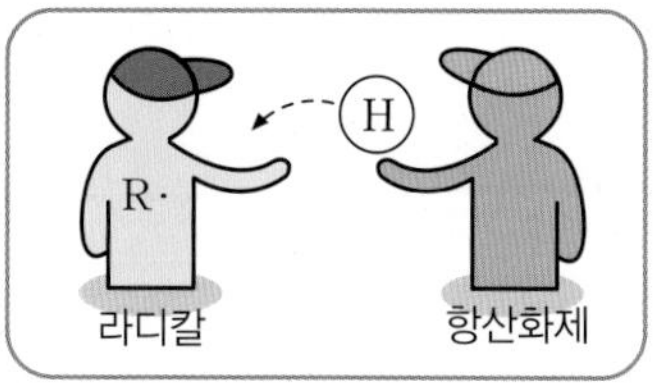

$$R\cdot + AH_2 \longrightarrow RH + AH\cdot$$

$$ROO\cdot + AH_2 \longrightarrow ROOH + AH\cdot$$

$$AH\cdot + AH\cdot \longrightarrow AH_2 + A$$

식품 중의 지질산화는 라디칼을 중간체로 하는 자동산화반응에 의해 진행한다. 항산화제는 자동산화반응의 연쇄단계에서 생기는 페르옥시라디칼에 먼저 수소를 제공하고, 미변화 지질에서 수소를 빼서 연쇄반응의 진행을 막는 역할을 한다.

R · : 라디칼	A ·, AH · : 항산화제 라디칼
ROO · : 페르옥시라디칼	SH, SH_2 : 상승제
AH, AH_2 : 항산화제	

② 라디칼에 전자를 제공하여 라디칼을 제거한다

$$R\cdot + AH\cdot \longrightarrow RH + A$$

$$ROO\cdot + AH\cdot \longrightarrow ROOH + A$$

③ 상승제로 항산화제의 능력을 복원시킨다

$$A\cdot + SH \longrightarrow AH + S\cdot$$

$$AH\cdot + SH_2 \longrightarrow AH_2 + SH\cdot$$

즉, 유지의 자동산화 연쇄반응에 참여하고 있는 각종 라디칼에 대하여 항산화제 자체가 가진 수소원자나 전자들을 내줌으로써 활성이 없는 안정한 화합물을 만든다. 이때 항산화제 자체는 계속해서 수소를 잃고 라디칼(A ·, AH ·)이 되어 항산화능력이 없어지지만 상승제(SH, SH_2)로부터 수소를 받아 항산화능력을 되찾게 된다.

(2) 항산화제의 종류

항산화제는 천연 항산화제와 합성 항산화제로 나눈다.

① 천연 항산화제

대개 식물성 유지에는 천연 항산화제가 존재하므로 동물성 유지에 비해 불포화지방산의 함량이 높음에도 불구하고 산화속도가 느리다. 또 한 종류만 사용하기보다 두

표 4-10 항산화제의 종류

항산화제	천연	비타민 E, 세사몰, 고시폴, 레시틴, 폴리페놀화합물, 플라보노이드 화합물, 과이액검, 향신료
	합성	BHA, BHT, TBHQ, EDTA
상승제		구연산, 인산, 주석산, 사과산, 비타민 C

종류 이상 병행하면 효과가 커지는데, 이를 상승효과라 부른다. 식품에 존재하는 천연 항산화제로는 식물성 유지의 비타민 E(토코페롤 4종류는 $\alpha- < \beta- < \gamma- < \delta-$ 순으로 항산화력이 강하다), 참기름 중의 세사몰(sesamol), 목화씨 중의 고시폴(gossypol), 콩제품의 레시틴, 안토시안 같은 폴리페놀 화합물, 식물성 식품에 존재하는 플라보노이드 화합물(flavonoids), 수지물질인 과이액 검(gum guaiac) 등이 있다. 그 외에 로즈마리, 세이지, 계피, 정향, 생강 등의 향신료들도 항산화 효과를 나타내므로 식품에 첨가하면 저장성이 증가한다.

② 합성 항산화제

FDA에서 허용하는 물질로 부틸히드록시아니솔(BHA, Butylated Hydroxy Anisole), 부틸히드록시톨루엔(BHT, Butylated Hydroxy Toluene), 몰식자산 프로필(propyl gallate), 제3기 부틸히드로퀴논(TBHQ, Tertiary Butyl Hydro Quinone), 에틸렌디아민사초산(EDTA, Ethylene Diamine Tetra Acetate) 등이 있다. 시중에 유통되는 식품 중 건곡물, 크래커, 견과류, 감자칩, 밀가루, 프리믹스 등은 항산화제가 첨가된 식품이다.

③ 상승제

자신은 항산화력이 없거나 약하지만 다른 항산화제와 병행하여 사용하면 항산화력을 증가시키는 물질을 상승제(synergist)라 한다. 상승제에는 구연산(citric acid), 인산(phosphoric acid), 주석산(tartaric acid), 사과산(malic acid), 비타민 C(ascorbic acid) 등이 있다.

CHAPTER 05

단백질

- 아미노산
- 단백질의 분류
- 단백질의 구조
- 단백질의 성질
- 단백질의 변성
- 단백질의 분해
- 핵산과 핵산계 물질
- 효 소

단백질은 탄수화물, 지질과 함께 동·식물체의 주성분이며, 생물체의 생명 유지에 가장 중요한 성분으로 '제1의'라는 의미의 그리스어 'proteios'에서 유래되었다. 또한 단백질은 효소·항체·유전자 및 어떤 비타민·호르몬을 구성하여 인체의 생리기능을 유지하는 데 중요한 역할을 한다.

단백질은 대체로 탄소 50~55%, 수소 6~8%, 산소 20~24%, 질소 15~18%, 황 1~3%, 기타 원소로 구성되어 있는데, 질소나 황을 함유하여 탄수화물, 지질과는 구별된다. 질소의 함량은 단백질의 종류에 따라 약간의 차이는 있으나 평균 16%이다. 따라서 각 식품으로부터 구한 질소의 양에 질소환산계수인 6.25(100/16)를 곱하여 조단백질(crude protein) 함량을 산출한다.

단백질은 세포를 구성하는 필수적인 요소로 모든 식품에 함유되어 있으나, 특히 동물성 식품에 많다. 식품 중의 단백질은 섭취 후 체내에서 가수분해된 아미노산으로 흡수되어 체조직 형성에 필요한 단백질로 다시 합성된다. 단백질을 구성하고 있는 기본 단위는 20여 종의 아미노산이다.

1. 아미노산

단백질을 구성하는 기본 단위는 아미노산(amino acid)이다.

아미노산은 한 분자 내에 염기성인 아미노기(amino group, $-NH_2$)와 산성인 카르복실기(carboxyl group, $-COOH$)의 두 가지 특징적인 반응기를 포함하고 있는 유기화합물이다.

아미노기가 결합하고 있는 탄소의 위치에 따라 α-아미노산, β-아미노산, γ-아미노산 등으로 불리며, 일반적으로 단백질을 구성하고 있는 아미노산은 대부분이 α-아미노산이다.

그리고 천연단백질을 구성하고 있는 아미노산은 글리신을 제외하고 모두 부제탄소원자(asymmetric carbon)를 가지고 있으므로 각각 D-형과 L-형의 광학 이성체가

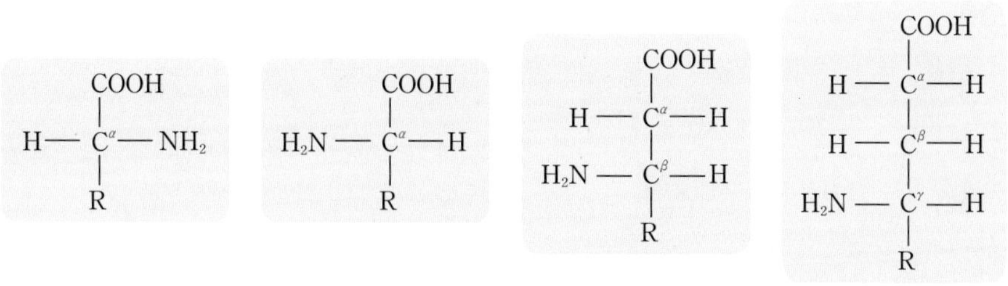

α–D–아미노산 α–L–아미노산 β–L–아미노산 γ–L–아미노산

그림 5–1 탄소 위치에 따른 아미노산의 분류

존재한다. 즉, 카르복실기를 기준으로 아미노기가 왼쪽에 있는 것을 L–형이라고 하며, 오른쪽에 있는 것을 D–형이라고 한다.

이와 같이 α–아미노산은 두 종류의 광학 이성체가 존재하지만 천연 단백질을 구성하는 아미노산은 α–L–아미노산이다.

1) 아미노산의 종류

아미노산은 분자 중에 아미노기($-NH_2$)와 카르복실기(–COOH)를 가지고 있기 때문에 구성하고 있는 아미노기와 카르복실기의 수에 따라 중성 아미노산, 산성 아미노산, 염기성 아미노산으로 분류하고, 측쇄(side chain)인 R의 종류에 따라서 지방족 아미노산, 함황 아미노산, 방향족 아미노산, 환상 아미노산 등으로 분류한다.

순수한 아미노산은 대체로 무색의 결정으로 물에는 잘 녹으며, 알코올과 같은 유기 용매에는 녹기 어렵다.

그리고 분자량이 적은 저급 아미노산은 단맛이 있고, 고급 아미노산은 쓴맛과 떫은 맛을 낸다.

같은 수의 아미노기($-NH_2$)와 카르복실기(–COOH)를 가지는 것을 중성 아미노산(neutral amino acid)이라 하며, 산성 아미노산은 카르복실기의 수가 아미노기의 수보다 많으며 음전하를 띤다. 염기성 아미노산은 아미노기의 수가 카르복실기의 수보다 많고 양전하를 띤다.

표 5-1 아미노산의 종류

	종류	약자	구조	비고
중성아미노산	글리신	Gly.	$H - \underset{\underset{H}{\vert}}{\overset{\overset{NH_2}{\vert}}{C}} - COOH$	• 분자량이 가장 작고 간단한 아미노산이며 가장 먼저 발견 • 젤라틴(gelatin), 피브로인(fibroin)에 분포 • 동물성 단백질에 다량 존재
	알라닌	Ala.	$CH_3 - \underset{\underset{H}{\vert}}{\overset{\overset{NH_2}{\vert}}{C}} - COOH$	• 체내에서 합성 • 대부분 단백질에 함유 • 3대 영양소의 상호 대사작용에 관여
	발린	Val.	$CH_3 - \underset{\underset{CH_3}{\vert}}{CH} - \underset{\underset{H}{\vert}}{\overset{\overset{NH_2}{\vert}}{C}} - COOH$	• 체내에서 합성 안 됨 • 필수아미노산 • 대부분 단백질에 존재 • 우유단백질(casein)에 8% 정도 함유
	루신	Leu.	$CH_3 - \underset{\underset{CH_3}{\vert}}{CH} - CH_2 - \underset{\underset{H}{\vert}}{\overset{\overset{NH_2}{\vert}}{C}} - COOH$	• 체내에서 합성 안 됨 • 필수아미노산 • 대부분 단백질에 존재 • 우유, 치즈에 함유
	이소루신	Ile.	$CH_3 - CH_2 - \underset{\underset{CH_3}{\vert}}{\overset{\overset{H}{\vert}}{C}} - \underset{\underset{H}{\vert}}{\overset{\overset{NH_2}{\vert}}{C}} - COOH$	• 필수아미노산 • 효모작용에 아실알코올로 변하여 퓨젤유(fusel oil)의 주성분이 됨
	세린	Ser.	$CH_2OH - \underset{\underset{H}{\vert}}{\overset{\overset{NH_2}{\vert}}{C}} - COOH$	• 체내 합성 가능 • 세리신(sericine)에 70%, 카제인, 난황단백질에 함유
	트레오닌	Thr.	$CH_3 - \underset{\underset{OH}{\vert}}{\overset{\overset{H}{\vert}}{C}} - \underset{\underset{H}{\vert}}{\overset{\overset{NH_2}{\vert}}{C}} - COOH$	• 필수아미노산 • 혈액의 피브리노겐(fibrinogen)에 많이 함유
산성아미노산	아스파라긴	Asn.	$NH_2 - CO - CH_2 - \underset{\underset{H}{\vert}}{\overset{\overset{NH_2}{\vert}}{C}} - COOH$	• 가수분해되면 아스파르트산과 NH_3 생성 • 단맛이 있음 • 아스파라거스, 감자, 콩, 사탕무 등이 발아할 때 특히 많음
	아스파르트산	Asp.	$COOH - CH_2 - \underset{\underset{H}{\vert}}{\overset{\overset{NH_2}{\vert}}{C}} - COOH$	• 대부분 단백질에 분포 • 글로불린, 아스파라거스, 카제인에 분포 • 인공감미료인 아스파탐 합성에 필요

(계속)

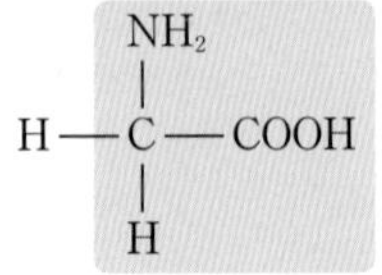

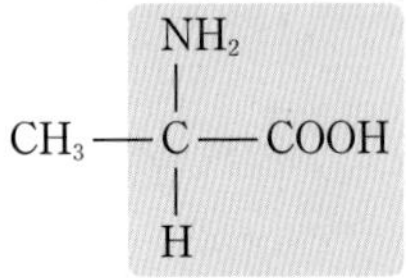

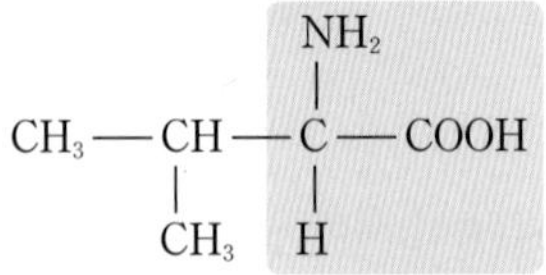

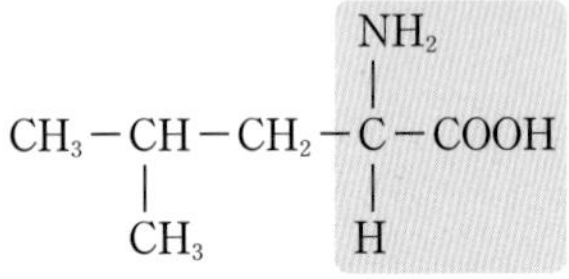

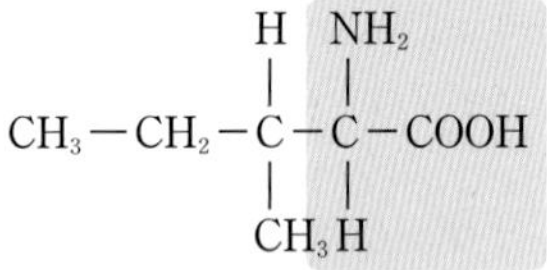

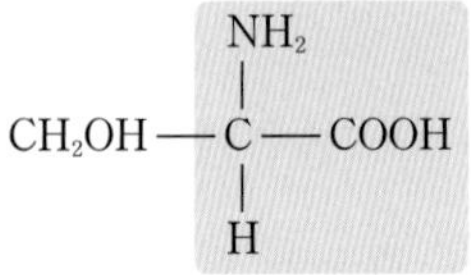

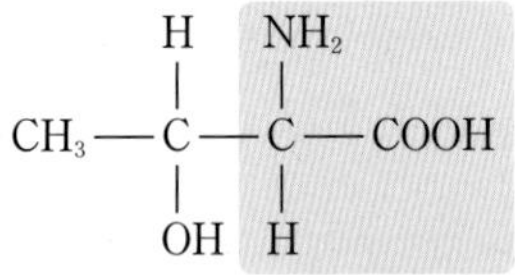

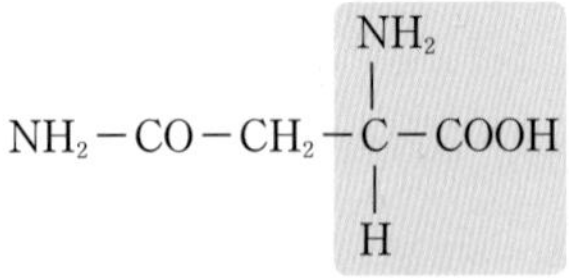

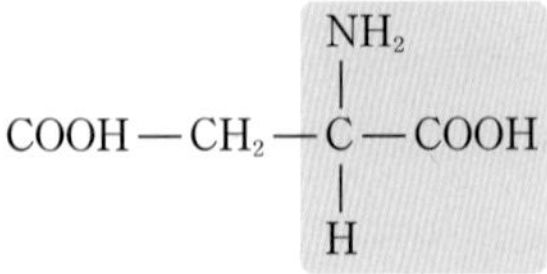

종류		약자	구조	비고
산성아미노산	글루탐산	Glu.	$$COOH-CH_2-CH_2-\underset{\underset{H}{\vert}}{\overset{\overset{NH_2}{\vert}}{C}}-COOH$$	• 식물성 단백질에 많이 함유 • Na-글루탐산(MSG)은 조미료의 주성분
	글루타민	Gln.	$$NH_2-\underset{\underset{O}{\Vert}}{C}-CH_2-CH_2-\underset{\underset{H}{\vert}}{\overset{\overset{NH_2}{\vert}}{C}}-COOH$$	• 식물성 식품에 존재 • 사탕무의 즙, 포유동물의 혈액에 함유
염기성아미노산	아르기닌	Arg.	$$NH_2-\underset{\underset{NH}{\Vert}}{C}-NH-CH_2-CH_2-\underset{\underset{H}{\vert}}{\overset{\overset{NH_2}{\vert}}{C}}-COOH$$	• 생선단백질에 함유 • 분해효소인 아르기나아제에 의해 요소와 오르니틴 생성
	히스티딘	His.	$$CH-C-CH_2-\underset{\underset{H}{\vert}}{\overset{\overset{NH_2}{\vert}}{C}}-COOH$$	• 필수아미노산 • 이미다졸핵을 가진 환상 아미노산 • 혈색소와 프로타민에 많이 함유 • 부패성 세균에 의해 히스타민 생성
	리신	Lys.	$$NH_2-CH_2-CH_2-CH_2-CH_2-\underset{\underset{H}{\vert}}{\overset{\overset{NH_2}{\vert}}{C}}-COOH$$	• 필수아미노산 • 동물의 성장에 관여 • 동물성 단백질에 함유 • 식물성 단백질에는 부족 • 곡류를 주식으로 하는 경우 결핍 우려
함황아미노산	시스테인	Cys.	$$SH-CH_2-\underset{\underset{H}{\vert}}{\overset{\overset{NH_2}{\vert}}{C}}-COOH$$	• 체내 산화·환원작용에 중요한 역할 • -SH기가 2개 연결되어 시스틴으로 됨 • 체내에서 메티오닌으로부터 생성
	시스틴	Cys-Cys.	$$S-CH_2-\underset{\underset{H}{\vert}}{\overset{\overset{NH_2}{\vert}}{C}}-COOH$$ $$S-CH_2-\underset{\underset{H}{\vert}}{\overset{\overset{NH_2}{\vert}}{C}}-COOH$$	• 체내에서 산화와 환원의 평행 유지에 관여 • 케라틴(손톱, 뿔, 머리카락 등)에 함유 • 체내에서 메티오닌이나 시스테인으로부터 만들어짐

(계속)

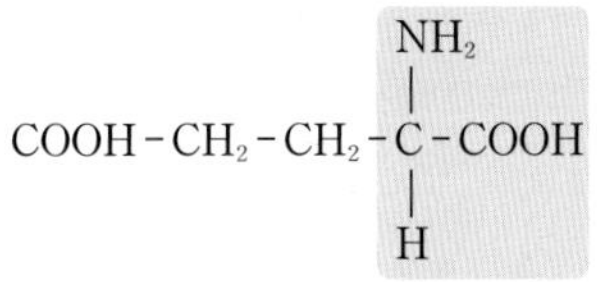

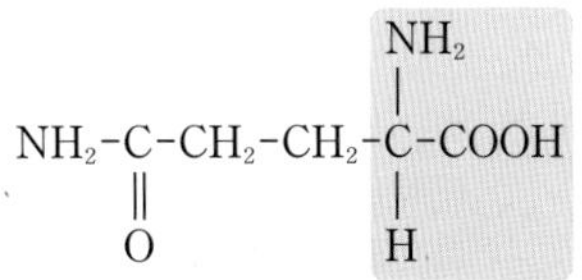

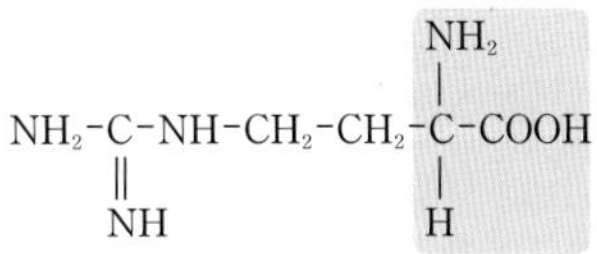

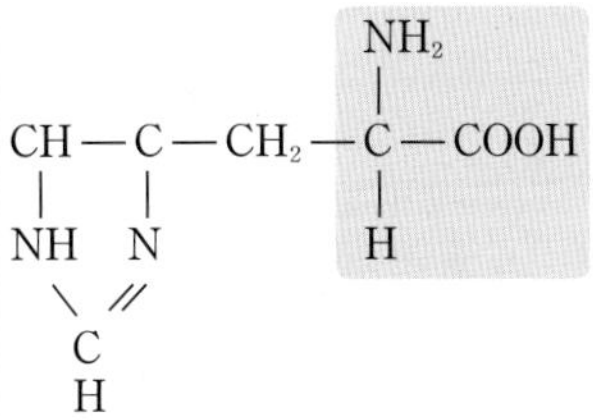

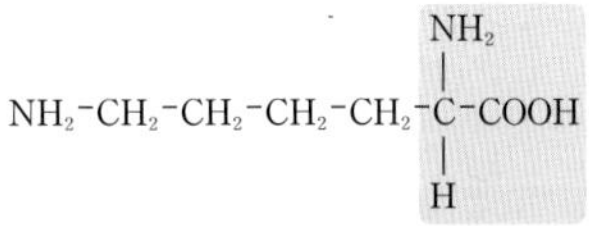

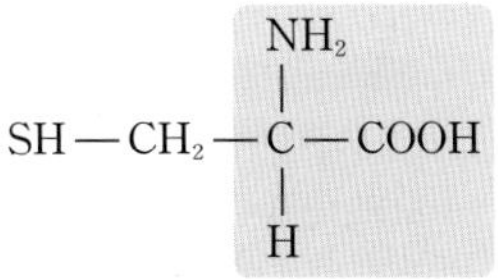

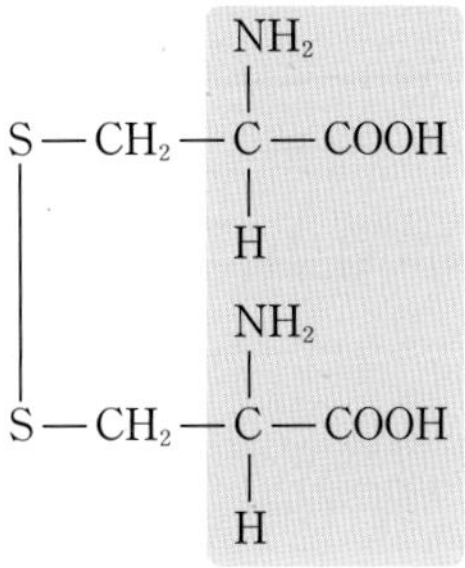

	종류	약자	구조	비고
함황아미노산	메티오닌	Met.	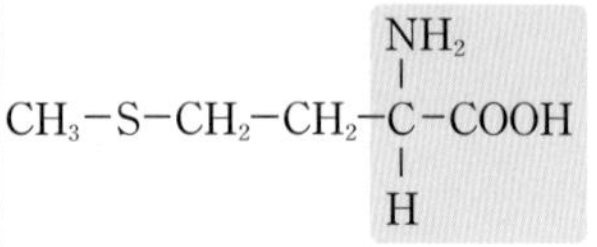	• 필수아미노산 • 체내에 부족한 경우 시스틴으로 대용할 수 있음 • 혈청알부민이나 우유의 카제인에 많음 • 간의 기능과 관계
방향족아미노산	페닐알라닌	Phe.	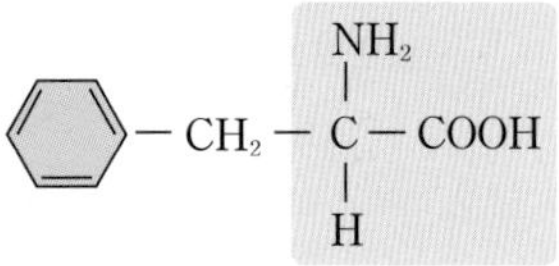	• 필수아미노산, 환상아미노산 • 대부분 단백질에 존재 • 헤모글로빈이나 오브알부민에 함유 • 티로신 합성의 모체 • 인공감미료인 아스파탐 합성에 필요
	티로신	Tyr.	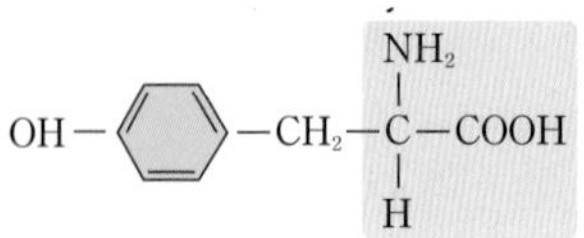	• 대부분 단백질에 존재 • 체내에서 페닐알라닌의 산화로 생성 • 감자의 갈변효소인 티로시나아제의 기질
가타아미노산	프롤린	Pro.	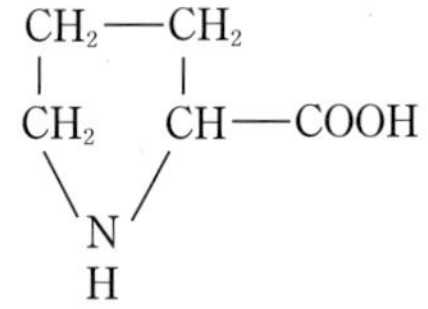	• 이미노기(imino group)를 가지고 있음 • 콜라겐에 다량 함유 • 최근 유산균의 생존율을 높이기 위해 유산균 배양 시 첨가
	히드록시 프롤린	Hyp.	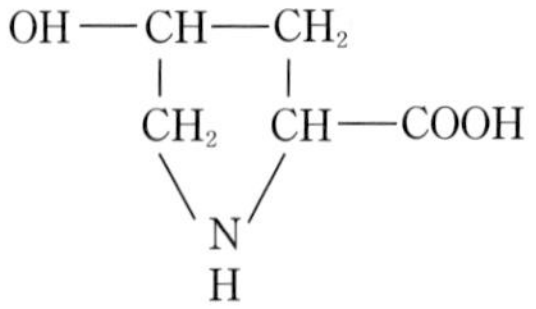	• 프롤린의 C_4에 –OH가 붙은 구조 • 결합조직 단백질인 콜라겐, 젤라틴에 함유
	트립토판	Trp.	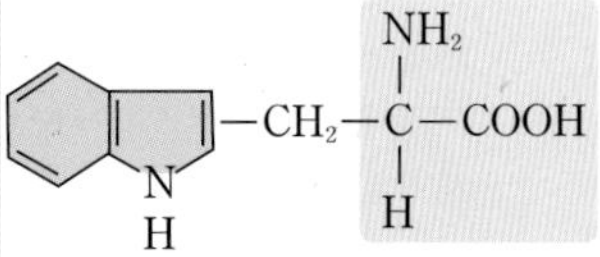	• 인돌핵을 가진 헤테로고리화합물 • 체내에서 니아신으로 전환 • 효모, 견과류, 어류, 종자, 가금류 등에 함유

(1) 필수아미노산

단백질 형성에 필요하나 인체 내에서 거의 합성되지 않거나 충분히 합성되지 않아 식품으로부터 섭취해야 하는 아미노산을 필수아미노산(essential amino acid)이라 한다. 따라서 식품 단백질 중의 필수아미노산 함량은 단백질의 영양적 가치 평가 기준이 된다.

필수아미노산의 종류

발린, 루신, 이소루신, 트레오닌, 메티오닌, 리신, 페닐알라닌, 트립토판, 히스티딘(어린이)

(2) 제한아미노산

단백질의 영양가는 단백질을 구성하고 있는 아미노산 중 필수아미노산의 종류와 양에 의해 결정된다. 체단백질을 구성하는 데 있어서 아미노산은 체내 저장기능이 없으므로 필수아미노산 중 어느 하나라도 필요할 때 존재하지 않으면 체단백질 합성은 일어나지 않는다. 따라서 필수아미노산은 골고루 풍부하게 섭취하는 것이 바람직하다.

단백질의 영양가는 함유되어 있는 필수아미노산 중에서 사람이 필요로 하는 양에 대해서 가장 부족되는 필수아미노산에 의해 좌우된다. 이와 같은 아미노산을 제한아미노산(limiting amino acid)이라고 한다.

표 5-2 주요 식품 단백질의 필수아미노산 조성과 단백가

식품명	이소루신	루린	리신	메티오닌	페닐알라닌	트레오닌	트립토판	발린	단백가
비교 단백질	0.270	0.306	0.270	0.270	0.180	0.180	0.090	0.270	–
식빵	0.22	0.39	**0.12**	0.182	0.27	0.16	0.067	0.26	44
백미	0.28	0.52	**0.21**	0.27	0.29	0.22	0.080	0.37	78
감자	0.24	0.39	0.33	**0.129**	0.21	0.24	0.091	0.36	48
대두	0.30	0.45	0.43	**0.151**	0.33	0.27	0.092	0.31	56
가다랭이	0.27	0.44	0.50	**0.191**	0.21	0.25	0.080	0.31	71
고등어	0.31	0.45	0.45	**0.167**	0.24	0.25	0.094	0.30	62
어묵	0.31	0.47	0.56	0.231	0.23	0.26	**0.058**	0.28	64
쇠고기	0.30	0.57	0.57	**0.215**	0.28	0.28	0.081	0.34	80
돼지고기	0.32	0.53	0.58	**0.243**	0.26	0.28	0.090	0.34	90
우유	0.32	0.59	0.48	**0.200**	0.28	0.27	0.092	0.41	74
달걀	0.33	0.53	0.44	0.38	0.32	0.29	0.10	0.41	100

주 1) 굵은 글씨는 단백가 산출에 사용되는 제한아미노산이다.
2) 질소 1g 중에 함유되어 있는 각 아미노산을 g수로 나타내었다.

표 5-3 식물성 식품들의 단백질 함량과 제한아미노산

식품	단백질(%)	제한아미노산	식품	단백질(%)	제한아미노산
대두	45	메티오닌	옥수수	10	리신 트립토판
땅콩	25	리신, 메티오닌	감자	9	리신 트립토판
밀	14	리신	백미	8	리신, 트레오닌

대개의 경우 리신, 트립토판, 트레오닌, 메티오닌 중에서 제한아미노산이 되는 경우가 많다. 식품 중의 제한아미노산은 표 5-3과 같다.

2) 아미노산의 성질

(1) 양성전해질

아미노산은 한 분자 중에 염기성을 나타내는 아미노기(–NH_2)와 산성을 나타내는 카르복실기(–COOH)를 가지고 있기 때문에 용액의 pH에 따라 산으로 또는 염기로 작용한다. 이와 같은 화합물을 양성전해질이라 한다. 또한 아미노산은 수용액 중에서 해리되어 음이온(–COO^-)과 양이온(–NH_2^+)을 동시에 갖는 양성이온(zwitterion)을 형성한다. 용액 중의 pH에 따라서 그림 5-2와 같이 분류한다.

(2) 등전점

아미노산 용액에 전류를 통과시키면 산성 용액에서는 H^+를 받아 $NH_2 \rightarrow NH_3^+$, 즉 양(+)전하를 띠며, 알칼리성 용액에서는 H^+를 잃어 $COOH \rightarrow COO^-$, 즉 음(–)전하

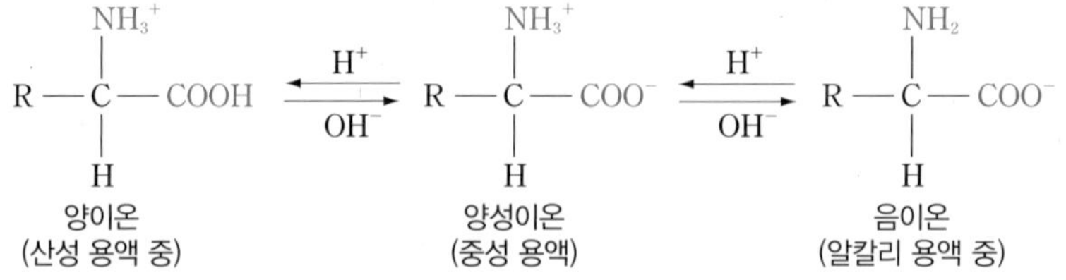

그림 5-2 양성전해질

표 5-4 아미노산의 등전점

아미노산	등전점	아미노산	등전점	아미노산	등전점
글리신(glycine)	5.97	아스파라긴(asparagin)	5.41	시스테인(cysteine)	5.07
알라닌(alanine)	6.00	아스파르트산(asparatic acid)	2.77	시스틴(cystine)	5.03
발린(valine)	5.96	글루탐산(glutamic acid)	3.22	메티오닌(methionine)	5.74
루신(leucine)	5.98	글루타민(glutamine)	5.65	페닐알라닌(phenylalanine)	5.48
이소루신(isoleucine)	5.94	아르기닌(arginine)	10.6	티로신(tyrosine)	5.66
세린(serine)	5.68	리신(lysine)	9.74	프롤린(proline)	6.30
트레오닌(threonine)	5.64	히스티딘(histidine)	7.47	트립토판(tryptophan)	5.89

를 띤다.

그러므로 아미노산은 산성 용액에서는 음극(−)으로, 알칼리성 용액에서는 양극(+)으로 이동한다.

그러나 어느 특정 pH에 도달하면 용액 중의 양(+)전하와 음(−)전하의 수가 같아져 상쇄되어 실제 전하(net charge)가 0이 되므로 어느 전극으로도 이동하지 않게 된다. 이때 그 용액의 pH값을 등전점(isoelectric point)이라고 한다. 아미노산의 등전점은 아미노산의 염기와 산의 수에 따라 달라진다.

2. 단백질의 분류

단백질은 구조적 특징에 따라 섬유상단백질·구상단백질로, 출처에 따라 식물성 단백질·동물성 단백질·저장단백질·방어단백질·효소단백질 등으로, 조성에 따라 단순단백질·복합단백질·유도단백질로 분류한다.

1) 단순단백질

아미노산만으로 구성되어 있으며 비교적 구조가 간단한 단백질이다.

- **알부민** : 물, 묽은 산, 묽은 알칼리, 염류 용액에 잘 녹는 단백질로서 가열하거나 알코올에 의해 응고한다. 비교적 분자량이 적은 단백질로 모든 동·식물체에서는 수용액 상태로 존재하며, 75℃에서 응고되고 특히 약산성(pH 4~6)에서 응고되기 쉽다.

  동물성으로는 오브알부민(난백), 락트알부민(유즙), 혈청 알부민(혈청), 미오겐(근육) 등이 있고, 식물성으로는 루코신(leucosin, 보리), 레구멜린(legumelin, 콩류) 등이 있다.
- **글로불린** : 물에는 녹지 않고, 염류 용액이나 묽은 산, 묽은 알칼리 용액에는 잘 녹는다. 가열에 의해 응고되며, 동·식물성 식품에 많이 존재한다.

  동물성으로는 락토글로불린(우유), 미오신(myosin, 근육)과 액틴(actin, 근육), 라이소자임(lysozyme, 난백), 오보글로불린(ovoglobulin, 난백), 혈청 글로불린(serum globulin) 등이 있고, 식물성으로는 글리시닌(glycinin, 대두), 투베린(tuberin, 감자), 아라킨(arachin, 땅콩) 등이 있다.
- **글루텔린** : 묽은 산이나 알칼리 용액에 잘 녹으며, 물이나 중성염류 용액에는 녹지 않는다. 주로 식물성 식품 중에서도 곡류에 존재한다. 호르데닌(hordenin, 보리), 오리제닌(oryzenin, 쌀), 글루테닌(glutenin, 밀) 등이 있다.
- **프롤라민** : 70~80% 알코올 용액에 잘 녹으며 물이나 중성염류에는 녹지 않는다. 프롤라민은 주로 곡류 중에만 존재하며, 다량의 프롤린과 글루탐산을 함유한 단백질이다. 제인(zein, 옥수수), 글리아딘(gliadin, 밀), 호르데인(hordein, 보리) 등이 있다.
- **히스톤(histone)** : 묽은 산이나 물에 잘 녹으며, 리신과 아르기닌을 다량 함유하고 있는 염기성 단백질로 핵산과 결합하고 있으며, 열에 의해 응고하지 않는다. 피크르산(picric acid)에 의하여 침전되며, 주로 동물체와 정자의 핵조직 중에 존재한다.
- **프로타민(protamin)** : 70~80%의 알코올 용액, 묽은 산이나 물에 잘 녹으며, 비교적 저분자 상태로 아르기닌을 다량 함유하는 강한 염기성 단백질이다. 가열에 의해서도 응고되지 않으며, 식물성 식품에는 없고, 동물성 식품에만 존재한다. 청어

표 5-5 단순단백질의 분류

분류	용해성(+ 가용, – 불용)					특징	예
	물	0.8% NaCl	약산 pH6	약알칼리 pH8	60~80% 알코올		
알부민 (albumin)	+	+	+	+	–	• 열응고성 • 동식물 중에 많이 존재	ovalbumin(난백) lactalbumin(우유) serum albumin(혈청) myogen(근육)
글로불린 (globulin)	–	+	+	+	–	• 열응고성 • 동식물 중에 많이 존재 • 글루탐산과 아스파르트산이 풍부	myosin(근육) lactoglobulin(유즙) ovoglobulin(난백) serum globulin(혈청) glycinin(대두)
글루텔린 (glutelin)	–	–	+	+	–	• 식물의 종자에 존재 • 비열응고성	쌀(oryzenin) 밀(glutenin) 보리(hordenin)
프롤라민 (prolamin)	–	–	+	+	+	• 비열응고성 • 식물 종자 중에 존재	zein(옥수수) gliadin(밀) hordein(보리)
히스톤 (histone)	+	+	+	–	–	• 동물의 체세포와 정자의 핵에 존재 • 히스티딘, 아르기닌 풍부 • 비열응고성, 강한 염기성	흉선 히스톤 간장 히스톤 적혈구 히스톤
프로타민 (protamin)	+	+	+	–	+	• 핵산과 결합, 아르기닌 풍부 • 비열응고성 • 어류의 정자 중에 존재	salmine(연어) clupeine(정어리) scombrin(고등어)
알부미노이드 (albuminoid)	–	–	–	–	–	• 경단백질로 불림 • 동물체의 보호조직 중에 존재	collagen(결합조직, 피부) elastin(결합조직, 힘줄) keratin(머리털, 손톱)

(clupeine), 연어(salmon), 고등어(scombrin) 등 어류의 정자에 있다.

- **알부미노이드(albuminoid)** : 섬유상단백질로 경단백질(scleroprotein)이라고도 한다. 물이나 유기용매에 녹지 않으며, 단백질 분해효소의 작용도 받기 어렵다. 동물체에만 존재하며, 주로 조직을 형성하여 몸을 보호하는 작용을 하는 단백질이다. 구성하고 있는 아미노산으로는 글리신과 프롤린을 많이 함유하고 있으나 트립토판, 티로신, 시스테인 등이 없기 때문에 영양적 가치는 낮다. 콜라겐(결합조직, 연골, 피부),

엘라스틴(결합조직, 힘줄), 케라틴(머리카락, 손톱, 뿔), 피브로인(명주실, 면사) 등이 있다. 콜라겐은 물을 가하여 오랫동안 가열하면 유도단백질인 가용성의 젤라틴으로 변한다.

2) 복합단백질

단순단백질에 인, 지질, 핵산, 당, 색소, 금속 등이 결합된 단백질이며, 생체의 세포 내에 함유되어 생리적으로 중요한 활성을 가진다. 복합단백질의 분류는 표 5-6과 같다.

표 5-6 복합단백질의 분류

분류	특징	예
인단백질 (phosphoprotein)	• 인산과 단백질의 ester 결합 • 칼슘염으로 존재하는 산성 단백질 • 동물성 식품에 많이 존재	• 카제인(우유) • 비텔린(vitellin, 난황) • 비텔리닌(vitellenin, 난황)
지단백질 (lipoprotein)	• 지질(인지질, 콜레스테롤)과 단백질의 결합	• 리포비텔린(lipovitellin, 난황) • 리포비텔리닌(lipovitellinin, 난황)
핵단백질 (nucleoprotein)	• 핵산(DNA, RNA)과 염기성 단백질의 결합 • 세포핵에 존재	• 뉴클레오히스톤(nucleohistone, 동물의 체세포핵-흉선, 비장, 간장 등) • 뉴클레오프로타민(nucleoprotamin, 어류의 정자핵)
당단백질 (glycoprotein)	• 당류와 단백질의 결합 • 조직이나 장 내의 윤활작용 • 동식물 세포 및 조직의 보호작용	• 뮤신(mucin, 동물의 점액, 타액, 소화액) • 뮤코이드(mucoid, 혈청, 결체조직) • 오보뮤코이드(ovomucoid, 난백) 등
색소단백질 (chromoprotein)	• 색소(pigment)와 단백질의 결합 • 산소운반, 호흡작용, 산화·환원작용에 관여	• 헤모글로빈(hemoglobin, 혈액) • 미오글로빈(myoglobin, 근육) • 시토크롬(cytochrom, 심장, 미토콘드리아) • 헤모시아닌(hemocyanin, 연체동물의 혈액) • 카탈라아제(catalase, 간, 적혈구)
금속단백질 (metalloprotein)	• 금속(Fe, Cn, Zn)과 단백질의 결합	• 철단백질 : 페리틴(ferritin) • 구리단백질 : 티로시나아제(tyrosinase, 감자), 아스코르비나아제(ascorbinase, 당근, 오이) • 아연단백질 : 인슐린(insulin, 췌장)

3) 유도단백질

자연에 존재하는 단백질(단순단백질, 복합단백질)이 물리적 작용이나 화학적 작용 또는 효소의 작용에 의해 변성 및 분해 등의 변화를 받은 것으로 그 변화된 정도에 따라서 제1차 유도단백질과 제2차 유도단백질로 나눈다.

(1) 제1차 유도단백질

산, 알칼리, 기타 화학물질들, 효소 및 가열 등에 의해서 약간 변성된 것으로 일명 변성단백질(denatured protein)이라고도 한다.

- 파라-카제인(para-casein) : 우유 카제인이 응유 효소에 의해 응고되어 생긴 것이다.
- 젤라틴(gelatin) : 콜라겐(피부, 힘줄, 뼈, 연골)을 물과 함께 장시간 가열하여 얻는다. 뜨거운 물에는 녹고 찬물에 녹지 않는다.
- 프로테안(protean) : 수용성 단백질이 산, 알칼리 또는 가열 등에 의해서 불용성으로 변성된 것이다. 대부분의 가공식품 단백질들이 이에 속한다.
- 메타프로테인(metaprotein) : 단백질이 산이나 알칼리에 의하여 분해되기 전까지 더욱 변성된 것으로 열에 의해 응고되지 않는다. 묽은 산이나 묽은 알칼리 용액에는 녹지만 중성 용액에서는 불용성이다.
- 응고단백질(coagluted protein) : 단백질이 가열, 자외선, 기계적 교반, 유기용매(알코올 등)나 기타 화학물질 등에 의해서 변성하여 응고된 것이다. 물, 염 용액, 묽은 산, 묽은 알칼리 용액에 불용성이다.

(2) 제2차 유도단백질

제1차 유도단백질보다 변성이 더욱 진행된 것으로 단백질이 가수분해되어 아미노산이 되기까지의 중간생성물을 말하며, 분해단백질이라고도 한다.

- 프로테오스(proteose) : 단백질이 산, 알칼리, 효소 등에 의해 부분적으로 가수분해된 것이다. 물에 녹고 열에 의해 응고하지 않는다.

$$NH_2-CH-CO\boxed{OH} + \boxed{H}HN-CH-COOH \longrightarrow NH_2-CH-CO-NH-CH-COOH$$

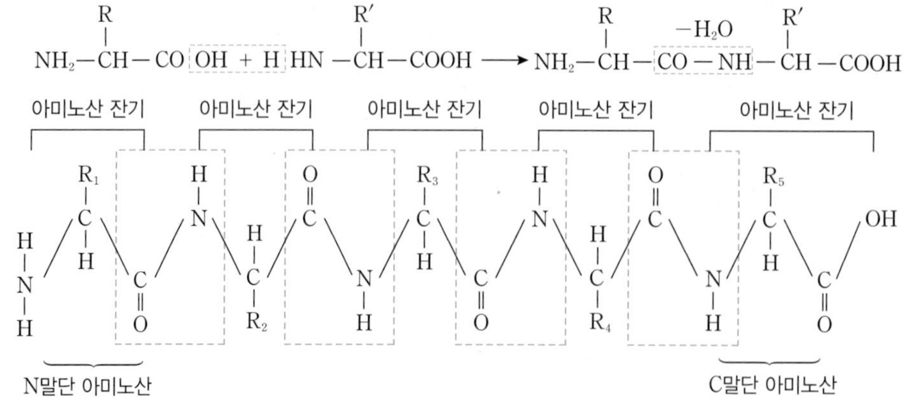

그림 5-3 펩티드 결합

- **펩톤**(peptone) : 프로테오스가 더 분해된 것으로 분자량이 더 작은 분해 생성물이다.
- **펩티드**(peptide) : 펩톤보다 가수분해가 더 많이 진행된 분자량이 가장 작은 유도단백질이다.

표 5-7 천연 펩티드의 종류

펩티드	결합	예
디펩티드 (dipeptide)	β-알라닌* + 히스티딘 아스파르트산 + 페닐알라닌	카노신(근육) 아스파탐(합성감미료)
트리펩티드 (tripetide)	글리신 + 시스테인 + γ-글루탐산**	글루타티온(근육, 간)
노나펩티드 (nonapeptide)	9개의 아미노산이 펩티드 결합	옥시토신(뇌하수체후엽 호르몬)
데카펩티드 (decapeptide)	10개의 아미노산이 펩티드 결합	그라미시딘(gramicidin, 항생물질)

* β-peptide결합 ** γ-peptide결합

3. 단백질의 구조

단백질은 여러 종류의 아미노산들이 아미노기와 카르복실기 간에 펩티드(peptide) 결합으로 연결된 고분자화합물이다.

펩티드 결합이란 한 분자의 아미노산이 가지고 있는 카르복실기와 다른 아미노산이 가진 아미노기가 탈수 축합하여 아미드(amide, −CO−NH−) 형태로 결합한 것이다.

단백질은 구조에 따라 섬유상단백질(fibrous protein)과 구상단백질(globular protein)로 나눌 수 있다. 섬유상단백질은 섬유 모양의 긴 사슬로 연결되어 안정하고 불용성의 구조를 띠고 있는 것으로 젤라틴, 케라틴, 콜라겐, 피브로인 등을 말한다.

구상단백질은 폴리펩티드(polypeptide) 사슬이 구부러져 타원 모양을 하고 있는 것으로 알부민, 글로불린, 효소단백질 등을 말한다.

- **1차 구조** : 폴리펩티드 사슬 내의 아미노산의 종류와 배열 순서이다. 단백질은 대개 100~150개 정도의 다수의 아미노산이 모여 형성되므로 1차 구조에 따라 단백질의 특성, 생물학적 기능이 결정된다.
- **2차 구조** : 폴리펩티드 사슬은 직선적으로 늘어서 있는 것이 아니고 구성아미노산끼리 상호작용(수소결합 등)에 의하여 입체구조를 형성한다. 2차 구조는 수소 결합에 의하여 일정한 꼬임을 유지한다. 즉, α−나선구조(α−helix), β−병풍구조, 불규칙 구조(random coil)를 이루고 있다.

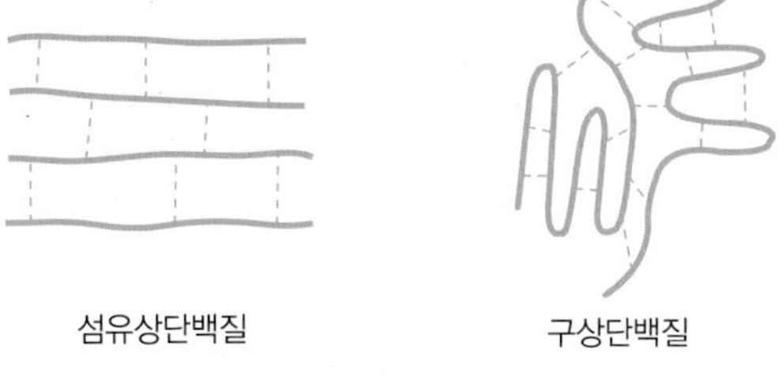

그림 5-4 3차 구조에 의한 단백질의 형태

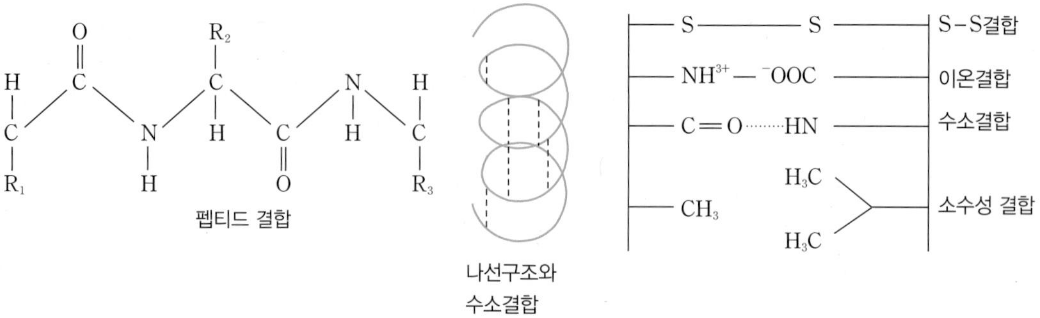

그림 5-5 단백질을 구성하는 결합형태

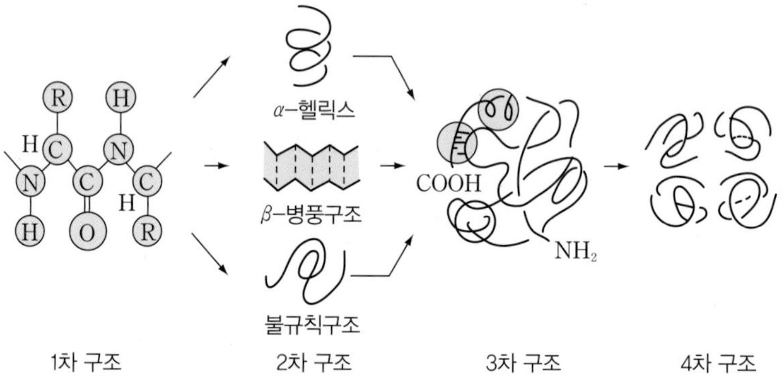

그림 5-6 단백질의 구조

- **3차 구조** : 2차 구조의 폴리펩티드 사슬이 각종 결합에 의하여 휘어지고 구부러져서 3차원적 복합구조를 형성한 것이다. 3차 구조는 소수성 결합, 이온결합, 수소결합, S–S결합(disulfide결합)에 의해 유지된다.
- **4차 구조** : 3차 구조의 단백질 분자가 몇 개 모여서 특유의 생리기능을 하는 집합체를 이룬 상태이다. 집합체의 기본 단위가 되는 하나하나의 단백질을 소단위체(subunit)라고 부른다.

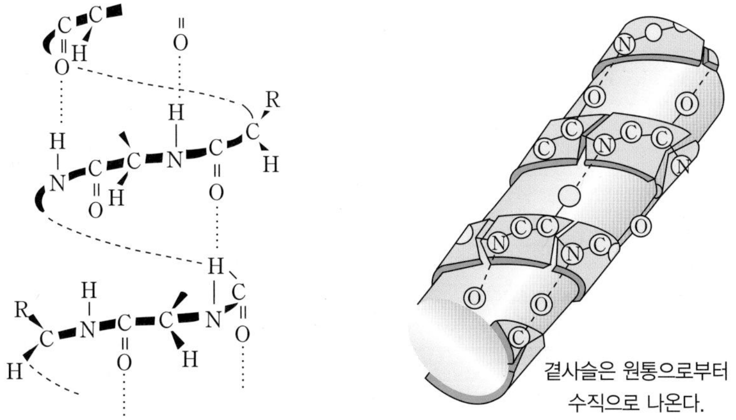
곁사슬은 원통으로부터
수직으로 나온다.

α-나선구조의 모형

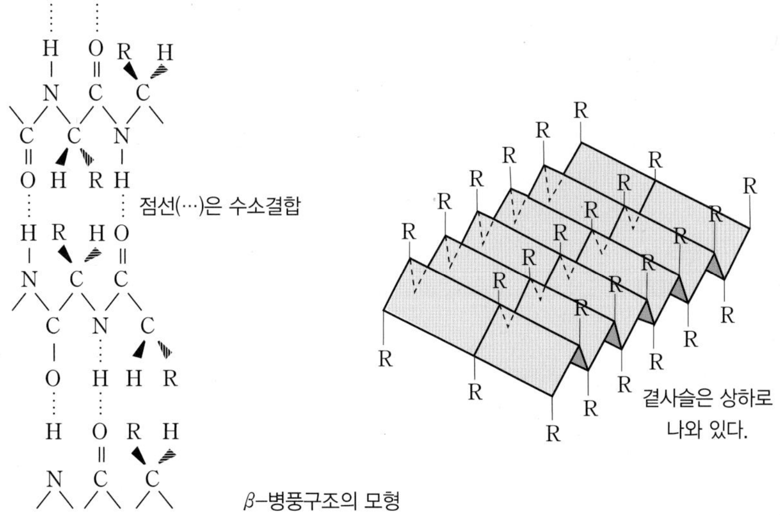
점선(···)은 수소결합
곁사슬은 상하로
나와 있다.

β-병풍구조의 모형

그림 5-7 단백질의 2차 구조

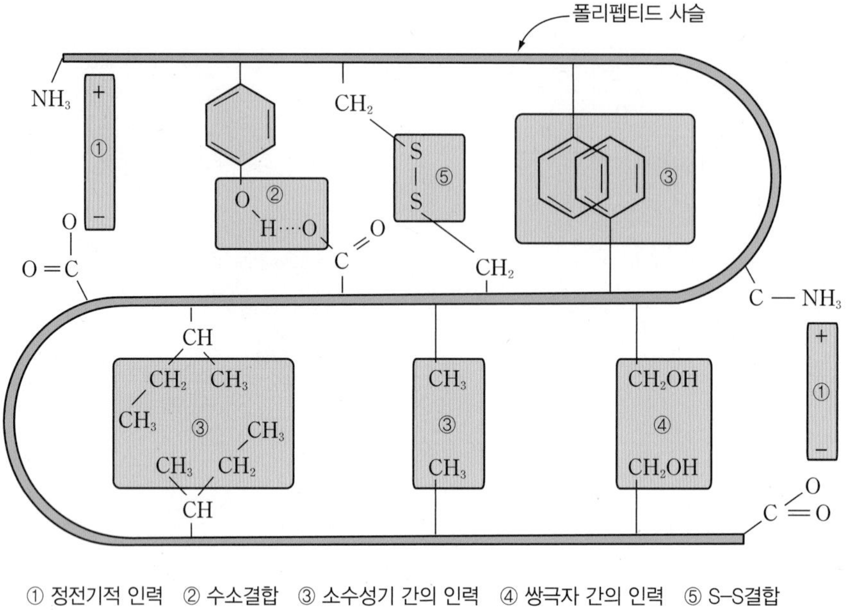

그림 5-8 단백질 3차 구조의 안정화

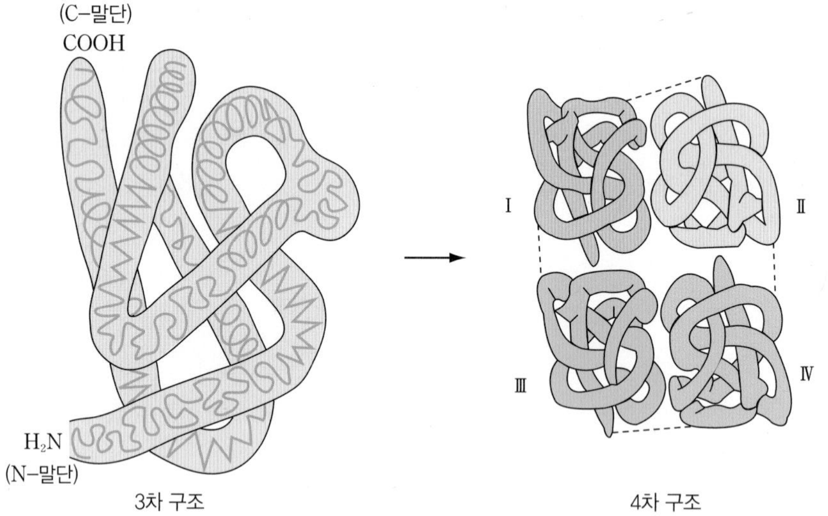

그림 5-9 헤모글로빈의 4차 구조

4. 단백질의 성질

1) 용해성

단백질은 종류에 따라 물, 묽은 산, 묽은 알칼리, 묽은 중성염류 용액, 알코올, 암모니아수 등에 대한 용해성이 달라진다(p.133 참조). 이 성질은 각 단백질의 특성으로 조리와 가공에 이용된다.

단백질이 용해된다는 표현은 고분자화합물로서 분자량이 큰 단백질이 용매와 만나 녹지 않고 분산(dispersion)되어 콜로이드 용액을 형성한다는 뜻이다. 즉, 단백질은 용매 속에서 소금이나 설탕처럼 녹지 않고 점조한 분산용액을 만든다.

한편 단백질은 대개 묽은 중성염에 잘 분산되어 염용(salting-in) 현상을 나타내지만, 고농도의 중성염을 첨가하면 용해도가 감소하여 침전되는 염석(salting-out) 현상을 나타낸다. 따라서 단백질의 침전을 일으키는 등전점이나 염석 현상은 단백질의 분리와 정제에 이용된다. 두부를 제조할 때 간수($MgCl_2$, $CaSO_4$)를 사용하는 것도 염석의 한 예라고 할 수 있다.

2) 응고성

- **열 응고** : 보통 60~70℃에서 응고하는데 젤라틴, 프로타민 등은 응고하지 않는다.
- **알코올 응고** : 일반적으로 다량의 에탄올에 침전하나 다시 물을 가하면 용해된다. 하지만 오래 방치 후 물을 가하면 용해되지 않는다.
- **산에 의한 응고** : 염산, 황산, 질산을 가하면 응고한다.
- **효소에 의한 응고** : 특수한 경우의 한 예로서 카제인은 레닌에 의하여 응고한다.

3) 양성물질 및 등전점

단백질은 분자 안에 유리된 아미노기(—NH_2)와 카르복실기(—COOH)를 가지기 때문에 아미노산과 같이 양성물질이며, 등전점(iso-electric point)을 갖는다.

일반적으로 산성 아미노산이 많으면 산성 쪽에, 염기성 아미노산이 많으면 알칼리성 쪽에 등전점을 갖는다. 식품 단백질의 등전점은 대개 pH 4~6의 범위이다(표 5-8).

등전점에서 단백질은 불안정하기 때문에 침전된다. 그래서 단백질의 정제작업은 등전점보다 높거나 낮은 pH에서 진행한다. 또한 단백질의 등전점에서 나타나는 침전 이외의 특성을 보면 용해도, 삼투압, 점도, 표면장력 등은 최소가 되고, 기포성, 흡착성, 탁도는 최대가 된다.

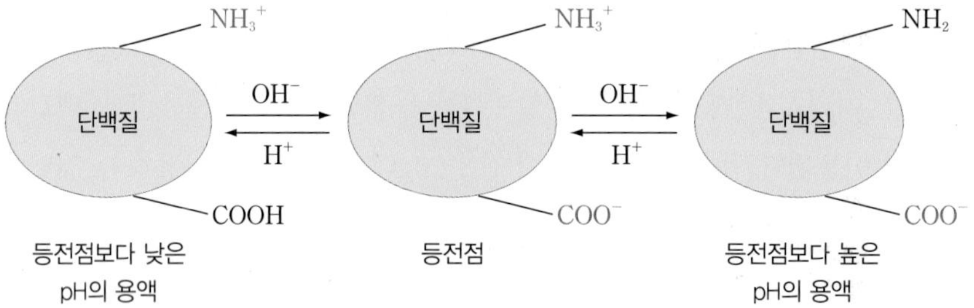

그림 5-10 식품 단백질의 등전점

표 5-8 단백질의 등전점

단백질	등전점	소재
알부민	4.6	난백
미오겐	6.3~6.5	근육
미오신	5.4	근육
레구민	4.8	완두콩
글루테닌	4.4~4.5	밀
글리아딘	3.5~5.5	밀
카제인	4.6	우유

4) 정색반응

단백질은 구성하는 아미노산의 종류와 화학적 성질에 따라 다양한 정색반응을 나타내며, 아래와 같다.

- **닌히드린(ninhydrin) 반응** : 단백질 및 α–아미노산 용액에 1% 닌히드린 용액을 가하여 가열하면 황색 → 청자색 → 적자색을 나타낸다.
  이 반응은 α–아미노산뿐만 아니라 아민과 암모니아에도 나타난다.
- **뷰렛(biuret) 반응** : 단백질 용액에 NaOH 용액을 가하여 알칼리성으로 하고, 여기에 $CuSO_4$ 용액 1~2방울을 가하면 적자색~청자색을 나타낸다. 이것은 2개 이상의 펩티드 결합이 있는 단백질에서 일어나는 반응이다.
- **잔토프로테인(xanthoprotein) 반응** : 단백질 용액에 진한 질산 몇 방울을 떨어뜨리면 흰색 침전이 생기고, 이것을 다시 가열하면 황색 침전 또는 용해되어 황색 용액이 된다. 다시 냉각시켜 암모니아로 알칼리성을 만들면 등황색이 된다. 이 반응은 벤젠핵을 지닌 티로신, 페닐알라닌 및 트립토판의 확인에 이용된다.

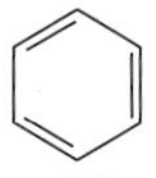
벤젠

- **밀론(millon) 반응** : 단백질 용액에 밀론 시약을 가하면 흰색 침전이 생기고, 가열하면 적색이 된다. 이것은 히드록시(–OH) 페놀기를 가진 티로신의 확인에 이용한다.

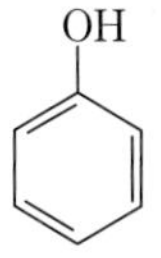

히드록시페놀

- 페놀(phenol)기가 있어서 일어나는 반응으로 페놀기를 가진 티로신이 있는 것을 알 수 있다.
- **황(S) 반응** : 단백질에 40%의 NaOH 용액을 넣고 가열한 다음에 초산납의 수용액을 가하면 검은 침전이 생긴다. 이 반응은 황을 가진 아미노산의 확인에 이용하는데 시스틴, 시스테인은 이 반응을 나타내지만 메티오닌은 나타내지 않는다.
- **홉킨스 콜(Hopkins–Cole) 반응** : 단백질 용액에 글리옥실산(glyoxylic acid)을 넣고 잘 혼합한 후 서서히 진한 황산을 부으면 그 경계 면에 자색의 고리가 생긴다. 이 반응은 인돌핵을 가진 트립토판의 확인에 이용한다.

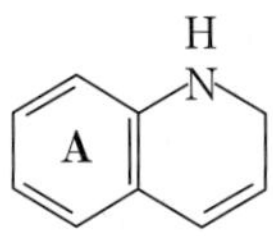

인돌

5. 단백질의 변성

천연의 단백질이 여러 가지 물리·화학·효소적 작용을 받으면 단백질 고유의 구조가 달라지고 그 성상이 변화되는데 이것을 단백질 변성(denaturation)이라 하며, 이때 단백질의 1차 구조는 변화하지 않고, 2~3차 구조가 변형된다.

변성을 일으키는 물리적 요인으로는 가열, 압력, 교반, 동결, 초음파 등이 있으며 화학적 요인으로는 산, 알칼리, 금속, 유기용매, 염류, 계면활성제 등이 있다.

변성단백질은 변성 요인을 제거하였을 때 원래 상태로 회복되는 가역적 변성과 회복되지 않는 비가역적 변성으로 나눌 수 있다. 대부분의 식품단백질은 비가역적으로 변성되며, 적당히 변성되면 효소가 작용하기 쉬워 소화율이 높아지지만 지나치게 변성된 것은 오히려 소화율이 떨어진다. 달걀의 반숙란이 완숙란보다 소화가 잘 되는

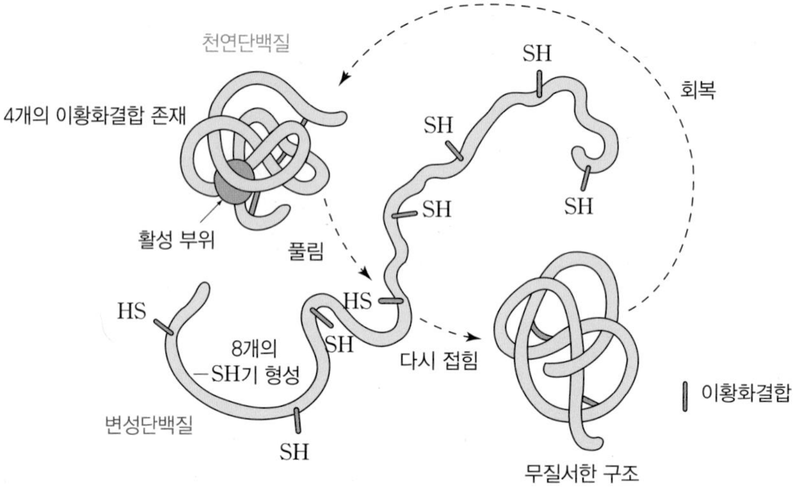

그림 5-11 단백질의 변성

변성단백질의 특징

용해도 감소, 반응성 증가, 점도 증가, 소화율 향상(또는 감소), 생물학적 활성 상실(효소단백질)

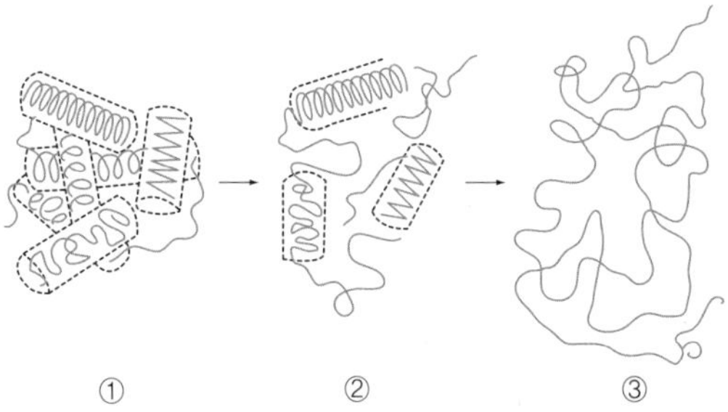

① 천연단백질(α-helix 구조와 3차 구조 등의 규칙성이 있는 구조가 많다)
② 변성이 시작된 단백질(2차, 3차 구조의 규칙성을 잃어버리기 시작한다)
③ 변성되어 무질서한 펩티드(random coil 모양의 구조로 된다)

그림 5-12 단백질의 변성

것이 그 예이다. 변성은 단백질 식품을 조리·가공·저장할 때 많이 일어나며, 이를 의도적으로 이용하기도 한다.

1) 열에 의한 변성

단백질의 열에 의한 변성은 응고형태로 나타난다. 단백질의 응고는 대개 60~70℃에서 일어나며, 수분이 많으면 비교적 저온에서 응고하고, 등전점에서 가장 잘 응고된다. 또한 염화물이나 황산염, 인산염 등 전해질이 존재하면 응고 온도가 낮아지고 변성 속도가 빨라진다. 대개 변성된 단백질은 효소에 의하여 소화되기 쉬워진다. 그러나 단백질로 된 효소는 열을 받으면 변성되어 활성을 잃어버린다. 반면에 결합조직 중의 콜라겐처럼 불용성인 단백질을 가열함으로써 변성되어 가용성인 젤라틴이 되는 경우도 있다.

2) 동결에 의한 변성

식품 단백질은 동결에 의해서도 변성이 일어난다. 육류는 대개 −3~−1℃에서, 어육은 −5~−1℃에서 가장 변성이 심하게 일어나며, 그 이하의 온도에서는 변성속도가 감소되는데, 변성이 가장 현저한 온도 범위를 최대빙결정생성대라고 한다.

식품을 최대빙결점생성대에 저장하거나 빙결정생성대를 통과하는 시간이 길면 빙결정이 크고 불균일하여, 해동 시 드립(drip) 양이 증가하므로 품질 저하가 일어난다. 그러므로, 육류의 냉동 시 얼음 결정을 최소화하고 변성시간도 단축하려면, 급성동결로 최대빙결정생성대를 빨리 통과시키는 것이 좋다.

3) 건조에 의한 변성

건조에 의해 근육섬유를 형성하고 있는 직쇄상의 폴리펩티드 사슬 사이의 수분이 제거되면 인접한 폴리펩티드 사슬끼리 가까워지면서 결합하여 견고한 구조가 된다.

마른 오징어나 육포처럼 건조한 어·육단백질은 염석, 응집 등에 의한 변성으로 물에 담가도 흡습성이 나쁘고 생육 상태로 되돌아가지 않는다. 건조에 의한 단백질의 변성이 일어나면 외관, 수분 함량, 경도, 맛 등이 달라진다.

4) 효소에 의한 변성

단백질은 효소작용에 의해 변성 및 가수분해된다. 가령, 우유단백질의 약 80%를 차지하는 카제인은 구상의 카제인 미셀(casein micell)로 존재하면서 칼슘, 인, 마그네슘을 함유하고 있다.

이때 미셀 내부의 α-카제인과 β-카제인은 칼슘이온(Ca^{2+})에 의해 응집하나 미셀 표면에 존재하는 k-카제인은 응집하지 않고 보호 콜로이드로 작용하여 미셀을 안정화시킨다. 그러나 응유효소인 레닌이 k-카제인에 작용하면 파라-k-카제인과 당을 함유한 글리코마크로 펩티드(glycomacro peptide)로 분해되면서 카제인 미셀은 불안정해지고 Ca^{2+}과 결합하며 응고된다. 치즈가 만들어지는 과정도 이와 같이 효소에 의한 변성을 이용한다.

표 5-9 변성식품

변성요인	변성식품	변성요인	변성식품
가열	삶은 달걀, 달걀찜, 구운 고기, 어묵	효소	치즈
		산	치즈, 요구르트
동결	동결두부	염류	두부, 어묵, 치즈
건조	육포, 마른 오징어	표면장력	난백 거품

5) 산, 알칼리에 의한 변성(pH에 의한 변성)

단백질 용액에 산 또는 알칼리를 가하면 (+), (−)전하가 변하기 때문에 단백질의 이온 결합이 변화되어 변성되며 등전점에 도달하면 변성을 일으켜 침전된다.

가령 우유에 젖산균을 가하면 생육하면서 우유의 pH가 낮아져 카제인의 등전점(pH 4.6)에 도달하고 결국 변성 및 침전이 일어난다. 요구르트와 치즈도 이와 같이 산에 의한 변성을 이용한 제품이다. 또한 생선회의 조직을 개선하기 위해, 난백의 기포성을 증가시키기 위해 식초를 이용하는 것도 단백질의 산도 조절에 의한 변성을 이용하는 예이다.

6. 단백질의 분해

1) 광선에 의한 분해

아미노산이나 단백질 중에는 빛에 의해 분해를 일으키는 것이 있다. 트립토판은 빛에 대단히 불안정하기 때문에 그 용액에 햇빛을 쪼이면 갈색으로 착색되어 식품 갈변의 원인이 되고, 자외선을 쪼이면 광분해되어 알라닌, 아스파르트산, 히드록시안트라닐산

(hydroxyanthranilic acid)을 생성한다. 단백질도 햇빛이나 자외선 조사로 변화를 받을 수 있다. 카제인 용액은 형광물질의 존재하에 햇빛을 받으면 카제인 중의 트립토판이 분해되어 영양가가 떨어진다.

2) 단백질의 자기소화

식품이 함유하고 있는 효소에 의해 자체의 성분이 분해되는 현상을 자기소화(autolysis)라고 하며, 이 과정은 육류의 숙성에 중요하다.

육류는 사후 자신이 가지고 있는 프로테아제(protease)에 의해 자기소화가 일어나 단백질이 펩티드나 아미노산 등으로 가수분해되어 수용성 질소화합물이 증가하므로 오히려 맛이 좋아지는데 이러한 변화를 숙성이라고 한다. 그러나 자기소화된 단백질은 미생물이 번식하기 쉬워 부패가 빨리 일어난다.

7. 핵산과 핵산계 물질

핵산(nucleic acid)은 대개 염기성 단백질과 결합하여 핵단백질의 형태로 존재한다.

복잡한 고분자화합물로서 생체 내에서는 단백질 합성과 유전현상에 관계하므로 생화학적으로 중요한 역할을 하고, 식품 중에서는 이들 핵산계 물질이 맛난맛(감칠맛) 성분으로 작용하기도 한다. 핵산은 당, 염기, 인산으로 구성되어 있으며, 염기 성분으

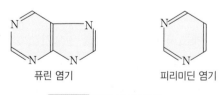

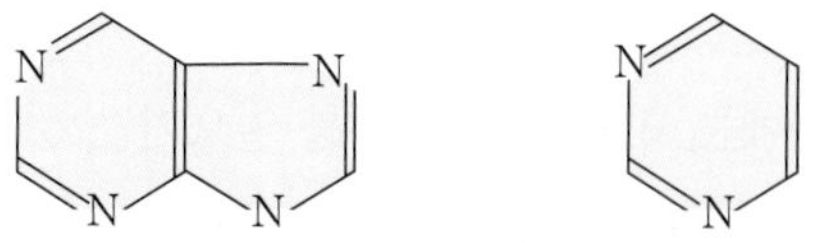

퓨린 염기 피리미딘 염기

그림 5-13 염기 성분의 종류

표 5-10 뉴클레오시드와 뉴클레오티드의 명칭

염기	뉴클레오시드(염기+당)	뉴클레오티드(염기+당+인산)
아데닌(adenine)	아데노신	5′-아데닐산(5′-AMP)
시토신(cytosine)	시티딘	5′-시티딜산(5′-CMP)
구아닌(guanine)	구아노신	5′-구아닐산(5′-GMP)
히포잔틴(hypoxanthine)	이노신	5′-이노신산(5′-IMP)
티민(thymin)	티미딘	5′-티미딜산(5′-TMP)
우라실(uracil)	우라딘	5′-우라딜산(5′-UMP)

로는 퓨린(purine) 염기와 피리미딘(pyrimidine) 염기 두 종류가 있다. 퓨린 염기로는 아데닌(adenine)과 구아닌(guanine)이 있고, 피리미딘 염기로는 우라실(uracil), 시토신(cytosine), 티민(thymin) 세 종류가 있다.

그리고 당 성분으로 5탄당(pentose)인 리보오스(ribose)와 데옥시리보오스(deoxyribose)가 있다.

리보오스를 함유한 핵산을 RNA(ribonucleic acid)라고 하며, 주로 세포질에서 단백질 합성에 관여한다. 데옥시리보오스를 함유하고 있는 핵산을 DNA(deoxyribonucleic acid)라고 하며, 주로 세포핵에서 유전에 관여한다.

염기와 당이 결합된 것을 뉴클레오시드(nucleoside), 여기에 다시 인산이 결합된 것을 뉴클레오티드(nucleotide)라고 한다. 특히 모노뉴클레오티드(mononucleotide)에만 맛난맛이 존재한다. 육류, 어류 등 동물성 식품에 많이 함유되어 있는 맛난맛 성분인 이노신산(inosinic acid, inosine-5′-monophosphate)은 핵산 구성 성분인 모노뉴클레오티드의 일종이며, 아데닐산(adenylic acid, adenosine-5′-monophosphate)의 아데닌(adenine)에 붙어 있는 아미노기가 탈아미노(deamination)되어 히포크잔틴(hypoxanthine)으로 바뀐 것이다.

또 구아닐산(guanylic acid, guanosine-5′-monophosphate)은 표고버섯의 맛난맛 성분으로 존재한다. 이들은 모두 리보오스의 5번째 탄소에 인산이 에스테르 결합한 5′-리보뉴클레오티드이며, 인산기의 OH를 나트륨염으로 치환하여 사용한다.

뉴클레오티드가 중합하여 폴리뉴클레오티드(polynucleotide)인 핵산을 형성하고, 뉴클레오시드 명칭은 퓨린 염기인 경우에 어미에 -osine을 붙이고, 피리미딘 염기인 경우에는 어미에 -idine을 붙인다. 프로타민과 히스톤은 핵산과 각각 결합하여 핵단백질인 뉴클레오프로타민(nucleoprotamin)과 뉴클레오히스톤(nucleohistone)이 된다.

8. 효 소

효소(enzyme)란 극미량으로 생체의 여러 가지 복잡한 화학반응을 촉진시키거나 지연시켜 생활현상을 환경에 맞추어 정상적으로 영위하게 하는 일종의 생체 촉매 또는 유기 촉매 물질이다. 효소는 고분자의 단순 또는 복합단백질로서 단백질 분해효소에 의해 분해되고 열과 pH에 의해 변성되어 그 활성을 잃게 된다. 또한 그 전기적 성질과 물리·화학적 성상도 보통 단백질과 비슷하다.

복합단백질로 된 효소의 경우 단순단백질 부분을 아포효소(apoenzyme)라 하고 비단백질 부분을 조효소(coenzyme)라 하며, 이들 두 부분이 결합된 형태를 완전효소(holoenzyme)라 한다.

apoenzyme	+ coenzyme	= holoenzyme
불완전효소	조효소	완전효소
(단백질)	(비단백질)	(복합단백질)

1) 효소의 분류

효소는 그 종류가 대단히 많고 성질이나 기능이 복잡하여 여러 가지 분류법이 있으나 국제생화학연합의 효소위원회(The Commission on Enzymes of the International Union of Biochemistry)에서 효소가 촉매하는 화학반응의 종류에 따라 크게 여섯 가지로 분류하였다(표 5-11 참조).

표 5-11 효소의 분류

Group	계통번호	효소명	촉매하는 반응
I	1	산화·환원효소 (oxidoreductase)	산화 및 환원반응(탈수소반응, 수소첨가반응 등)
II	2	전이효소(transferase)	원자단(methyl기, acetyl기, amino기)의 전이반응
III	3	가수분해효소 (hydrolase)	가수분해(ester결합, glucoside결합, peptide결합, amide결합) 반응
IV	4	제거효소(lyase)	비가수분해적인 반응기의 이탈반응(탈탄산, 탈알데히드, 탈수, 탈암모니아)
V	5	이성화효소(isomerase)	입체이성화반응, cis-trans 전환반응, 분자 내 산화·환원반응, 분자 내 전이반응
VI	6	합성효소(ligase)	결합 및 합성반응

* 효소명은 '-아제(-ase)'를 붙인다.

2) 효소의 성질

효소는 그 일부가 단백질로 구성되어 있으므로 단백질과 같은 성질을 가지고 있다. 즉 효소는 가열, 강산, 강알칼리, 유기용매에 의해 변성되어 성질이 상실되며, 유기용매 또는 무기염류의 첨가로 침전된다.

효소가 작용하려면 반응물질인 기질이 필요하다. 효소가 기질과 반응하여 효소-기질 복합체를 형성하는 과정은, 한 자물쇠에 맞는 열쇠는 한정되어 있어 이들이 잘 들어맞을 때 자물쇠가 열리는 과정과 비유된다. 이와 같이 효소는 특정 기질의 특정 반응에만 관여하는 기질 특이성을 가지고 있으며, 여기에는 절대적 특이성과 상대적 특이성, 그리고 광학적 특이성이 있다.

절대적 특이성이란 한 종류의 기질에만 특이적으로 작용하는 것을 말하고, 상대적 특이성은 우선적으로 작용하는 기질과 다른 기질에도 약간은 작용하는 것을 말하며, 광학적 구조에 따라 달리 작용하는 것이 광학적 특이성이다.

표 5-12 식품과 관계 있는 효소의 종류

효소		종류 및 주요 소재	비고
가수분해효소	탄수화물분해효소 (carbohydrase)	• α-amylase(액화효소) : 발아종자, 췌장액, 타액, 일부 세균, 곰팡이 등 • β-amylase(당화효소) : 고구마, 맥아, 소맥, 대두, 효모, 곰팡이, 장액, 발아종자, 세균, 돼지감자 등 • 기타 효소 : glucoamylase, saccharase(invertase), maltase, lactase, inulase, cellulase, pectinase, naringinase, hesperidinase	전분의 당화 맥아당 · 포도당의 제조 아이스크림, 농축유의 유당결정 석출 방지 및 감미 증강, 채소 가공, 과즙의 섬유소 혼탁 제거, 과즙과 포도주의 청징, 감귤류 쓴맛 제거, 감귤류 과즙이나 통조림 제조 시 백탁 방지
	에스테르분해효소 (esterase)	• lipase, phosphatase : 췌장액, 세균, 식물종자, 곰팡이, 효모, 내장, 동물육	유제품의 향기 성분 생성, 지방산 제조에 이용
	단백질분해효소 (protease)	• chymotrypsin, pepsin, trypsin, peptidase, papain : 위액, 세균, 곰팡이, 췌장액, 장액, 소화액, 파파야(papaya)	소화제, 육류의 연화, 맥주의 혼탁 방지
	핵산분해효소 (nuclease)	• nuclease : 장액, 곰팡이, 세균	-
	아미노기분해효소 (amidase)	• arginase, urease : 간, 췌장, 미생물, 식물종자, 곰팡이, 세균, 콩 등	-
산화·환원효소	산화효소(oxidase)	• phenolase, polyphenolase, tyrosinase, ascorbate oxidase, peroxidase, catalase : 동물의 체내, 양배추, 오이, 당근 등의 식물성 식품, 신선식품, 세균	감자, 과일 절단면의 효소적 갈변, 비타민 C의 산화, 치즈 제조 시 보존제로 사용한 H_2O_2 제거
		• lipoxidase(lipoxygenase) : 두류, 곡류	유지의 변향, 갈은 콩의 비린내 생성
		• glucose oxidase : 곰팡이	산화되기 쉬운 전지분유, 커피, 코코아, 육·유제품의 산소 제거(포도당과 산소 제거로 색과 향의 변질 방지)
	탈수소효소 (dehydrogenase)	• succinate dehydrogenase, lactate dehydrogenase, alcohol dehydrogenase : 동·식물체	구연산회로, 젖산발효, 알코올발효에 관여
기타	전이효소 (transferase)	• phosphotransferase, aminotransferase, transmethylase : 근육, 간, 기타 조직	-
	이성화효소 (isomerase)	• glucose isomerase : 미생물	-
	응고효소 (coagulase)	• rennin, thrombin : 유아 · 송아지 위액, 세균, 혈액	치즈의 제조

3) 효소반응에 영향을 주는 인자

(1) 온 도

효소의 활성은 온도와 깊은 관계가 있다. 온도가 상승하면 효소의 반응속도가 증가되지만, 효소는 단백질이므로 일정 온도 이상이 되면 활성이 저하되고 결국에는 변성되어 활성을 잃게 된다.

일반적으로 30~40℃가 효소에 대한 최대의 활성온도이며, 최적 온도는 반응시간, 효소 농도, 기질 농도, 용액의 pH, 공존하는 화학물질 등에 의해서 영향을 받는다.

(2) pH

효소작용은 pH에 의하여 크게 영향을 받는다. 효소활성이 가장 좋은 때의 pH를 최적 pH라 하고, 대개 pH 4.5~8.0 범위이다. 펩신은 pH 1~2, 트립신은 pH 7~8에서 최적 pH를 갖는다. 효소의 최적 pH는 완충액의 종류, 기질 및 효소의 농도, 작용 온도 등에 따라 달라진다. 효소를 식품 가공에 이용할 때에는 기질에 대한 효소활성이 안정한 pH 범위로 유지시켜 주어야 한다.

(3) 효소농도와 기질농도

효소농도가 낮은 경우에는 반응속도와 효소농도의 관계가 직선적으로 비례하지만(효소의 농도가 제한인자), 효소농도가 높아지면 기질농도가 제한인자가 되어 기질이 증가하지 않으면 반응속도는 증가하지 않는다.

기질농도가 낮은 경우에는 반응속도가 기질농도에 정비례하지만, 기질의 농도가 높아져 일정치를 넘으면 반응속도가 일정하게 된다.

이때의 반응속도를 최대반응속도라 하며 V_{max}로 표시한다. 따라서 최대효소반응속도를 유지하기 위해서는 효소농도와 기질농도를 조절하여 주는 것이 매우 중요하다.

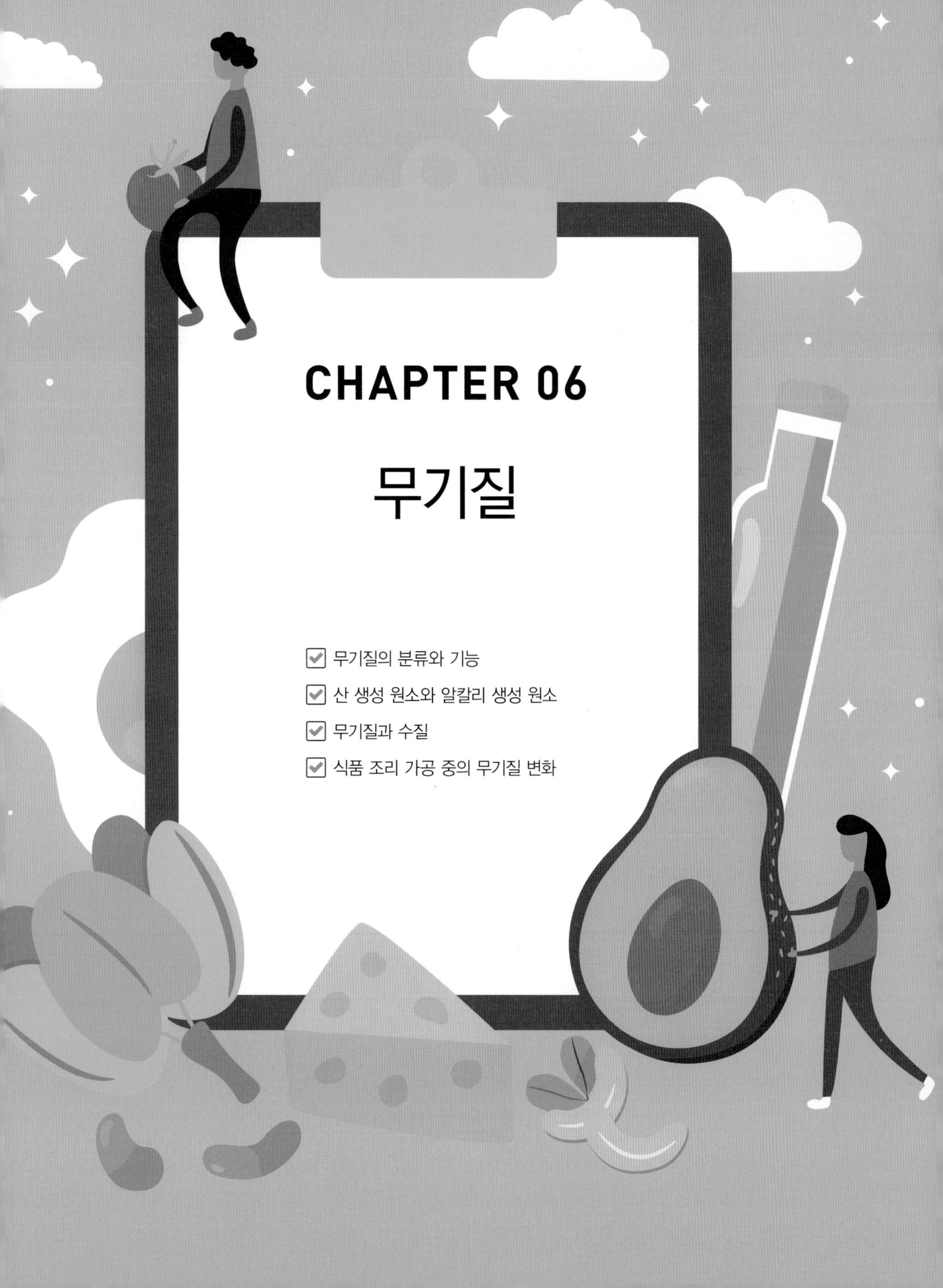

CHAPTER 06

무기질

- 무기질의 분류와 기능
- 산 생성 원소와 알칼리 생성 원소
- 무기질과 수질
- 식품 조리 가공 중의 무기질 변화

무기질은 생물체 내에서 에너지원으로는 작용하지 않으나 생물체 구성성분으로 존재하고 중요한 생리적 기능을 가진다. 적은 양으로 존재하지만, 신체발육을 촉진하고 생리적 기능을 조절하는 중요한 기능을 하고 있는 분뇨와 땀으로 매일 다량 유출되기 때문에 식품으로 끊임없이 섭취되어야 한다.

생물체 내에 들어 있는 원소 중에서 유기화합물을 구성하는 탄소(C), 수소(H), 산소(O), 질소(N)를 제외한 다른 원소를 무기질이라고 한다.

1. 무기질의 분류와 기능

무기질은 식품을 550~600℃에서 태워 완전히 연소시켜서 재로 남는 부분을 회분(ash)이라 하며, 생체 내에서 에너지원은 되지 않지만 생리적 기능 조절과 신체발육에 절대적으로 필요한 영양소이다. 식품 및 인체의 구성 성분으로 중요한 생리 작용을 나타내는 무기질은 약 20여 종이며 인체 내에서 체중의 약 2~4%를 차지하고 있다. 식품에 비교적 많이 함유된 원소는 칼륨(K), 칼슘(Ca), 나트륨(Na), 마그네슘(Mg), 인(P), 황(S), 염소(Cl) 등이며 이들을 다량 원소라고 한다. 또한 미량 또는 흔적 정도 함유되어 있는 철(Fe), 구리(Cu), 요오드(I), 아연(Zn), 코발트(Co), 불소(F), 알루미늄(Al), 망간(Mn), 셀레늄(Se), 브롬(Br) 등을 미량 원소라고 한다. 무기질의 소재와 생리작용, 결핍증은 표 6-1, 표 6-2와 같다.

표 6-1 다량 원소의 생리작용과 결핍증

종류	생리작용	결핍증	함유 식품
칼슘 (calcium, Ca)	• 골격과 치아의 형성 • 혈액의 응고 촉진 • 근육의 수축이완작용 • 신경 흥분 억제 • 효소의 활성화(ATPase) • 삼투압 유지	골격과 치아의 발육부진, 골연화증, 구루병, 혈액 응고 불량, 내출혈	멸치, 우유, 치즈, 콩, 해조류, 달걀 노른자
인 (phosphorus, P)	• 골격과 치아의 형성 • 에너지 대사에 관여 • 삼투압 및 pH 조절 • 지방산의 이동	골격과 치아의 발육부진, 골연화증, 성장부진, 구루병	멸치, 우유, 달걀 노른자, 새우, 채소류, 육류
나트륨 (sodium, Na)	• 삼투압 및 pH 조절 • 신경 흥분 억제 • 타액 효소(ptyalin)의 활성화	식욕부진, 소화불량, 과잉증(삼투압 상승으로 인한 부종)	소금, 우유, 육류, 당근
염소 (chloride, Cl)	• 삼투압 및 pH 조절 • 위액의 산성 유지 • 소화에 관여	위액의 산도 저하, 식욕부진, 소화불량	소금
마그네슘 (magnesium, Mg)	• 골격과 치아의 형성 • 근육과 신경의 흥분 억제 • 당질대사 효소의 조효소 구성 성분	신경계 자극 감수성 촉진, 혈관 확장, 경련, 과잉증(칼슘의 배설 촉진, 골연화증)	곡류, 두류, 감자, 육류
칼륨 (potassium, K)	• 삼투압 및 pH 조절 • 근육 수축 • 신경자극 전달 • 글리코겐 및 단백질 합성	근육이완, 발육부진, 체액의 이동, 구토, 설사	곡류, 채소류, 과일류
황 (sulfur, S)	• 함황 아미노산의 구성 성분 • 효소의 활성화 • 항독소 작용 • 세포 단백질의 구성 요소	손톱과 발톱의 발육부진, 모발의 발육부진, 체단백질의 질적 저하	육류, 어류, 우유, 달걀, 콩, 함황채소

무기질의 기능

- 혈액과 체액의 pH 및 삼투압 조절 기능을 한다.
- 뼈와 치아의 구성 성분이 되어 골격조직을 이룬다.
- 신경 자극에 대한 감수성을 유지시킨다.
- 근육의 탄력 유지, 혈액 응고에 관여한다.
- 심장박동의 정상 유지에 관여한다.

표 6-2 미량 원소의 생리작용과 결핍증

종류	생리작용	결핍증	함유 식품
철 (iron, Fe)	• 헤모글로빈의 구성 성분 • 산화적 호흡 촉매작용 • 조효소의 성분 • 효소의 활성화	저혈색소성 빈혈, 피로, 유아 발육부진, 손·발톱의 편평	간, 달걀 노른자, 육류, 녹황색 채소(시금치)
요오드 (iodine, I)	• 갑상선 호르몬의 성분 (기초대사 촉진)	갑상선종	해조류, 무, 당근
아연 (zinc, Zn)	• 췌장 호르몬인 인슐린 성분 • 카보닉 안히드라아제(carbonic anhydrase)의 구성 성분	발육장해, 탈모 증상, 빈혈	곡류, 두류, 채소류
구리 (copper, Cu)	• 헤모글로빈의 합성 촉진 • 철의 산화작용 • 철의 흡수와 운반에 관여	저혈색소성 빈혈	간, 해조류, 채소류, 달걀
불소 (fluorine, F)	• 골격, 치아의 경화 • 충치 예방	과잉증(반상치), 결핍증(심근장해)	해조류, 음료수
망간 (manganese, Mn)	• 발육에 관여 • 단백질 대사에 관여 • 포도당 산화작용 • 지방산의 합성반응 활성화	생식작용 불능, 성장장해	곡류, 채소류, 두류, 코코아
코발트 (cobalt, Co)	• 비타민 B_{12} 구성 성분 • 적혈구 생성에 관여	비타민 B_{12}의 결핍, 악성빈혈	채소류, 동물의 간장, 곡류

2. 산 생성 원소와 알칼리 생성 원소

식품 속에 있는 무기질에 함유된 원소에는 칼슘(Ca), 나트륨(Na), 마그네슘(Mg), 칼륨(K), 철(Fe), 구리(Cu), 망간(Mn), 코발트(Co), 아연(Zn)과 같이 Ca^{2+}, Na^+, Mg^{2+}, K^+, Fe^{2+}, Cu^{2+} 등 양이온을 생성하는 것을 알칼리 생성 원소라 하고 인(P), 황(S), 염소(Cl), 요오드(I)와 같이 PO_4^{3-}, SO_4^{2-}, Cl^-, I^- 등 음이온을 생성하는 것을 산 생성 원소라고 한다. 식품에 함유된 이들 알칼리 생성 원소와 산 생성 원소의 당량을 비교하여 산 생성 원소보다 알칼리 생성 원소가 많은 식품을 알칼리 식품(alkali forming foods)이라 하고, 이 반대의 것을 산성 식품(acid forming foods)이라고 한다.

알칼리성 식품

총 알칼리도 : Ca^{2+}, Mg^{2+}, K^{+}, Na^{+}이 많은 것

산성 식품

총 산도 : PO_4^{-3}, SO_4^{2-}, Cl^{-}가 많은 것

식품이 갖는 알칼리성과 산성의 비율을 각각 알칼리도(alkalinity) 및 산도(acidity)라고 하며, 이것은 식품 100g을 완전히 연소시켜 얻은 회분의 수용액을 중화하는 데 소요되는 0.1N HCl 또는 0.1N NaOH의 mL수로 측정한다. 중요한 식품의 알칼리도 및 산도를 표6-3에 나타내었다.

과일 중 사과, 밀감 등은 대체로 신맛을 가지고 있어 산성이지만 신맛의 주체인 유기산은 체내에서 산화되어 이산화탄소(CO_2)와 물(H_2O)로 분해되며, 함유 무기질이 알칼리성 생성 원소이기 때문에 알칼리성 식품에 속한다.

곡류는 탄수화물을 많이 가지고 있어 체내에서 산화·분해되어 이산화탄소와 물로 생성되어 체내에서 탄산(H_2CO_3)으로 되어 산성 식품이다.

육류와 어류는 단백질과 지방을 많이 함유하고 있으며, 단백질에는 황을, 지방에는 인을 많이 가지고 있다. 황산(H_2SO_4)과 인산(H_3PO_4)을 생성하여 산성화되므로 이들 식품은 산성 식품이라 한다.

사람의 체액과 혈액은 pH 7.2~7.4의 약알칼리성을 유지해야 하므로 음식물을 섭취할 때는 육류와 어패류에 채소, 감자, 과일 등을 배합하여 너무 한쪽으로 지나치게 섭취하지 않도록 주의해야 한다.

표 6-3 주요 식품의 알칼리도와 산도

알칼리성 식품			산성 식품		
식품명		알칼리도	식품명		산도
해조류	다시마 미역	40 16	곡류	백미 현미 보리 밀가루 옥수수	4.3 9~14 10 3.4 5
채소류	시금치 호박 양배추 당근 무	15.6 1 4.9 10 10	어패류	참치 오징어, 문어 도미 대합 굴	15.3 10~20 8.6 7.5 10
과일류	귤 감 사과 오렌지	3.6 2.7 3 5	육류	닭고기 돼지고기 쇠고기	10.4 6.2 12~13
감자류	감자 고구마	5.4 4.3	난·유류	난황 치즈 버터	19.2 4.3 4
알류	난백	3.2	두류	완두콩 땅콩	2.5 3.0
유즙	인유 우유	3 0.3			
두류	대두 팥	10.2 7.3			

3. 무기질과 수질

자연의 물에는 여러 가지 무기질이 용해되어 있고, 오염된 물은 여러 가지 유기물, 세균, 암모니아, 수은 등과 그 밖의 유해 무기염류 등을 함유하고 있다. 인간이 오염된 물을 섭취하면 건강상 많은 피해를 볼 수 있다. 따라서 수질의 보존은 인간에게 무엇보다 가장 중요하며 기본이라 할 수 있다.

칼슘, 마그네슘과 같은 다가 금속을 많이 함유한 물은 식품 중의 전분, 단백질, 펙틴, 지질, 유기산 등과 결합하여 조직을 경화시키고 풍미를 저하시킴으로써 식품의 품질을 떨어뜨리는 원인이 되기도 한다.

철과 마그네슘은 녹차나 그 밖의 식품에 냄새를 나쁘게 하고 비타민 C를 분해하며 염소는 식품의 색과 향을 저하시킨다.

칼슘과 마그네슘의 함유 정도는 수질 평가의 척도가 된다. 100mL의 물에 산화칼슘 1mg 또는 산화마그네슘 1.4mg을 함유하는 것을 경도 1도(1H)로 하고, 10H 이하는 연수(단물), 20H를 경수(센물)라 한다. 황산염, 질산염, 염산염의 경우는 영구경수라 한다. 경수의 연화방법은 여과, 끓이기, 이온교환수지 처리법 등이 있다.

4. 식품 조리 가공 중의 무기질 변화

식품 중에 있는 무기질의 화학적 변화는 pH 변화에 의한 염류와 이온의 가역반응, 효소에 의한 유기태와 무기태의 가역반응이 약간 일어날 뿐이며, 본질적인 화학 변화는 거의 일어나지 않는다. 또한 채소를 가열 조리하면 세포 안팎의 삼투압의 차이에 의하여 무기질 및 수분의 유출이 일어난다. 유출의 정도는 온도가 높을수록 빠르다.

세포 속의 삼투압이 높을 때 세포 속의 무기질은 세포 밖으로 유출되고, 세포 밖의 수분은 세포 내외의 삼투압과 같아지려고 한다. 그래서 세포는 흡수 팽윤하게 되고, 세포 외액에 무기질이 많아진다.

한편, 소금 등의 무기질에 의하여 끓는점이 상승하거나 빙점은 내려간다. 이는 용액의 무기질 농도에 비례하고, 조미료의 종류에 따라서 세포막을 통과하는 속도가 다르다. 물, 간장, 설탕의 순서로 분자량이 적을수록 빨리 통과한다. 만일 채소에 설탕의 단맛을 들여 가공 조리하려면 우선 설탕에 재운 다음 간장을 넣는 것이 좋다.

CHAPTER 07

비타민

- 수용성 비타민
- 지용성 비타민

비타민은 포유류의 체내 생화학적 반응에 조효소나 보조인자로 작용하는 특수한 유기화합물이다. 그러나 인체는 대사에 필요한 만큼 충분히 또는 전혀 합성할 수 없으므로 식사나 외부적인 투여에 의하여 보충되어야 한다. 하지만 예외도 있어 비타민 D는 햇빛에 노출될 때 합성되며 엽산, 비오틴, 비타민 K는 장내세균에 의하여 합성될 수 있다. 사람을 제외한 포유류들도 비타민 C를 합성할 수 있다.

1911년 카시미르 풍크(Casimir Funk)는 쌀겨로부터 각기병 예방인자인 아민(amine)을 처음 분리하였다. 그로부터 생명현상의 유지에 꼭 필요한 아민, 즉 vital amine이라는 의미로 '비타민'이라는 용어가 사용되기 시작하여 지금은 성장이나 질병의 예방, 특히 암의 예방에 필요한 영양소로서 주목받고 있다. 지금까지 20여 종의 비타민이 밝혀졌으며, 발견 순서에 따라 알파벳 순(A, B, C)으로 명명하였으나 구조가 밝혀지면서 화학명으로 불리고 있다.

비타민은 매일 1~100μg 정도 필요하기 때문에 미량 영양소이다. 효소나 호르몬도 미량으로 체내대사를 조절하는 유기화합물이지만 합성이 가능하다는 점에서 비타민과는 구별된다. 무기질도 미량으로 필요하지만 유기화합물이 아니라는 점에서 비타민과 구별된다.

비타민은 수용성 비타민과 지용성 비타민으로 분류되며 서로 다른 특성을 지니고 있다(표 7-1). 수용성 비타민에는 B복합체와 C가 속한다. 비타민 B복합체는 여러 조효소를 구성하여 체내대사에 관여하며, 비타민 C는 인체에 필요한 일부 물질들의 합성에 관여한다(표 7-3). 이들 수용성 비타민은 불과 몇 ppm 녹는 비타민 B_2로부터

표 7-1 수용성 비타민과 지용성 비타민의 비교

특성	수용성 비타민	지용성 비타민
용해성	물에 용해	유기용매에 용해
흡수성	당질, 단백질과 함께 간으로 흡수	지방과 함께 임파계로 흡수
필요성	매일 필요량만큼 요구	매일 공급할 필요는 없음
저장성	필요량 이상은 배설	간, 지방조직에 저장
배설 경로	소변으로 빠르게 배설	담즙으로 서서히 배설
전구체	없음	있음
조리 중 손실	조리수를 통하여 손실	조리수 중 손실되기 어려움

표7-2 대상에 따라 결핍되기 쉬운 비타민

특성	결핍되기 쉬운 비타민
알코올 중독자	비타민 B_1, B_6, A, D, 엽산, β-카로틴
심한 흡연자	비타민 B_6, E, C, 엽산, β-카로틴
당뇨 환자	비타민 B_6, C, D
다이어트 중인 자	모든 비타민
임신부	모든 비타민, 특히 엽산
엄격한 채식주의자	비타민 B_{12}, D
경구피임약 이용자	비타민 B_6, 엽산, β-카로틴

30% 정도 녹는 비타민 C에 이르기까지 실온에서 물에 녹는 정도가 다르다. 따라서 수용성 비타민의 손실을 줄이려면 소량의 물로 조리하고, 전자레인지를 이용하며, 찜이나 볶음을 이용한 조리법이 바람직하다.

지용성 비타민에는 비타민 A, D, E와 K가 속하며 대개 성장, 시각작용, 체내 항상성 조절, 출산, 혈액응고에 관여한다(표7-4). 음식물 섭취가 부족하여 영양상태가 좋지 않거나 알코올 중독, 흡연, 피임약 복용을 하면 비타민 결핍증이 생길 수 있으며(표7-2), 비타민 A, B_1, B_2, 니아신, C, D는 각각 특유의 결핍 증세가 나타난다. 또한 지용성이라 체내에 쉽게 저장되므로 과잉증이 유발될 수도 있다.

1. 수용성 비타민

1) 비타민 B_1

비타민 B_1(thiamine, aneurin)은 조효소 TPP(thiamine pyrophosphate)를 구성하여 당질대사에 관여하는 백색의 결정이다. 산성상태에서는 열에 안정하여 100℃에서 24시간 가열해도 감소되지 않으나 중성이나 알칼리성의 수용액 상태에서는 실온에서도

표 7-3 수용성 비타민의 종류와 특성

종류	생리작용	결핍증	성질	함유식품
비타민 B_1 (티아민)	당질대사 촉진, 식욕 및 소화기능 자극, 신경기능 조절	피로, 권태, 각기병, 신경염, 식욕부진	산·빛에 안정, 알칼리에 분해, 산소·열에 불안정	대두, 배아, 쌀겨, 돼지고기, 효모, 생선눈
비타민 B_2 (리보플라빈)	성장 촉진, 입안 점막 보호, 체내 산화·환원작용	성장 저해, 구내염, 설염, 구각염	산·열·산소에 안정, 빛에 분해	우유, 효모, 분유, 달걀, 간, 송이버섯, 김
니아신	열량소 산화·환원작용	펠라그라, 흑설병, 피부·점막 손상	안정	효모, 밀배아, 간, 커피, 땅콩
비타민 B_6 (피리독신)	단백질 대사 관여, 헴 합성, 지방 합성	피부염, 습진, 기관지염	산·알칼리·산소에 안정, 빛·열에 분해	간, 배아, 다랑어, 마늘, 파래, 피스타치오
비타민 B_{12} (시아노코발라민)	혈액 생성, 성장 촉진	악성 빈혈, 손발 지각 이상	열에 안정, 산·알칼리에 불안정	김, 간, 우유, 생선, 달걀, 굴
엽산 (폴라신)	항빈혈작용, 핵산 합성	거대적아구성 빈혈	산·빛·산소에 불안정	시금치, 간, 풋콩, 과일
판토텐산	에너지 생성, 지방산 합성, 스테롤 합성, 헤모글로빈 합성	피로, 불면, 손발 화끈거림, 근육경련, 빈혈	산·알칼리에 불안정	간, 곡류, 두류, 감자
비오틴	포도당·지방산 합성	탈모, 발톱 깨짐, 위장 증상	알칼리·산화제에 불안정	간, 로열젤리, 달걀, 두류, 우유
비타민 C (아스코르브산)	콜라겐·스테로이드 호르몬 합성, 감기 예방, 철분 흡수 촉진	괴혈병, 잇몸 출혈, 전염병 노출	산에 안정, 열·알칼리·미량 금속에 불안정	주스, 고추, 파슬리, 브로콜리, 양배추 외엽, 무청, 레몬
비타민 L	젖 분비 촉진	젖 분비 저하	–	소간, 효모
비타민 P (루틴, 헤스페리딘)	혈관 강화작용, 혈관 삼투압 유지	자반병, 신장염	–	메밀, 토마토, 감귤, 오렌지

분해된다. 또한 조리 중에 20~30% 정도 손실되므로 조리수도 활용한다.

비타민 B_1의 결핍증세는 백미의 다량 섭취나 당질 위주의 식생활이 개선되면서 감소되었으나, 부족하면 사람에게는 각기병에 의하여 부종과 근쇠약 증상이 생기고, 동물에게는 다발성 신경염 증상이 생긴다. 그러나 비타민 B_1을 잘 섭취하면 이런 증상이 예방되므로 항각기성 인자 또는 항신경염성 인자라 부른다.

비타민 B_1은 대두, 곡류의 겨층과 배아, 돼지고기, 효모에 함유되어 있으며, 현미와 통밀도 백미와 밀가루에 비해 다량 함유하고, 강화미나 강화 밀가루로 제조된 빵에도 다량 함유되어 있다. 또한 돼지고기를 먹을 때 마늘과 같이 먹으면 마늘의 알리신(allicin)이 티아민(thiamine)과 결합하여 알리티아민(allithiamine)이 되면서 비타민 B_1의 흡수를 증가시킨다. 한편, 양치류(고사리), 담수어(잉어, 미꾸라지)나 패류(대합, 모시조개)에는 티아미나아제(thiaminase, aneurinase)라는 비타민 B_1 분해효소가 함유되어 있다. 이들 효소는 식품의 조직이 파괴되면 활성화되어 비타민 B_1을 분해하지만 가열하면 불활성화되므로 익혀 먹으면 문제되지 않는다.

2) 비타민 B_2

비타민 B_2(riboflavin)는 조효소 FMN(flavin mononucleotide), FAD(flavin adenin dinucleotide)를 구성하여 당질, 단백질, 지질대사의 산화·환원작용에 관여한다. 또한 입안의 점막을 보호하며 성장을 촉진하는 황색 침상의 결정으로 수용액은 독특한 녹황색 형광을 띤다. 산, 열, 공기, 산화제에는 안정하나 광선에 불안정하여 알칼리성에서 빛에 노출되면 루미플라빈(lumiflavin)으로 산성, 중성에서 빛에 노출되면 루미크롬(lumichrome)으로 분해되어 손실된다. 비타민 B_1이나 C가 공존하면 광분해로부터 비타민 B_2를 보존할 수 있으며, 갈색 병에 보관하거나 착색필름으로 코팅하여 보관하는 것이 좋다.

비타민 B_2는 단독에 의한 결핍보다 다른 비타민 B 복합체가 부족할 때 결핍증이 발현되기 쉽다. 대개 입과 인두 점막에 구각염, 구내염, 설염, 지루성 피부염이 생기며, 유아의 경우에는 생식기 외부나 항문에 염증이 생긴다.

비타민 B_2는 우유나 유가공품, 효모, 간, 달걀, 김, 녹엽채소 등에 분포한다.

3) 니아신

니아신(niacin)은 니코틴산(nicotinic acid)이나 니코틴아미드(nicotinamide)를 포

함하는 명칭이다. 조효소 NAD(Nicotinamide Adenin Dinucleotide), NADP (Nicotinamide Adenin Dinucleotide Phosphate)를 구성하여 열량 영양소의 산화·환원작용에 관여한다. 신맛을 지닌 백색의 침상 결정이며 대체로 열, 빛, 공기, 산, 알칼리 등 모든 조건에 안정하다.

니아신이 부족하면 피부와 점막에 약한 손상이 일어나고, 심각하게 결핍되면 피부염, 설사, 정신이상, 색소 침착이 일어나는 펠라그라 증세가 따르며, 개의 경우에는 입 점막과 혀에 흑설병이 생기므로 항펠라그라성 인자 또는 항흑설병 인자로 불린다. 트립토판 60mg이 니아신 1mg으로 전환되므로 단백질이 니아신의 좋은 급원이다. 니아신은 효모, 밀배아, 간, 땅콩, 커피 등에 풍부하며, 과일이나 채소에는 부족한 편이다.

4) 비타민 B_6

비타민 B_6(pyridoxine)는 조효소인 PLP(pyridoxal phosphate)의 형태로 아미노산 대사에 관여하며, 헴 색소의 합성에도 관여한다. 이러한 아미노산 대사상의 중요성 때문에 단백질 섭취량이 증가하면 비타민 B_6의 필요량도 증가한다. 백색의 결정이며 그 수용액은 산성, 알칼리, 산소에는 안정하나 빛, 열에는 불안정하다. 식품 중에 피리독신(pyridoxine), 피리독살(pyridoxal), 피리독사민(pyridoxamine)의 세 형태로 존재한다.

비타민 B_6의 결핍증은 비타민 B 복합체가 전반적으로 부족할 때 발생하는데, 습진이나 피부염 증세가 나타나므로 항피부염 인자(adermin)라 부른다.

비타민 B_6는 간 등의 육류, 곡류, 마늘, 파래, 피스타치오 등에 함유되어 있다.

5) 비타민 B_{12}

비타민 B_{12}(cyanocobalamine)는 골수에서 혈액 생성에 관여한다. 암적색의 침상 결정으로 조리 중 30%가 손실되며, 산이나 알칼리에 불안정하다. 다른 종류의 코발라민(hydroxycobalamine, chlorocobalamine)도 존재하나 CN이 결합된 시아노코발라민(cyanocobalamine)이 가장 활성이 크다.

비타민 B_{12} 결핍증은 엄격한 채식주의자에게서 발생하기 쉽다. 그러나 비타민의 효율적인 장간순환이나 세균에 의한 소량의 합성에 의해 결핍은 최소화된다. 성인은 악성 빈혈이나 신경 증상(손발 지각이상, 환각, 망상, 불안정)을 보이며, 유아는 성장지연, 설사, 구토, 혈구감소, 산뇨증을 보이게 된다. 비타민 B_{12}가 이런 증세를 예방하므로 항악성빈혈 인자라 부르며, 악성빈혈은 엽산 투여로 치료가 가능하다.

비타민 B_{12}는 식물성 식품에는 존재하지 않고 주로 동물성 식품에만 함유되어 있으며, 특히 생선, 해조류, 굴, 달걀, 유제품 등에 많다.

6) 엽 산

엽산(folic acid, folacin)은 비타민 M, 비타민 Bc로도 불리며, 조효소 THF(tetrahydrofolate)의 형태로 아미노산이나 핵산 합성, 적혈구 합성에 관여한다. 황색 결정으로 산, 자외선, 산화에 불안정한 편이나 알칼리성에서는 안정하다.

엽산이 부족하면 비정상적 크기의 미숙한 적혈구가 증가되어 발생하는 거대적아구성 빈혈에 걸리며, 대개 알코올 중독자에게서 많이 발견된다.

엽산은 시금치 등의 신선한 엽채류, 풋콩, 과일류, 간에 다량 분포한다.

7) 판토텐산

판토텐산(pantothenic acid)은 'everywhere'의 의미로 자연계에 널리 분포되어 있음을 알려준다. 조효소 CoA의 구성 성분으로 에너지 생성이나 헤모글로빈, 지방산, 스테롤, 스테로이드 호르몬의 합성 및 분해에 관여한다. 매우 불안정한 점성의 유상물질이나 열에는 안정하여 소량의 물로 조리하면 90%가 보유되며, 다량의 물로 조리해도 많이 보유된다. 그러나 산과 알칼리에는 불안정하여 쉽게 분해된다.

항비타민이나 판토텐산 결핍식이를 제공하지 않는 한 특별히 결핍증상이 나타나지는 않는다. 만약 결핍되면 피로, 불면, 메스꺼움, 근육경련 및 손·발의 화끈거림 증상이 나타난다.

판토텐산은 육류, 도정하지 않은 곡류, 두류 및 난황 등에 다량 함유되어 있고 채소, 과일 및 우유에는 소량 함유되어 있다.

8) 비오틴

비오틴(biotin)은 카르복실라아제(carboxylase)의 구성분으로 포도당과 지방산 합성에 필요하다. 백색의 고운 가루이며 열, 산, 광선에는 안정하나 강알칼리에 다소 불안정하다. 비오틴 결핍증상은 드물지만 장절제 수술로 세균에 의한 합성이 감소되거나 생난백을 과량으로 섭취하면 결핍될 수 있는데, 이는 달걀 흰자 중에 함유된 당단백질인 아비딘(avidin)이 비오틴의 흡수를 방해하기 때문이다. 그래서 비오틴을 항난백장애성 인자라고 부르나 익혀 먹는 달걀노른자에는 많이 들어 있다.

비오틴이 결핍되면 메스꺼움, 구토, 식욕부진 등의 위장 증상이나 탈모, 지루성 피부염, 설염, 발톱의 깨어짐과 같은 피부 증상이 따른다.

비오틴은 동식물성 식품에 널리 분포하며 소간, 로열젤리, 효모, 달걀, 콩, 우유에 다량 함유되어 있다.

9) 비타민 C

비타민 C(ascorbic acid)는 신맛의 백색 판상결정으로 환원형(L-ascorbic acid)과 산화형(dehydroascorbic acid)이 존재하며, 산화형은 환원형의 1/2 정도의 효력을 지닌다. 콜라겐이나 스테로이드 호르몬을 합성하며, 철의 흡수를 촉진하고 감기에 대한 저항력을 증가시키는 효과가 있다. 비타민 C는 수용액 상태에서 산에는 안정하나 알칼리, 열, 산소, 구리, 아스코르비나아제(ascorbinase)에는 불안정해 손실되기 쉽다.

비타민 C가 결핍되면 모세혈관이 약화되어 쉽게 멍들고, 콜라겐 합성이 저하되어

비타민 L과 비타민 P

비타민 L은 뇌하수체 전엽을 자극하여 젖 분비 호르몬(프로락틴)의 생성을 도와 젖 분비(lactation)를 촉진하므로 붙은 이름이다. L1은 간에, L2는 효모에 들어 있으나 장내 세균에 의해 합성되므로 결핍될 염려는 없다.
비타민 P는 감귤류의 과피에 들어 있는 헤스페리딘(hesperidin)과 메밀, 아스파라거스에 들어 있는 루틴(rutin)을 말한다. 비타민 C와 함께 모세혈관의 강화작용을 하므로 부족 시 혈관의 저항력이 약화되고 피부에 혈액이 침투되므로 자반(紫斑)이 생기게 된다.

연골이나 근육조직의 변형이 일어난다. 이 외에도 점막과 피부의 출혈, 빈혈, 쇠약 증세 등이 뒤따르게 된다. 오래전 십자군의 병사들, 항해가, 탐험가들은 장기간에 걸쳐 신선한 식품의 섭취가 부족하여 괴혈병에 쉽게 노출되곤 하였다. 그러나 지금은 의약제를 통한 공급도 용이하여(권장량 100mg) 부족되는 경우는 드물다. 이와 같이 비타민 C는 괴혈병을 예방하므로 항괴혈성 인자라 부른다.

비타민 C는 주스, 고추, 완두콩, 감귤류, 브로콜리, 파슬리, 무청, 양배추 외엽, 딸기, 키위와 같은 과일 및 채소류에 다량 들어 있고 육류, 생선, 가금류, 알류 및 유제품 등에는 소량 들어 있다.

2. 지용성 비타민

1) 비타민 A

비타민 A(retinol, axerophthol)는 담황색의 유상물질로 시각, 성장, 생식, 세포분화 및 증식에 관여하며, 최근에는 폐암, 식도암, 자궁경부암의 발생을 억제하는 항암효과도 지닌 것으로 알려지고 있다. 가열 조리로 10% 정도 손실되며, 이중결합을 지니고 있어 산화되기 쉬우므로 산소, 빛, 금속(Cu, Fe)에는 불안정하다.

표 7-4 지용성 비타민의 종류와 특성

종류	생리작용	결핍증	성질	함유식품
비타민 A (레티놀)	성장 촉진, 눈 보호, 상피 세포 보호, 세포분화 및 증식	야맹증, 안구건조증, 피부 각질화, 유아 성장 지연	산소·빛·금속에 불안정	당근, 파래, 김, 고추(잎), 간, 버터
비타민 D (칼시페롤)	칼슘, 인의 항상성 조절, 골조직 형성	구루(곱추)병, 골연화증, 골다공증, 유아 발육부진	열·광선·산소에 안정, 알칼리·산에 불안정	등푸른 생선, 효모, 버섯, 우유, 난황
비타민 E (토코페롤)	생식기능 정상화, 산화(노화) 방지, 비타민 A의 흡수 증가	불임증, 근위축증, 적혈구 수명 단축, 빈혈	열·산에 안정, 알칼리·빛에 불안정	마가린, 밀배아, 식물유, 쇼트닝
비타민 K (필로퀴논)	혈액응고	혈액응고 지연, 신생아 출혈	열·산에 안정, 알칼리·빛·산화제에 불안정	간, 녹색 채소, 콩, 육류, 미역, 김
비타민 F (필수지방산)	산화·환원반응에 관여	피부염, 성장 정지	–	식물성 기름

비타민 A는 β-이오논(β-ionone) 핵과 이소프렌(isoprene) 사슬을 지니고 있는데, 카로티노이드 색소 중 일부도 같은 구조를 지니고 있으므로 이들은 비타민 A의 효과를 지닌다. 즉 α-카로틴, β-카로틴, γ-카로틴과 크립토잔틴(cryptoxanthin)이며, 비타민 A로 전환되므로 프로비타민 A라 부른다. 특히, β-카로틴은 분자 중앙을 절단하면 2분자의 비타민 A가 생성되므로 α-카로틴, γ-카로틴과 크립토잔틴보다 효력이 2배이다. 그러나 β-카로틴의 흡수율은 비타민 A의 1/3이므로 비타민 A를 β-카로틴의 형태로 섭취할 때는 비타민 A 섭취량의 3배를 필요로 한다. 이와 같이 동물성 식품에는 비타민 A의 형태로 함유되어 있고 식물성 식품에는 카로티노이드(carotenoids)의 형태로 들어 있다.

비타민 A가 부족하면 야맹증, 안구 건조증, 모낭 각화증, 피부 각질화 및 성장지연 증세가 나타난다. 그래서 비타민 A를 항야맹성 인자 또는 항안구건조성 인자라 부른다. 반대로 과잉상태가 되면 급성 증상으로 두통, 구토 및 현기증이 나타나고, 만성 증상으로 탈모, 입술 균열, 피부건조 및 간비대화가 일어난다.

비타민 A는 간, 우유, 유제품 및 달걀에, 카로티노이드는 김, 당근, 고구마, 파래, 고추에 많이 함유되어 있다. 그리고 마가린, 아침식사용 시리얼, 탈지우유 및 밀가루에는 비타민 A가 강화되어 있다.

2) 비타민 D

비타민 D(calciferol)는 구루병의 치료에 효과적인 항구루병 인자로 발견되었으나, 1970년대 이후로는 호르몬과 같이 칼슘과 인의 항상성을 조절하는 천연물이나 합성물이라는 새로운 개념으로 정의되고 있다. 무색 침상의 결정으로 열이나 산소에는 안정하나 산이나 알칼리에는 불안정하다. 6종류 중 비타민 D_2와 D_3가 중요하다. 비타민 D_2는 에르고칼시페롤(ergocalciferol)로 불리며 버섯이나 효모 중에 함유된 에르고스테롤(ergosterol)의 자외선 조사로 생성된다. 비타민 D_3는 콜레칼시페롤(cholecalciferol)로 불리며 피부 중의 7-데히드로콜레스테롤(7-dehydrocholesterol)의 자외선 조사로 생성된다.

비타민 D의 결핍 증세는 지질 섭취가 부족하거나 엄격한 채식주의를 고집하거나 햇빛에 노출되는 시간이 부족한 사람들(북위도 거주자, 지하 및 야간 근무자, 공해가 심한 지역의 거주자), 또는 극도의 스트레스를 받는 사람들에게 나타난다. 최근에는 바쁜 직장인, 실외활동이 부족한 수험생, 과도한 자외선차단제 사용자, 비만인 사람에게서 결핍증이 자주 발견되므로 적당한 야외활동과 햇빛 노출이 필요하다. 비타민 D가 결핍되면 구루병, 골연화증, 골다공증에 걸리며, 과잉되면 혈청 칼슘 농도가 증가하는 칼슘과다혈증(hypercalcemia), 성장지연, 체중감소 및 식욕부진 증세가 나타난다.

비타민 D는 등푸른 생선, 가다랑어포, 정어리건조품, 효모, 버섯, 강화우유, 강화버터나 강화마가린에 많이 함유되어 있다.

3) 비타민 E

비타민 E(tocopherol)는 항산화 효과를 지니므로 노화 방지에 기여할 수 있고, 비타민 A의 흡수율을 증가시키며, 암이나 백내장 발생을 감소시킨다. 점성의 담황색 유상

물질로 α, β, γ, δ형의 토코페롤이 존재한다. 비타민 E로서의 활성은 α형이 가장 크지만, 항산화제로서의 활성은 δ형이 가장 크다. 열이나 산에 안정하므로 조리 중에도 잘 보존되나 빛, 알칼리에는 불안정하다.

결핍되면 쥐에게 불임을 유발하므로 항불임성 비타민이라 불리며 그 외에도 적혈구 용혈, 근육위축 및 신경손상이 유발된다. 반면, 과잉되면 비타민 K의 기능 저해로 혈액응고를 더욱 지연시킨다.

비타민 E는 식물성 기름(γ-토코페롤 풍부) 및 배아, 마가린, 쇼트닝에 많이 함유되어 있고 육류, 생선, 과일 및 채소에는 소량 함유되어 있다.

4) 비타민 K

비타민 K(phylloquinone)는 혈액응고 인자인 프로트롬빈을 합성하여 혈액응고에 관여한다. 황색~담황색의 결정으로 필로퀴논(phylloquinone, K_1), 메나퀴논(menaquinone, K_2), 메나디온(menadione, K_3)으로 분류한다. 열, 산, 환원제에 안정하지만 알칼리, 빛, 산화제에는 불안정하다.

결핍되는 원인은 항생제나 항응고제를 장기복용하거나 간세포 질환이 있거나 지질 흡수가 불량할 경우이다. 대체로 장내 세균에 의해 합성되므로 결핍증은 드물지만 부족하게 되면 혈액응고가 지연된다. 신생아의 경우에는 무균상태로 출생하므로 장내

그림 7-1 비타민 K 함유식품

세균에 의한 합성이 어려워 출혈이 일어날 수 있다. 반면 과잉되면 황달이나 출혈성 빈혈이 일어나지만 비타민 K는 독성도 낮고 배설도 빠르므로 과잉증이 잘 발생하지 않는다. 그러나 혈전증이나 경색증 등 혈액이 응고되기 쉬운 병의 치료를 위해 약을 복용하는 경우에는 발효식품 등 비타민 K를 많이 함유한 식품의 섭취는 피해야 한다(그림 7-1).

비타민 K_1은 식물성 식품에 존재하고 비타민 K_2는 동물성 식품과 미생물에 의한 발효식품에 존재하며, 비타민 K_3는 합성품이다. 함유식품은 콩, 해조류, 녹황색 채소, 육류, 곡류, 유가공품 등에 많다.

비타민 F

비타민 F는 동물의 성장과 생식에 필요한 필수지방산으로 리놀레산, 리놀렌산, 아라키돈산을 가리킨다. 부족하면 동물의 성장 정지, 생식 감퇴, 피부염, 탈모 등의 증세가 나타나며, 사람에게는 습진성 피부염, 기관지염 등이 발생한다. 1일 총 열량의 1~2%를 권장하며, 식물성 기름에 많이 들어 있다.

CHAPTER 08

식품의 색

- 식품 색소의 분류
- 식물성 색소
- 동물성 색소
- 식품의 갈변

식품의 색은 식품의 신선도와 수용도(acceptance)를 결정하는 기호적 요소이다. 유색물질의 발색 원리 중 가장 유력한 색소원설은 '발색단'이나 '조색단'이라는 원자단이 존재해야 색을 낼 수 있다는 것이다. 발색단을 갖는 물질을 색소원(chromogen)이라 하며, 카르보닐기(carbonyl group, −CO−), 아조기(azo group, −N=N−), 에틸렌기(ethylene group, −C=C−), 니트로기(nitro group, $-NO_2$), 니트로소기(nitroso group, −NO), 티오카르보닐기(thiocarbonyl group, =C=S) 등의 발색의 기본이 되는 원자단을 발색단이라 한다. 하나의 발색단으로 색을 내는 것도 있으나, 대개는 몇 가지의 발색단이 서로 합쳐지거나 무색의 색소원에 히드록실기(hydroxyl group, −OH), 아미노기(amino group, $-NH_2$) 같은 조색단이 결합하여 색을 낸다.

1. 식품 색소의 분류

식품의 색소는 출처 및 구조에 의해 다음과 같이 분류한다.

천연색소

- 식물성 색소
  - 불용성 색소(식물의 엽록체에 존재) : 클로로필, 카로티노이드
  - 수용성 색소(식물의 액포에 존재) : 플라보노이드 중 안토시아닌, 안토잔틴
- 동물성 색소
  - 헤모글로빈(동물의 혈액에 존재)
  - 미오글로빈(동물의 근육조직에 존재)
  - 카로티노이드(우유, 난황, 게, 새우, 연어, 송어 등에 존재)

※ 플라보노이드 중 저분자 탄닌에 속하는 루코안토시아닌과 카테킨은 보통 무색 투명의 교질상태로 존재하나, 쉽게 산화하여 갈색 또는 흑갈색의 불용성 물질로 변하므로 불용성 색소에 포함시킬 수 있다.

테트라피롤 화합물

4개의 피롤핵이 서로 메틴기(methine group, $-CH=$)에 의해 결합하고 이중결합이 모두 공액구조인 포르피린 고리(porphyrin ring)를 갖는 클로로필, 헤모글로빈, 미오글로빈 등이 있다.

이소프레노이드 유도체

이소프렌(isoprene, $CH_2=C(CH_3)-CH=CH_2$)의 중합체로만 골격을 갖는 카로티노이드가 이에 속하며 공액 이중결합을 갖는 발색단을 갖는다.

벤조피란 유도체

$C_6-C_3-C_6$의 구조를 갖는 플라보노이드가 여기에 속한다.

기타

갈변반응에서 생성된 멜라노이딘, 캐러멜 등이 있다.

2. 식물성 색소

1) 클로로필

클로로필(chlorophyll)은 광합성을 하는 모든 식물의 엽록체에 카로티노이드와 함께 단백질 또는 지단백질과 결합한 상태로 존재하는 녹색 색소이다. 또한 클로로필과 비타민 C는 함께 존재하므로, 클로로필이 많은 녹색 채소는 비타민 C도 많이 함유하고 있다.

(1) 클로로필의 구조

클로로필은 그림 8-1과 같이 4개의 피롤핵이 메틴기(−CH=)에 의해 서로 결합된 포르피린 고리 가운데에 마그네슘(Mg)이 결합된 구조로, 메탄올(methanol, CH_3OH), 피톨(phytol, $C_{20}H_{39}OH$) 등과 에스테르를 형성하고 있어 물에 녹지 않는다.

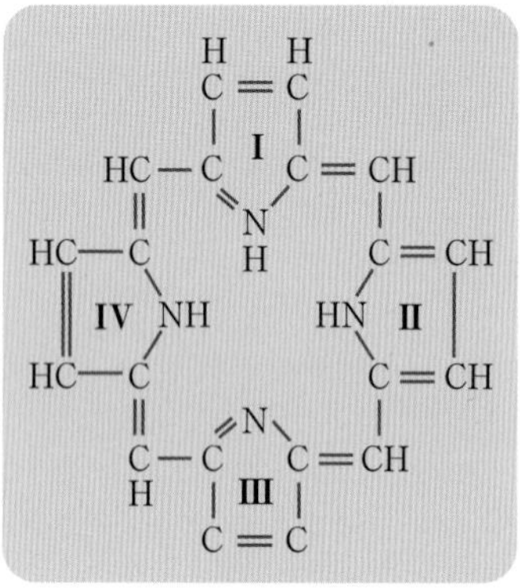

포르피린 고리

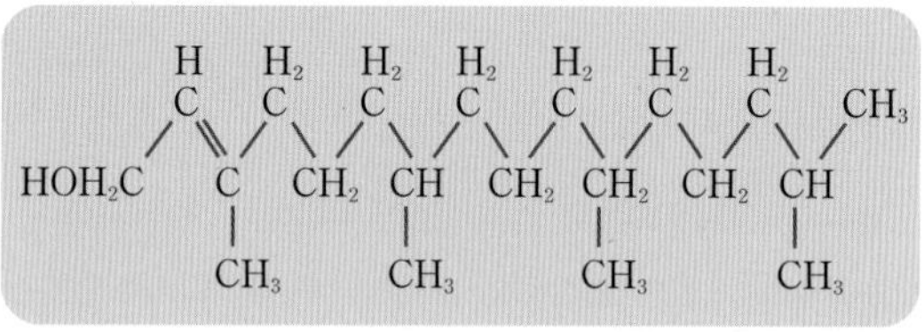

피 톨

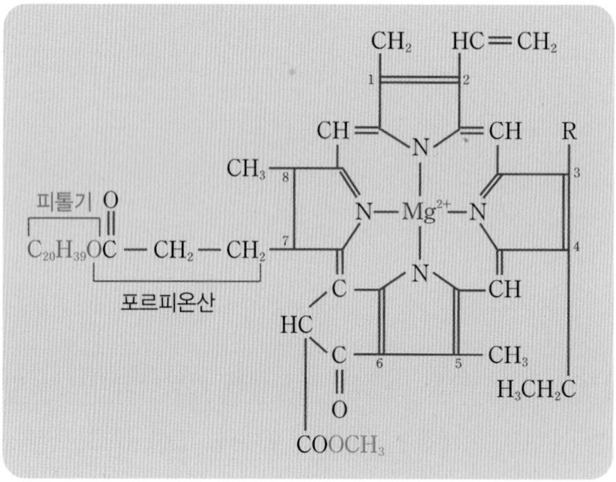

클로로필

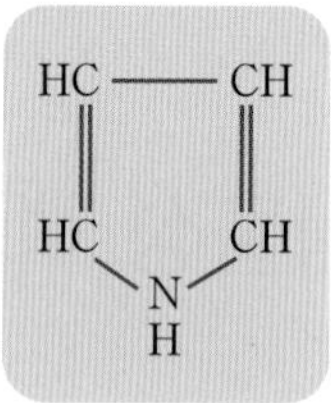

피 롤

$R = CH_3$: 클로로필 a
$R = CHO$: 클로로필 b

그림 8-1 클로로필의 구조

(2) 클로로필의 변화

① 산에 의한 변화

클로로필은 산에 의해 포르피린 고리에 결합된 마그네슘이 수소이온과 치환되어 녹갈색의 불용성 페오피틴(pheophytin)이 생성된다. 이 페오피틴은 계속해서 산에 의해 피톨이 떨어져 나가 갈색의 수용성 페오포르비드(pheophorbide)가 형성된다(그림 8-2).

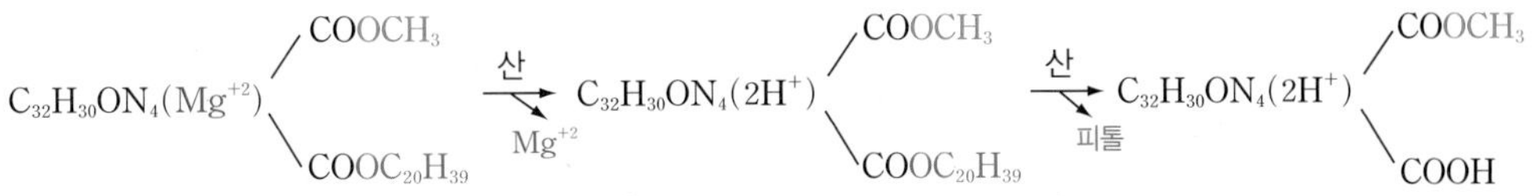

클로로필(청록색, 불용성) 페오피틴(녹갈색, 불용성) 페오포르비드(갈색, 수용성)

그림 8-2 산에 의한 클로로필의 변화

녹색 채소를 오래 삶을 때 갈색으로 변하는 것은 클로로필과 단백질의 결합이 끊겨 클로로필이 유리되어 조직 중의 유기산과 반응하여 페오피틴이나 페오포르비드를 생성하기 때문이다. 이러한 변색을 막으려면 물이 끓을 때 녹색 채소를 넣고 처음 2~3분간은 뚜껑을 열어 휘발성 산을 신속하게 증발시키고, 고온 단시간 동안 가열하여 클로로필과 산의 접촉시간을 최소화해야 한다. 또한 녹색 채소를 양념할 때, 간장이나 된장 등의 산성 식품이나 식초는 마지막에 넣는 것이 좋다.

김치나 오이지를 저장하면 갈색으로 변하는 것도 클로로필이 발효에 의해 생성된 초산이나 젖산에 의해 페오피틴이나 페오포르비드로 되기 때문이며, 푸른 잎을 방치하면 갈색을 띠는 것도 클로로필이 식물 속에 있던 유기산에 의해 자기소화되어 페오피틴이나 페오포르비드로 되기 때문이다.

② 알칼리에 의한 변화

클로로필을 알칼리에서 가열하면 피톨이 떨어져 짙은 청록색의 수용성 클로로필리드(chlorophyllide)가 되고 계속해서 메탄올이 떨어져 짙은 청록색의 수용성 클로로필

$C_{32}H_{30}ON_4(Mg^{+2})$ \diagup COOCH$_3$ \diagdown COOC$_{20}$H$_{39}$ $\xrightarrow[\text{피톨}]{\text{알칼리}}$ $C_{32}H_{30}ON_4(Mg^{+2})$ \diagup COOCH$_3$ \diagdown COOH $\xrightarrow[\text{CH}_3\text{OH}]{\text{알칼리}}$ $C_{32}H_{30}ON_4(Mg^{+2})$ \diagup COOH \diagdown COOH

클로로필(청록색, 불용성) 클로로필리드(짙은 청록색, 수용성) 클로로필린(짙은 청록색, 수용성)

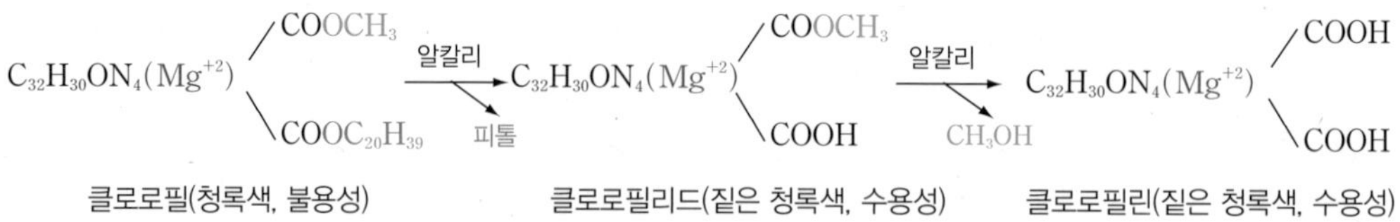

그림8-3 클로로필의 알칼리에 의한 변화

린(chlorophylline)이 형성된다(**그림8-3**).

 녹색 채소를 삶을 때 중탄산나트륨(NaHCO$_3$, 중조, 식소다)과 같은 알칼리를 첨가하면 녹색은 유지되나 비타민 B$_1$, B$_2$, C가 파괴되고 섬유소의 분해로 조직이 물러진다. 색은 유지시키고 조직이 물러지는 것을 방지하려면 탄산마그네슘(MgCO$_3$)과 초산칼슘(Ca(CH$_3$COO)$_2$)의 혼합물을 소량 함께 사용하는 것이 좋다.

③ 클로로필라아제에 의한 변화

녹색 채소를 썰거나 데치기(blanching)에 의해 조직이 파괴될 때 식물조직에 널리 분포한 클로로필라아제(chlorophyllase)가 유리되어 클로로필에 작용하면 피톨을 분리시켜 짙은 청록색의 수용성 클로로필리드를 생성한다. 이때 계속해서 알칼리가 존재하면 클로로필리드는 다시 짙은 청록색의 클로로필린을 생성하지만 산이 존재하면 갈색의 페오포르비드가 된다(**그림8-4**). 이러한 원리로 녹색 채소를 삶거나 데칠 때 조리수로 수용성의 클로로필리드가 녹아 나와 녹색이 된다.

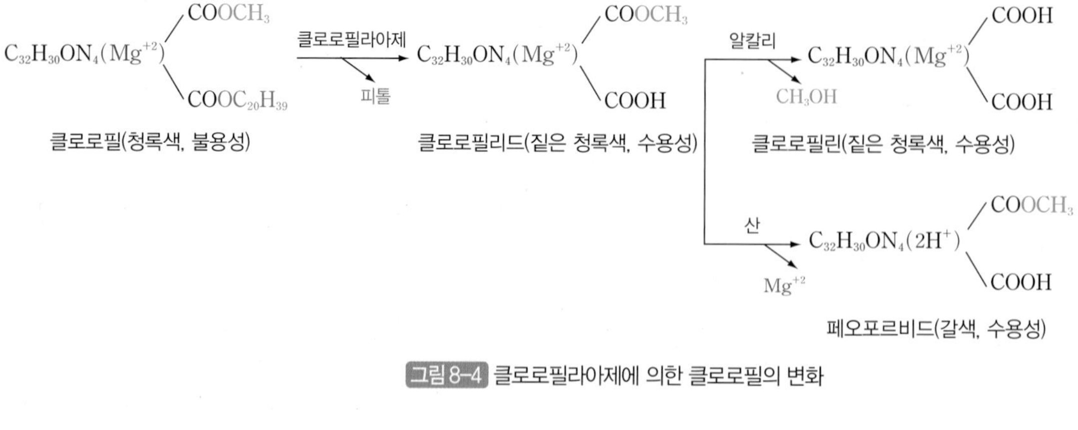

그림8-4 클로로필라아제에 의한 클로로필의 변화

④ 금속이온에 의한 변화

클로로필은 구리(Cu)나 철(Fe) 등의 이온 또는 이들의 염과 함께 가열하면 클로로필 중의 마그네슘(Mg)과 치환되어 짙은 청록색의 구리-클로로필 또는 짙은 갈색의 철-클로로필을 형성한다(그림8-5).

$$C_{32}H_{30}ON_4(Mg^{+2}) \begin{matrix} \diagup COOCH_3 \\ \diagdown COOC_{20}H_{39} \end{matrix} \xrightarrow[Mg^{+2}]{Cu^{2+}} C_{32}H_{30}ON_4(Cu^{2+}) \begin{matrix} \diagup COOCH_3 \\ \diagdown COOC_{20}H_{39} \end{matrix}$$

클로로필(청록색, 불용성)　　　　　구리-클로로필(짙은 청록색, 불용성)

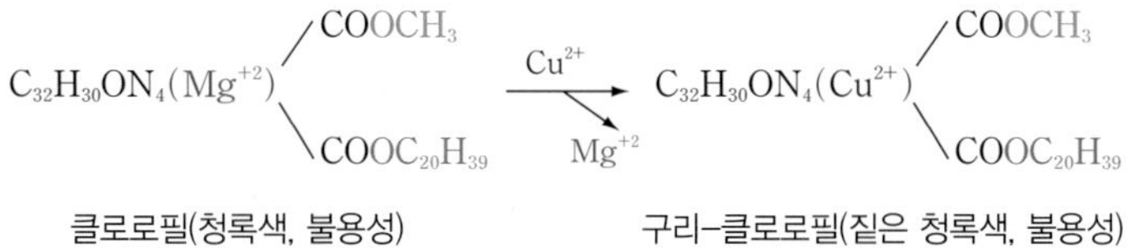

그림8-5 금속 이온에 의한 클로로필의 변화

녹색 채소가 산에 의해 갈색의 페오피틴으로 변한 경우에 구리를 첨가시키면 구리-클로로필이 되므로 짙은 청록색으로 만들 수 있다. 완두콩 통조림 가열 살균 시 0.005%의 CuSO₄를 넣으면 갈색으로의 변색이 억제되고, 오이지 제조 시 놋그릇 닦던 수세미를 넣으면 오이가 녹색을 유지하는 것이 좋은 예이다.

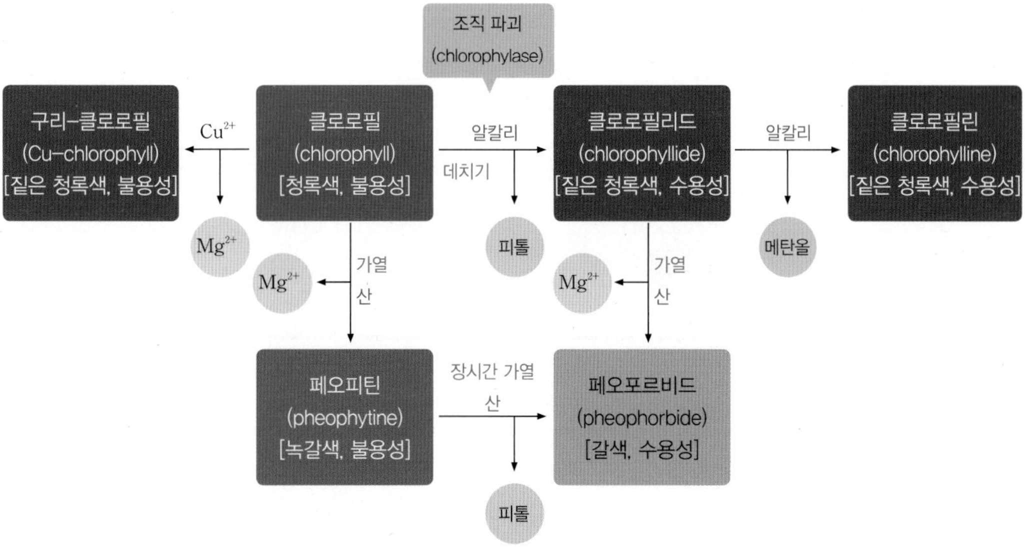

그림8-6 클로로필의 종합적인 변화과정

2) 카로티노이드

카로티노이드(carotenoids)란 황색, 주황색, 적색 등의 색깔을 가지며, 지방 또는 유기 용매에 잘 녹고 물에는 녹지 않는 비슷한 구조의 색소군를 말한다. 식물성 식품의 카로티노이드는 클로로필과 함께 잎의 엽록체 속에 존재하며 동물성 식품의 카로티노이드는 먹이에서 유래된다.

카로티노이드는 8개의 이소프렌($CH_2=C(CH_2)-CH=CH_2$) 단위가 결합한 테트라테르펜(tetraterpene) 구조로 천연에는 대부분 트랜스형으로 존재한다.

(1) 카로티노이드의 구조에 따른 분류

카로티노이드는 이오논(ionone) 핵과 여러 개의 이중결합을 가지고 있는 탄화수소로, 카로틴(carotenes)과 잔토필(xanthophylls)로 나뉜다. 카로틴은 이소프렌의 중합체이고 잔토필은 히드록실기(−OH), 카르보닐기(−CO−) 등을 갖는 카로틴의 산화 유도체이다.

카로티노이드는 그림 8-7과 같이 기본구조의 양끝이 α−이오논 핵 또는 β−이오논 핵과 같이 고리 모양으로 되어 있는 경우와 슈도(pseudo) 이오논 핵과 같이 사슬 모양으로 되어 있는 경우가 있으며, 이러한 양끝의 구조에 따라 색과 화학적 성질이 달라진다.

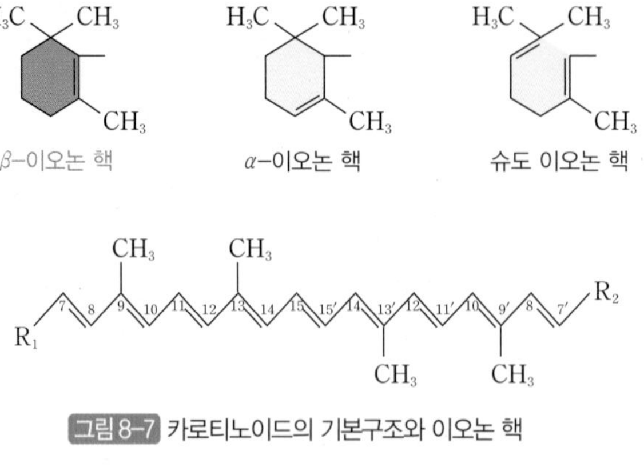

그림 8-7 카로티노이드의 기본구조와 이오논 핵

① 카로틴

카로틴은 석유 에테르에는 녹으나 알코올에는 잘 녹지 않으며 α-카로틴, β-카로틴, γ-카로틴, 리코펜(l ycopene) 등이 있다. 이 중에서 β-이오논 핵을 가지고 있는 α-카로틴, β-카로틴, γ-카로틴 등은 체내에서 분해되어 비타민 A로 전환될 수 있다(표 8-1).

② 잔토필

잔토필은 카로틴의 산화 유도체(oxygenated carotenes)로 알코올에는 녹으나 석유 에테르에는 녹지 않는다(표 8-2).

표 8-1 식품 중의 중요한 카로틴

색	명칭 및 구조	소재 및 특성
황등색	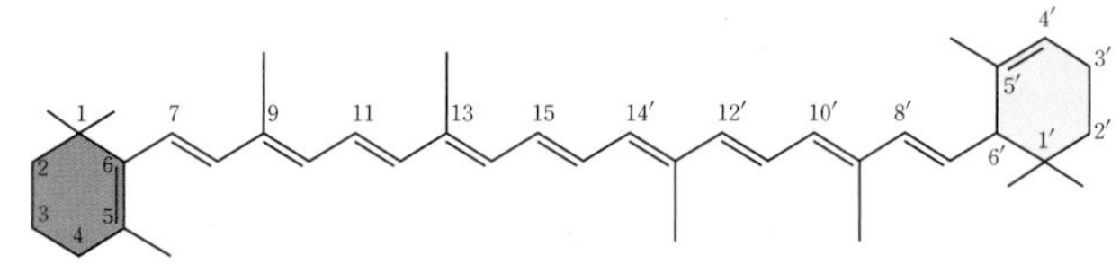 β-이오논 α-카로틴 α-이오논	• 당근, 차잎 • β-카로틴과 공존 • 체내에서 한 분자의 비타민 A를 생성
	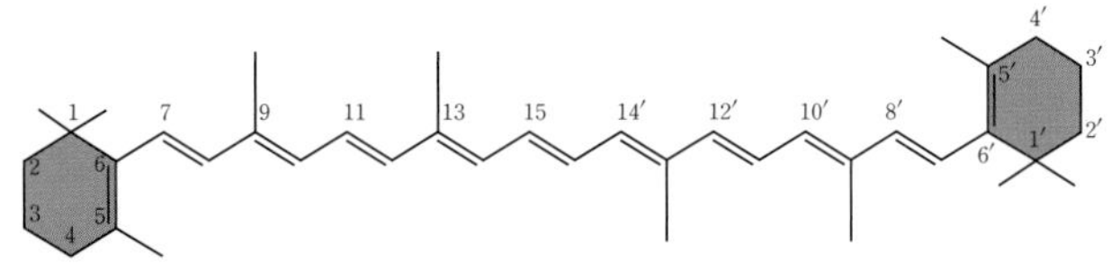 β-이오논 β-카로틴 β-이오논	• 당근, 고구마, 녹엽, 오렌지, 호박, 감귤류 • 체내에서 두 분자의 비타민 A를 생성 • 빛깔과 높은 영양효과 때문에 식품첨가물로 이용
적색	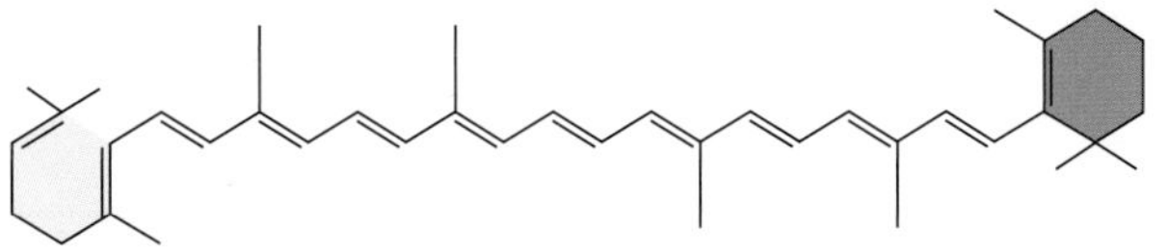 슈도-이오논 γ-카로틴 β-이오논	• 당근, 살구 • β-카로틴과 공존 • 체내에서 한 분자의 비타민 A를 생성
	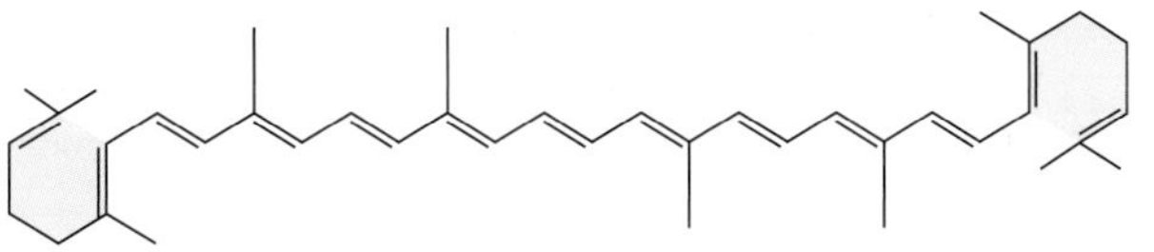 슈도-이오논 리코펜 슈도-이오논	• 수박, 토마토, 감, 앵두 • 비타민 A의 효력은 없음

표 8-2 식품 중의 중요한 잔토필

색	명칭 및 구조	소재 및 특성
황등색	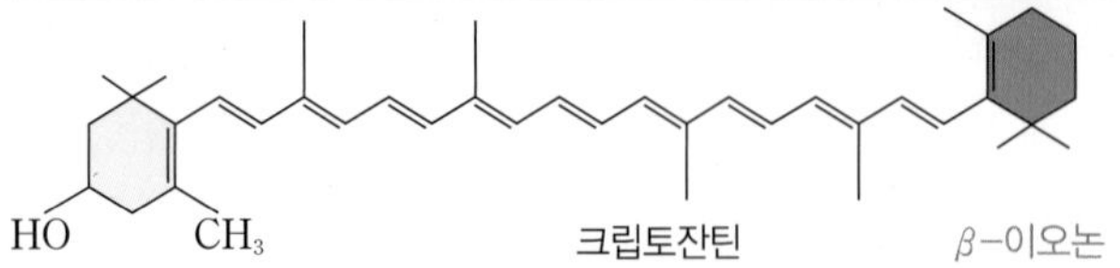 크립토잔틴	• 옥수수, 감, 오렌지 • 비타민 A의 효력이 있음
	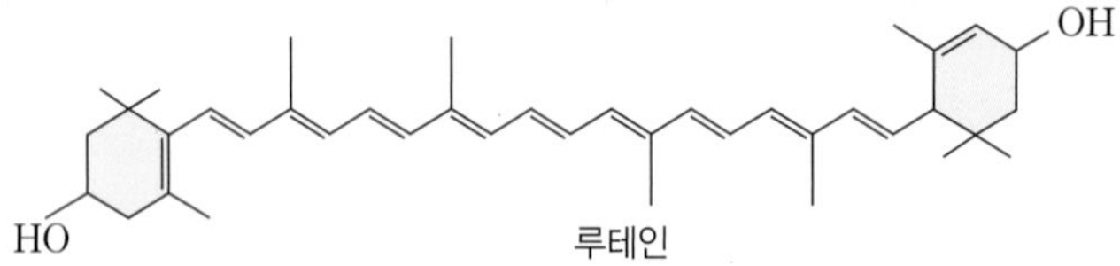 루테인	• 난황, 녹엽, 오렌지, 호박
	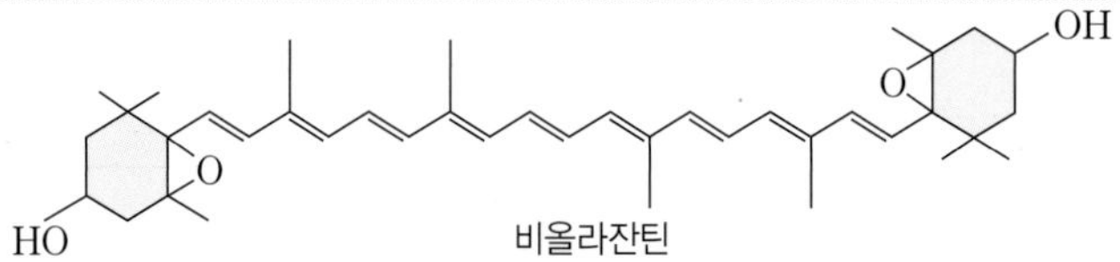 비올라잔틴	• 자두, 고추, 감, 파파야
	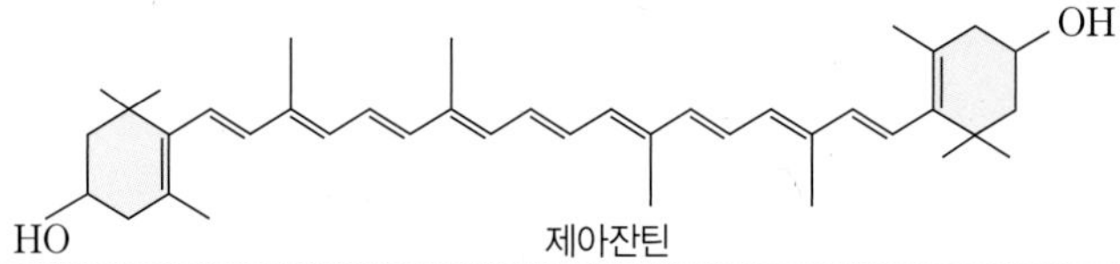 제아잔틴	• 난황, 간, 옥수수, 오렌지
적색	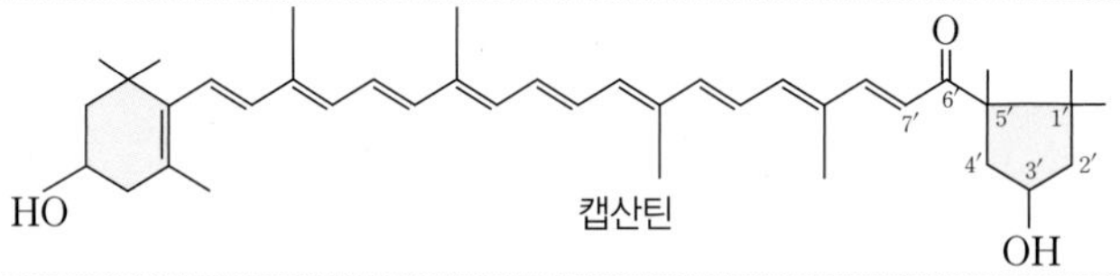 캡산틴	• 고추, 파프리카
	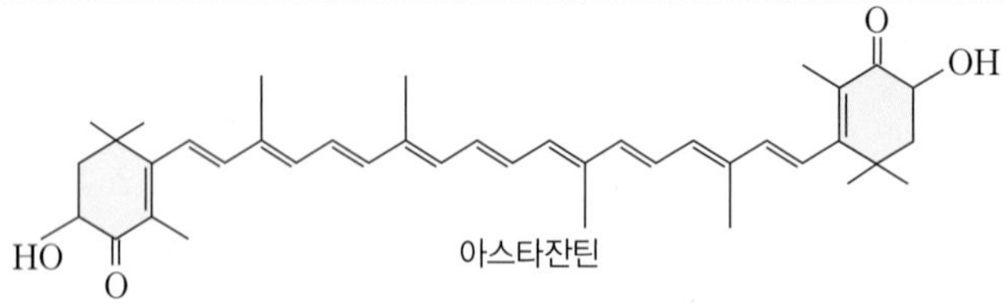 아스타잔틴	• 게, 새우, 연어, 송어 • 결합형 아스타잔틴(청록색) ↓ 가열 단백질 ↙ 유리형의 아스타잔틴(적색) ↓ 아스타신(적색)
	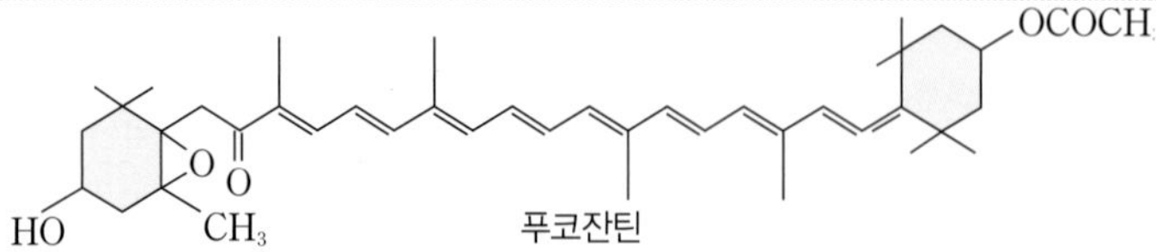 푸코잔틴	• 미역, 다시마
	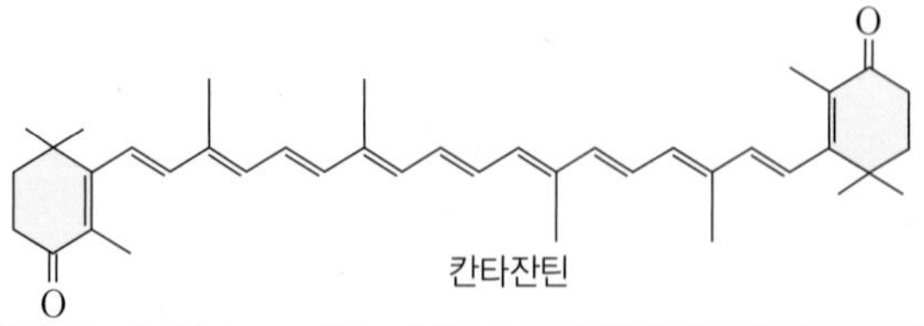 칸타잔틴	• 양송이, 송어, 새우

(2) 카로티노이드의 변화

카로티노이드는 물에 녹지 않으나 기름에 녹고, 열에 비교적 안정하며, 조리에 사용될 정도의 약산과 약알칼리에는 파괴되지 않으므로 조리과정 중에 거의 성분의 손실이 없다. 그러나 불포화도가 높아 공기 중의 산소나 산화효소인 리폭시다아제(lipoxidase), 리포페르옥시다아제(lipoperoxidase), 페르옥시다아제(peroxidase) 등에 의해 쉽게 산화되어 퇴색된다.

이러한 카로티노이드의 변색을 방지하려면 가열에 의해 효소를 불활성화시키거나, 탈기나 가스치환에 의한 산소 접촉 방지, 항산화제 사용, 포장이나 용기를 통한 햇빛 차단 등을 고려해야 한다.

3) 플라보노이드

플라보노이드(flavonoids)는 2개의 벤젠(benzene) 핵이 3개의 탄소로 연결된 $C_6-C_3-C_6$의 플라반(flavane)을 기본구조로 갖는다(그림 8-8). 넓은 의미의 플라보노이드는 안토잔틴, 안토시아닌, 카테킨, 루코안토시아닌 등을 포함하나 좁은 의미에서는 안토잔틴만을 의미한다. 식물세포에 존재하는 수용성 색소로 액포 중에 유리상태나 배당체로 존재하며, 특히 카테킨와 루코안토시아닌은 본래 무색이나 산화되어 흑갈색으로 변하므로 탄닌으로 분류된다.

(1) 안토잔틴

① 안토잔틴의 구조에 따른 분류

안토잔틴(anthoxanthins)은 식물체에서 대부분 당류인 람노오스(rhamnose), 글루코오스(glucose), 루티노오스(rutinose) 등과 결합된 배당체(glycosides)로 존재한다. 안토잔틴은 구조에 따라 플라본(flavone), 플라보놀(flavonol), 플라바논(flavanone), 이소플라본(isoflavone) 등으로 존재하며 대부분 무색이나 담황색을 띤다. 식품 중의 중요한 안토잔틴은 표 8-3과 같다.

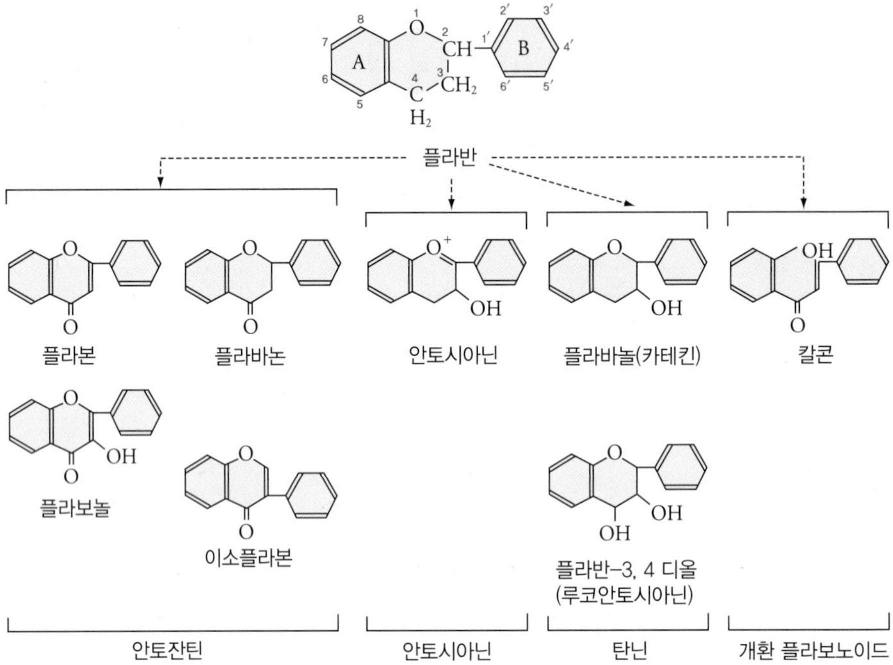

그림 8-8 플라보노이드의 구조에 따른 분류

표 8-3 식품 중의 중요한 안토잔틴

종류	색소명	아글리콘(비당부분)		소재 및 특징
		명칭	구조	
플라본 (flavones)	아핀 (apiin)	아피제닌 (apigenin)	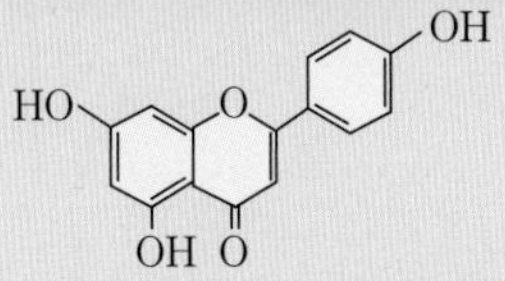	• 파슬리
	트리신 (tricin)	트리틴 (tritin)	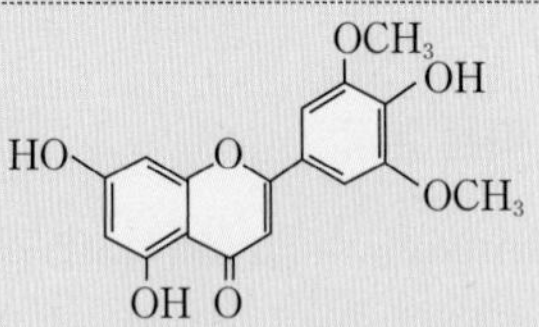	• 쌀겨, 밀가루
	퀘르시트린 (quercitrin)	퀘르세틴 (quercetin)	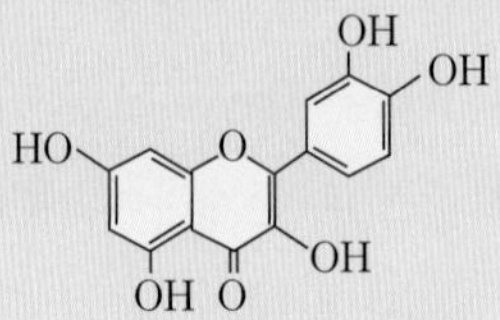	• 차, 양파 껍질 • 유지의 항산화제

(계속)

종류	색소명	아글리콘(비당부분)		소재 및 특징
		명칭	구조	
플라보놀 (flavonol)	루틴 (rutin)	퀘르세틴 (quercetin)	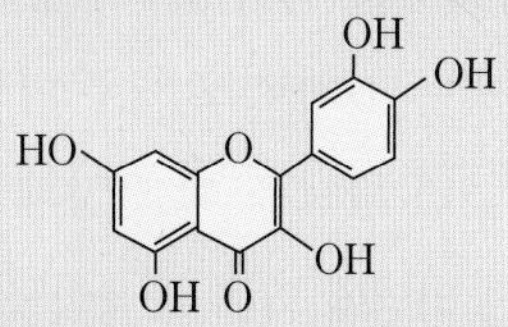	• 메밀, 토마토 • 비타민 P
	미리시트린 (myricitrin)	미리세틴 (myricetin)	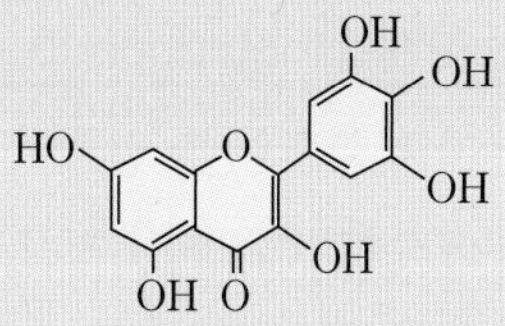	• 소귀나무(myrica) 열매
플라바논 (flavanon)	헤스페리딘 (hesperidin)	헤스페레틴 (hesperetin)	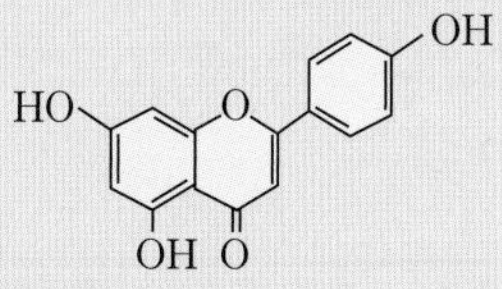	• 감귤 껍질 • 통조림 제조 시 백탁 원인 • 비타민 P
	나린진 (naringin)	나린제닌 (naringenin)	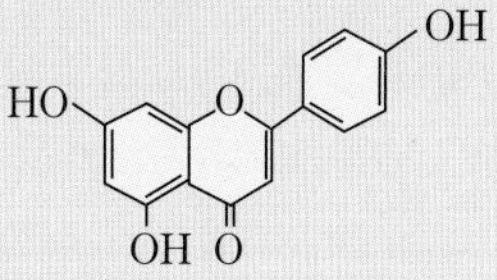	• 감귤 껍질 • 쓴맛
	에리오딕틴 (eriodictin)	에리오딕티올 (eriodictyol)	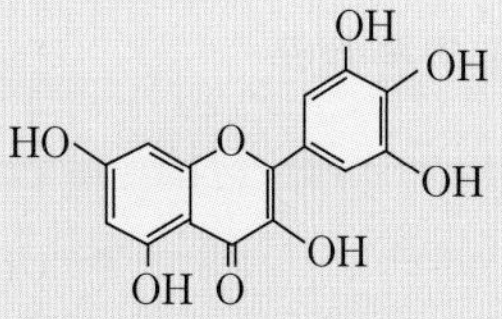	• 감귤 껍질 • 비타민 P
이소플라본 (isoflavone)	다이드진 (daidzin)	다이드제인 (daidzein)	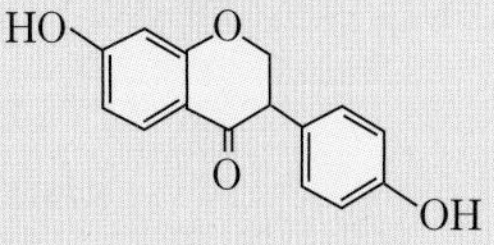	• 대두 • 식물성 에스트로겐
	제니스틴 (genistin)	제니스테인 (genistein)	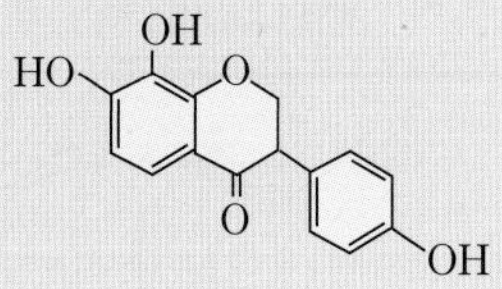	

자료 : 조신호 외(2011), 식품화학

② 안토잔틴의 변화

안토잔틴은 일반적으로 산에는 안정하나, 알칼리에서는 비당부분(aglycone)의 고리 구조가 열려 칼콘(chalcone)이 생성되어 황색이나 갈색을 띠거나 배당체들이 가수분해되어 짙은 황색을 띤다. 실제로 밀가루 반죽에 탄산수소나트륨($NaHCO_3$)을 첨가하여 빵이나 국수를 만들면 황색을 띠고 양배추, 양파, 감자, 고구마, 콩 등을 가열 조리 시 물에 존재하는 알칼리염에 의해 황색이 선명히 나타난다.

또한 안토잔틴은 폴리페놀(polyphenol) 화합물과 같이 쉽게 산화되어 갈변되고, 금속과도 쉽게 결합하여 착화합물을 만들어 변색된다. 즉, 알루미늄(Al)과는 황색, 납(Pb)과는 백색이나 황색, 크롬(Cr)과는 적갈색, 철(Fe)과는 적색, 적갈색, 녹색의 화합물을 형성한다. 실제로 감자를 철제 칼로 썰면 적색이나 적갈색을, 양파를 알루미늄 냄비에서 삶으면 황색을 띤다.

(2) 안토시아닌

안토시아닌(anthocyanins)은 꽃이나 과일의 적색, 청색, 자색 등을 총칭하는 한 무리의 수용성 색소로 매우 불안정하여 가공이나 저장 중에 쉽게 퇴색된다.

① 안토시아닌의 구조에 따른 분류

안토시아닌도 안토잔틴과 마찬가지로 대부분이 당류(글루코오스, 람노오스, 갈락토오스)와 결합한 배당체로 식물의 액포 내에 존재한다. 비당부분을 안토시아니딘(anthocyanidins)이라 하며, 안토시아닌과 안토시아니딘을 합쳐서 안토시안이라 부른다.

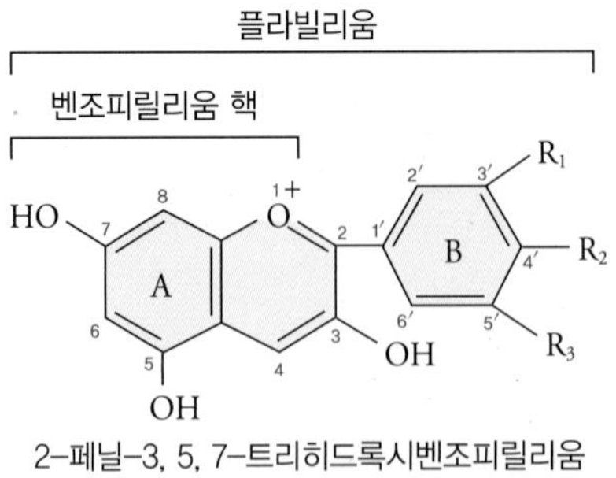

그림 8-9 안토시아니딘의 기본구조

$$\text{안토시아닌(배당체)} \xrightarrow{\text{산, 알칼리, 효소}} \text{안토시아니딘(비당부분)} + \text{당류}$$

$$\text{안토시아닌} + \text{안토시아니딘} \longrightarrow \text{안토시안(화청소)}$$

안토시아니딘은 그림 8-9와 같은 $C_6-C_3-C_6$의 플라빌리움(flavylium) 화합물 구조로 B고리의 메톡실기($-OCH_3$)의 존재 유무와 히드록실기($-OH$)의 수에 따라 표 8-4와 같이 구조적으로 분류된다.

표 8-4 안토시아닌의 구조에 따른 분류

계통	R_1	R_2	R_3	계통	R_1	R_2	R_3
펠라르고니딘계 (pelargonidin)	H	OH	H	페오니딘계 (peonidin)	OCH_3	OH	H
시아니딘계 (cyanidin)	OH	OH	H	페투니딘계 (petunidin)	OCH_3	OH	OH
델피니딘계 (delphinidin)	OH	OH	OH	말비니딘계 (malvinidin)	OCH_3	OH	OCH_3

표 8-5 식품 중의 중요한 안토시아닌

계통	안토시아닌	색	소재
펠라르고니딘계 (pelargonidin)	칼리스테핀(callistephin) 프라가린(fragarin) 펠라르고닌(pelargonin)	적색 적색 적색	딸기 양딸기 석류, 나팔꽃, 다알리아
시아니딘계 (cyanidin)	시소닌(shisonin) 시아닌(cyanin) 크리산테민(chrysanthemin) 케라시아닌(keracyanin)	적색 적색 암적색 농적색	소엽(차조기의 잎), 장미 소엽(차조기의 잎), 장미, 적색순무 검은콩 껍질, 팥, 체리 버찌, 체리
델피니딘계 (delphinidin)	나수닌(nasunin) 페릴라민(perillamin) 히아닌(hyasin)	청자색 적색 청색	가지 소엽(차조기의 잎) 가지
페오니딘계 (peonidin)	페오닌(peonin)	적자색	자색 양파, 포도 껍질
페투니딘계 (petunidin)	페투닌(petunin)	적자색	포도 껍질
말비니딘계 (malvinidin)	에닌(oenin) 네글레틴(negletin)	적자색 적색	포도 껍질 고구마 껍질

② 안토시아닌의 색과 분포

식품 중의 안토시아닌는 주로 과일과 채소류 중에 존재하며 이들의 색은 표8-5와 같다. 안토시아닌을 구성하는 안토시아니딘의 구조에 따라 색이 조금씩 달라지는데, 페닐기에 결합된 히드록실기(−OH)의 수가 증가할수록 청색이 진해지고 메톡실기($-OCH_3$)의 수가 증가할수록 적색이 강해진다(그림 8-10).

③ 안토시아닌의 변화

- **pH에 따른 변화** : 안토시아닌은 그림 8-11과 같이 pH 3 또는 그 이하에서는 적색의 플라빌리움염의 형태로 존재하며, pH 7에서는 무색의 슈도(pseudo)염으로, pH 8.5에서는 자색으로 변하고, 더욱 알칼리를 넣으면 청색이 된다. 이 변화들은 가역적이므로 산을 넣으면 다시 적색으로 된다. 이 원리를 이용하여 안토시아닌을 함유하는 과일이나 채소를 가공 및 조리할 때 산을 넣어 적색을 보존할 수 있다. 그 예로 적

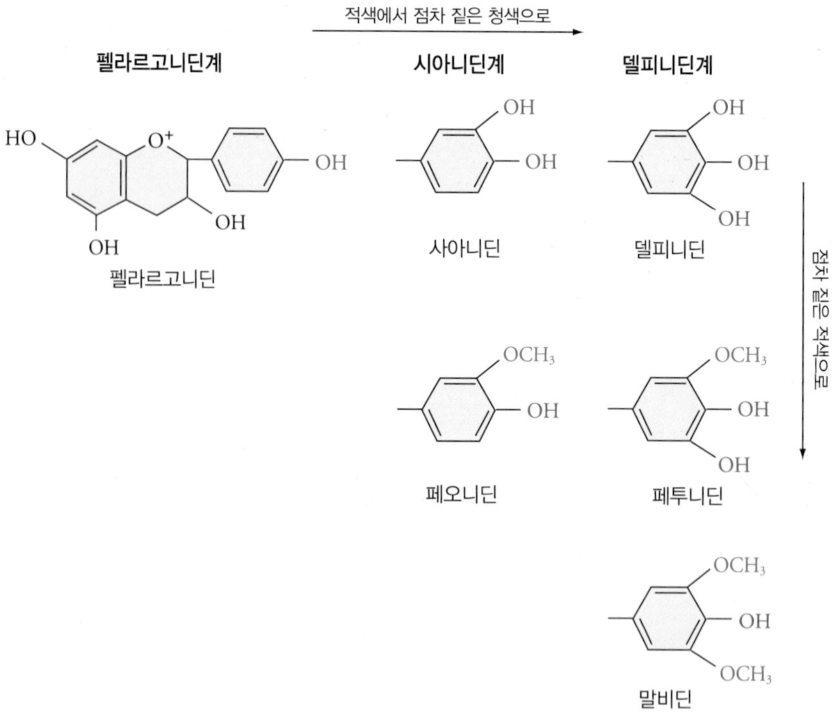

그림 8-10 안토시아니딘의 구조에 따른 색의 변화

색의 양배추로 샐러드를 만들 때 식초를 조금 넣은 물에 담그거나, 매실지(梅室漬)에 적색의 차조기 잎을 넣어 적색을 띠게 하는 것 등이 있다.

- **금속에 의한 변화** : 안토시아닌은 각종 금속과 반응하여 착화합물을 만든다. 즉, 철(Fe)과는 청색, 주석(Sn)과는 회색이나 자색, 아연(Zn)과는 녹색의 화합물을 형성한다. 가지를 쌀겨 된장 속에 절일 때, 쇳조각을 미리 넣어두어 갈변을 막고 고운 청색을 띠게 되는 것이 그 예이다.
- **산소와 효소에 의한 변화** : 안토시아닌과 안토시아니딘은 산소 존재하에 효소(polyphenol oxidase)에 의해 산화되어 갈변한다. 과일, 과즙, 오래된 포도주, 가지

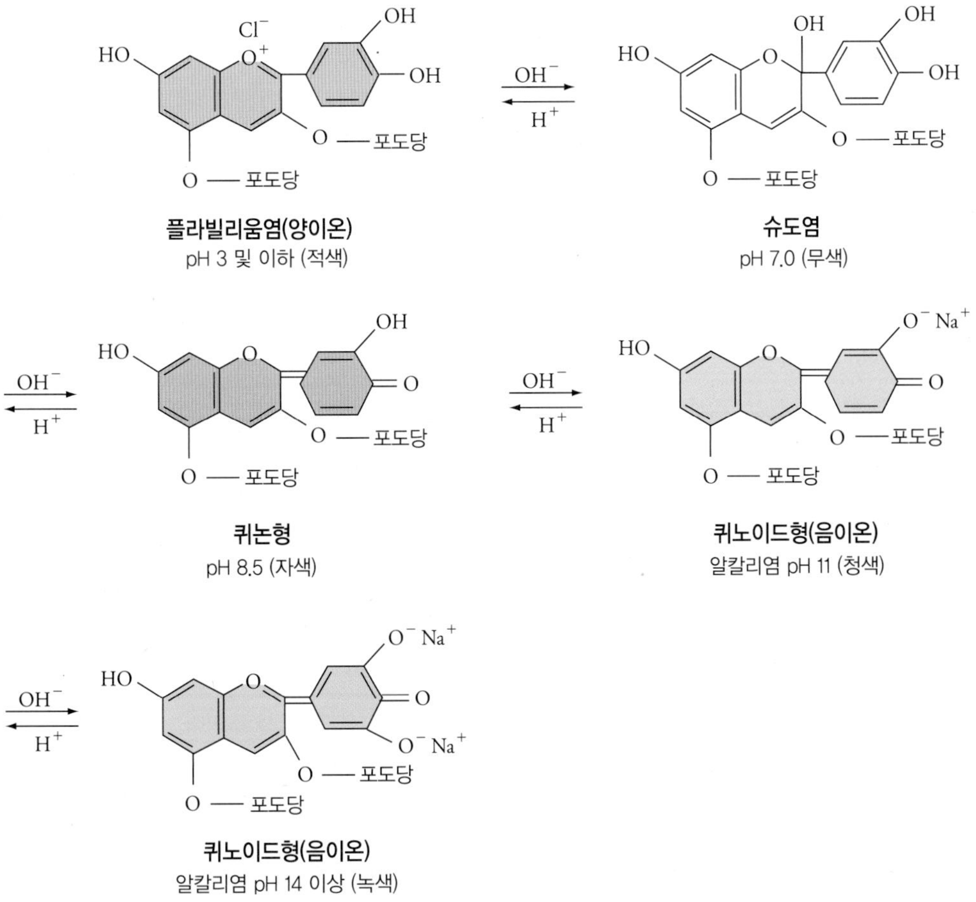

그림 8-11 pH에 따른 안토시아닌의 구조 및 색의 변화

절임 등의 산화 및 갈변은 폴리페놀옥시다아제에 의한 것이다.

(3) 탄 닌

탄닌(tannins)은 식물에 갈변을 일으키는 무색 폴리페놀 성분의 총칭으로 쓴맛과 떫은맛을 낸다. 원래는 무색이지만 산소, 금속 또는 산화효소에 의해 짙은 갈색, 흑색, 홍색 등으로 변화된다. 대표적인 탄닌으로는 카테킨류(카테킨과 그 유도체들), 루코안토시아닌, 클로로겐산(chlorogenic acid) 등과 같은 히드록시산(hydroxy acid) 등이 있으며, 이들 중 카테킨류와 루코안토시아닌은 플라보노이드와 같은 $C_6-C_3-C_6$의 구조를 가진다.

① 탄닌의 구조와 분포 및 성질

- **카테킨류** : 카테킨(catechin), 갈로카테킨(gallocatechin), 카테킨 갈레이트(catechin gallate), 갈로카테킨 갈레이트(gallocatechin gallate) 등과 이들 각각의 광학 이성질체인 에피카테킨(epicatechin), 에피갈로카테킨(epigallocatechin), 에피카테킨 갈레이트(epicatechin gallate), 에피갈로카테킨 갈레이트(epigallocatechin gallate) 등이 모두 카테킨류에 속하며 이들의 구조는 그림 8-12와 같다.

  사과, 감, 포도, 배, 복숭아 등의 과일과 연뿌리 등에는 카테킨이 대부분이고 갈로카테킨이 소량 존재하는데 이들은 떫은맛보다 쓴맛이 강하다. 이에 비해 차잎에는 에피갈로카테킨 갈레이트의 함량이 높고 그 외에 카테킨 갈레이트와 갈로카테킨 갈레이트가 존재하는데 이들은 모두 떫은맛을 낸다.

  카테킨류는 무색이지만 폴리페놀옥시다아제에 의해 쉽게 산화·중합하여 갈변한다. 실제로 녹차의 발효과정에서 떫은맛을 주는 카테킨과 갈로카테킨(또는 에피갈로카테킨)이 폴리페놀옥시다아제의 작용으로 산화·중합하여 홍차의 테아플라빈(theaflavin)이라는 불용성 적색 색소로 변하여 떫은맛이 사라진다.
- **루코안토시아닌** : 그림 8-13과 같은 플라반-3,4-디올(flavane-3,4-diol) 구조를 가진 루코안토시아닌는 배, 사과, 복숭아, 포도, 버찌, 살구 등의 과일류와 두류, 차 등에 존재한다. 무색이지만 강산성에서 가열하면 적색의 안토시아닌을 생성하며 자동산화되기 쉬우며 카테킨류보다 쉽게 중합된다.

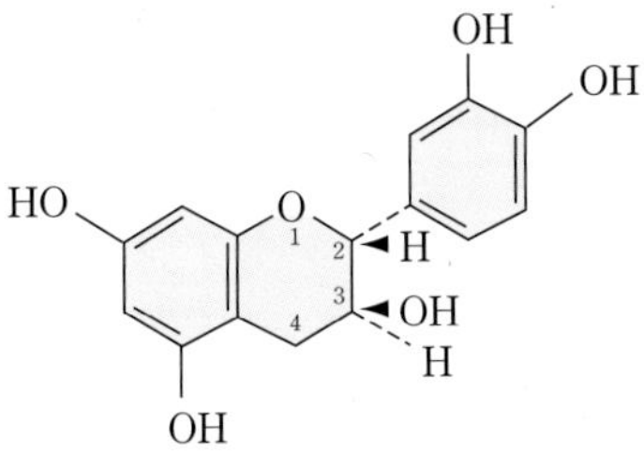

(+)-카테킨

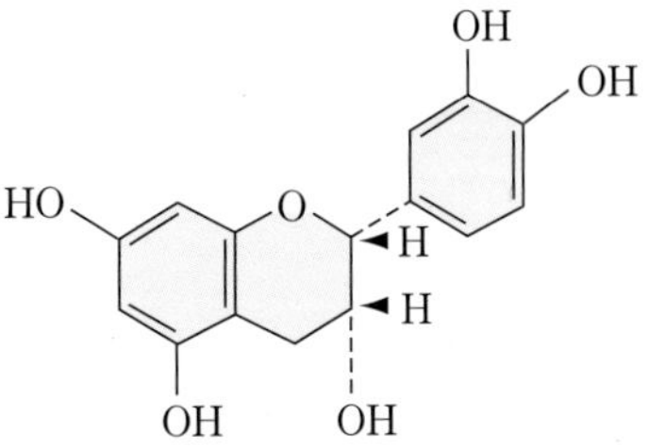

(-)-에피카테킨

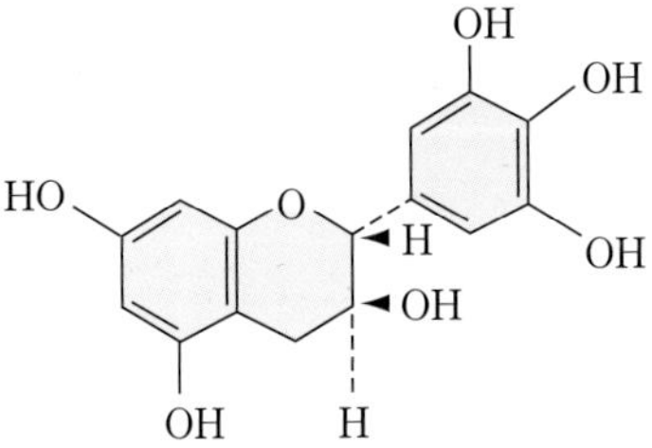

(+)-갈로카테킨

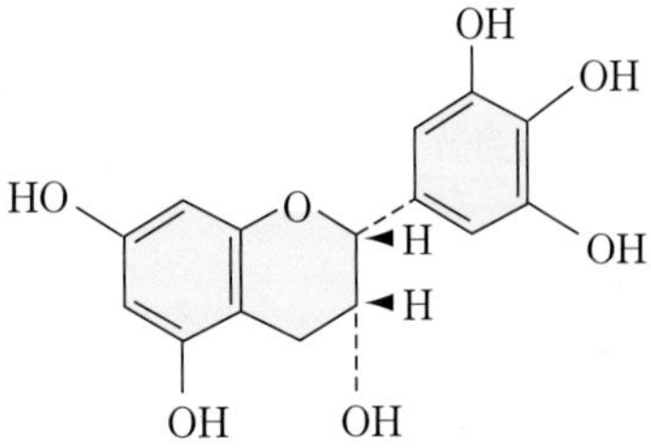

(-)-에피갈로카테킨

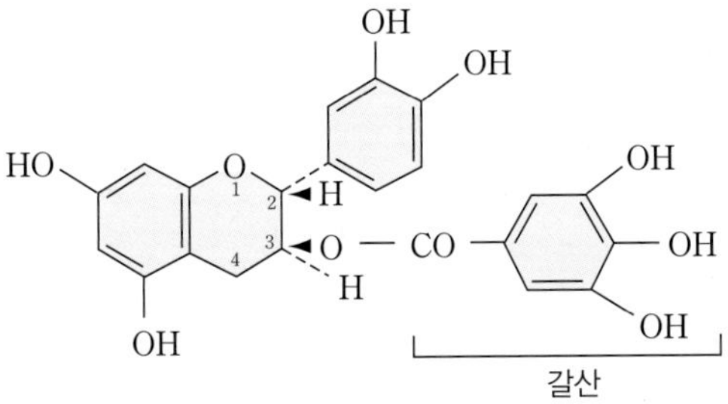

(+)-카테킨 갈레이트

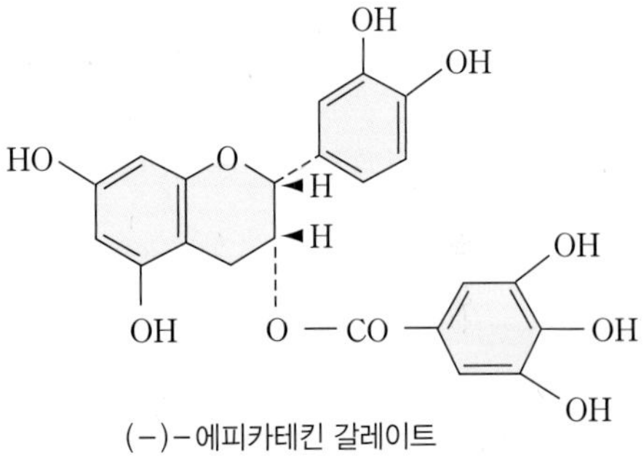

(-)-에피카테킨 갈레이트

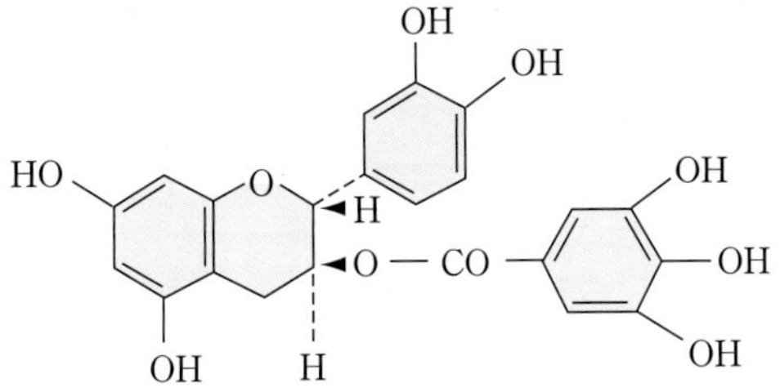

(+)-갈로카테킨 갈레이트

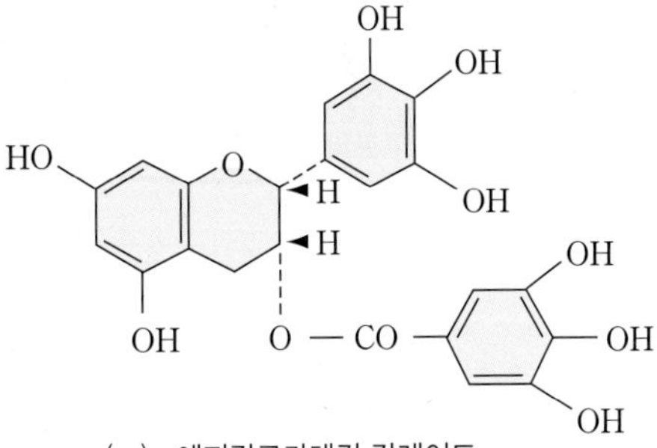

(-)-에피갈로카테킨 갈레이트

그림 8-12 카테킨류의 구조

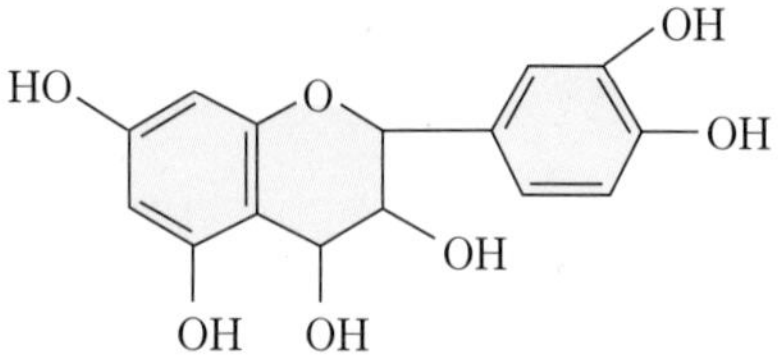

그림 8-13 루코안토시아닌의 기본구조

② 탄닌의 변화

탄닌은 공기 중에서 쉽게 산화·중합되어 흑갈색의 불용성 중합체를 형성하여 떫은 맛이 소멸된다.

폴리페놀

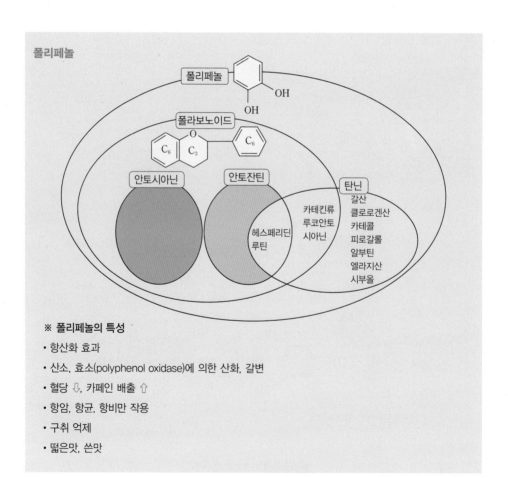

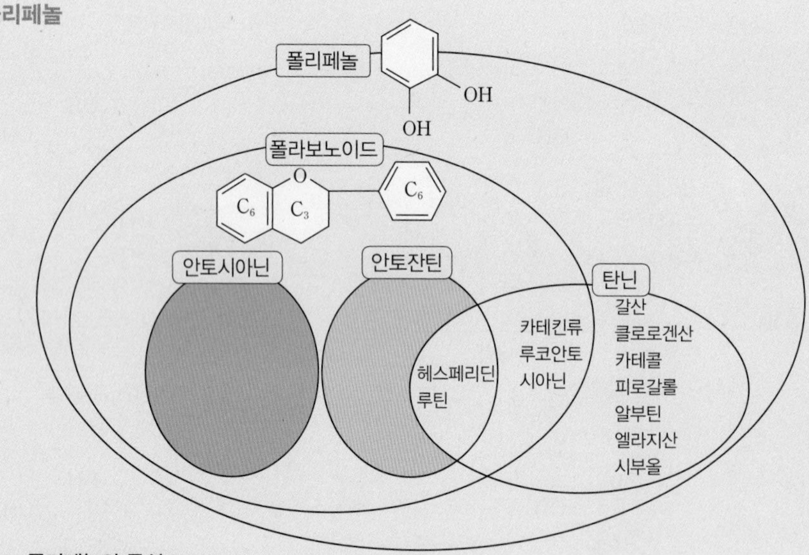

※ 폴리페놀의 특성

- 항산화 효과
- 산소, 효소(polyphenol oxidase)에 의한 산화, 갈변
- 혈당 ⇩, 카페인 배출 ⇧
- 항암, 항균, 항비만 작용
- 구취 억제
- 떫은맛, 쓴맛

또한 단백질과 결합하여 침전을 일으키는데, 실제로 맥주의 원료인 홉(hop)이나 보리 속의 루코안토시아닌은 보리의 글로불린(globulin) 단백질과 결합하여 불용성의 침전을 만들어 맥주 혼탁의 원인이 된다.

탄닌는 각종 금속과 반응하여 착화합물을 만드는데 주석(Sn) 또는 아연(Zn)과는 옅은 회색, 칼슘(Ca) 또는 마그네슘(Mg)과는 적갈색, Fe^{2+}과는 옅은 갈색 또는 청색, Fe^{3+}과는 암갈색이나 짙은 청색의 화합물을 형성한다.

3. 동물성 색소

동물성 식품에는 헤모글로빈(혈색소)과 미오글로빈(육색소), 그리고 일부 카로티노이드계 색소들이 존재한다.

1) 미오글로빈

헤모글로빈은 체내의 산소 운반체이며 미오글로빈은 조직 내의 산소 저장체이다. 또한 미오글로빈은 육류 및 그 가공품의 주된 색소로 품질에 많은 영향을 준다.

(1) 미오글로빈의 구조

미오글로빈(myoglobin)은 헤모글로빈과 같이 헴(heme, ferroprotoporphyrin, Fe^{2+})의 중심에 있는 철(Fe)과 글로빈(globin) 단백질의 히스티딘(histidine)의 이미다졸 고리(imidazole ring)의 질소원자와 결합하여 형성된 색소이며, 헤모글로빈은 적색인 데 비해 미오글로빈은 적자색을 띤다(그림 8-14 , 그림 8-15).

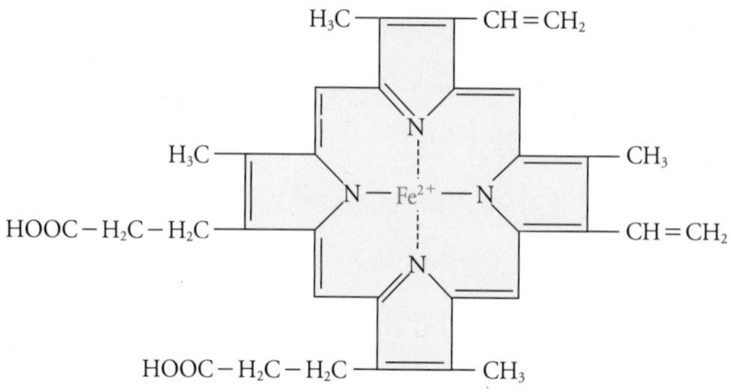

그림 8-14 헴의 구조

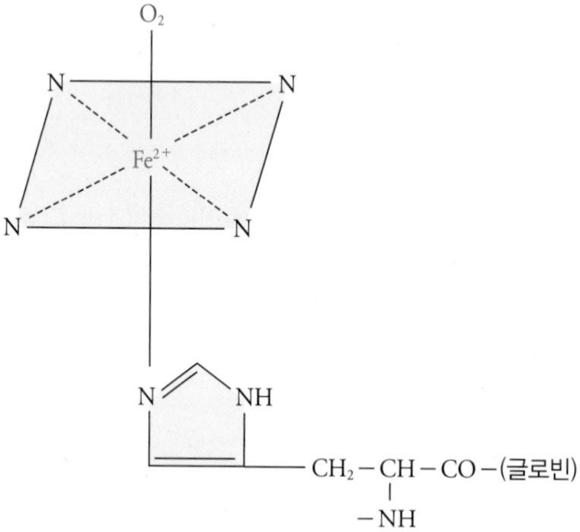

그림 8-15 헴과 글로빈의 결합양식

(2) 미오글로빈의 변화

① 산화에 의한 변화

신선한 생육은 Fe^{2+}를 함유하는 환원형의 미오글로빈(Mb)에 의해 적자색을 띠나 고기의 표면이 공기와 접촉하면 그림 8-16과 같이 산소가 결합하여 선홍색의 옥시미오글로빈(oxymyoglobin, $Mb \cdot O_2$)이 된다. 이 반응은 미오글로빈의 Fe가 변하지 않고 Fe^{2+} 그대로 존재하므로 산화(oxidation)가 아니라 산소화(oxygenation)라고 한다. 옥시미오글로빈은 비교적 안정된 색소지만 육류를 저장하는 동안 천천히 자동산화되

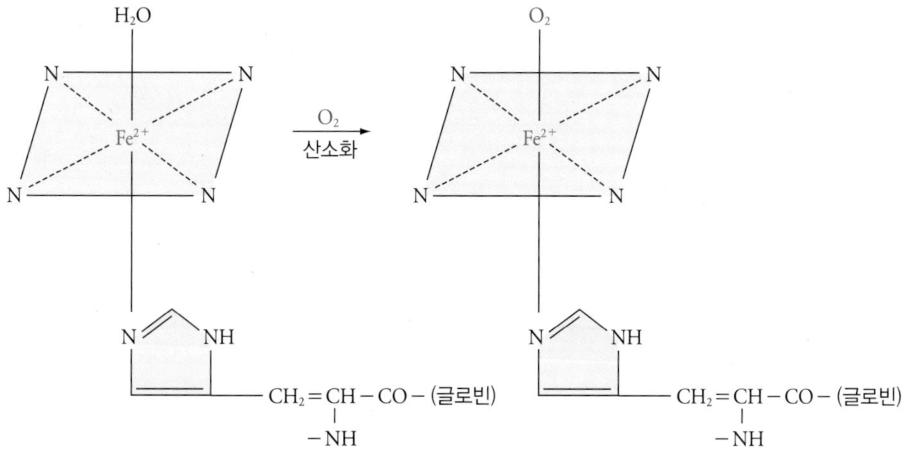

그림 8-16 미오글로빈과 옥시미오글로빈의 구조

어 결국 Fe^{2+}가 Fe^{3+}으로 산화된 적갈색의 메트미오글로빈(metmyoglobin, Met · Mb)이 된다. 특히 이때 Fe^{2+}의 헴이 Fe^{3+}의 헤마틴(hematin)으로 되는 변화를 '메트(met)화'라 부른다.

이 변화들은 모두 가역적이므로 공기가 통하지 않는 곳에 메트미오글로빈으로 된 갈색의 육류를 넣어 두면 환원작용에 의해 다시 적자색의 미오글로빈이 된다.

② 가열에 의한 변화

육류를 가열할 때 적자색의 미오글로빈은 선홍색인 옥시미오글로빈을 거쳐 적갈색의 메트미오글로빈으로 되고 가열을 계속하면 메트미오글로빈의 글로빈은 변성되어 분리되며 갈색 내지 회색의 헤마틴이 유리된다.

유리된 헤마틴(ferroprotoporphyrin, Fe^{3+})은 염소이온과 결합하여 헤민(hemin, ferroprotoporphyrin chloride, Fe^{3+})이 되고, 헤마틴이나 헤민은 계속 산화되어 갈색, 회색 또는 무색의 각종 산화된 포르피린 유도체로 된다(그림 8-17).

③ 육류 가공 시의 변화

햄이나 소시지 등의 육가공품 제조 시 살균을 위해 가열 처리를 하는데, 이때 발색제를 첨가하여 육색의 갈변을 방지할 수 있다 .

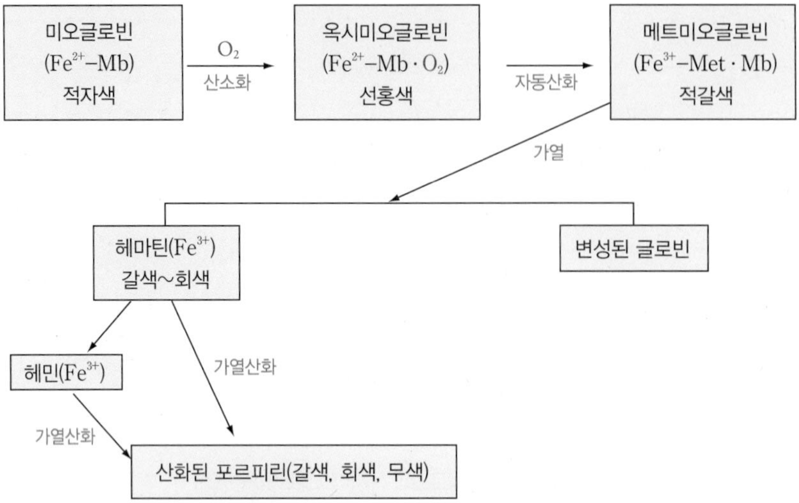

그림 8-17 가열에 의한 미오글로빈의 변화

이용되는 발색제는 질산칼륨(KNO_3), 질산나트륨($NaNO_3$), 아질산나트륨($NaNO_2$) 등이며 발색과정은 그림 8-18과 같다.

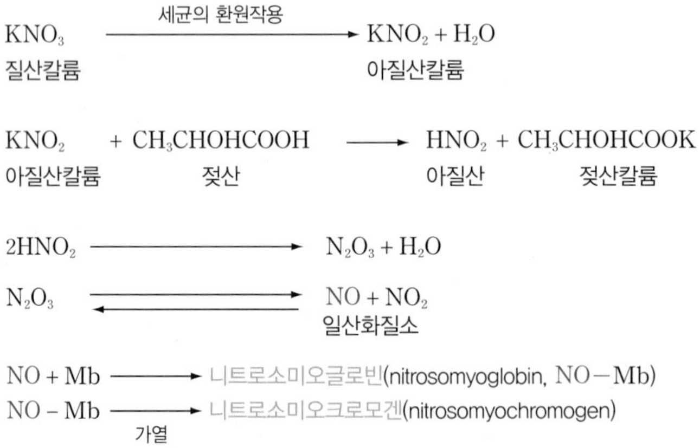

그림 8-18 육가공품의 발색과정

④ 육류 저장 중의 변화

육류나 육가공품은 저장 중 세균의 작용으로 생성된 콜레미오글로빈(cholemyoglobin),

술프미오글로빈(sulfmyoglobin), 베르도미오글로빈(verdomyoglobin) 등에 의해 녹색으로 변하는 경우가 있다. 이들 녹색 색소를 계속 가열하면 무색, 갈색, 회색 등의 산화된 포르피린 유도체가 된다.

육가공품의 발색과정

- 원료육을 질산칼륨(KNO_3) 용액에 담가 저장하면 KNO_3는 세균의 작용을 받아 아질산칼륨(KNO_2)으로 환원된다.
- 원료육에는 사후 해당작용(glycolysis)에 의해 젖산이 쌓이는데, 이 젖산이 아질산칼륨(KNO_2)과 반응하여 아질산(HNO_2)을 형성한다.
- 아질산(HNO_2)은 불안정하여 산성 조건에서 환원되어 일산화질소(NO)가 된다.
- 생성된 일산화질소(NO)는 환원형의 미오글로빈(Mb)과 결합하여 분홍색의 니트로소미오글로빈(NO-Mb, 염절임육색)을 형성한다.
- 니트로소미오글로빈은 가열되면 단백질 부분인 글로빈이 열변성된 안정한 분홍색의 니트로소미오크로모겐(nitrosomyochromogen, 열처리된 염절임육색)이 된다.

2) 헤모글로빈

육류나 육가공품에 존재하는 혈액은 부패 미생물이나 병원성 미생물이 자라게 하는 영양급원이며, 이때 혈액에 존재하는 헤모글로빈은 공기 중에서 쉽게 산화·갈변되므로 제거되는 것이 좋다.

(1) 헤모글로빈의 구조

헤모글로빈(hemoglobin)은 미오글로빈의 구조(그림 8-14) 및 결합양식(그림 8-15)과 같이 헴과 글로빈 단백질의 히스티딘의 이미다졸 고리의 질소원자와 결합하고 있다. 그러나 헤모글로빈은 미오글로빈과 같은 구성단위(subunit) 4개가 서로 결합한 4차 구조를 이루고 있는 것이 차이점이다. 그러므로 미오글로빈은 1분자의 산소와, 헤모글로빈은 4분자의 산소와 각각 결합할 수 있다.

(2) 헤모글로빈의 변화

헤모글로빈과 미오글로빈은 화학적 성질이 유사하므로 헤모글로빈의 변화는 미오글로빈의 변화와 같다.

3) 카로티노이드

일부 동물성 식품에 존재하는 카로티노이드는 식물성 먹이가 흡수되어 조직이나 기관에 축적된 것이다.

(1) 식육지방 · 유지방 · 난황 중의 카로티노이드

식육의 적색 부위에는 카로티노이드가 거의 없으며 황색 지방에는 대부분 β–카로틴이 함유되어 있다.

유지방의 카로티노이드는 카로틴과 잔토필의 두 종류로 존재하며, 버터나 치즈의 색에 영향을 미친다. 즉, 여름에는 소가 녹초를 섭취하므로 유제품의 색이 진하며, 시판되는 버터에는 β–카로틴과 타르(tar) 색소가 사용된다.

난황의 색은 사료에서 온 카로티노이드로 대부분 루테인(lutein)이고 제아잔틴(zeaxanthin), 크립토잔틴(cryptoxanthin) 등이 존재한다. 루테인이 많은 녹초를 사료로 줄 경우 난황의 색은 짙어진다.

(2) 어패류의 카로티노이드

도미의 표피, 연어나 숭어의 근육 등의 적색은 아스타잔틴(astaxanthin)에 의한 것이고 조개 근육의 적색은 카로틴과 루테인에 의한 것이다. 물고기 표피의 색은 적색, 오렌지색, 갈색, 청록색, 흑색 등의 여러 색을 띠는데, 이 중 적색의 잔토필은 담즙 색소, 흑색은 멜라닌(melanin)에 의한 것이다. 그 외 연어나 숭어의 녹색 형광은 살멘산(salmenic acid), 생선의 광체는 구아닌(guanine)에 의한 것이다.

(3) 갑각류의 카로티노이드

새우나 게의 껍질에는 원래 적색의 카로티노이드인 아스타잔틴이 단백질과 결합하여 회녹색 또는 청록색을 나타낸다. 이것을 가열하면 단백질이 변성 · 분리되고 유리형의 아스타잔틴이 된 후 산화되어 적색의 아스타신(astacin)으로 변한다.

4. 식품의 갈변

식품을 저장, 조리 및 가공할 때 갈색으로 변하는 현상을 갈변(browning)이라 한다. 대부분의 갈변반응은 식품의 외관과 풍미를 나쁘게 하며 비타민과 아미노산의 손실을 가져오지만 간장, 된장, 홍차, 커피, 맥주, 빵, 비스킷 등에서의 갈변반응은 색뿐 아니라 향미에도 영향을 주어 식품의 품질을 향상시킨다. 식품의 갈변반응은 효소적 갈변(enzymatic browning)과 비효소적 갈변(nonenzymatic browning)으로 분류된다.

1) 효소적 갈변

효소적 갈변은 사과, 배, 복숭아, 바나나, 밤, 감자, 가지, 양송이 등의 껍질을 벗기거나 자르는 등 파쇄시킬 때 일어난다. 폴리페놀(polyphenol)류를 가진 신선한 식물체가 손상되면 공존하는 폴리페놀옥시다아제(polyphenol oxidase)에 의해 산화되어 갈색의 멜라닌으로 전환되는 갈변반응과, 이와 본질적으로 같은 티로신(tyrosine)이 티로시나아제(tyrosinase, monophenol oxidase)에 의해 산화되어 갈색의 멜라닌으로 전환되는 갈변반응이 있다.

이 두 갈변반응에 관여하는 효소를 합쳐서 페놀옥시다아제(phenol oxidase) 또는 페놀라아제(phenolase)라 한다.

(1) 폴리페놀옥시다아제에 의한 갈변

구리를 함유하는 폴리페놀옥시다아제는 그림 8-19 에서와 같이 산소가 존재할 때 폴리페놀류를 퀴논 화합물로 산화시키고, 퀴논은 계속해서 산화, 중합 또는 축합되어 갈색의 멜라닌을 생성한다.

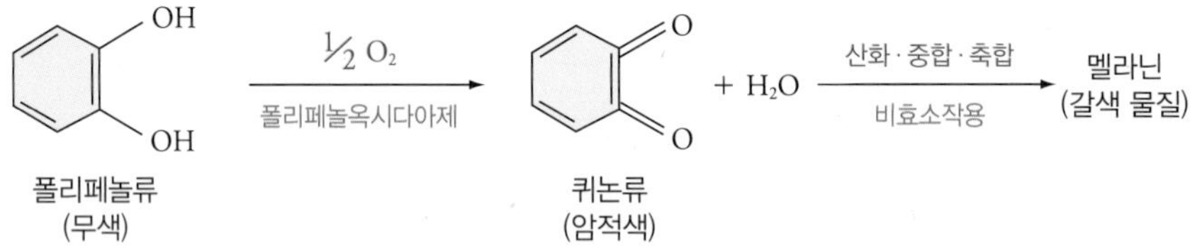

그림 8-19 폴리페놀옥시다아제에 의한 갈변반응

폴리페놀옥시다아제가 작용하는 폴리페놀류에는 갈산(gallic acid), 카페산(caffeic acid), 클로로겐산, 카테킨류, 피로카테킨(pyrocatechin), 카테콜(catechol), 케르세틴(quercetin), 피로갈롤(pyrogallol), 헤스페리딘(hesperidin), 루틴(rutin), 알부틴(arbutin), 퀴놀(quinol) 등이 있다.

폴리페놀옥시다아제의 활성은 구리나 철이온에 의해 촉진되고 염소이온에 의해 억제되므로 과일의 갈변을 막으려면 금속 용기의 사용을 피하고 묽은 소금물에 담그면 된다.

녹차가 홍차가 되는 효소적 갈변은 오히려 품질을 향상시키는 예(그림 8-20)로서 녹차에 존재하는 카테킨, 갈로카테킨 같은 탄닌이 홍차로 발효되는 과정에서 폴리페놀옥시다이제에 의해 산화·중합되어 테아플라빈이라는 적색 색소로 된다.

(2) 티로시나아제에 의한 갈변

티로시나아제는 모노페놀옥시다아제로서 폴리페놀옥시다아제와 성질 및 작용방식이 비슷하다. 즉, 페놀히드록시다아제(phenol hydroxidase)와 본래의 티로시나아제의 작용으로 갈색의 멜라닌이 형성된다(그림 8-21).

이러한 갈변은 티로신이 많이 함유된 감자의 갈변에서 볼 수 있으며, 깎은 감자의 갈변을 억제하려면 물에 담가 수용성인 티로시나아제를 용출시키면 된다.

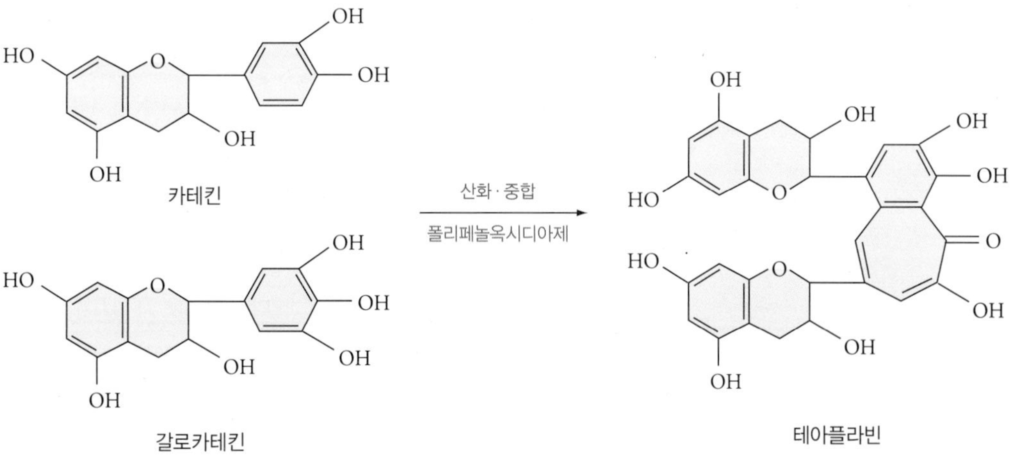

그림 8-20 홍차의 테아플라빈의 생성

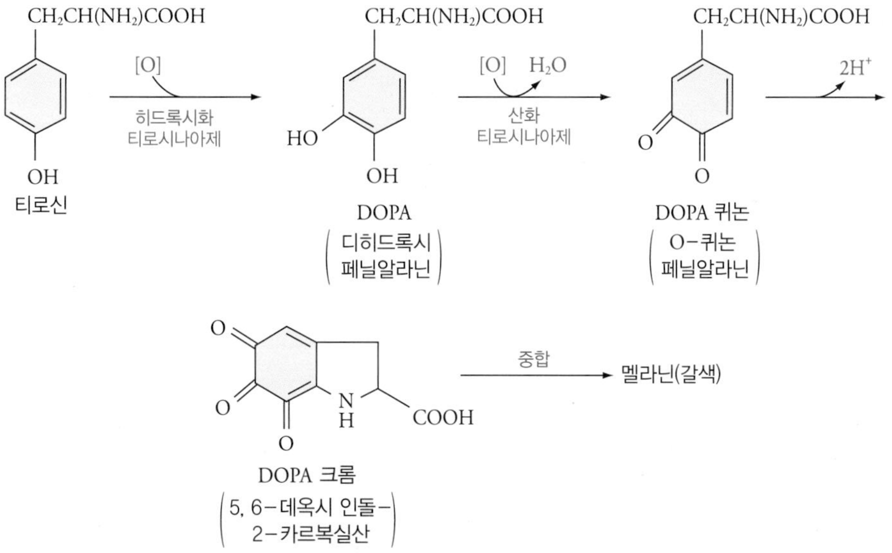

그림 8-21 티로시나아제에 의한 갈변반응

(3) 효소적 갈변의 억제

효소적 갈변은 기질, 효소, 산소 세 가지가 동시에 존재할 때 일어나므로 이 중 어느 하나라도 없으면 갈변은 일어나지 않는다(표 8-6).

표 8-6 효소적 갈변의 억제방법

작용	방법	원리	예
기질	환원물질	환원물질로 기질을 환원시킴	아황산수소나트륨($NaHSO_3$), 비타민 C 첨가
	기질 제거	수용성 기질의 제거로 산화가 일어나지 않게 함	감자 껍질 제거 후 물에 담가 티로신 제거
효소	pH 조절	최적 pH를 조절하여 불활성화	과일 껍질을 벗겨 구연산 용액에 담그기
	가열	60℃ 이상에서 불활성화	채소·과일 통조림 제조 시 데치기
	저해제	염소이온(Cl^-)에 의해 작용 억제	과일 껍질 벗겨 소금물에 담그기
산소	금속 차단	구리, 철 등의 금속이 산화 촉진	스테인리스 칼로 깎기
	공기 차단	산소와 효소의 결합 차단	물, 설탕물, 소금물 등에 담그기
	산소 대체	산화요인 제거	이산화탄소, 질소 등의 가스 충전

자료 : 조신호 외(2011). 식품화학

2) 비효소적 갈변

비효소적 갈변은 메일러드(Mailliard) 반응, 캐러멜화(caramelization), 아스코르브산(ascorbic acid)의 산화반응 등 세 가지로 분류되며, 식품에서는 이 반응들이 혼합되어 일어난다.

(1) 메일러드 반응에 의한 갈변

유리 알데히드(aldehyde)기나 케톤(ketone)기와 같은 카르보닐기를 가진 당류는 아미노산, 아민, 펩티드, 단백질과 같이 아미노기를 가진 질소화합물과 쉽게 반응하여 갈색 색소인 멜라노이딘(melanoidine)을 형성한다. 이러한 갈변반응은 1912년 메일러드(Mailliard, M.C.)가 처음 발표하여 메일러드 반응 혹은 아미노카르보닐(aminocar-bonyl) 반응이라고 부른다(그림 8-22).

이 반응의 결과로 품질의 저하, 리신(lysine)과 같은 영양소의 파괴 등 바람직하지 못한 경우도 있지만 커피, 홍차, 식빵, 된장, 간장, 위스키 등에서는 식품의 빛깔, 풍미, 방향 등을 얻을 수 있는 장점도 있다.

① **초기 단계** : 초기 단계에서는 환원당과 아미노 화합물이 축합반응에 의해 질소 배당체(D-glycosylamine)를 형성하고 형성된 질소 배당체가 아마도리(amadori) 전위를 일으켜 아마도리 전위 생성물을 형성한다. 아마도리 전위란 질소 배당체가 대응하는 케토오스(ketose)로 전환되는 것으로, D-글루코실아민(D-glucosylamine)인 경우에는 D-프락토실아민(D-fructosylamine)으로 전위되는 것을 말한다.

② **중간 단계** : 중간 단계에서는 아마도리 전위 생성물들의 산화, 탈수, 분해가 일어나 오손(osone), 데옥시오손(deoxyosone), 불포화된 3,4-디데옥시오손(unsaturated 3,4-dideoxyosone), 리덕톤(reductone) 및 환상의 히드록시메틸 푸르푸랄(HMF, hydroxymethyl furfural) 등의 화합물들이 생성된다.

한편, 중간 단계에서 생성된 리덕톤의 일부는 환상물질을 형성하나 일부는 탄소 사슬이 절단되어 메틸글리옥살(methylglyoxal), 아세트알데히드(acetaldehyde), 아세톨(acetol), 디아세틸(diacetyl), 아세토인(acetoin), 글리코알데히드(glycoaldehyde), 글리옥살(glyoxal), 디히드록시아세톤(dihydroxyacetone) 등의 저분자 휘발성 분해생성물을 형성하는데, 이 중 일부는 메일러드 반응 최종 단계의 여러 반응에 참여한다.

③ **최종 단계** : 최종 단계에서는 알데히드와 이산화탄소(CO_2)가 생성되는 스트렉커(Strecker) 반응, 알돌형 축합반응(aldol condensation), 그리고 중간 단계의 생성물 상호 간의 중합 · 축합반응과 여기에 다시 아미노 화합물들의 계속적인 축합으로 불포화도가 크고 갈색을 띤 멜라노이딘을 형성하는 반응 등이 일어난다.

- **스트렉커 반응** : 중간 단계에서 생성된 α-디카르보닐과 α-아미노산 간의 산화적 분해반응으로 α-아미노산은 탈탄산(decarboxylation), 탈아미노 반응(deamination)을 거쳐 탄소수가 하나 적은 알데히드와 이산화탄소가 생성된다. 이때 생성되는 알데히드는 향기 성분이 되며 아미노 리덕톤(amino reductone)은 계속 여러 반응에 참여하여 갈변에 관여한다.
- **알돌형 축합반응** : 중간 단계에서 리덕톤의 분해에 의해 생성된 카르보닐 화합물들 중 α-위치에 수소를 가진 화합물들은 알돌형 축합반응을 일으키며 점점 큰 분자량의 화합물을 생성한다.
- **멜라노이딘 형성반응** : 5-히드록시메틸-2-푸르푸랄, 리덕톤, 알돌형 축합반응 생성물

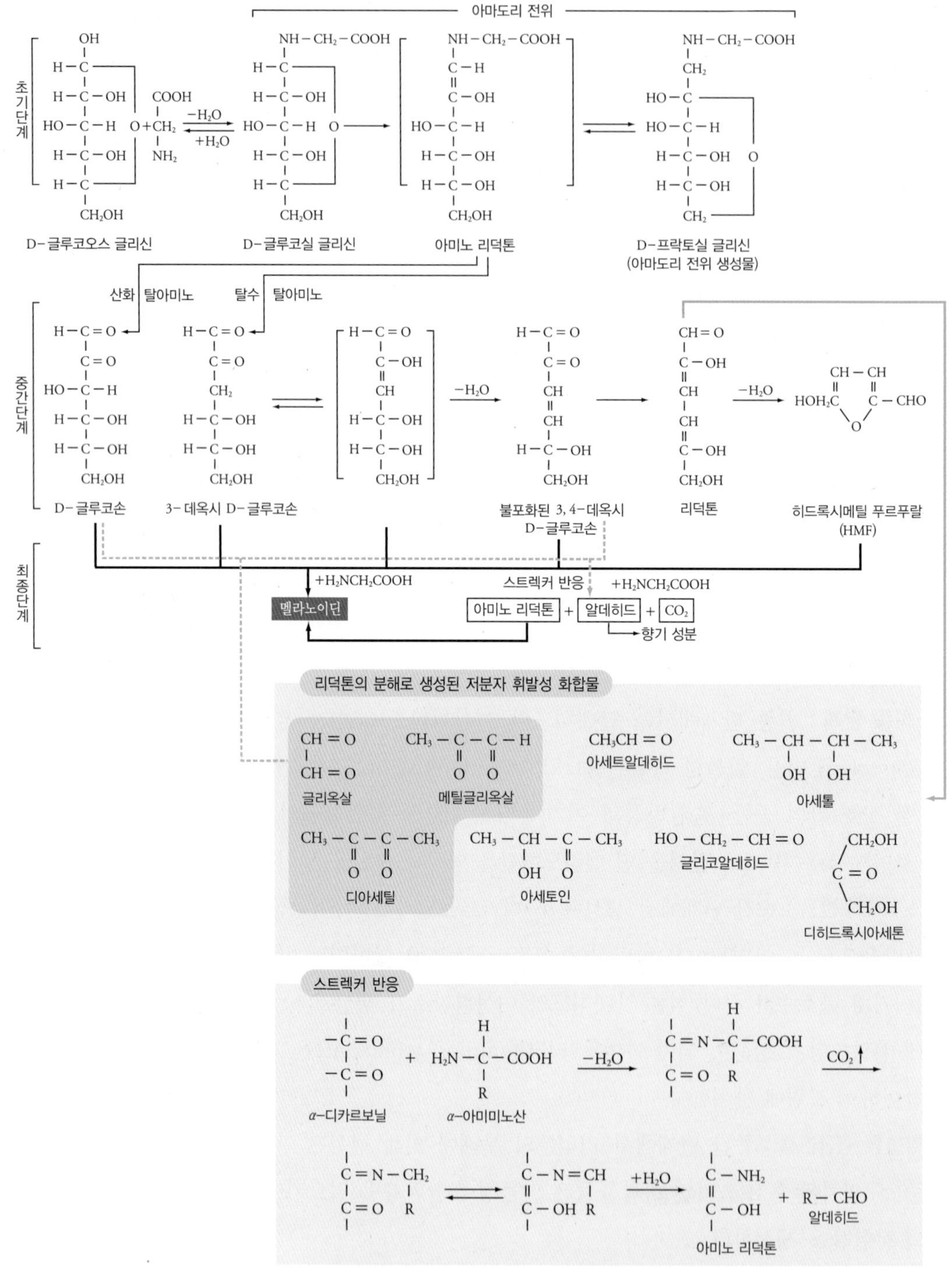

그림 8-22 포도당과 글리신의 메일러드 반응과정

표 8-7 메일러드 반응에 영향을 미치는 요인과 억제방법

요인	갈변의 영향	억제방법
온도	온도 10℃ 이상 시 갈변속도 3~5배 증가	저온 저장
pH	pH 3 이하에서는 갈변속도가 느리고, pH 6.5~8.5에서는 갈변속도가 빠름	산 첨가
당의 종류	설탕보다는 환원당이, 육탄당보다는 오탄당의 갈변속도가 빠름	설탕 사용
수분	10~15% 수분 존재 시 가장 갈변이 쉬움	수분을 10~15% 이하로 조절
금속	철과 구리는 리덕톤의 산화를 촉매	금속용기 사용 금지
자외선	갈변 촉진	차광장치 사용
산소	갈변 촉진	산소 제거 후 불활성 기체 충전
화학적 저해제	환원당의 카르보닐기에 결합하여 갈변 억제	아황산염, 황산염, 티올, 칼슘염 사용

들, 스트렉커 반응 생성물들은 서로 쉽게 축합·중합되고, 여기에 아미노 화합물들의 계속적인 축합으로 불포화도가 매우 큰 형광성 갈색 중합체인 멜라노이딘이 형성된다.

(2) 캐러멜화에 의한 갈변

캐러멜화는 당류만을 160℃ 이상의 고온으로 가열하였을 때 산화·탈수 및 분해반응에 의한 생성물들이 서로 중합·축합되어 갈색의 캐러멜 색소가 형성되고, 휘발성 가열 분해 산물이 생성되어 색과 향미에 영향을 준다. 이러한 갈변반응은 과자, 빵, 비스킷, 캔디 등 당이 많은 식품들을 가열하는 과정 중에 흔히 발생하며 실제로 장류, 청량음료, 양주, 약식, 합성 청주, 과자류 등에 착색제로도 이용된다.

캐러멜화의 최적 pH는 6.5~8.2이며 그림 8-23, 그림 8-24 에서와 같이 산성 조건과 알칼리성 조건에서의 반응과정이 다르다.

① 산성에서의 반응

첫 단계에서 당은 에놀(enol)화되어 1,2-엔디올(1,2-endiol)을 형성한 후 탈수반응 등 여러 경로를 거쳐 히드록시메틸 푸르푸랄 및 푸르푸랄 유도체가 된다. 이와 같이

$$
\begin{array}{ccc}
\text{CH}_2\text{OH} & \text{HC}=\text{O} \\
| & | \\
\text{C}=\text{O} & \text{C}-\text{OH} \\
| & | \\
\text{HO}-\text{C}-\text{H} & \text{HO}-\text{C}-\text{H} \\
| & | \\
\text{H}-\text{C}-\text{OH} & \text{H}-\text{C}-\text{OH} \\
| & | \\
\text{H}-\text{C}-\text{OH} & \text{H}-\text{C}-\text{OH} \\
| & | \\
\text{CH}_2\text{OH} & \text{CH}_2\text{OH}
\end{array}
$$

D-과당 또는 D-포도당 → 1,2-엔디올 → $-H_2O$ → 3-데옥시알도오스-2-엔 → 전위 →

3-데옥시오술로오스 → $-H_2O$ → 오술로오스-3-엔 → $-H_2O$ → 5-히드록시메틸 2-푸르푸랄 (HMF) →

레불산 → 4-히드록시 3-펜텐산 → β-엔젤리카 락톤 ↕ α-엔젤리카 락톤

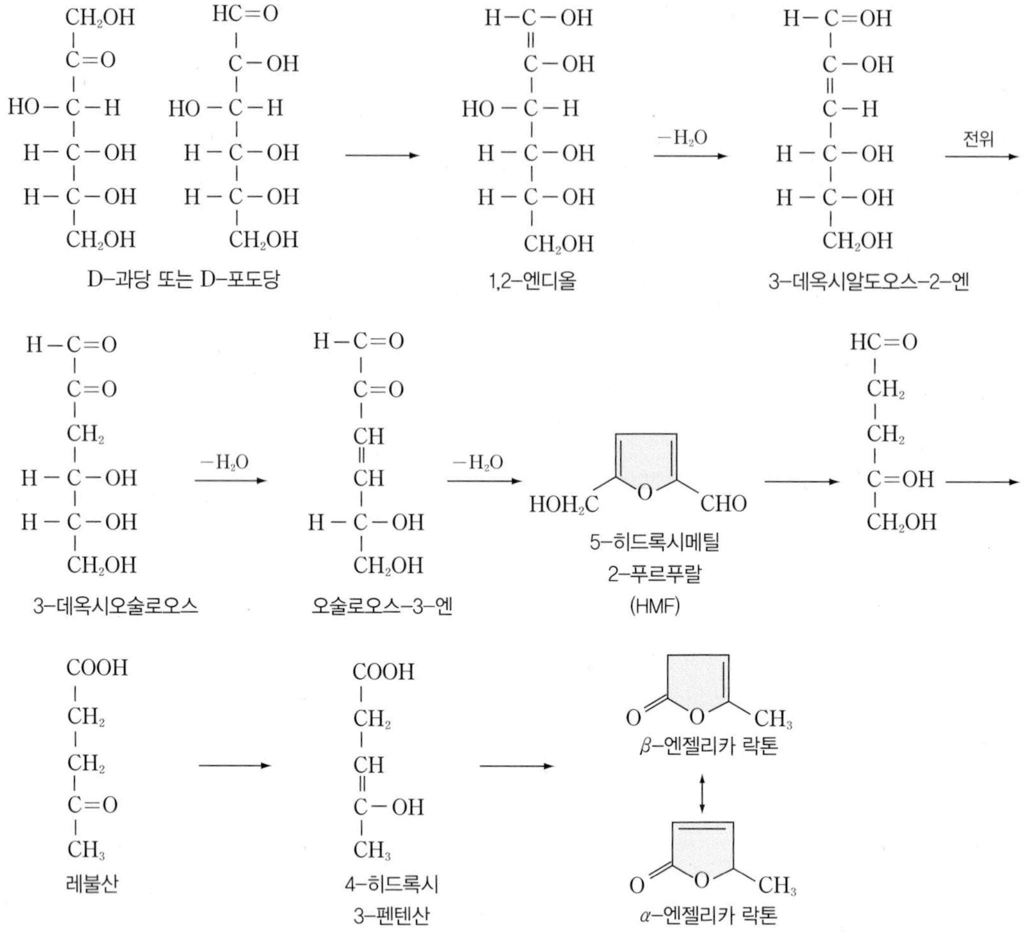

그림 8-23 산성에서의 캐러멜화

형성된 푸르푸랄 유도체들은 다시 리덕톤, 푸란(furan) 유도체, 레불산(levulinic acid), 락톤(lactones) 등을 형성하고 이들 분해 산물들이 산화·중합·축합하여 흑갈색의 휴민(humin) 물질인 캐러멜을 형성한다.

② 알칼리성에서의 반응

산성에서와 같이 당은 에놀화되어 1,2-엔디올을 형성한 후 탄소수가 적은 알데히드 및 케톤으로 분해된다. 이들은 서로 중합·축합되어 흑갈색의 휴민 물질인 캐러멜을 형성한다.

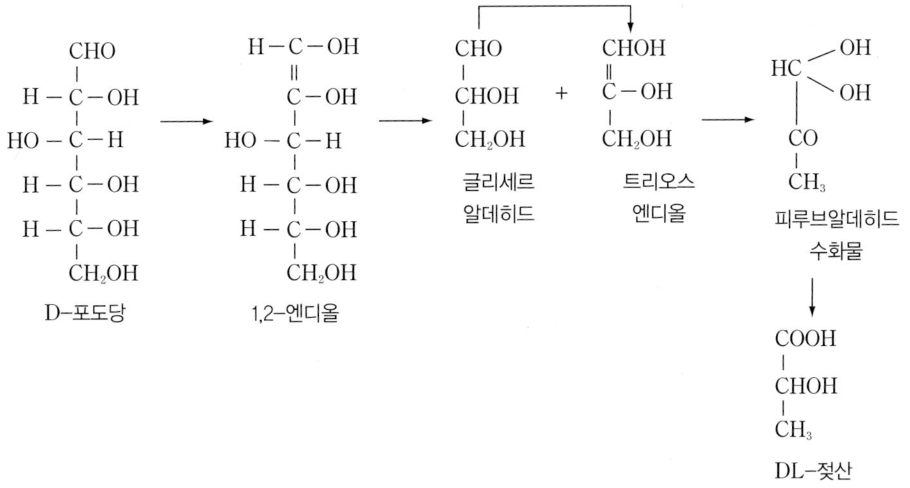

그림 8-24 알칼리성에서의 캐러멜화

(3) 아스코르브산 산화에 의한 갈변

아스코르브산은 환원력을 가지므로 항산화제 또는 과일, 채소의 갈변 방지제로 사용된다. 그러나 아스코르브산이 일단 비가역적으로 산화되면 산화 생성물들이 계속적으로 산화 · 중합되어 갈색 물질이 형성되거나 아미노 화합물 또는 유기산류와 반응하여 갈색 물질이 형성되므로 아스코르브산 함량이 많은 감귤류 가공품에서는 이러한 갈변이 문제가 될 수 있다.

아스코르브산 산화에 의한 갈변은 pH가 낮을수록 잘 일어나며 그림 8-25 와 같이 산소의 존재에 관계없이 쉽게 일어난다.

산소 존재 시의 반응과정은 아스코르브산은 가역적으로 자동산화되어 데히드로아스코르브산(DHA)가 되며 다시 2,3-디케토굴론산(2,3-diketogulonic acid)을 거쳐 L-자일로손(L-xylosone)이 된 다음 푸란 유도체인 5-메틸-3,4-디히드록시테트론(5-methyl-3,4-dihydroxytetron)의 형태로 자체 중합·축합반응을 일으키거나 메일러드 반응을 통해 갈색 물질을 형성한다. 한편, 산소가 없는 경우에는 데히드로아스코르브산을 거치지 않고 자동으로 분해되어 푸르푸랄을 생성하고 푸르푸랄은 중합되어 갈색 물질을 형성한다.

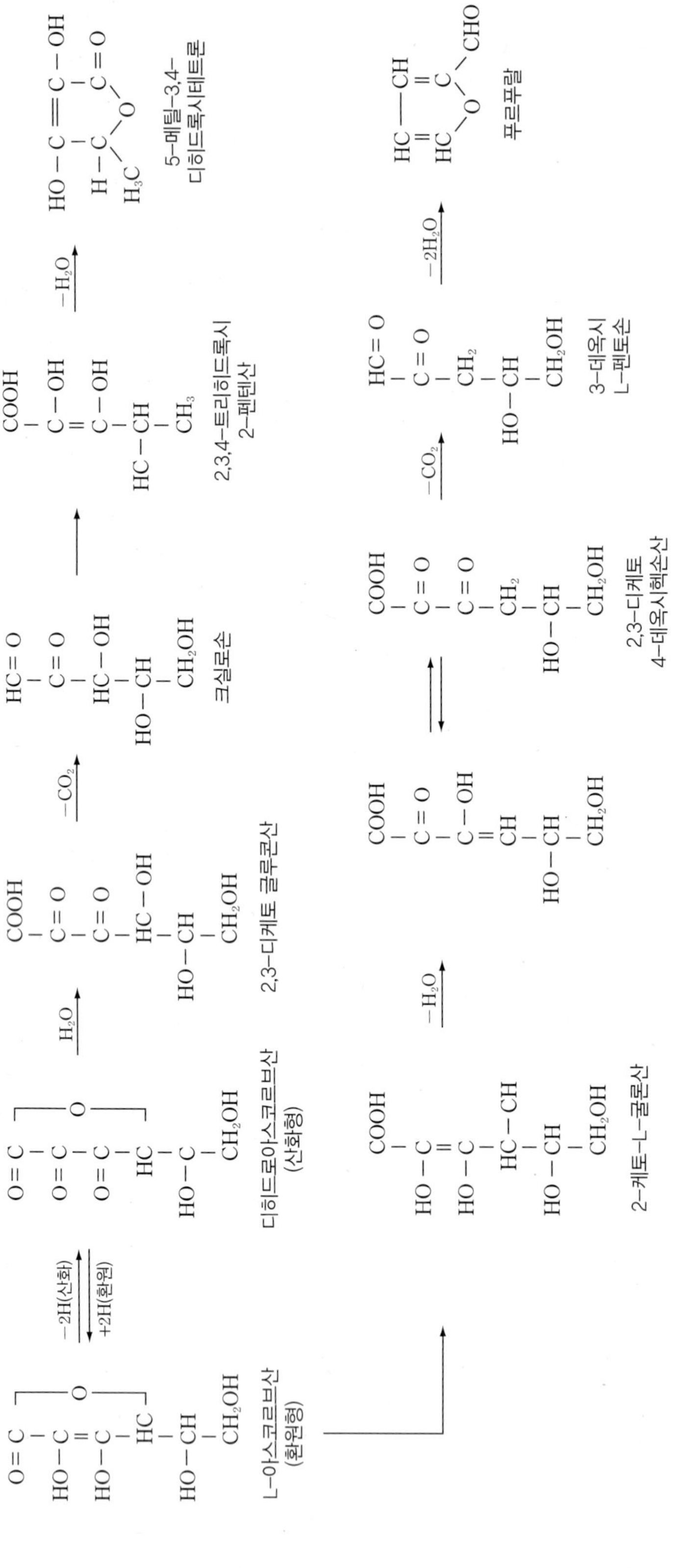

그림 8-25 아스코르브산의 산화반응

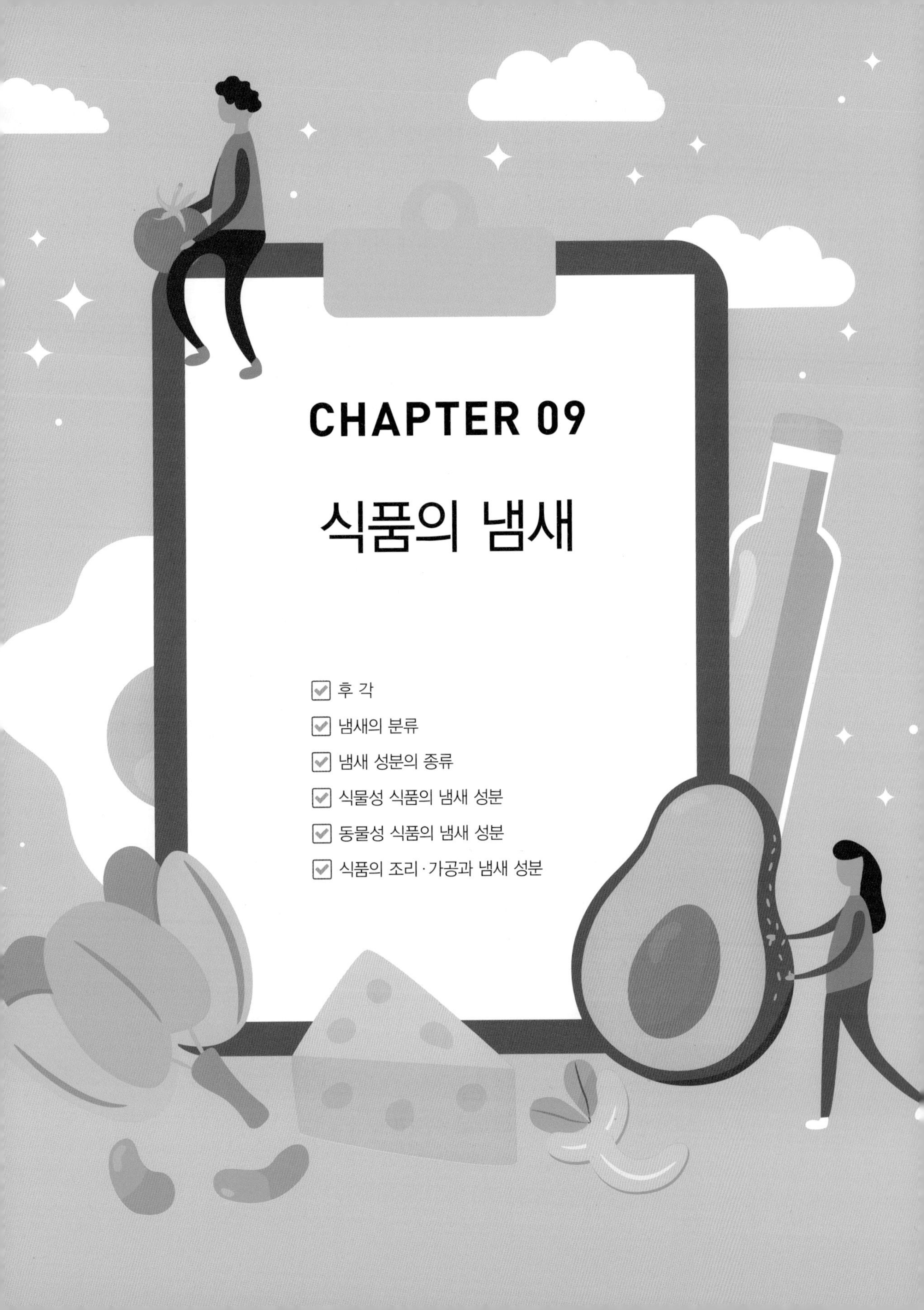

CHAPTER 09

식품의 냄새

- 후 각
- 냄새의 분류
- 냄새 성분의 종류
- 식물성 식품의 냄새 성분
- 동물성 식품의 냄새 성분
- 식품의 조리·가공과 냄새 성분

식품의 냄새(odor)는 식품에 미량 함유된 휘발성 성분에 기인하며, 영양성분이 아니고 식품의 기호와 품질을 결정해 주는 중요한 성분이다. 냄새는 보통 쾌감을 주는 향(香, perfume, aroma)과 불쾌감을 주는 취(臭, stink)로 나뉘는데, 모든 식품은 제각기 특유한 냄새를 가지며 맛과 조직감의 조화에 의해 그 식품에 고유의 풍미를 주고 있다.

한편 우리가 느낄 수 있는 냄새의 종류만도 10만 가지 이상이고 각각의 냄새들은 많은 성분들로 복합적으로 이루어져 있으며, 그 함량이 매우 적고 변화되기 쉬운 휘발성이기 때문에 정확하게 냄새를 규명하기 어렵다. 그러나 최근 GC(Gas Chromatography), HPLC(High Performance Liquid Chromatography), MS(Mass Spectrometer) 등의 기술의 발달로 식품 냄새에 대한 연구가 많이 이루어졌다.

1. 후 각

냄새는 휘발성 물질이 코 안에서 후각신경을 자극함으로써 일어나는 감각이다. 공기 중에 분자상으로 분산된 냄새 성분이 후점막의 지질층에 녹으면 후각세포가 흥분되

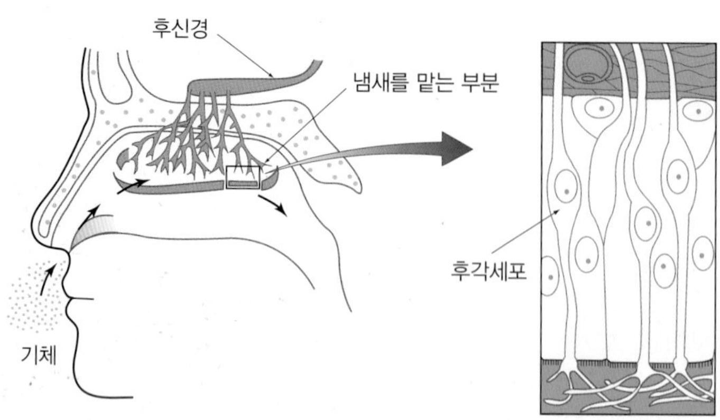

그림 9-1 냄새의 감지

고 이 자극은 후신경을 통하여 대뇌(大腦)를 거쳐 중추(中樞)에 전달되어 냄새를 느끼게 된다.

냄새를 느낄 수 있는 최저 농도를 냄새의 역치(閾値, threshold value)라 하며 미각의 역치에 비해 10,000배 이상 예민하다. 그러므로 냄새 성분이 식품 속에 ppm (parts per million), ppb(parts per billion) 단위 정도만 함유되어 있어도 사람은 이 냄새를 감지할 수 있다. 이렇게 저농도에서도 쉽게 냄새를 느낄 수 있어 보존 중인 음식물의 냄새 변화로부터 부패를 빨리 감지할 수 있다. 실제로 식용유지의 부패취는 역치 1ppm 수준에서 감지되고 단백질 식품의 부패 시 발생하는 황화수소(H_2S), 메르캅탄(mercaptan) 등도 낮은 역치와 특이취를 가지고 있어 쉽게 느낄 수 있다.

2. 냄새의 분류

1) 헤닝의 분류

헤닝(Henning)은 많은 종류의 냄새를 6종류의 기본적인 냄새로 분류하고 그 냄새 상호 간의 관계를 프리즘에 비교하여 설명하였다.

헤닝의 냄새 분류

- 매운 냄새(spicy) : 마늘, 생강 등의 향기
- 꽃향기(fragrant) : 백합, 매화, 장미 등의 향기
- 과일향기(ethereal) : 사과, 오렌지, 레몬, 바나나의 향기
- 수지향기(resinous) : 송정유(松精油), 테르펜유 등의 향기
- 썩은 냄새(putrid) : 썩은 고기, 부패한 달걀의 냄새
- 탄 냄새(burnt) : 커피, 타르, 캐러멜 등의 냄새

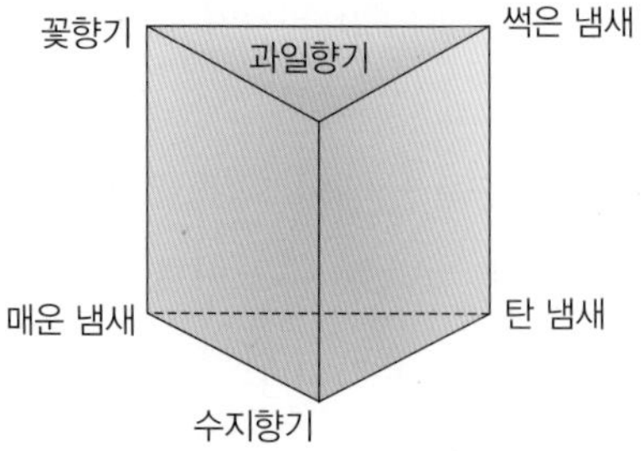

그림 9-2 헤닝의 냄새 프리즘

2) 아무어의 분류

아무어(Amoore)는 기본적인 냄새를 표 9-1과 같이 7종류로 분류하였다.

표 9-1 아무어의 냄새 분류

기본 냄새	냄새 성분
장뇌 냄새(camphorous)	보르네올, 제3부틸알코올 δ－캠퍼, 시네올, 펜타메틸 에틸 알코올
매운 냄새(pungent)	알릴 알코올, 시아노겐, 포름알데히드, 포름산, 메틸이소티오시아네이트
에테르 냄새(ethereal)	아세틸렌, 카본 테트라클로리드, 클로로포름, 에틸렌 디클로리드, 프로필알코올
꽃향기(floral)	벤질 아세테이트, 게라니올, α－이오논, 페닐에틸 알코올, 테르피네올
박하향(pepperminty)	제3부틸카르비놀, 시클로헥사논, 멘톤, 피페리톨, 1,1,3－트리메틸－시클로－5－헥사논
사향(musky)	안드로스탄－3α－올, 시클로헥사데카논, 에틸렌 세바케이트, 17－메틸안드로스탄－3－α－올, 펜타데카놀락톤
썩은 냄새(putrid)	아밀메르캅탄, 카다베린, 히드로겐 술피드, 인돌, 스카톨

3. 냄새 성분의 종류

• **에스테르류 및 락톤류** : 에스테르류는 과일향기의 주성분으로 분자량이 커지면 향기

도 강해지고 과일향에서 꽃향기로 되며, 벤젠(benzene) 핵을 가지면 꽃향기는 강해진다. 에스테르류는 과일, 양조식품, 낙농제품, 기호식품 향기의 주성분이다. 락톤은 분자 내에서 OH기와 COOH기가 탈수되어 생긴 분자 내 에스테르로 주로 과일의 감미로운 향기 성분이다.

- **알코올류** : 탄소수 5개 이하의 알코올은 채소, 과일, 청주 등의 향기 성분으로 중요하고 불포화결합을 가지는 알코올은 어린 잎의 풋내 성분이며 방향족 알코올은 꽃향기의 성분이다. 대개 이중결합이 있으면 향기가 강하나 3중결합이 있으면 향기가 나빠진다.
- **알데히드와 케톤류** : 미량으로 방향을 내는 성분이 많으며 식품의 가열 향기 중 각종 알데히드, 방향족 알데히드는 강한 향기를 가진다. 특히 케톤기를 2개 갖는 디아세틸(diacetyl)이나 아세토인(acetoin) 등은 버터나 발효된 유제품의 향기 성분이다.
- **지방산** : 초산(아세트산, acetic acid) 같은 저분자는 자극성의 산취(酸臭)를 내며, 저급 지방산인 프로피온산(propionic acid), 부티르산(butyric acid), 카프로산(caproic acid) 등은 우유, 버터, 치즈의 주요 냄새 성분이며, 분자량이 커지면 비휘발성이 되어 향기가 적어진다.
- **테르펜류** : 이소프렌(isoprene, $CH_2=C(CH_3)-CH=CH_2$)의 중합체인 테르펜(terpene)류 및 그 유도체를 주성분으로 하는 화합물로 이것은 식물체를 수증기 증류할 때 얻어지는 방향성의 유상물질(油狀物質)로 정유(精油, essential oil)라고 한다. 이들은 향기를 갖는 동시에 약간의 자극적인 맛을 갖고 있어 매운맛 성분을 포함한다.
- **함황화합물** : 주로 채소류와 향신료의 매운맛 성분인 휘발성 황화합물은 다량 존재 시 악취를 내나 미량으로 존재 시에는 음식물의 향기를 크게 상승시킨다. 실제로 밥에 미량 존재하는 황화수소(H_2S)는 구수한 냄새의 원인이 된다.
- **암모니아(NH_3)와 아민류의 질소화합물** : 담수어의 비린내나 동물성 식품의 부패 냄새에 관여한다.
- **푸란, 피라진류 및 복고리화합물** : 참깨, 참기름, 커피, 보리차 등의 식품을 가열시킬 때 메일러드 반응에 의해 생성되는 냄새이다.
- **페놀(phenol)류** : 벤젠핵에 히드록실기($-OH$), 메틸기($-CH_3$), 메톡실기($-OCH_3$)가

각각 첨가된 페놀, 크레졸(cresol), 구아이아콜(guaiacol) 등은 공통적으로 소독약 냄새를 가지며 목재 연소 시에 생성되므로 훈제품의 특수향이 된다.

4. 식물성 식품의 냄새 성분

표 9-2 식물성 식품의 에스테르 냄새 성분

성분	구조식	함유 식품
에틸 포르메이트(ethyl formate)	$HCOOCH_2CH_3$	복숭아
아밀 포르메이트(amyl formate)	$HCOOCH_2(CH_2)_3CH_3$	사과, 배
이소아밀 포르메이트(isoamyl formate)	$HCOOCH_2CH_2CH(CH_3)_2$	사과, 배
에틸 아세테이트(ethyl acetate)	$CH_3COOCH_2CH_3$	파인애플
이소아밀 아세테이트(isoamyl acetate)	$CH_3COOCH_2CH_2CH(CH_3)_2$	사과, 배
아밀 프로피오네이트(amyl propionate)	$CH_3CH_2COOCH_2(CH2)_3CH_3$	코코아
메틸 부티레이트(methyl butyrate)	$CH_3CH_2CH_2COOCH_3$	사과
에틸 부티레이트(ethyl butyrate)	$CH_3CH_2CH_2COOCH_2CH_3$	파인애플
아밀 부티레이트(amyl butyrate)	$CH_3CH_2CH_2COOCH_2(CH_2)_3CH_3$	살구
이소아밀 이소발러레이트 (isoamyl isovalerate)	$(CH_3)_2CHCH_2COOCH_2CH_2CH(CH_3)_2$	바나나
메틸 신나메이트(methyl cinnamate)	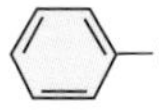 $-CH=CHCOOCH_3$	송이버섯
세다놀리드(sedanolide)	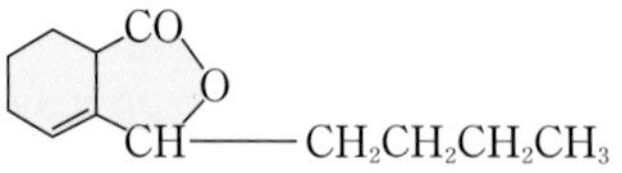	셀러리

표 9-3 식물성 식품의 락톤류 냄새 성분

성분	구조식	함유 식품
γ-카프로락톤 (γ-caprolactone)	$CH_3-CH_2-CH-CH_2-CH_2$ O ———— $C=O$	살구, 복숭아
γ, δ-옥타락톤 (γ, δ-octalactone)	$CH_3(CH_2)_3CH-CH_2-CH_2$ O ———— $C=O$	살구, 복숭아
γ, δ-데카락톤 (γ, δ-decalactone)	$CH_3(CH_2)_4CH_2-CH_2-CH_2$ O ———— $C=O$	살구, 복숭아
γ-부티로락톤 (γ-butyrolactone)	CH_2-CH_2-CH O ———— $C=O$	파인애플

표 9-4 식물성 식품의 알코올류 냄새 성분

성분	구조식	함유 식품
에탄올(ethanol)	CH_3CH_2OH	주류
프로판올(propanol)	$CH_3CH_2CH_2OH$	양파
펜탄올(pentanol)	$CH_3CH_2CH_2CH_2CH_2OH$	감자
헥센올(hexenol)	$CH_3CH_2CH=CHCH_2CH_2OH$	차잎
리날로올(linalool)	$(CH_3)_2C=CH(CH)_2CCH_3OHCH=CH$	차잎, 복숭아
1-옥텐-3-올(1-octen-3-ol)	$CH_3(CH_2)_4CHOHCH=CH_2$	송이버섯
2,6-노나디엔올(nonadienol)	$CH_3CHCH=CH(CH_2)_2CH=CHCH_2OH$	오이
푸르푸릴 알코올 (furfuryl alcohol)	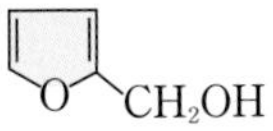	커피
유게놀(eugenol)	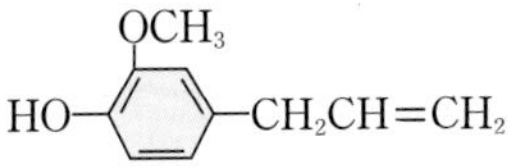	계피, 올스파이스, 정향

표 9-5 식물성 식품의 알데히드류 냄새 성분

성분	구조식	함유 식품
헥센알(hexenal)	$CH_3CH_2CH_2CH=CHCHO$	차잎
벤즈알데히드(benzaldehyde)	C_6H_5CHO	아몬드향
신남알데히드(cinnamaldehyde)	$C_6H_5CH=CHCHO$	계피
바닐린(vanillin)	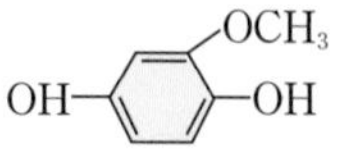	바닐라

표 9-6 식물성 식품의 함황화합물 냄새 성분

성분	구조식	함유 식품
메틸 메르캅탄(methyl mercaptan)	CH_3SH	무, 파, 마늘
프로필 메르캅탄(propyl mercaptan)	$CH_3CH_2CH_2SH$	양파
아세트알데히드 디메틸 메르캅탄 (acetaldehyde dimethyl mercaptan)	$CH_3CH(SCH_3)(SCH_3)$	단무지
S-메틸 시스테인 술폭시드 (S-methyl cysteine sulfoxide)	$CH_3S(=O)CH_2CH(NH_2)COOH$	순무, 양배추
메틸 β-메틸 메르캅토 프로피오네이트 (methyl β-methyl mercapto propionate)	$CH_3SCH_2CH_2COOCH_3$	파인애플
β-메틸 메르캅토프로필 알코올 (β-methyl mercaptopropyl alcohol)	$CH_3SCH_2CH_2CH_2OH$	간장
β-메틸 메르캅토프로필 알데히드 (β-methyl mercaptopropyl aldehyde)	$CH_3SCH_2CH_2CHO$	간장
푸르푸릴 메르캅탄(fufuryl mercaptan)	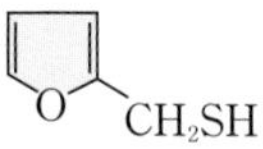	커피
알릴 이소티오시아네이트(allyl isothiocyanate)	$CH_2=CHCH_2NCS$	양파, 무, 겨자, 고추냉이
디알릴 술피드(diallyl sulfide)	$(CH_2=CHCH_2-S)_2$	파, 마늘, 양파
디알릴 트리술피드(diallyl trisulfide)	$(CH_2=CHCH_2S)_2S$	파, 마늘, 양파
디비닐 술피드(divinyl sulfide)	$CH_2=CH-S-CH=CH_2$	파, 마늘, 양파
술포라펜(sulforaphen)	$CH_3-S(=O)-CH=CHCH_2CH_2NCS$	무
S-알릴 시스테인 술폭시드 (S-allyl cystein sulfoxide)	$CH_2=CHCH_2S(=O)CH_2CH(NH_2)COOH$	마늘

표 9-7 식물성 식품의 테르펜류 냄새 성분

성분	구조식	함유 식품	성분	구조식	함유 식품
〈모노테르펜 : 이소프렌 2분자〉					
미르센 (myrcene)	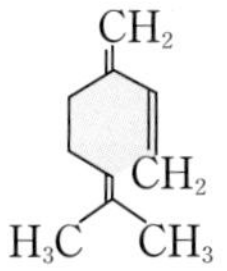	미나리	멘톨 (menthol)	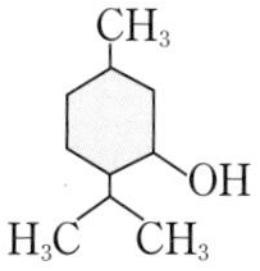	박하
리모넨 (limonene)	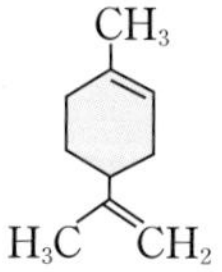	오렌지, 레몬	시네올 (cineol)	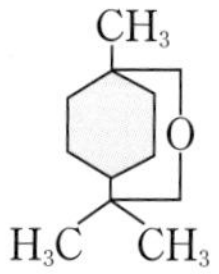	카다몬
α－펠란드렌 (phellandrene)	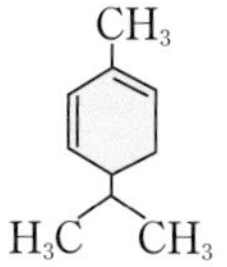	후추	시트랄 (citral)	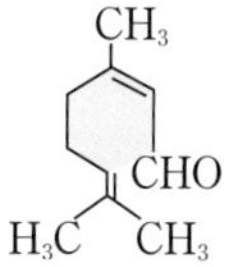	레몬, 오렌지
캄펜 (camphene)	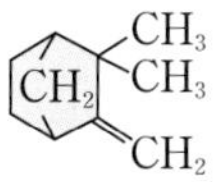	레몬	카르본 (carvone)	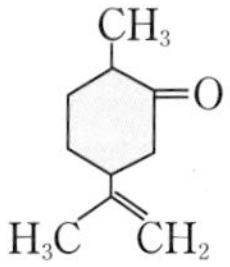	카라웨이유
리날로올 (linalool)	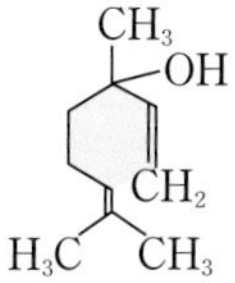	차잎, 복숭아	멘톤 (menthone)	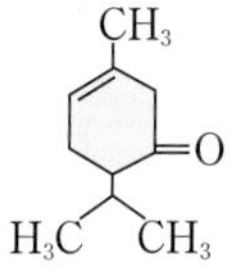	박하
게라니올 (geraniol)	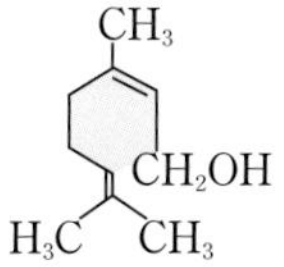	레몬, 녹차, 장미유			
〈세스키테르펜 : 이소프렌 3분자〉					
진기베렌 (zingiberene)	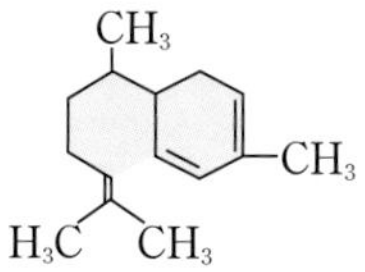	생강	후물렌 (humulene)	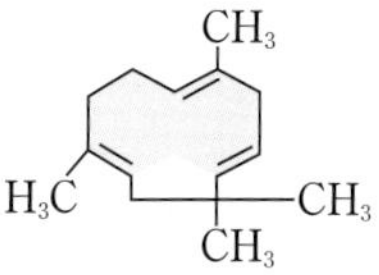	홉
β－셀린넨 (selinene)	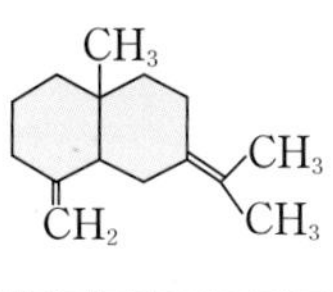	샐러리유	파르네솔 (farnesol)	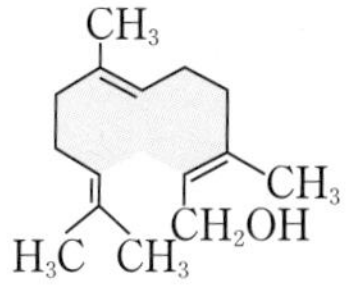	사향초유, 보리수 꽃잎

표 9-8 동물성 식품의 냄새 성분

성분	생성	비고
트리메틸아민	$O{=}N(CH_3)_3$ —환원→ $N(CH_3)_3$ 트리메틸아민옥시드 (TMAO) 무취 → 트리메틸아민 (TMA) 비린 냄새	• 해수어의 비린내 성분
피페리딘, δ-아미노발레르알데히드, δ-아미노발레르산	리신 —($-CO_2$)→ 카다베린 —($-NH_3$)→ 피페리딘(비린 냄새) 카다베린 ↓ δ-아미노발레르알데히드(비린 냄새) ↓ δ-아미노발레르산(고기살과 피가 썩는 냄새) ↑ 아르기닌	• 담수어의 비린내 성분 및 부패취 성분
암모니아	$CO(NH_2)_2$ —($+H_2O$)→ $2NH_3 + CO_2$ 요소 → 암모니아	• 육류나 어류의 선도 저하 시 생성
메틸메르캅탄, 황화수소, 인돌, 스카톨	• 시스틴 → 시스테인 → 메틸메르캅탄 + 이산화탄소 + 암모니아 → 황화수소 + 암모니아 + 아세트산 + 포름산 • 트립토판 → 인돌에틸아민 → 인돌, 스카톨	• 육류 및 어류의 부패취 성분
헤테로 고리화합물	피롤, 피리딘, 피라진의 유도체	• 육류 가열 시 냄새 성분
카르보닐 화합물, 저급 휘발성 지방산	우유지방 —가수분해→ 프로피온산, 부티르산, 카프로산	• 신선한 우유의 냄새 성분 : 카르보닐화합물(아세톤, 아세트알데히드 등), 저급 지방산, 메틸설피드 • 발효유의 냄새 성분 : 젖산 발효로 생성된 카르보닐화합물
아세토인, 디아세틸	아세토인 ⇄ 디아세틸	• 버터의 냄새 성분

자료 : 이경애 외(2008), 식품학

5. 동물성 식품의 냄새 성분

동물성 식품 중에서 수육과 어육에는 아민(amine)류가, 우유 및 유제품에는 지방산 및 카르보닐(carbonyl) 화합물이 냄새 성분의 주체를 이루며 식물성 식품에서와 같이 일부의 알코올과 알데히드류가 관여하고 있다(표9-8).

6. 식품의 조리·가공과 냄새 성분

1) 효소에 의한 냄새 성분의 생성

백합과(마늘과, Allium sp.)에 속하는 양파, 마늘, 파, 부추 등과 겨자과(Cruciferae family)에 속하는 겨자, 배추, 양배추, 무, 갓, 순무, 브로콜리, 콜리플라워 등과 같은 채소들은 과일과 달리 강하고 독특한 냄새 성분을 가지며 이들은 조리과정 중 효소의 반응에 의해 생성된 황화합물이다.

(1) 백합과 채소

마늘에는 냄새를 내는 전구물질로 S-알릴-L-시스테인 술폭시드(S-allyl-L-cysteine sulfoxide)인 알리인(alliin)이 존재한다. 마늘을 썰거나 다지거나 씹어 마늘 조직이 파괴되면 이 전구체에 시스테인 술폭시드 분해효소(cysteine sulfoxide lyase)인 알리이나아제(alliinase)가 접촉하여 그림9-3과 같은 경로를 거쳐 디알릴 티오술피네이트(diallyl thiosulfinate)인 알리신(allicin)을 생성한다. 알리신은 마늘의 주요 매운 냄새와 매운맛 성분으로 불쾌한 냄새를 가지고 있지 않다. 그러나 알리신은 불안정하여 디알릴 술피드(diallyl sulfide, $CH_2=CH-CH_2-S-CH_2-CH=CH_2$), 디알릴 디술피드(diallyl disulfide, $CH_2=CH-CH_2-S-S-CH_2-CH=CH_2$), 디알릴 트리술피드(diallyl trisulfide, $CH_2=CH-CH_2-S-S-S-CH_2-CH=CH_2$) 등으로 변화되어 좋지 않은 냄새를 낸다.

양파, 파, 부추 등은 전구물질로 S－메틸－L－시스테인 술폭시드(S－methyl－L－cysteine sulfoxide)와 S－(1－프로페닐)－L－시스테인 술폭시드(S－(1－propenyl)－L－cysteine sulfoxide)를 많이 함유하고 있으며 이들도 조직이 파괴되면 시스테인 술폭시드 분해효소인 알리이나아제에 의해 그림 9-4와 같은 과정을 통해 특유의 매운 냄새를 낸다. 이 중 중간 생성물질인 S－(1－프로페닐)－술펜산(S－(1－propenyl)－sulfenic acid)은 불안정하여 티오프로판알 술폭시드(thiopropanal sulfoxide)로 변화되어 양파의 특유한 냄새 성분과 최루 성분으로 작용하며 메르캅탄, 디술피드, 트

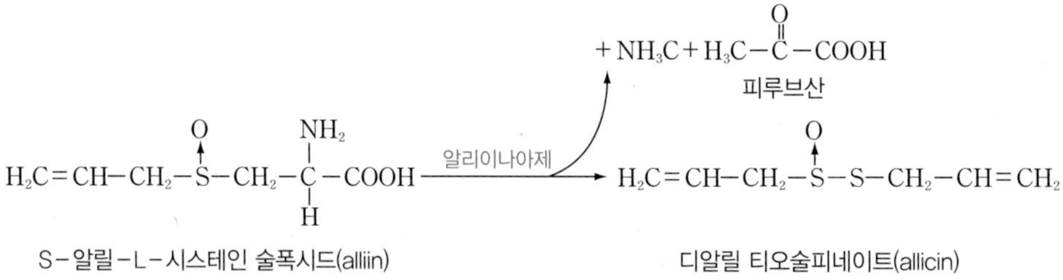

그림 9-3 마늘의 냄새 성분 생성과정

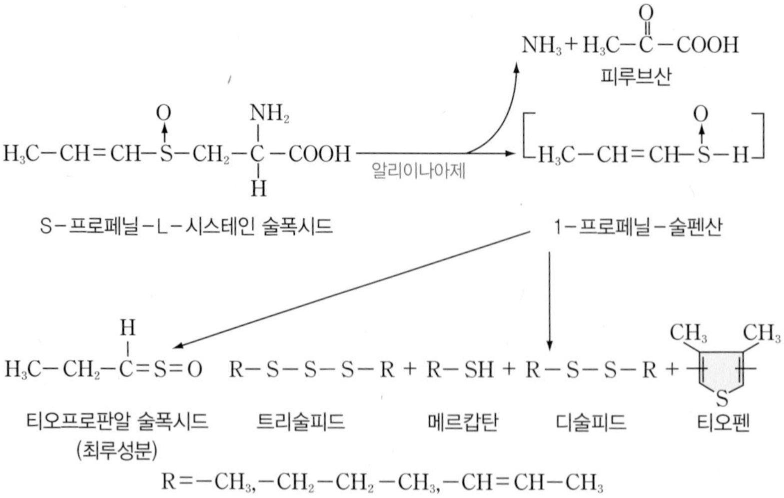

그림 9-4 양파의 냄새 성분 생성과정

리술피드, 티오펜(thiophene) 등으로도 재배열 혹은 분해되어 가열한 양파의 냄새 성분으로 작용한다.

(2) 겨자과 채소

양배추, 무, 순무, 겨자, 고추냉이(와사비) 등의 독특한 냄새 성분도 전구물질이 조리과정 중에 또는 조직이 파괴될 때 효소의 작용에 의해 생성된다. 이들의 생성과정은 그림 9-5와 같이 전구물질인 알릴 글루코시놀레이트(allyl glucosinolate)인 시니그린(sinigrin)이 티오글루코시다아제(thioglucosidase)인 미로시나아제(myrosinase)에 의해 맵고 코를 찌르는 휘발성의 알릴 이소티오시아네이트(allyl isothiocyanate)인 겨자기름(mustard oil)으로 분해된다.

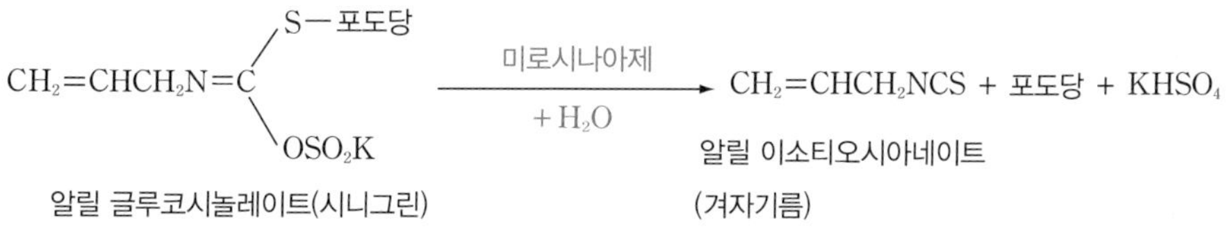

그림 9-5 겨자과 채소의 냄새 성분 생성과정

2) 가열에 의한 냄새 성분의 생성

식품을 가열하면 여러 가지 냄새가 발생한다. 이것은 식품 속에 처음부터 함유되어 있던 휘발성 냄새 성분과 비휘발성 식품 성분이 분해되거나 서로 반응하여 생성된 휘발성 냄새 성분에 의한 것이다.

땅콩, 참깨, 커피, 차, 식빵, 스테이크류, 전골류, 장어구이 등의 가열 조리된 식품에서는 주로 아미노산과 당이 반응하여 여러 가지 휘발성 물질이 생성되고, 그 밖에 유지나 함황화합물 등의 열분해 의한 생성물에 의해 각 식품 특유의 냄새가 발생된다(표 9-9).

표 9-9 가열에 의해 생성된 냄새 성분

분류	냄새 성분
캐러멜화 반응의 향기	• 당을 함유한 식품을 160℃ 이상의 고온에서 가열할 때 향기 생성 – 빵, 비스킷 : 푸르푸랄, 5-히드록시메틸 푸르푸랄, 이소아밀 알코올
메일러드 반응의 향기	• 아미노산과 당 함유식품을 볶거나 가열할 때 휘발성 향기 생성 – 메일러드 반응의 스트렉커 반응에 의한 향기 : 알데히드, CO_2, 피라진류 – 볶은 땅콩, 참깨 : 피라진류 – 볶은 커피 : 피라진류, 퓨란, 피롤, 티오펜, 푸르푸릴 알코올 – 볶은 코코아, 초콜릿 : 이소발레르알데히드, 이소부틸알데히드, 피로피온알데히드 – 덖은 녹차 : 피라진류, 피롤
밥과 숭늉의 향기	• 갓 지은 밥, 눌은 밥에서는 좋은 향기, 쉰밥에서는 이취 발생 • 숭늉에서도 밥이 눌을 때 열분해된 산물이나 그 중합체에 의해 향기 생성 – 따뜻한 밥 : 극미량의 황화수소, 암모니아, 아세트알데히드, 아세톤 및 C_3, C_4, C_6의 저급 알데히드 – 숭늉 : 피라진류, 이소발레르알데히드 – 쉰밥 : 부티르산 – 묵은 쌀 : n-카프로알데히드
훈연향	• 목재의 불완전 연소로 발생하는 연기에 의한 특수한 냄새 생성 – 어·육류 훈제품 : 카르보닐 화합물, 유기산류, 페놀류 – 가츠오부시 : 배건에 의해 생성된 페놀류
가열된 어·육류의 향기	• 아미노산, 큐클레오티드, 당류나 티아민의 가열로 메일러드 반응을 거쳐 생성된 고리화합물이 특징적인 냄새 부여 – 구운 고기 : 시스테인과 카보닐 화합물의 스트렉커 분해로 생성된 NH_3, H_2S, 아세트알데히드(CH_3CHO)에 의해 생성된 다양한 고리화합물 중 티아졸, 옥사졸, 피라진 – IMP의 열분해로 생성된 메틸 푸라노론, 메틸티오페논도 강한 고기냄새 보유 • 지방 중에 함유된 소량의 다가 불포화지방산이 장기간의 조리나 자동산화에 의해 분해된 산물도 가열육에 특징적인 냄새 부여 – 조리된 닭고기 : 지방산의 분해로 생성된 3-cis-노네날, 4-cis-데세날 – 굽거나 삶은 오징어, 문어 : 타우린과 질소화합물의 반응물

자료 : 조신호 외(2011), 식품화학

3) 발효에 의한 냄새 성분의 생성

발효식품의 냄새 성분은 원료식품의 성분이 효소에 의하여 분해되어 생성되거나 이들의 혼합물에 의한 것이다.

청주, 맥주, 포도주, 된장, 간장, 김치 등의 냄새는 탄수화물, 단백질, 아미노산 등의 성분으로부터 미생물 대사에 의하여 생성된 여러 가지 유기산, 알코올, 에스테르, 알데히드, 케톤 등의 혼합취이다. 이 중 γ-메틸메르캅토프로필 알코올(γ-methylmercaptopropyl alcohol)인 메티오놀(methionol)은 간장 속에 존재하는 메티오닌(methionine)으로부터 탈아미노, 탈탄산되어 생긴 것으로 간장의 특이한 냄새 성분이다.

4) 부패에 의한 냄새 성분의 생성

식품이 미생물에 의하여 부패되면 여러 가지 악취를 낸다. 쉰밥의 산취는 탄수화물의 분해에 의하여 생긴 유기산에 의한 것이고, 신선도가 떨어진 단백질 식품의 부패취는 단백질이나 아미노산의 분해로 생긴 메틸메르캅탄(methyl-mercaptan), 황화수소, 인돌(indole), 스카톨(skatole), δ-아미노발레르알데히드(δ-aminovaleraldehyde), 암모니아 등의 혼합취이다. 또한 오래된 유지류는 미생물의 작용에 의하지 않아도 산패되어 알데히드와 케톤 같은 불쾌취를 발생한다.

탄수화물, 단백질, 유지류의 부패과정

- 탄수화물 → 피부르산, 글루콘산 → 부틸알코올, 메탈알코올,
  → 초산, 젖산, 숙신산, 부티르산, 프로피온산
- 단백질 → 펩티드 → 아미노산 →(탈탄산) 아민, 이산화탄소
  →(탈아미노) 지방산, 암모니아, 이산화탄소,
  페놀, 크레졸, 인돌, 스카톨, 황화수소,
  메르캅탄, 메틸메르캅탄, 푸마르산,
  α-케토부티르산, δ-아미노발레르알데히드
- 유지류 → 글리세롤, 지방산 → 유기산, 알데히드, 케톤

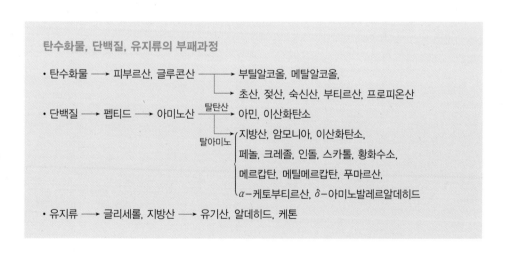

CHAPTER 10

식품의 맛

- 미 각
- 맛의 분류
- 맛의 역치
- 미각의 변화
- 미각의 생리현상
- 맛 성분의 종류

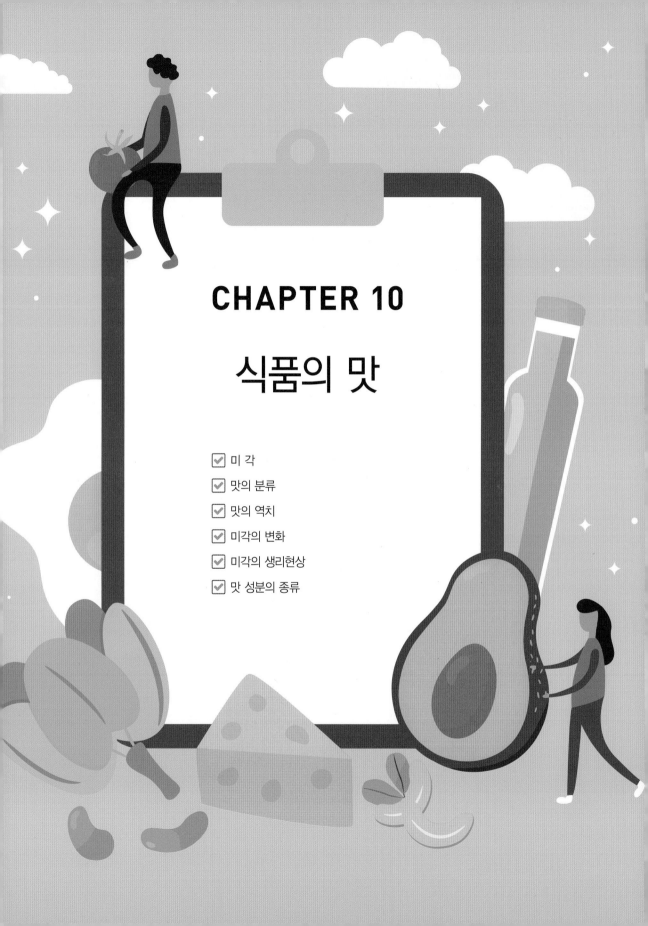

식품은 각각의 특유한 맛(taste)을 가지고 있으며, 식품의 맛은 색깔(color), 냄새(odor), 조직감(texture) 등과 함께 식품의 관능적 특성을 구성하는 요소이다. 식품의 맛 자체가 영양과 직접적으로 관계되는 것은 아니지만 좋은 맛은 식욕을 증진시키고 소화 흡수에도 긍정적인 영향을 주므로 식품의 품질을 결정하는 데 중요하다.

식품의 맛은 주로 미각에 의해 결정되나 기타 감각들(촉각, 통각, 온각, 시각, 청각 등), 성별, 나이, 식습관, 기후 등에 의해서도 변화된다.

1. 미 각

미각기관은 혀 전체 표면에 퍼져 있는 돌기상의 여러 개의 유두(papillae)와 유두의 도랑벽을 따라 상피 속에 있는 미뢰(맛봉오리, taste bud)이다(그림 10-1).

가용성 맛 성분이 미공을 통해 미뢰에 들어가 미각세포를 자극하면 세포막의 이온 투과성이 변하여 전위차가 발생하고 이 전기적 충격이 미각 신경을 통해 대뇌까지 전달되어 맛을 감지할 수 있다.

가용성 맛 성분 → 혀 → 유두 → 미뢰 → 미각세포 → 미각신경 → 대뇌

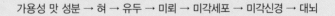

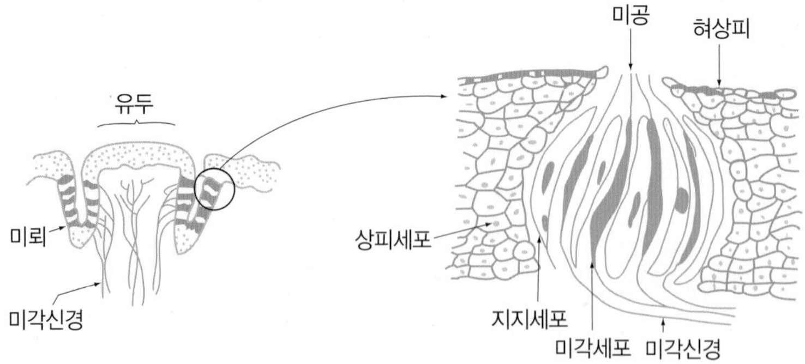

그림 10-1 혀 유두의 단면과 미뢰의 구조

2. 맛의 분류

1916년 헤닝(Henning)은 단맛(감미, sweet)·신맛(산미, sour)·쓴맛(고미, bitter)·짠맛(염미, saline)을 4원미(four basic taste)라 하고, 모든 맛은 4원미의 배합에 의해서 결정된다고 하였다.

최근에는 이 외에 매운맛(hot taste), 맛난맛(감칠맛, palatable taste), 떫은맛(astringent taste), 교질맛(colloidal taste), 금속맛(metallic taste), 알칼리맛(alkali taste), 아린맛(acrid taste) 등의 보조적인 맛도 중요시되고 있다.

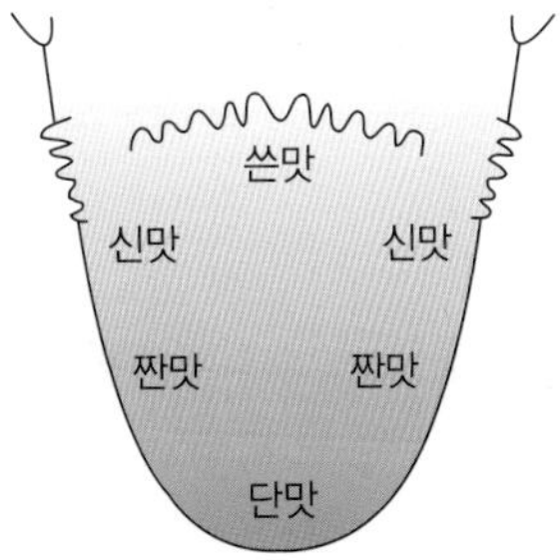

그림 10-2 맛을 예민하게 느끼는 혀의 부위

3. 맛의 역치

맛을 인식할 수 있는 최저 농도(minimum detectable concentration)를 그 성분의 역치(threshold value)라고 한다. 맛 성분의 역치 평균치는 표 10-1과 같이 일반적으로 쓴맛 성분이 가장 낮고 단맛 성분이 가장 높다. 그러나 미각은 주관적인 수치라서 맛을 가진 물질의 온도, 사람의 연령 및 성별, 그 물질이 존재하는 기질 등에 따라 다르다.

또한 여러 맛 성분에 대한 감수성도 혀 부위에 따라 다르다(그림 10-2, 표 10-2). 일반적으로 혀의 앞부분에서는 단맛을, 뒷부분에서는 쓴맛을, 앞 양쪽 가장자리에서는 짠맛을, 양쪽 가장자리에서는 신맛을 강하게 느끼며 중앙 부분에서는 맛을 별로 느낄 수 없다. 특히 혀의 뒷부분은 앞부분에 비해 쓴맛의 감수성이 약 5배가 되므로 쓴맛은 삼킬 때 혀의 뒷부분에서 강하게 느껴진다.

표 10-1 맛 성분의 역치 평균치 비교

맛의 종류	화합물	농도(g/100mL)
단맛	사카린(saccharin) 수크로오스(sucrose) 글루코오스(glucose) 프룩토오스(fructose)	0.01~0.005 0.30 0.48 0.15
짠맛	염화나트륨(NaCl)	0.75
쓴맛	퀴닌(quinine) 카페인(caffeine) 모르핀(morphine)	0.00005~0.0005 0.03 0.15~0.02
신맛	아세트산(acetic acid) 락트산(lactic acid) 시트르산(citric acid)	0.004~0.009 0.004 0.0025

표 10-2 혀 각 부위에서의 맛 성분 역치(%)

맛의 종류	정미물질	혀의 부위		
		혀끝	혀둘레	혀뿌리
짠맛	염화나트륨	0.25	0.24~0.25	0.28
신맛	염산	0.01	0.006~0.007	0.016
단맛	슈크로오스	0.49	0.72~0.76	0.79
쓴맛	퀴닌 술페이트	0.00029	0.00020	0.00005

자료 : 김광수 외(2000), 식품화학

4. 미각의 변화

1) 온 도

맛에 대한 온도의 영향은 일정하지 않으나, 일반적으로 혀의 미각은 10~40℃일 때 가장 잘 느낄 수 있고 특히 30℃ 전후에서 가장 예민하다. 온도의 증가에 따라 단맛

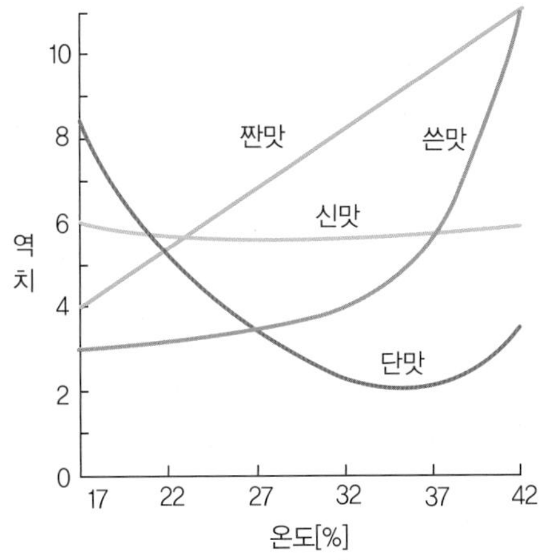

그림 10-3 역치의 온도 변화에 대한 반응

에 대한 반응은 증가되고 짠맛과 쓴맛에 대한 반응은 감소하며 신맛은 온도 변화에 영향을 받지 않는다(그림 10-3).

2) 용매와 기질

맛은 내는 물질이 녹아 있는 용매나 기질에 따라 역치에 차이를 나타내는데, 보통 수용액, 거품 및 커스타드상, 겔상, 유지의 순서로 역치가 높아진다.

3) 나이와 성별

나이에 따른 미각에 대한 예민도는 50대 후반 또는 60대 이후부터 뚜렷이 감퇴한다. 단맛과 짠맛에 대한 예민도는 여자가 남자보다 높고, 신맛에 대한 예민도는 여자가 더 낮으며, 쓴맛은 차이가 없다.

4) 기타

흡연, 음주상황, 식습관, 신체적·정신적 건강상태 등도 영향을 준다.

5. 미각의 생리현상

식품을 맛볼 때 맛 성분 사이에는 다양한 변화들이 일어난다(표 10-3).

6. 맛 성분의 종류

1) 단맛 성분

단맛을 가지는 화합물은 자연계에 많이 존재하는 천연 감미료와 인공 감미료로 나눌 수 있다. 천연 감미료는 당류, 당알코올, 아미노산 및 펩티드, 일부 방향족 화합물과 황화합물 등이며 인공 감미료는 아스파르탐(aspartame), 사카린(saccharin) 등이다.

단맛과 화학구조의 관계는 앞으로 더욱 연구되어야 하나 에르스텔리(Oerstheyl)와 메이어(Meyer, 1919)는 히드록실기(−OH), 아미노기(α−type의 $-NH_2$), 알데히드기(−CHO), 니트로기($-NO_2$), 술폰산기(sulfon acid group, $-SO_2H$), 술폰아미드기(sulfonamide group, $-NO_2NH_2$), 니트릴기(nitrile group, −CN), 옥심기(oxime group, −CH=NOH) 등의 감미기(dulcigen)와 −H, $-CH_3$, $-C_2H_5$, $-C_3H_7$, $-CH_2OH$, $-CH_2CH_2OH$ 등의 조미단이 있어야 단맛을 나타낸다고 하였다.

단맛 성분의 상대 감미도(relative sweetness)를 비교하기 위해 10%의 설탕 용액의

표 10-3 미각의 생리현상

종류	특징 및 예
맛의 대비	• 서로 다른 맛성분을 혼합할 때 주된 성분의 맛이 강해지는 현상 – 단맛에 소량의 소금을 넣으면 단맛 증가(단팥죽, 호박죽) – 짠맛에 소량의 유기산을 넣으면 짠맛 증가(유기산 소금) – 감칠맛에 소량의 소금을 넣으면 감칠맛 증가(멸칫국물)
맛의 억제	• 서로 다른 맛성분을 혼합할 때 주된 성분의 맛이 약해지는 현상 – 쓴맛에 소량의 설탕을 넣으면 쓴맛 감소(커피) – 신맛에 소량의 꿀을 넣으면 신맛 감소(오미자주스)
맛의 상승	• 서로 같은 맛성분을 혼합할 때 각각의 맛보다 강해지는 현상 – MSG에 핵산(5′–IMP, 5′–GMP)을 넣으면 감칠맛 증가(복합조미료) – 설탕에 사카린을 넣으면 단맛 증가(분말주스)
맛의 상쇄	• 서로 다른 맛성분을 혼합할 때 각각 고유의 맛이 약해지거나 없어지는 현상 – 단맛과 신맛이 혼합되면 상쇄되어 조화로운 맛(청량음료) – 짠맛과 신맛이 혼합되면 상쇄되어 조화로운 맛(김치) – 짠맛과 감칠맛이 혼합되면 상쇄되어 조화로운 맛(간장, 된장)
맛의 변조	• 한 맛을 느낀 직후 다른 맛을 정상적으로 느끼지 못하는 현상 – 오징어를 먹은 후 물을 마시면 물 맛을 쓰게 느끼는 현상 – 쓴 약을 먹은 후 물을 마시면 물 맛을 달게 느끼는 현상 – 설탕을 맛본 후 물을 마시면 물 맛을 시거나 쓰게 느끼는 현상 – 신 귤을 먹은 후 사과를 먹으면 사과를 달게 느끼는 현상
맛의 상실	• 열대의 김네마 실베스터(gymnema sylvestre)라는 식물의 잎을 씹은 후 1~2시간 동안 단맛과 쓴맛을 느끼지 못하는 현상 • 김넴산(gymnemic acid)이 단맛, 쓴맛을 인지하는 신경부위를 길항적으로 억제하기 때문이며, 짠맛이나 신맛은 정상적으로 인지함 – 단맛 없이 모레알 같은 감촉만 느껴지는 현상(설탕) – 단맛 없이 신맛만 느껴지는 현상(오렌지주스) – 쓴맛이 느껴지지 않는 현상(퀴닌 설페이트)
맛의 순응	• 특정한 맛성분을 장시간 맛볼 때 미각이 차츰 약해져서 역치가 상승하고 감수성이 점차 약해지는 현상 – 같은 맛을 반복적으로 접할 때 미각신경의 피로에 기인하여 발생 – 한 종류의 맛에 순응하면 다른 종류의 맛에는 더 예민해짐
미맹	• 페닐티오우레아 또는 페닐티오카르바마이드(PTC) 물질에 대해 대부분의 사람은 쓴맛을 느끼나 일부 사람은 느끼지 못하거나 다른 맛으로 느끼는 현상

자료 : 조신호 외(2011), 식품화학

단맛을 100으로 하여 기준으로 삼고 각종 단맛 성분의 상대 감미도를 측정한 결과는 표 10-4와 같다.

표 10-4 단맛 성분의 상대적 감미도

종류		감미도	종류		감미도
당류	자당	100	당 알코올	에리트리톨	45
	과당	130~170		이노시톨	45
	전화당	120		만니톨	45
	포도당	70		둘시톨	41
	람노오스	60	방향족 화합물	페릴라르틴	200,000~500,000
	글루코사민	50		글리시리진	3,000~5,000
	맥아당	60		스테비오사이드	20,000~30,000
	자일로오스	40		필로둘신	20,000~30,000
	갈락토오스	30			
	젖당	27			
당 알코올	자일리톨	75	인공 감미료	사카린	30,000~50,000
	글리세롤	48		Na-시클로헥실 술파메이트	3,000~4,000
	소르비톨	65		아스파르탐	18,000~20,000
				둘신	25,000

(1) 천연감미료

천연 감미료의 종류와 성질은 표 10-5와 같다.

(2) 인공감미료

인공감미료는 처음 설탕과 그 밖의 천연당의 대용품으로서 발달하였으나, 요즘에는 저칼로리를 요하는 사람이나 설탕의 섭취가 금지되어 있는 환자용으로 적극 개발되고 있다. 인공감미료는 강한 단맛을 갖고 있는 반면 독성이 낮은 식품첨가물이다.

① 아스파르탐

아스파르탐(aspartame)은 신맛이 있는 L-아스파르트산(L-aspartic acid)과 쓴맛이 있는 L-페닐알라닌(L-pheylalanine)을 결합시킨 디펩티드(dipeptide)의 메틸에스테르(methylester)이며, 감미도는 설탕의 180~200배이다. 설탕의 감미와 유사하고 상쾌한 맛을 가지며 뒷맛이 없고 설탕, 과당, 포도당 등과 혼합할 경우 상승효과(synergistic effect)를 나타낸다. 페닐알라닌 대신 티로신을 사용해도 좋으나 아스파르트산을 다른 아미노산으로 바꾸면 쓴맛이 생성된다. 원료가 아미노산이므로 1974

표 10-5 천연감미료의 종류와 성질

종류		감미도	소재 및 특징
당류	포도당(glucose)	70	• 포도 등의 과일, 혈액에 존재 • α형이 β형보다 1.5배 더 단맛 • 결정은 α형, 수용액에서는 β형
	과당(fructose)	130~170	• 과일, 꿀에 존재 • 상쾌한 단맛으로 천연당 중 단맛이 가장 큼 • α형이 β형보다 3배 더 닮 • 가열 시 α형으로, 냉각 시 β형으로 평형을 이룸
	자당(sucrose)	100	• 사탕수수, 사탕무에 존재 • 비환원당
	맥아당(maltose)	60	• 맥아, 물엿, 식혜에 존재 • α형이 더 닮
	유당(lactose)	27	• 우유, 모유에 존재 • β형이 조금 더 닮
당알코올	소르비톨(sorbitol)	65	• 과즙(사과, 복숭아), 해조류에 존재 • 글루코오스를 환원하여 얻은 분말 당의 결정
	만니톨(mannitol)	45	• 건조 다시마, 곶감, 만나꿀에 존재 • 만노오스를 환원하여 얻은 침상 또는 입상의 결정
	자일리톨(xylitol)	75	• 딸기, 콜리플라워에 존재 • 자일로오스를 환원하여 만든 당알코올로 당뇨병 환자에 이용
아미노산	L-루신산 (L-leucinic acid)	자당의 25배	• 당뇨병 환자의 감미료로 이용
	글리신(glycine),알라닌(alanine), 프롤린(proline), 세린(serine)	-	• 저분자의 아미노산으로 감미를 가짐
방향족화합물	글리시리진(glycyrihizin)	자당의 30~50배	• 감초의 뿌리에 존재 • 가열해도 단맛 유지 • 간장, 된장에 이용
	필로둘신(phyllodulcin)	자당의 200~300배	• 감차, 감로차에 존재
	페릴라르틴(perillartin)	자당의 2,000~5,000배	• 차조기 잎(소엽)에 존재
	스테비오사이드(stevioside)	자당의 200~300배	• 스테비아 잎에 존재 • 무칼로리로 충치 예방과 다이어트에 효과적 • 소주, 간장, 건강음료, 절임식품에 이용
황화합물	메틸 메르캅탄 (methyl-mercaptan, 무), 프로필 메르캅탄 (propyl-mercaptan, 양파, 마늘)	자당의 50~70배	• 무, 양파, 마늘 등을 가열 시 매운맛을 가진 황화합물이 단맛을 가진 황화합물로 전환된 것

년 미국 식품의약국(FDA)에서 허가받았다.

② 사카린

사카린(saccharin)의 단맛은 설탕보다 300~500배 강하고, 보통은 물에 잘 녹지 않으나 칼륨염이나 나트륨염을 만들면 물에 잘 용해되므로 이를 가용성 사카린이라고 한다. 사카린의 단맛은 쓴 뒷맛을 가지나 아미노산인 글리신과 함께 사용하면 그것을 감출 수 있다.

사카린은 하루에 3g 정도 섭취해도 인체에는 해가 없고, 체내에서 분해되지 않고 배설되므로 영양가도 없어 당뇨병 환자의 음식에 단맛을 주기 위하여 사용되어 왔으나 사카린의 독성에 관한 연구 결과, 다량 섭취하면 소화효소의 작용이 방해되며 방광종양, 신장장애를 가져온다고 하여 식품에서는 사용이 제한되고 있다.

③ 둘신

둘신(dulcin)은 1883년에 발견된 감미제로 설탕의 250배의 단맛을 가지나 인체 내에서 분해되어 파라아미노 에톡시벤졸(para-amino ethoxybenzol)로 되고, 또 다시 혈액 독인 파라아미노 페놀(para-amino phenol)로 변하기 때문에 독이 있는 것으로 알려졌으며, 또한 간에 종양을 일으키는 발암물질인 것으로 밝혀져서 그 사용이 금지되었다.

④ 소디움 시클라메이트

소디움 시클라메이트(sodium cyclamate)는 물에 잘 녹으며 설탕의 약 50배 단맛을 가지고 인공감미료 중 설탕에 가장 가까운 단맛을 갖고 있으나 발암물질로 알려져 사용이 금지되고 있다.

2) 짠맛 성분

짠맛은 4원미 가운데서 가장 생리적으로 중요한 맛 성분으로, 무기 및 유기의 알칼리

염이 해리하여 생긴 이온의 맛이다. 이때 음이온은 짠맛 자체를, 양이온은 짠맛을 강하게 하거나 부가적인 맛을 준다.

짠맛을 가진 무기염류들은 NaCl을 비롯하여 NaBr, NaI, Na_2SO_4, $NaNO_3$ 등과 같은 나트륨(Na)염과 Cl^-, I^-, NO_3^-, SO_4^{2-}의 리튬(Li)염, 포타슘(K)염 등이 있다. 이 중 음이온의 경우에는 $SO_4^{2-} > Cl^- > Br^- > I^- > HCO_3^- > NO_3^-$의 순으로 짠맛이 약하고, 양이온의 경우에는 $NH_4^+ > K^+ > Ca^{2+} > Na^+ > Li^+ > Mg^{2+}$ 등의 순으로 짠맛이 약하다. NaCl의 짠맛을 1.00으로 기준을 삼고 다른 무기염류들의 짠맛을 상대적으로 비교하면 표 10-6과 같다.

한편 무기염류들은 짠맛 이외에 쓴맛과 같은 다른 여러 맛이 혼합되어 있는 경우도 있다. 일반적으로 분자량이 큰 염들은 짠맛 이외에 쓴맛을 갖는 경향이 있어 Ca^{2+}와 Mg^{2+}는 짠맛 이외에 쓴맛을 갖지만 Na^+는 쓴맛이 매우 적다. 실제로 식탁염에는 순수한 NaCl만이 아닌 KCl, $MgCl_2$, $CaCl_2$, $MgSO_4$ 등이 함유되어 있어 이들 양이온들에 의해 약간의 쓴맛이 나며 NaCl이 가장 순수한 짠맛을 내는 것은 Cl^-의 짠맛에 비해 Na^+의 쓴맛이 매우 약하기 때문이다.

유기산의 염 중에서는 디소디움 말산(disodium malate), 디암모늄 말론산(diammonium malonate), 디암모늄 세바신산(diammonium sebacinate), 소디움 글루콘산(sodium gluconate) 등이 소금과 비슷한 짠맛을 낸다. 이러한 유기산 염들은 염화나트륨과 같이 완전 해리되지 않아 혈중 나트륨 농도에 큰 영향을 주지 않기 때문에 신장병, 간장병, 고혈압 등의 환자에게 식염 대용으로 이용된다.

표 10-6 무기염류의 짠맛 세기 비교

구분	Cl^-	I^-	Br^-	SO_4^{2-}	NO_3^-	HCO_3^-
Na^+	1.00	0.77	0.91	1.25	0.17	0.21
K^+	1.36	0.54	1.16	0.26	0.14	0.23
Ca^{2+}	1.23	–	–	–	–	–
NH_4^+	2.38	2.44	1.83	1.26	–	–
Li^+	0.44	0.57	0.79	–	1.03	–
Mg^{2+}	0.20	–	–	0.01	0.23	–

자료 : 김광수 외(2000), 식품화학

3) 신맛 성분

신맛 성분에는 유기산과 무기산이 있다. 신맛은 해리된 수소 이온(H^+)의 맛이지만 신맛의 강도는 pH와는 정확히 정비례하지는 않으며, 동일한 pH에서 무기산보다 유기산의 신맛이 더 강하다. 무기산은 용액 중에서 대부분 해리되기 때문에 수소 이온의 농도가 높지만 혀에 접촉되면 곧 중화되어 신맛이 없어지는 반면, 유기산은 해리도가 작아 수소 이온의 농도는 낮으나 혀의 점막에 접촉된 수소 이온이 상실되면 점차적으로 해리되지 않았던 수소 이온이 해리되어 신맛이 계속되기 때문에 전체적으로 신맛을 강하게 느끼게 된다.

한편, 산이 해리될 때 생기는 음이온은 신맛에 영향을 주기도 하는데 무기산에서 해리된 음이온은 쓴맛이나 떫은맛을 부여해 불쾌한 신맛을 내는 반면 젖산(lactic acid), 구연산(citric acid), 주석산(tartaric acid) 등의 유기산에서 해리된 음이온은 상쾌한 맛과 특유한 감칠맛을 부여해 식욕을 증진시켜 준다. 따라서 무기산 중에서는 탄산이 청량음료와 맥주에, 인산이 청량음료에 이용될 뿐이며 각종 산이 각각 고유의 맛을 갖는 것은 수소 이온이 생기는 동시에 반드시 음이온이 생겨 파생되는 맛으로 단맛, 쓴맛, 기타 여러 맛이 나기 때문이다. 또한 산에 히드록실기(–OH)가 있으면 온건한 신맛을, 아미노기(–NH_2)가 있으면 쓴맛이 짙은 신맛을 낸다(표 10–7).

신맛의 강도는 유기산의 종류에 따라 다르며, 같은 농도로 신맛의 강도를 상대 비교하면 염산(HCl)을 100으로 할 때 개미산(formic acid=포름산, 84) > 구연산(citric acid=시트르산, 78) > 사과산(malic acid=말산, 72) > 젖산(lactic acid=락트산, 65) > 초산(acetic acid=아세트산, 45) > 낙산(butyric acid=부티르산, 32)의 순이다. 보통 pH 3 이하인 산도의 신맛은 기호에 맞지 않으나 설탕을 가하면 신맛이 감소되고 맛이 부드러워진다.

4) 쓴맛 성분

식품에 쓴맛이 많으면 불쾌하나 커피, 코코아, 차, 맥주, 초콜릿 등과 같이 쓴맛이 미

표 10-7 식품 중의 신맛 성분

종류		소재	특징
무기산	인산 (phosphoric acid)	청량음료	• 강한 산미
	탄산 (carbonic acid)	맥주, 청량음료, 발포성 와인	• 자극적인 산미
유기산	초산(acetic acid, 아세트산)	식초, 김치류	• 식초에 3~5% 함유 • 살균작용
	유산(lactic acid, 젖산)	김치, 요구르트	• 품위 있는 산미 • 장내 유해균의 발육 억제 • 주류 발효 시 부패 방지에 이용
	숙신산(succinic acid, 호박산)	청주, 조개류, 된장, 간장	• 감칠맛 나는 산미 • MSG와 혼합하여 이용
	사과산(malic acid, 말산)	사과, 복숭아, 포도	• 산미가 오래 지속됨 • 흡습성이 낮아 장기보관 용이
	주석산 (tartaric acid)	포도, 와인	• 포도의 K, Ca과 결합해 주석산염을 형성하여 포도주의 침전을 일으킴
	구연산 (citiric acid)	레몬, 파인애플, 귤	• 상쾌하고 청량감 있는 산미 • 과즙, 청량음료, 젤리, 잼에 이용 • 몸 안의 젖산을 분해하는 피로회복제 효과
	글루콘산 (gluconic acid)	곶감, 양조식품, 청량음료	• 부드럽고 청량한 산미
	아스코르브산 (ascorbic acid)	과일, 채소	• 상쾌한 산미 • 식품의 변색 방지에 이용 • 항산화제의 상승제

자료 : 조신호 외(2011), 식품화학

량 존재하는 경우는 바람직한 맛으로 인식된다. 여러 미각 중 가장 예민하고 낮은 온도에서도 느낄 수 있어 식품의 맛에 큰 영향을 미친다.

보통 쓴맛 성분은 분자 내에 $\equiv N$, $=N-$, $-NO_2$, $-SH$, $-S-$, $-S-S-$, $=CS$, $-SO_2$, $-SO_2(OH)$, $-SO_2H_3$ 등의 고미기를 가지며 Ca^{2+}, Mg^{2+}, NH^{4+} 등의 무기 이온도 쓴맛을 낸다.

식품 중의 쓴맛 성분은 표 10-8과 같이 크게 알카로이드(alkaloid, 식물체 속에 들어 있는 염기성 함질소화합물로 강한 약리작용을 나타냄), 배당체(glycoside), 케톤류, 무기염류 및 단백질 분해물 등이다.

표 10-8 식품 중의 쓴맛 성분

종류		소재	특징
알카로이드	카페인(caffeine)	차, 커피	• 녹차는 2~3%, 홍차는 3%, 커피는 1%, 코코아는 0.2% 함유 • 심장, 신장, 중추신경계의 흥분작용
	테오브로민(theobromine)	코코아, 초콜릿	• 이뇨제 • 퓨린 유도체
	퀴닌(quinine)	키나	• 쓴맛의 표준물질 • 해열제, 진통제(말라리아 약)
배당체	나린진(naringin)	감귤류 껍질	• 나린진 가수분해효소에 의해 분해되어 당이 제거된 나린제닌은 쓴맛이 없음
	쿠쿠르비타신(cucurbitacin)	오이, 참외의 꼭지 부위	• 오이가 익어감에 따라 함량 감소
	케르세틴(quercetin)	양파 껍질	• 항산화 및 지방 분해작용
케톤류	후물론(humulone) 루풀론(lupulone)	호프의 건조 암꽃	• 맥주의 쓴맛 • 기포성, 지포성, 항균력 부여
	투존(thujone)	쑥	• 독성이 없고 분자 안에 질소가 없음
무기염류	염화마그네슘(magnesium chloride), 염화칼슘(calcium chloride)	간수	• 두부 응고제 • 두부 제조 시 쓴맛을 제거하기 위해 응고 후 3~4시간 동안 물에 담가 둠
아미노산	L-트립토판(L-tryptophan), L-루신(L-leucine), L-페닐알라닌(L-phenylalanine)	단백질 분해물	• 발효식품에서 단백질 가수분해 과정 중에 생성
기타	이포메아마론(ipomeamarone)	흑반병 고구마	• 흑반병에 걸린 저장 고구마의 쓴맛 성분 • 위독 성분
	리모넨(limonene)	감귤류 껍질	• 지연성 쓴맛 • 과즙이 신선할 때는 쓴맛이 없으나 저장, 가공 시 쓴맛 생성
	사포닌(saponin)	팥, 도라지, 인삼, 콩	• 약한 유독 성분

5) 매운맛 성분

매운맛은 미각신경을 강하게 자극하여 느껴지는 감각으로 순수한 미각이 아니라 일종의 통각(痛覺)으로 볼 수 있다. 보통 매운맛은 자극적인 냄새가 따르는 일이 많으며 미뢰뿐 아니라 구강 전체에서 비강에 이르기까지 느껴진다. 따라서 서양에서는 맛의 종류로 생각하지 않는 경우가 많으나 우리나라에서는 식습관상 매우 중요한 맛이다.

적당량의 매운맛 성분의 섭취는 풍미를 향상시키고 긴장감을 주어 식욕을 돋우며 위장을 튼튼하게 하고 살균 및 살충작용을 돕는다.

식품 중의 매운맛 성분은 표 10-9와 같이 산 아미드류(acid amide), 황화합물류, 황화알릴류, 방향족 알데히드 및 케톤류, 아민류 등이다.

6) 맛난맛 성분

맛난맛(감칠맛)은 단맛, 짠맛, 신맛, 쓴맛의 4원미와 향기 등이 잘 조화된 맛으로 여러 가지 맛 성분들이 혼합되어 나타내는 복잡하고 미묘한 맛이다. 즉 고기 추출액, 된장, 간장, 젓갈류, 해조류, 조개류, 버섯, 죽순 등에서 느낄 수 있는 맛이다.

(1) 맛난맛 성분의 종류

식품 중의 맛난맛 성분은 표 10-10과 같이 아미노산 및 그 유도체, 펩티드, 뉴클레오티드(nucleotide), 유기산 등이다.

(2) 뉴클레오티드의 맛난맛

① 뉴클레오티드

뉴클레오티드는 염기–당–인산의 3성분으로 이루어진 핵산(DNA, RNA)의 구성 단위이며, 뉴클레오티드에서 인산이 떨어진 염기–당의 2성분을 뉴클레오시드라 한다.

뉴클레오티드와 뉴클레오시드를 이루는 염기의 종류로는 그림 10-4와 같은 구조의

표 10-9 식품 중의 매운맛 성분

종류		소재	특징
산아미드계	캅사이신(capsaicin)	고추	• 지용성의 자극적인 매운맛 • 대기 중에 방치 시 휘산됨 • 체내에서 항산화 작용
	차비신(chavicine)	후추	• 트랜스형 이성체인 피페린은 매운맛이 없음
	산스훌(sanshool)	산초	• 조피나무(Chinese pepper) 열매 껍질 부위에 존재 • 사용 직전에 분쇄해야 매운맛이 강함
황화합물류	시니그린(sinigrin)	흑겨자, 고추냉이	• 흑겨자에 존재하는 시니그린은 미로시나아제에 의해 가수분해되어 알릴 이소티오시아네이트를 생성하여 매운맛을 냄
	시날빈(sinalbin)	백겨자	• 백겨자에 존재하는 시날빈은 미로시나아제에 의하여 p-히드록시벤질 이소티오시아네이트를 생성하여 매운맛을 냄
황화알릴류	디비닐술피드(divinylsulfide), 디알릴술피드(diallylsulfide), 디알릴디술피드(diallyldisulfide), 프로필알리술피드(propylallylsulfide), 알리신(allicin)	마늘, 파, 양파, 부추	• 마늘, 파, 양파, 부추 등의 매운맛 정유(oil) 성분
방향족 알데히드 및 케톤	진저론(zingerone), 쇼가올(shogaol), 진저롤(gingerol)	생강	• 진저롤은 신선한 생강에 존재 • 쇼가올은 가공한 생강에 존재
	쿠르쿠민(curcumin)	강황(울금)	• 황색의 카레가루 재료
	바닐린(vanillin)	바닐라콩	• 달콤한 방향성 매운맛 성분
	신남 알데히드(cinnamaldehyde)	계피	• 수정과, 과자, 소스 등에 사용
아민류	히스타민(histamine), 티라민(tyramine)	썩은 생선, 변패 간장	• 히스티딘 및 티로신이 세균에 의해 탈탄산화되어 히스타민, 티라민 생성

퓨린(purine)계 염기와 피리미딘(pyrimidine)계 염기가 있고 당의 종류로는 리보오스(ribose)와 데옥시리보오스(deoxyribose)가 있다.

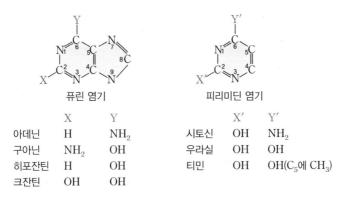

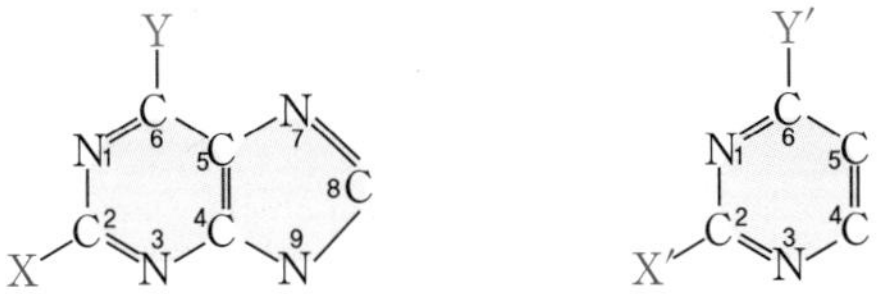

퓨린 염기　　　피리미딘 염기

	X	Y
아데닌	H	NH_2
구아닌	NH_2	OH
히포잔틴	H	OH
크잔틴	OH	OH

	X′	Y′
시토신	OH	NH_2
우라실	OH	OH
티민	OH	OH(C_5에 CH_3)

그림 10-4 퓨린계 염기와 피리미딘계 염기의 화학구조

② 뉴클레오티드의 구조와 맛난맛

핵산 관련 물질이 맛난맛을 내려면 다음과 같은 화학구조를 가져야 한다.

이상의 조건을 갖추고 있는 것은 그림 10-5와 같은 5′−GMP, 5′−IMP, 5′−XMP 등의 5′−리보뉴클레오티드(5′−ribonucleotide)이며, 이들의 맛난맛 강도는 5′−GMP > 5′−IMP > 5′−XMP의 순으로 5′−GMP의 강도는 5′−IMP의 3배이다. 특히 이들 5′−리보뉴클레오티드의 맛난맛은 모노소디움 글루탐산(MSG, monosodium glutamate)와 혼합 시에 맛난맛이 훨씬 더 강하게 느껴지는 상승효과를 내므로 실제로 5′−리보뉴클레오티드의 나트륨염은 MSG와 혼합하여 복합 조미료로 시판되고 있다.

뉴클레오티드의 화학구조

- 핵산 관련 물질인 뉴클레오티드, 뉴클레오시드, 염기 중에서 모노뉴클레오티드(mononucleotide)만이 만난맛을 가진다.
- 퓨린계 염기로 구성된 뉴클레오티드만이 맛난맛을 가지고 피리미딘계 염기로 구성된 뉴클레오티드는 맛난맛이 없다.
- 퓨린 고리의 C_6에 −OH가 있어야 하고 리보오스의 C_5에 인산이 있어야 한다.
- 뉴클레오티드 중의 당은 리보오스와 데옥시리보오스 경우 모두 맛난맛을 내나 리보오스일 때 훨씬 강한 맛난맛을 낸다.

표 10-10 식품 중의 맛난맛 성분

종류		소재 및 특징
아미노산과 그 유도체	글리신(glycine)	• 겨울철의 조개류, 게 또는 새우 등에 함유된 감칠맛 성분
	베타인 (betaine, trimethyl glycine)	• 글리신에 3개의 메틸기가 붙은 형태로, 여름철 오징어, 새우, 문어, 전복, 조개류, 게 등에 함유된 감칠맛 성분
	크레아틴(creatine), 크레아티닌 (creatinine)	• 글리신의 유도체로 어육류의 근육에 다량 함유되어 있음
	글루타민(glutamine)	• 글루탐산의 아마이드 형태로 육류, 어류, 채소 등의 감칠맛 성분
	테아닌(theanine)	• 글루탐산의 에틸아미드 형태로 녹차의 감칠맛 성분
	아스파라긴(asparagine)	• 아스파르트산의 아미드 형태로 육류, 어류, 채소 등의 감칠맛 성분
	글루탐산(glutamic acid)	• 아스파르트산의 3배의 감칠맛을 가짐 • Na이 붙으면 물에 잘 녹아 감칠맛을 잘 내는데, 이 성분이 다시마의 열수 추출물에 함유된 모노글루탐산나트륨(MSG, monsodium glutamate)임
펩티드류	카르노신(carnosine), 메틸카르노신(methyl carnosin, anserine), 글루타티온(glutathione, glutamyl cysteinyl glycine)	• 카르노신 : β-알라닌 + 히스티딘 • 메틸 카르노신 : β-알라닌 + 메틸히스티딘 • 글루타티온 : 글루탐산 + 시스테인 + 글리신 • 어육류의 감칠맛 성분
콜린과 그 유도체	콜린(choline)	• 맥아, 대두유, 난황 등에 함유된 감칠맛 성분
	카르니틴(carnitine)	• 콜린의 유도체로 육류, 견과류의 감칠맛 성분
퓨린염기와 산화물	구아닌(guanine), 히포잔틴(hypoxathine), 아데닌(adenine), 잔틴(xanthine)	• 어육류의 감칠맛 성분으로 퓨린염기에 속함 • 리보오스와 한 분자의 인산이 결합해 뉴클레오티드가 되면 감칠맛을 냄 • 구아닌의 산화생성물인 구아니딘, 메틸구아니딘 등도 어류나 육류의 감칠맛 성분
유기산	숙신산(succinic acid)	• 조개류, 청주 등에 함유되어 있는 감칠맛 성분
기타	타우린(taurine)	• 오징어, 낙지, 문어 등에 함유된 감칠맛 성분
	트리메틸아민옥시드 (trimethylamine oxide)	• 콜린의 분해물질로 어류의 감칠맛 성분 • 환원되어 생성된 트리메틸아민은 어류의 부패취임

③ 식품 중의 5′-리보뉴클레오티드 분포

5′-IMP는 육류와 어류의 중요한 맛난맛 성분이고 5′-GMP는 표고버섯과 송이버섯의 중요한 맛난맛 성분이다. 식품 중의 5′-리보뉴클레오티드의 함량은 표 10-11과 같다.

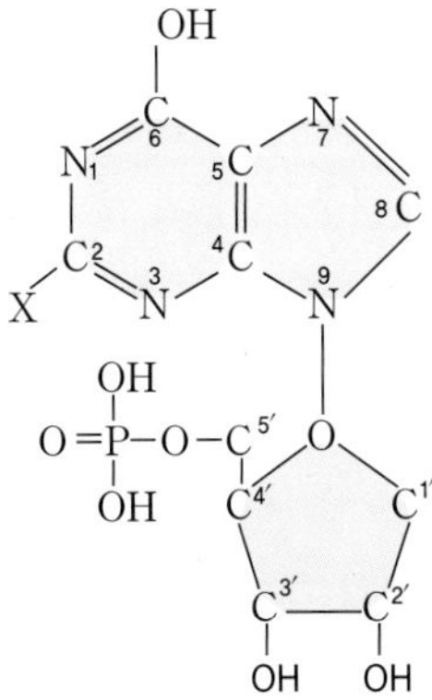

X=NH_2 : 5′-GMP(구아닐산, 구아노신 -5′-모노포스페이트, 구아닌+리보오스+포스페이트)
X=H : 5′-IMP(이노신산, 이노신-5′-모노포스페이트, 히포잔틴+리보오스+포스페이트)
X=OH : 5′-XMP(잔틸산, 잔티오신-5′-모노포스페이트, 잔틴+리보오스+포스페이트)

그림 10-5 맛난맛을 가지는 퓨린계 5′-리보뉴클레오티드의 구조

표 10-11 식품 중의 5′-리보뉴클레오티드 분포

종류	5′-IMP	5′-GMP	종류	5′-IMP	5′-GMP
다시마	-	-	돼지고기	260	2
김	8.5	12.5	닭고기	283	5
가다랑어포	687	-	파마산치즈	-	-
참치	188	-	에멘탈치즈	-	-
정어리	193	-	건표고버섯	-	150
대하	92	30	토마토주스	-	-
대구	44	-	모유	-	-
연어	-	-	우유	-	-

자료 : 조신호 외(2011), 식품화학

- **육류와 어류의 5′-리보뉴클레오티드** : 육류와 어류의 5′-리보뉴클레오티드는 주로 근육 속의 ATP에서 유래되는데 사후 ATP는 AMP가 되고, 이것은 그림 10-6 의 ①의 경로로 분해되어 맛난낫을 지닌 5′-IMP가 생성된다.

특히 오징어, 문어, 패류는 AMP-디아미나아제(deaminase)를 갖지 않기 때문에 AMP를 다량 가지면서도 5′-IMP가 생성되지 않고 대신 ②의 경로로 분해된다. 그러므로 오징어, 문어의 맛난맛은 5′−리보뉴클레오티드보다는 아미노산, 펩티드, 아미드, 베타인(betaine) 등의 맛이며, 패류는 이외에 숙신산(호박산, succinic acid)의 맛이 가미된 맛이다. 또한 게와 새우는 ①과 ②의 두 경로로 분해된다.

생선의 근육조직에는 5′−IMP의 함량이 매우 많으나 저장 중에 근육에 존재하는 포스파타아제(phosphatase)에 의해 인산이 떨어져 나가 5′−IMP의 함량이 급격히 감소한다. 그러므로 생선은 되도록 잡은 후 바로 신선할 때 먹거나 쪄서 포스파타아제의 활성을 억제하여 저장해야 5′−IMP의 잔존량이 많아 맛난맛을 잘 느낄 수 있다.

- **버섯의 5′−리보뉴클레오티드** : 5′−GMP, 5′−AMP, 5′−UMP 등의 버섯의 5′−리보뉴클레오티드는 RNA로부터 핵산 분해효소에 의해 생성되며, 포스파타아제에 의해 5′−리보뉴클레오시드를 거쳐 염기로 분해된다. 따라서 5′−GMP가 많이 축적된 시기에 가열하여 포스파타아제의 활성을 억제하여 맛난맛이 센 상태에서 조리하면 좋다.

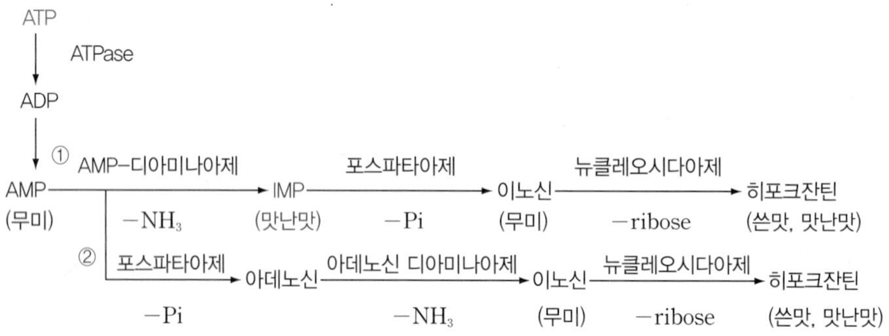

그림 10-6 육류와 어류의 사후 ATP 분해과정

④ 5′−리보뉴클레오티드의 제조

- **효모 핵산 분해법** : 그림 10-7과 같이 식용 효모를 원료로 하여 효모 자체의 RNA를 특정 미생물이 분비하는 5′−포스포디에스테르 가수분해효소(5′−phosphodiesterase)로 분해하여 5′−리보뉴클레오티드를 얻는다.
- **반발효·합성 결합법** : 인위적으로 얻은 세균의 퓨린 염기 변이주를 글루코오스를 품은 배지에서 배양하여 이노신(inosine) 등의 리보뉴클레오시드를 다량 축적시킨 후

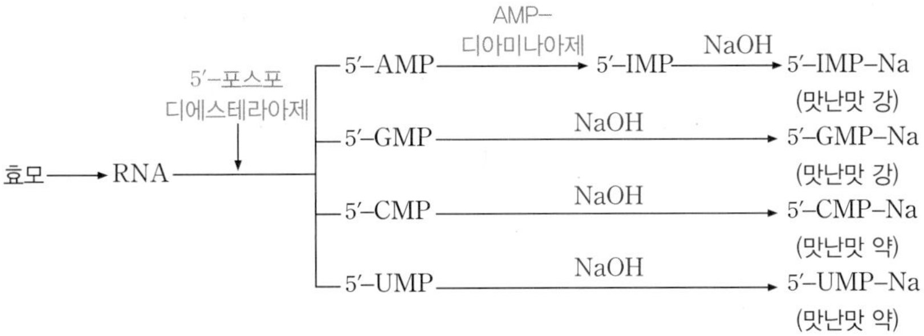

그림 10-7 효모 핵산의 분해

이것을 분리해 인산화 등의 합성에 의해 5'-리보뉴클레오티드를 얻는다.

$$당액 \xrightarrow{\text{이노신 생산균}} 이노신 \xrightarrow{\text{인산화}} 5'\text{-IMP} \xrightarrow{\text{NaOH}} 5'\text{-IMP-Na}$$

7) 떫은맛 성분

떫은맛은 혀 표면에 있는 점막 단백질이 일시적으로 변성, 응고되어 미각신경이 마비됨으로써 일어나는 수렴성(astringency)의 불쾌한 맛이다. 떫은맛이 강하면 불쾌하나 약하면 쓴맛에 가깝게 느껴지고, 특히 차나 포도주에서의 약한 떫은맛은 다른 맛과 조화되어 독특한 풍미를 부여한다.

식품 중의 주된 떫은맛 성분은 폴리페놀 물질인 탄닌류이며, 이외에 지방산 및 알데히드류, 철과 알루미늄의 금속류 등도 떫은맛을 가진다.

- **지방산 및 알데히드류** : 오래된 지방질 식품에서는 지방의 분해로 생긴 유리 불포화지방산이나 이것의 산화로 생긴 알데히드류가 혀의 점막에 침착하여 떫은맛을 준다. 실제로 오래된 훈제품이나 건어 등에서 떫은맛을 느낄 수 있다.
- **탄닌류** : 표10-12 에서와 같이 떫은맛의 원인인 탄닌류는 식물계에 널리 분포하고 물에 잘 녹으며 혀의 점막 단백질을 응고시켜 강한 떫은맛을 내게 한다. 그러나 이들

이 중합되거나 산화되면 물에 녹지 않아 떫은맛이 없어진다.

표 10-12 식품 중의 탄닌류

종류	소재	특징
카테킨류(catechins)	녹차, 홍차	• 녹차의 떫은맛은 카테킨 갈레이트, 갈로카테킨 갈레이트, 에피갈로카테킨 갈레이트 등에 의한 것이며, 홍차 제조 중 발효과정에 의하여 대부분 불용성으로 되어 떫은맛이 사라짐
클로로겐산(chlorogenic acid)	커피	• 카페산과 퀴닌산이 에스테르 결합한 형태로 커피의 떫은맛을 냄
엘라지산(ellagic acid)	밤	• 2분자의 갈산이 축합한 것으로 속껍질을 벗기지 않은 밤의 떫은맛을 냄
시부올(shibuol)	감	• 갈산과 플로로글루시놀의 축합물로 감의 떫은맛을 냄 • 수용성 시부올은 잘 익은 감에 0.2%, 덜 익은 감에 0.9%, 익지 않은 감에 1.5% 정도 함유됨 • 감이 익을수록 수용성 탄닌이 산화, 중합되어 불용성 중합체를 형성하여 떫은맛이 없어짐

8) 교질맛 성분

교질맛은 식품 중에서 교질상태(colloid)를 형성하는 다당류나 단백질이 혀의 표면과 입 속의 점막에 물리적으로 접촉될 때 느끼는 맛이다. 밥이나 떡의 호화 전분, 찹쌀밥의 아밀로펙틴(amylopectin), 해조류의 알긴산(alginic acid), 한천의 갈락탄(galactan), 곤약의 글루코만난(glucomannan), 잼류의 펙틴(pectin), 밀가루의 글루텐(gluten), 고기국의 젤라틴(gelatin) 등이 교질맛을 주는 식품의 예이다.

9) 금속맛과 알칼리맛 성분

금속맛은 철, 은, 주석 등의 금속 이온의 맛으로 수저나 식기 등에서 느낄 수 있으며, 알칼리맛은 OH−에서 기인되는 맛으로 중조($NaHCO_3$)나 재에서 느낄 수 있다.

10) 아린맛 성분

아린맛은 쓴맛과 떫은맛이 섞인 불쾌한 맛으로 죽순, 고사리, 토란, 우엉, 가지 등에서 느낄 수 있으며, 이러한 아린맛을 제거하기 위해서는 먹기 전에 물에 담가야 한다.

아린맛은 알칼로이드, 탄닌류, 알데히드, 유기산, K^+, Ca^{2+}, Mg^{2+} 등에 의해 나타나며 아직 밝혀지지 않은 것이 많다. 이 중 죽순, 토란, 우엉의 아린맛 성분은 페닐알라닌과 티로신의 대사물질인 호모겐티스산(homogentisic acid)에 의해 생성된다.

CHAPTER 11

식품의 물성

- 식품의 교질상태
- 텍스처
- 리올로지

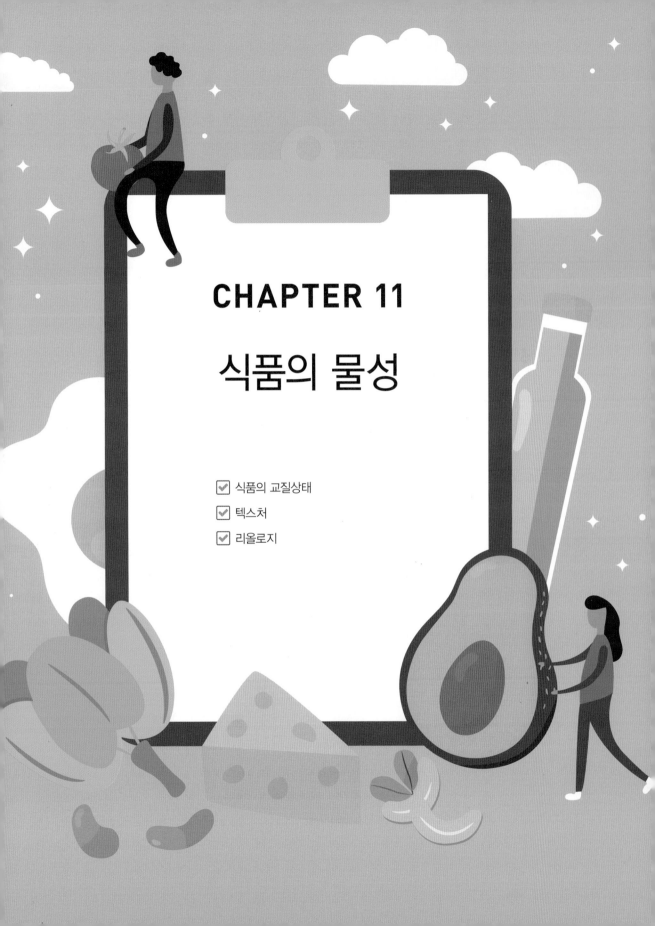

식품이 지니는 물리적 성질은 식품의 가공적성을 결정할 뿐만 아니라 식품 섭취 시 기호성에도 깊게 관여한다. 따라서 식품이나 음식을 가장 맛있는 최고의 상태로 만들려면 식품이 지닌 다양한 물리적 성질, 즉 colloid · texture · rheology 특성에 대해 알아야 한다.

1. 식품의 교질상태

용매에 용질을 첨가하여 형성되는 용액의 형태는 크게 세 종류로 나눈다. 첫째는 물에 설탕이나 소금을 첨가할 때 형성되는 진용액이다. 진용액은 1nm(10^{-9}m) 이하의 작은 용질이 용매에 녹아 균질한 상태를 유지하게 된다. 둘째로 물에 진흙이나 전분을 첨가할 때 형성되는 현탁액(suspension)이다. 이는 용질이 100nm(10^{-7}m) 이상으로 커서 저어 주면 잠시 섞여 있다가 곧 용매와 분리된다. 셋째는 용질이 진용액과 현탁액 용질의 중간 크기를 가진 교질(colloid)이다. 이는 1~100nm의 입자 크기를 지닌 일부 단백질 등의 용질이 용매 중에 녹지도, 가라앉지도 않고 잘 분산되어 존재한다. 교질용액은 이처럼 분산되어 존재하므로 용매, 용질, 용액이라는 용어 대신 분산매, 분산질(상), 분산계라는 표현을 사용한다. 교질의 입자는 매우 작아 여과하면 걸러지

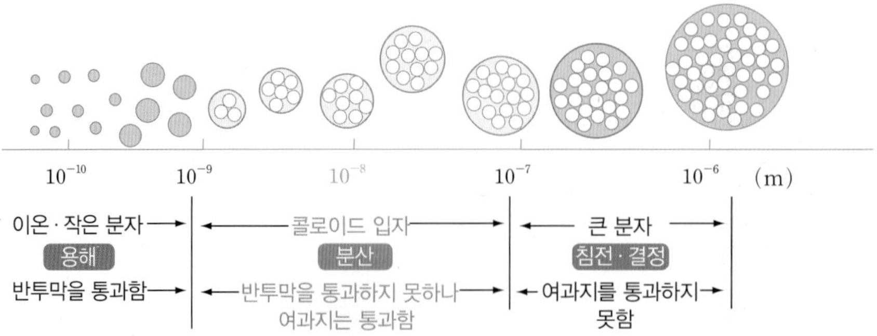

그림 11-1 각 용액별 입자 크기 비교

자료 : 森田潤司·成田宏史(2004), 食品學總論

표 11-1 교질의 종류

분산매	분산질	명칭	식품의 예
액체	액체	유화액(에멀전)	마요네즈, 우유, 버터, 마가린
액체	기체	거품(포말질)	사이다, 콜라, 맥주, 난백의 기포
액체	고체	졸	된장국, 수프, 달걀 흰자
고체	액체	겔	양갱, 젤리, 밥, 두부, 치즈
고체	기체	고체 포말질	빵, 케이크

며, 보통 현미경으로는 볼 수 없고 특수한 한외현미경을 사용하여 볼 수 있다.

1) 교질의 종류

교질은 분산질과 분산매를 구성하는 물질의 상태에 따라 유화액, 거품, 졸과 겔, 고체 포말질 등으로 분류한다(표 11-1). 또한 분산질과 분산매의 친화성에 따라 친액성 교질과 소액성 교질로 분류한다. 이때 분산매가 물이면 친수성 교질과 소수성 교질로 부른다.

친액성 교질은 분산질과 분산매가 친화력이 강하여 점성을 나타내면서 잘 분리되지 않으나 소액성 교질은 분산질과 분산매가 친화력도, 점성도 거의 없어 소량의 전해질 첨가로 분리되기 쉽다. 따라서 소액성 교질용액에 친수성 교질을 넣어주면 용액이 안정화되므로 이를 보호교질이라 부르며, 젤라틴과 우유가 대표적인 보호교질이다(그림 11-2).

2) 유화액

분산매가 액체이며 분산질도 액체인 교질상태를 유화액(에멀전)이라 한다. 유화액에는 마요네즈나 우유와 같이 물속에 소량의 기름방울이 잘 분산된 수중유적형(O/W)과 버터나 마가린처럼 기름 속에 소량의 물방울이 미세하게 잘 분산된 유중수적형

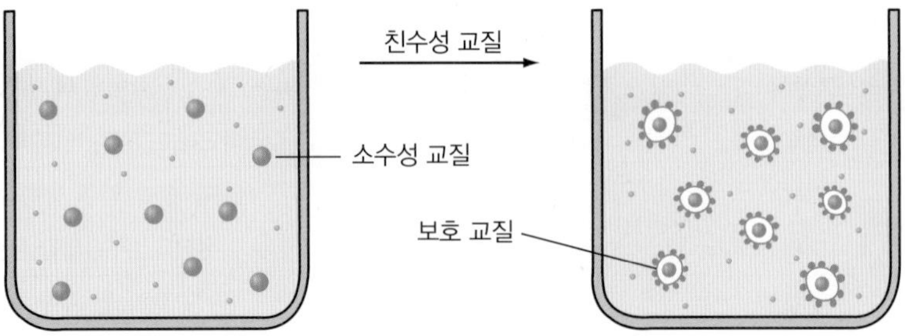

그림 11-2 보호교질의 생성

(W/O)이 있다. 이렇게 서로 혼합되기 어려운 두 액체가 잘 섞이려면 두 액체면(계면)에 작용하는 계면장력을 낮추어야 하므로 유화제를 첨가해야 한다. 유화제는 친수기와 소수기를 동시에 지니므로 물과 기름이 한 덩어리가 되도록 할 수 있다. 가령, 마요네즈를 만들 때는 난황 중의 레시틴이 유화제 역할을 하며, 버터를 만들 때는 교반(churning)이나 연압(working) 등의 기계적 처리가 버터 덩어리를 형성하도록 돕는다. 식품의 유화제로는 난황이나 콩 중의 레시틴, 지방산의 모노글리세리드와 디글리세리드 등이 있다.

유화액의 형태는 유화제의 성질, 기름의 성질, 물과 기름의 비율, 물과 기름의 첨가 순서, 전해질의 유무와 그 종류 및 농도에 따라 결정된다. 유화제의 성질은 HLB값(hydrophilic–lipophilic balance)에 의하여 판단한다. HLB값은 유화제 분자 속의 친수성기와 친유성기의 정도를 나타내는 지표로서 값을 0에서 20까지로 나누고 있다. 이 값이 큰 유화제(대개 8~18)를 쓰면 수중유적형 유화액(O/W)이 형성되고, 이 값이 작은 유화제(대개 4~6)를 쓰면 유중수적형 유화액(W/O)이 형성된다.

3) 거 품

분산매는 액체, 분산질은 기체인 교질상태를 거품(포말질)이라 한다. 거품은 물속에 공기가 잘 분산되어 있는 형태이지만 기체의 특성상 가벼워서 위로 떠오르기 때문에 공기와 만나 꺼지기 쉽다. 따라서 유화액을 안정시키기 위하여 유화제를 첨가하듯이 거품에도 기포제가 첨가되어야 비로소 안정화된다. 기포제는 수용성 단백질이나 사포닌 등으로 물과 공기 사이의 계면에 흡착되어 거품을 잘 유지시키는 역할을 한다. 반대로 두부, 물엿 제조 시 거품이 바람직하지 않을 경우에는 실리콘 수지나 찬 공기, 지방산 에스테르와 같은 소포제를 사용하여 거품의 소실을 유도할 수 있다.

4) 졸과 겔

분산매가 액체이고 분산질이 고체이거나 액체로 전체적인 분산계가 액체상태일 때를 졸(sol)이라 하며 우유, 된장국, 수프, 달걀흰자, 토마토퓌레, 유아식, 한천이나 젤라틴 가열용액 등이 졸상태의 식품이다(그림 11-3). 졸이 냉각에 의해 응고되거나 분산매의 감소로 반고체화된 상태를 겔(gel)이라 한다. 겔상태의 식품으로는 치즈, 묵, 젤리, 밥, 삶은 달걀, 두부, 양갱, 어묵 등이 있다(그림 11-4). 비연속상인 졸상태의 분산물질이 연속적으로 결합함으로써 그물 모양의 겔을 형성하여 완성된 겔은 망상구조에 의한

그림 11-3 졸상 식품

그림 11-4 겔상 식품

일정한 모양을 가진다. 이때 겔의 성질은 그 안에 보유된 물이나 망상구조의 강약에 의해 결정된다.

5) 교질용액의 성질

교질용액은 콜로이드 입자의 크기에 의하여 반투성, 브라운 운동, 흡착성, 틴달현상이 나타나며, 콜로이드 입자가 띤 전하에 의하여 염석과 응석현상이 나타난다(그림 11-5~8).

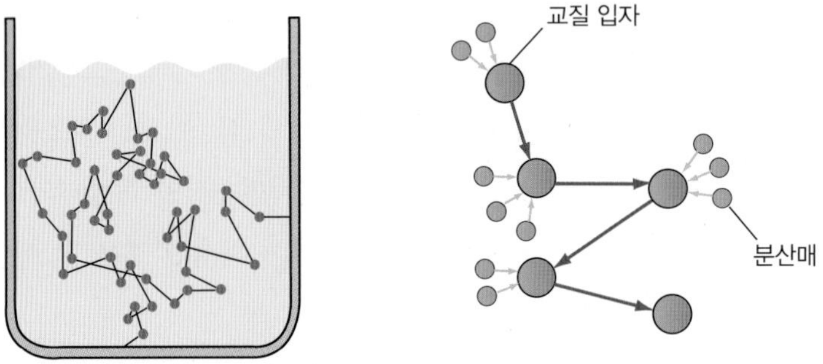

그림 11-5 교질용액의 브라운 운동

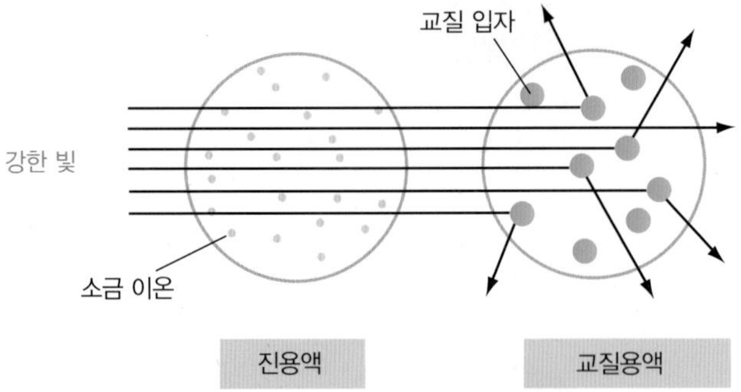

그림 11-6 틴달현상에 대한 진용액과 교질용액의 비교

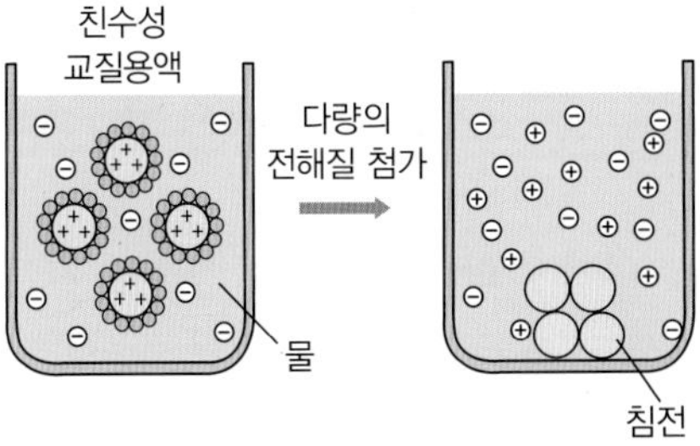

그림 11-7 교질용액의 염석현상

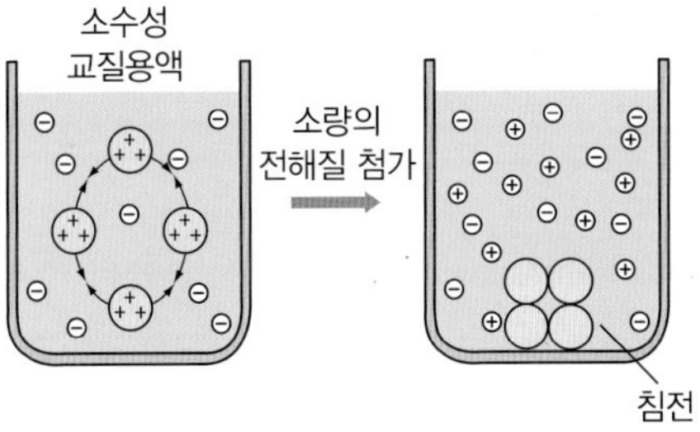

그림 11-8 교질용액의 응석현상

표 11-2 교질용액의 성질

특성	성질
반투성	• 교질 입자가 커서 반투막을 통과하지 못하는 성질 • 반투성을 이용하여 혼합물을 정제하는 투석(dialysis) 실시
브라운 운동	• 분산매와의 충돌에 의한 교질 입자들의 불규칙한 직선운동(그림 11-5) • 브라운 운동은 분산질이 침전되지 않고 잘 분산되도록 하여 콜로이드를 안정화시키는 데 매우 중요한 역할을 함. 그러나 콜로이드의 점성이 증가하면 감소할 수 있으며 표면의 전하에 의해서도 영향을 받음
흡착성	• 교질 입자가 질량에 비해 표면적이 훨씬 커서 다른 물질을 잘 흡착하는 성질 • 교질 입자는 매우 작아 광학현미경으로도 보기 힘들지만 표면적은 대단히 커서 저분자 물질을 흡착하기 쉬움
틴달현상	• 강한 빛을 쪼일 때 교질 입자가 가시광선을 산란시켜 빛의 통로가 보이는 현상(그림 11-6) • 교질용액은 빛을 회절하여 산란시키므로 투명하지 않고 탁하게 보임
염석	• 친수성 졸용액이 다량의 전해질에 의해 침전되는 현상(그림 11-7) • 친수성 졸은 입자 주위를 둘러싸는 물분자에 의해 안정을 유지하였으나 첨가된 다량의 전해질이 물분자와 결합하고 반대 전하는 중화시켜 입자끼리 뭉치고 침전
응석(응결)	• 소수성 졸용액이 소량의 전해질에 의해 침전되는 현상(그림 11-8) • 소수성 졸은 서로 같은 전하를 지녀 반발하는 힘으로 안정을 유지하였으나 다른 전하의 전해질이 가해지면서 중화되어 뭉치고 침전

2. 텍스처

텍스처(texture)란 물건이나 섬유의 결을 손으로 만짐에 의해 느껴지는 감촉을 말하나 여기서는 식품을 입에 넣었을 때 구강 점막과 치아에 닿는 자극에 의한 감각을 의미한다. 식품이 구강 내 점막과 치아의 접촉에 의하여 발생되는 물리적 자극에 대한 촉각의 반응을 텍스처라 부른다. 즉, 포테이토칩의 바삭바삭한 감각, 백설기를 씹으면 가루상태로 부서지는 느낌과 치아에 닿았을 때의 끈기, 미역의 미끈미끈한 느낌을 텍스처라 한다. 식품의 텍스처는 직접 관능검사를 실시하여 측정하거나 물성분석기(texture analyser)로 측정할 수 있다. 텍스처의 역학적인 5가지 특성은 표 11-3과 같으며, 다시 각 텍스처는 표 11-4와 같은 용어로 표현된다.

표 11-3 텍스처의 특성

특성	성질
경도(hardness)	• 식품의 형태를 변경시키는 데 필요한 힘 예 무르다, 굳다
응집성(cohesiveness)	• 식품의 형태를 이루는 내부적 결합력, 즉 식품을 구성하고 있는 같은 성분끼리 끄는 힘
• 부스러짐성(brittleness)	• 식품을 파쇄하는 데 필요한 힘 • 잘 부서지는 식품은 응집성은 작으나 경도는 클 수도, 작을 수도 있음 예 바삭거리다, 부서지기 쉽다
• 씹힘성(chewiness)	• 고체식품을 넘길 수 있는 상태까지 씹는 데 필요한 힘 예 부드럽다, 딱딱하다
• 검성(gumminess)	• 반고체 식품을 삼킬 수 있는 상태까지 부수는 데 필요한 힘 예 가루상의, 풀같은, 점착성의
점성(viscosity)	• 단위 힘에 의하여 유동하는 정도, 즉 유체의 흐름에 대한 저항 • 대개 점성이 클수록 유동하기 어려움 예 흐르다, 끈끈하다
탄성(elasticity)	• 외부의 힘에 의해 생긴 변형이 그 힘의 제거 시 이전 상태로 되돌아가려는 성질 예 탄력이 있는, 소성이 있는
부착성(adhesiveness)	• 식품의 표면이 치아, 혀와 부착된 상태에서 떼어내는 데 필요한 힘 예 달라붙는, 끈적이는

표 11-4 텍스처의 표현 용어

텍스처 결정 요인	표현 용어
강도와 유동성	단단하다, 부드럽다, 바삭바삭하다, 부서지기 쉽다, 점성이 있다, 풀 같다, 껌 같다, 탄력이 있다, 소성이 있다, 미끈미끈하다, 끈적끈적하다 등
외관(크기, 모양)	거칠다, 모래 같다, 입자상태다, 섬유상이다, 결정형이다, 가루상태다, 박편상이다 등
수분, 유지 함량	기름지다, 미끈미끈하다, 마르다, 촉촉하다, 물기가 많다 등

3. 리올로지

우리는 식품의 미각을 달다, 짜다, 쓰다, 시다, 맛있다와 같이 화학적으로 표현하지만 뜨겁다, 차다와 같은 온도감각에 의한 표현도 한다. 이러한 식품의 물리학적 미각을 연구하는 학문이 리올로지(rheology)이다. 즉, 식품의 리올로지는 외부의 힘에 의한 식품 재료, 중간산물, 최종 제품의 변형과 유동 특성을 규명하고 그 정도를 정량적으로 표현하는 학문이다. 예전에는 고체식품이면 변형상태인 탄성을, 액상식품이면 유동상태인 점성에 대한 연구를 하였다. 하지만 액체에서 점성이 아닌 소성이란 성질이 발견되고, 탄성이나 점성도 독립적이 아니라 액체 및 고체에도 같이 존재하는 성질임을 발견하면서 점탄성이라는 개념도 탄생되었다. 요즈음은 식품의 물성을 판단할 수 있는 기기들의 발달로 리올로지의 측정이 용이해지고 있다.

1) 사이코리올로지

식품의 물리적 성질과 인간의 감각에 의한 식품 특성 간의 관계를 연구하는 사이코리올로지(psychorheology)라는 학문분야가 새롭게 부각되고 있다. 이는 식품의 리올로지적 성질과 소비자의 선택 사이의 관계를 연구하는 분야이다.

술리반(Sullivan)이라는 심리학자가 사이코리올로지 분야를 이해할 수 있는 한 가지 실험을 소개했다. 그는 눈을 가린 실험 대상자들에게 온도가 다르게 설정된 똑같은 물을 여러 개 제시하고 손끝을 담가보고 그 촉감에 의한 판단을 내리게 했더니, 저온의 물은 손끝을 조이는 듯한 느낌을 준다 하여 녹은 눈으로 느끼고 고온의 물은 기름과 같이 느꼈다고 한다(표 11-5).

표 11-5 온도에 따른 물의 느낌

온도	물에 대한 느낌	온도	물에 대한 느낌
0℃	반쯤 녹은 눈과 같다.	10℃	수은과 같다.
15℃	젤라틴과 같다.	25℃	물과 같다.
38℃	기름과 같다.	40℃	그리스(grease)와 같다.

2) 리올로지의 특성

- **점성**(viscosity) : 보통 중력하에서 유동하는 것을 액상식품이라 하며, 졸상의 액상식품은 점성을 가진다. 액체는 온도를 올리면 점성이 감소하고, 압력을 가하면 점성이 증가한다. 점성이란 액체의 흐름에 대한 저항이다. 간장이나 식초는 흐름에 대한 저항이 적어 점성이 낮고 수프, 소스나 토마토퓌레는 점성이 중간이며, 물엿이나 꿀은 흐름에 대한 저항이 커서 점성이 큰 식품이다(그림 11-9).
- **탄성**(elasticity) : 고무줄이나 용수철은 대표적인 탄성체로, 잡아당긴 후 손을 놓으

물엿

꿀

그림 11-9 점성을 지닌 식품

곤약

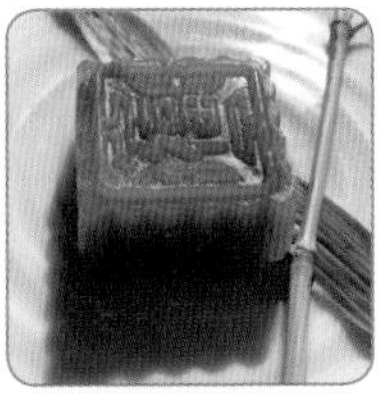
양갱

묵

그림 11-10 탄성을 지닌 식품

면 원상복귀되는 특성을 지닌다. 이와 같이 외부에서 힘을 주면 변형이 일어나고 다시 힘을 제거하면 원상복귀되는 성질을 탄성이라 한다. 식품으로서 완전한 탄성체는 존재하지 않으며, 곤약의 탄성이 비교적 크고 양갱이나 묵은 탄성이 약한 식품이다(그림 11-10).

- **소성(plasticity)** : 외부에서 힘을 주면 변형이 일어나지만 힘을 제거할 때 원상복귀되지 못하는 성질을 소성이라 한다. 탄성한계 이상의 힘을 가할 때 생긴 비틀림이나 일그러짐이 그 힘을 없애도 그대로 남아 변형되는 것이다. 플라스틱 제품이 대표적인 예이며, 식품으로는 둥글게 말아 싸거나 비틀거나 모양의 변형이 일어나는 경우가 그 예이다. 또는 생크림, 버터, 마가린처럼 외부의 힘에 의해 모양이 만들어진 뒤, 즉 변형이 일어난 뒤 숟가락으로 떠서 다른 그릇에 옮겨도 흐르지 않고 변형된 그대로의 모양을 유지하는 것도 그 예이다(그림 11-11). 그러나 물엿과 같은 고점성체는 흘리지 않고는 수저로 떠낼 수 없고 접시에 옮겨도 점차 흘러 퍼지므로 소성을 유지할 수 없다.

생크림

버터

그림 11-11 소성을 지닌 식품

• **점탄성**(viscoelasticity) : 외부에서 힘을 줄 때 탄성 변형과 점성 유동이 동시에 나타나는 성질을 점탄성이라 한다. 우리는 랩을 사용하여 식품을 포장할 때 잡아당겨 늘리고 펴줌으로써 평평하게 유지되도록 한다. 이처럼 늘어나면서도 펴질 수 있는 복잡한 성질로서 밀가루 반죽, 인절미, 씹는 껌에서 그 예를 찾을 수 있다(그림 11-12).

밀가루 반죽

인절미

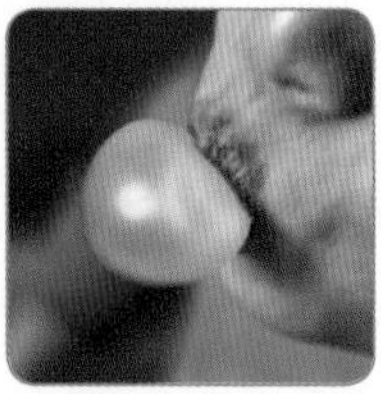
껌

그림 11-12 점탄성을 지닌 식품

점탄성체의 특성

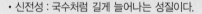

• 예사성 : 점탄성체가 지니는 한 성질로 낫또(*bacillus natto*균으로 만든 일본식 청국장)나 달걀 흰자에 젓가락을 넣어 당겨 올리면 실을 빼는 것처럼 딸려 올라오는 성질이다.
• 바이센베르그 효과 : 연유에 젓가락을 세우고 회전시키면 연유가 젓가락을 따라 올라오는 현상으로 연유가 액체이지만 탄성을 지니기 때문에 나타나는 현상이다.
• 신전성 : 국수처럼 길게 늘어나는 성질이다.

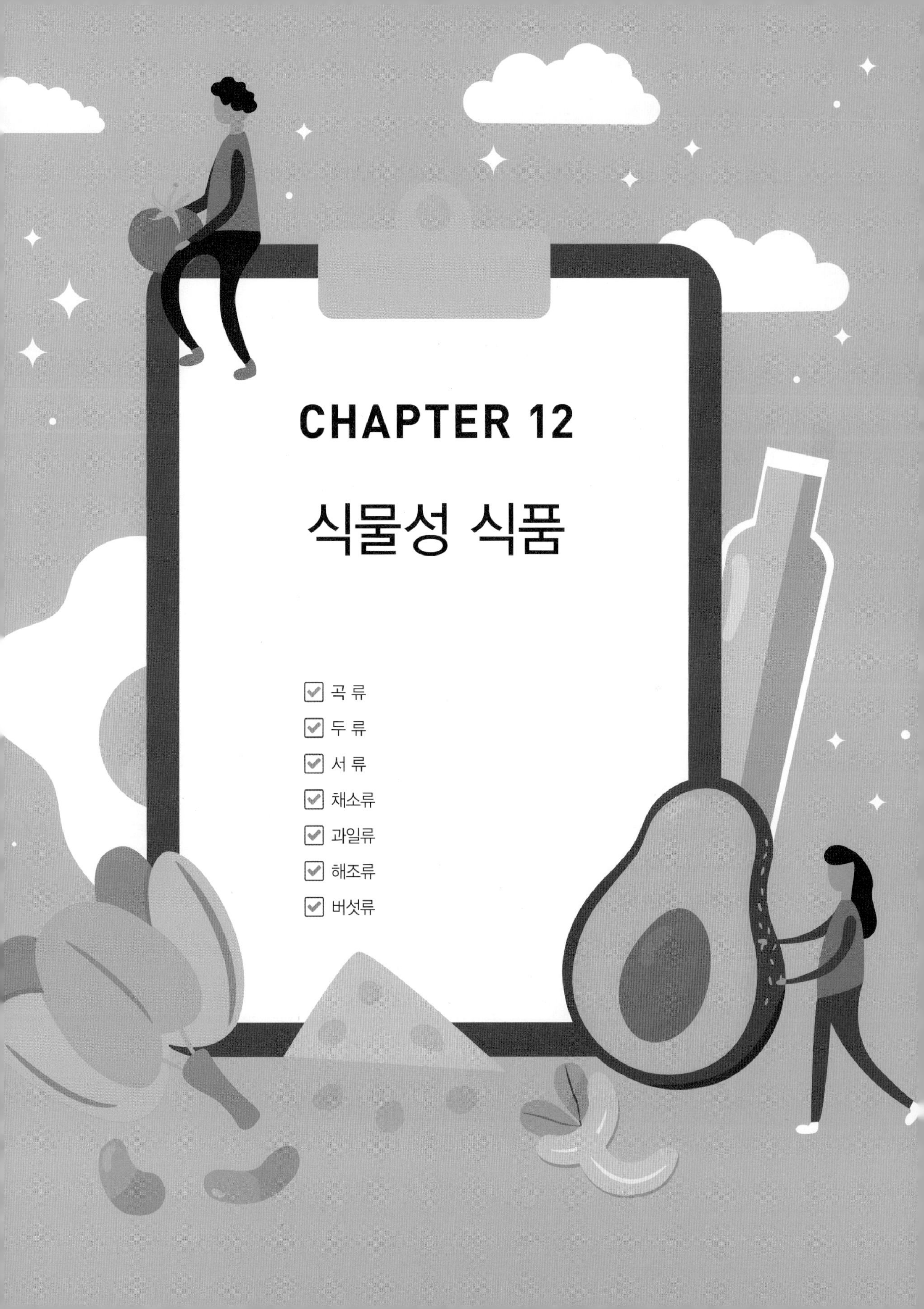

CHAPTER 12

식물성 식품

- 곡 류
- 두 류
- 서 류
- 채소류
- 과일류
- 해조류
- 버섯류

식물성 식품은 곡류, 두류, 서류, 채소류, 과일류, 해조류와 버섯류로 분류하며, 탄수화물, 무기질, 비타민과 식이섬유가 풍부하다. 특히, 곡류와 서류는 탄수화물의 급원이고 두류는 단백질의 급원이며 채소류, 과일류, 해조류와 버섯류는 무기질과 비타민의 급원이다.

1. 곡 류

전 세계의 인류가 주식으로 섭취하고 있는 식품 중 가장 큰 비율을 차지하는 식품이 바로 곡류이다. 곡류란 미곡, 맥류, 잡곡을 가리키며, 두류와 함께 예부터 중요한 식품으로 알려져 있다. 미곡은 쌀을, 맥류는 대맥인 보리와 소맥인 밀을, 잡곡은 옥수수, 귀리, 메밀, 조, 수수 등을 가리킨다.

곡류는 바깥쪽부터 왕겨(부피), 쌀겨(과피, 종피), 호분층, 배아, 배유로 구성되어 있다. 왕겨층을 제거하면 가식 부위로 영양이 풍부한 현미, 보리쌀, 통밀이 된다. 다시 겨층을 제거하면 영양은 적으나 소화가 잘되는 백미와 보리 알곡이 되고, 도정하지 않고 제분하면 밀가루가 된다. 도정을 하면 새싹을 위한 영양분으로 단백질, 무기질, 지질이 골고루 들어 있는 배아가 손실되기 쉽다.

곡류의 단백질은 10% 내외로 하루에 필요한 단백질 섭취량의 1/4 정도를 곡류로부터 얻는다. 지질은 4% 이하로 배아에 많으며 올레산, 리놀레산 등의 불포화지방산이 대부분을 차지한다. 탄수화물은 70% 내외로 광합성작용에 의해 만들어진 전분이 주성분이다. 곡류별로 전분입자의 크기, 아밀로오스와 아밀로펙틴의 함량 및 호화온도 등은 다르다. 무기질은 1~3% 함유되어 있는데 인이 많고 칼슘과 철은 적다. 비타민 B_1, B_2는 겨층에 주로 존재하므로 도정한 곡류에서는 이들을 기대하기 어려우며, 비타민 A, D, C도 거의 남지 않는다.

곡류의 특성

- 높은 탄수화물 함량을 지닌 에너지원이다.
- 수분 함량이 낮아 저장·수송·유통이 편리하다.
- 사료로 이용되면 동물성 단백질원을 제공한다.
- 대량생산이 가능하고 1차 가공 후 주식으로 이용한다.

1) 쌀

현미

벼는 열대나 아열대지역에서 재배되는 일년생 초본식물이다. 나락(벼톨)은 9~10월경에 성숙된 벼의 열매를 가리키며, 겉 껍질인 왕겨와 속 알맹이인 현미로 구성된다. 우리는 현미의 쌀겨층과 호분층을 제거한 백미를 대개 쌀이라 부른다(그림 12-1). 현미(100%)로부터 쌀겨층을 제거한 정도에 따라 주조미(70%), 백미(92%), 배

표 12-1 곡류의 일반 성분(가식부 100g 중)

식품명	열량 (kcal)	수분 (%)	단백질 (g)	지질 (g)	탄수화물 (g)	무기질			비타민				
						칼슘 (mg)	인 (mg)	철 (mg)	A (μg)	B_1 (mg)	B_2 (mg)	니아신 (mg)	C (mg)
멥쌀	345	13.4	6.4	0.4	79.5	7	87	1.3	4	0.23	0.02	1.2	0
찹쌀	359	9.6	7.4	0.4	81.9	4	151	2.2	0	0.14	0.08	1.6	0
밀	372	14.1	11.9	1.6	71.5	26	189	3	6	1.7	0.06	1.8	tr
찰보리	322	12.6	11.87	2.15	72.29	34	224	3.37	0	0.119	0.181	0.966	0.47
찰옥수수	110	63.6	4.9	1.2	29.4	21	131	2.2	52	0.25	0.11	2.6	0
귀리	332	9.4	11.4	3.7	73.5	16	175	6.6	0	0.13	0.21	2.3	0
메밀	345	13.1	13.64	3.38	67.84	21	453	2.78	7	0.458	0.255	5.189	0
차조	345	14.2	9.58	3.59	71.14	14	341	3.79	21	0.51	0.162	3.671	0
수수	243	14.2	9.85	2.96	71.5	9	358	2.28	9	0.352	0.196	2.773	0.549

- : 수치가 애매하거나 측정되지 않음
tr : 식품성분함량이 미량 존재
자료 : 농촌진흥청 국립농업과학원(2017). 식품성분표 제9차 개정

백미

일본형 쌀

인도형 쌀

아미(93%), 7분도미(94%), 5분도미(96%)로 나눈다. 5분도미는 백미에 비해 반 정도만 도정하므로 대부분 배아가 남으며, 7분도미는 배아가 70% 정도 남고, 백미는 배아도 겨층도 모두 제거된다.

품종은 일본형(japonica type) 쌀과 인도형(indica type) 쌀로 크게 나뉜다. 일본형은 한국, 중국과 일본에서 주로 소비되며, 인도형은 동남아시아, 인도, 남아메리카에서 주로 소비된다. 쌀알의 모양과 점성을 보면 일본형은 굵고 둥글며 점성이 커서 찰진 맛을 주나, 인도형은 가늘고 길며 점성이 약해 부슬부슬 낱개로 흩어지는 특성을 지닌다. 이는 세포막이 두꺼워 밥을 지어도 파괴되지 않고 세포막 내에서 호화되기 때문이다.

쌀은 도정도에 따라 영양 성분이 달라진다(표 12-2). 현미는 단백질, 지질, 회분, 섬유소, 비타민이 가장 많고 5분도미, 7분도미, 백미의 순으로, 즉 도정도가 커질수록 영양성분은 감소되나 밥맛과 소화 흡수율은 좋아진다(표 12-3).

쌀의 성분은 수분이 13~15%, 단백질은 7% 내외로 주단백질은 오리제닌(oryzenin)이며, 아미노산은 리신과 트립토판이 적다. 지질은 현미에 4.6%, 백미에 0.4% 함유되어 있으며, 주로 불포화지방산으로 구성되어 있다. 그리고 배아와 겨층에는 20% 내외의 지질이 함유되어 있으므로 현미를 이용한 현미유를 섭취하면 쌀이나 곡류 중의 지질과 지용성 비타민을 섭취할 수 있다. 쌀의 주성분인 탄수화물

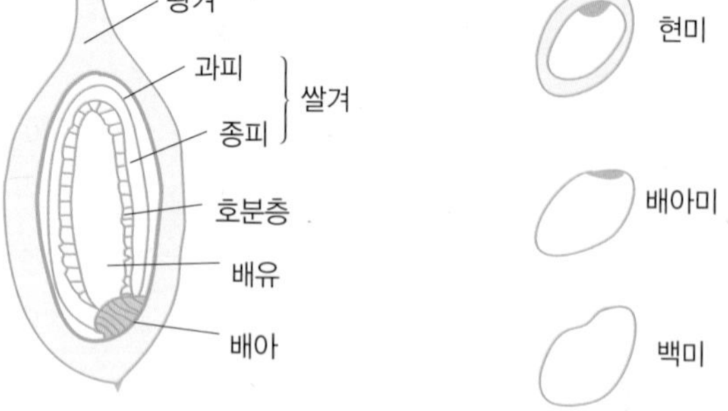

그림 12-1 쌀의 구조

표 12-2 쌀의 일반 성분(가식부 100g 중)

식품명	열량 (kcal)	수분 (%)	단백질 (g)	지질 (g)	탄수화물 (g)	무기질			비타민				
						칼슘 (mg)	인 (mg)	철 (mg)	A (μg)	B_1 (mg)	B_2 (mg)	니아신 (mg)	C (mg)
흑미	312	13.5	7.59	2.31	75.31	19	300	0.85	50	0.607	0.254	2.468	0
현미	332	10.6	9.6	4.6	73.3	4	327	2.8	0	0.26	0.11	3.6	0
7분도미	346	12.4	5.6	1.9	79.2	24	179	0.9	0	0.19	0.05	2.7	0
백미	345	13.4	6.4	0.4	79.5	7	87	1.3	4	0.23	0.02	1.2	0

-: 수치가 애매하거나 측정되지 않음

자료 : 농촌진흥청 국립농업과학원(2017), 식품성분표 제9차 개정

표 12-3 도정도가 다른 쌀로 지은 밥의 영양소별 소화 흡수율

(단위 : %)

밥의 종류	단백질	지질	탄수화물
백미밥	88.66	91.61	99.66
7분도미밥	80.54	84.97	99.21
5분도미밥	78.22	80.98	99.20
현미밥	69.19	74.09	97.09

표 12-4 멥쌀과 찹쌀의 비교

구별	점성	전분의 구조	용도
멥쌀	약함	아밀로오스 20% 아밀로펙틴 80%	밥, 술, 식초, 과자, 식혜
찹쌀	강함	아밀로오스 0% 아밀로펙틴 100%	떡, 유과, 찹쌀가루, 찰밥

은 75~80%로 대부분이 전분이다. 멥쌀과 찹쌀전분은 아밀로오스와 아밀로펙틴으로 구성되나 함유량이 다르다(표 12-4). 무기질로는 칼륨, 인, 마그네슘 등이 많으나 도정으로 감소된다. 비타민 B군은 배아와 겨층에 상당량 함유되어 있으나 백미에는 적다. 특히, 비타민 B_1은 66%가 배아부에 들어 있고, 배유부에는 5%만 함

찹쌀

멥쌀

유되어 있으므로 백미를 비타민 B_1, B_2 용액에 침지·흡수시켜서 강화미를 만든다.

흑미도 벼의 한 품종으로 흑향미와 흑찰미가 알려져 있으며, 겉은 검고 속은 희다. 현미상태로 도정하므로 배아가 있어 백미보

기능성 쌀

예로부터 3000여 년 동안 있는 그대로 밥상에 오르던 쌀이 이제는 생명공학기술과 접목되면서 화려한 변신에 나섰다. 즉, 식품이 지닌 1차적 영양기능과 2차적 기호기능 이외에 3차적 기능인 생체조절기능까지 갖춘 기능성 쌀들이 다량 출시되고 있으며, 특수한 방법으로 가공한 쌀이나 친환경적으로 재배한 쌀 등 다양한 제품들도 선보이고 있다. 그 종류를 살펴보면 다음과 같다.

1) 특수코팅·강화 쌀

- 키토산쌀 : 쌀 표면에 열과 압력을 가해 키토산이 베어들게 한 쌀이다. 키토산 원액을 논에 뿌려 재배하거나 게 껍질에서 추출한 유기질을 비료로 사용하여 재배한다.
- 홍국쌀 : 콜레스테롤 감소에 효과가 있는 것으로 알려진 홍국 추출물로 코팅한 쌀이다.
- 동충하초쌀 : 곤충의 몸에 침입하여 죽게 한 다음 그 양분을 이용하여 자실체(버섯)를 형성하는 동충하초 균사체를 현미에 배양시킨 쌀이다.
- 상황버섯쌀 : 면역증강 및 항암성을 지닌 것으로 알려진 상황버섯 균사체를 현미에 배양시킨 쌀이다.
- 홍삼쌀 : 쌀의 표면에 인삼(홍삼) 농축액의 피막을 입힌 쌀이다.
- 황금쌀 : 벼의 유전자를 조작해 카로티노이드(carotenoid)를 획기적으로 높인 쌀이다.
- 가바쌀 : 뇌세포 활성물질인 감마아미노낙산(γ-aminobutyric acid, GABA)이 많은 쌀이다.
- 아미노산쌀 : 리신과 메티오닌 등의 아미노산 함량을 높인 쌀이다.
- 녹쌀 : 녹즙, 목초액을 살포하여 밥을 지었을 때 녹색을 띠는 쌀이다.
- 향미쌀 : 당귀, 계피, 감초를 살포해 재배하여 향기가 살아 있는 쌀이다.
- 혈당강하쌀(절당미) : 양파+약재로 코팅하여 당뇨병에 효과가 있는 쌀이다.
- 해조쌀 : 미역, 다시마 분말을 녹여 쌀 모양으로 만든 뒤 응고시켜 탄력성, 저장성을 부여한다.
- 양파쌀 : 양파껍질 추출액으로 코팅한 쌀이다.

키토산쌀

홍국쌀

동충하초쌀

이 외에도 카테킨쌀, 게르마늄쌀, 활성탄쌀, 뽕잎쌀, 머드쌀, 고섬유질쌀, 영지버섯쌀(불로초쌀), 표고버섯쌀, DHA 강화쌀, 은단쌀, 홍화씨 추출액 함유쌀, 포도씨 추출물 코팅쌀, 매실 추출물 함유쌀, 녹차쌀, 은쌀, 다이어트쌀, 카로틴쌀, 고비타민쌀, 미네랄쌀, 현미쑥쌀, 다시마쌀, 가시오가피쌀, 칼슘쌀 등이 있다.

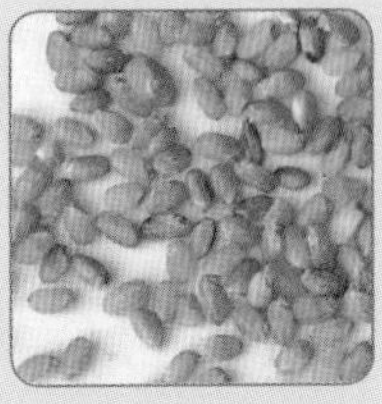
금쌀

2) 특수 가공 쌀

- 발아현미 : 현미를 발아시켜 비타민, 무기질, 효소를 활성화시킨 쌀이다.
- 냉각미 : 벼 수확 후 5℃ 이하의 저온 창고에 보관했다가 도정한 쌀이다.
- 청결미 : 세척이 완료되어 씻지 않고 조리할 수 있는 쌀이다.
- 배아미 : 특수 도정으로 배아를 60%까지 유지시킨 쌀이다.
- 거대배아미(큰눈쌀) : 쌀눈이 2~5배 큰 고영양가를 지닌 쌀이다.
- 5℃ 이온미 : 산성 이온수로 살균·세척 후 알칼리성 이온수로 코팅하여 최적 보관온도인 5℃에 저장한 쌀이다.

발아현미

3) 친환경재배 쌀

- 오리농법쌀, 우렁이쌀, 쌀겨농법쌀, 무농약쌀, 저농약쌀, 무비료쌀 등이 있다.

다 영양가가 높다. 단백질, 지질, 칼슘, 비타민 B_1, B_2, 인, 철이 많고 안토시아닌 색소를 함유하여 항산화 효과도 우수하다. 그러나 수용성인 안토시아닌 색소의 유실을 막으려면 가볍게 씻어 30분 이상 불리지 말아야 한다. 일반 현미보다 다가 불포화지방산이 많고, 백미보다 식이섬유도 많아 당뇨 환자에게 바람직하다. 백미에 적당량을 넣고 밥을 지으면 향과 더불어 밥맛이 좋아진다.

흑미

쌀 가공품으로는 밥 이외에 주류, 떡, 과자, 장류, 음료, 면류, 미숫가루, 현미유 등이 있다.

쌀눈

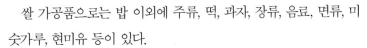

우리나라의 연간 1인당 쌀 소비량은 1970년 136.4kg, 1990년 119.6kg, 2010년 72.8kg, 2018년 61kg으로 매년 감소하고 있다(통계청, 양곡소비량조사). 2018년 1인당 하루 평균 쌀 소비량은 169.3g으로 1970년 373.7g의 절반에도 미치지 못하는 수준이다. 즉 한 사람이 하루 동안 공깃밥으로 한 공기 반 정도 먹는 셈이다.

떡

1인 가구의 증가, 외식시장의 확대로 쌀 소비량이 감소하고 있다. 그러나 한편으로는 캠핑을 가거나 혼밥을 하는 사람들 또는 고령층을 겨냥한 컵밥, 즉석죽 등 가정간편식(HMR, Home Meal Replacement) 시장의 성장세에 힘입어 쌀 소비량 감소 폭은 과거에 비해 줄어들 것으로 예상된다.

한과

가정간편식(HMR)

가정식사를 대체할 수 있고 가정 외에서 판매되며 완전조리가 끝난 식품 또는 가열이 필요한 식품 형태로 구매하여 간단히 조리할 수 있는 식품을 의미한다.

2) 밀

밀(소맥, wheat)은 세계 각 지역에서 재배되고 있으며 식량작물 중 가장 넓은 지리적 분포를 보인다. 쌀 다음으로 소비가 많이 되는 작물로 2017년에 국민 1인당 32.4kg을, 국가적으로는 약 218만 톤 정도를 소비하나 대부분 수입에 의존하고 있는 실정이다. 밀은 20여 종의 품종이 알려져 있으며, 파종 시기에 따라 봄밀과 겨울밀, 경도(硬度)에 의해 경질밀과 연질밀, 입자의 색에 의해 백색밀과 적색밀로 구분한다. 밀 입자는 바깥쪽부터 과피, 외배유, 호분층으로 구성되는 밀기울과 배유부로 나뉘며(그림 12-2), 제분에 의해 배유부를 모은 것이 밀가루이다.

밀가루

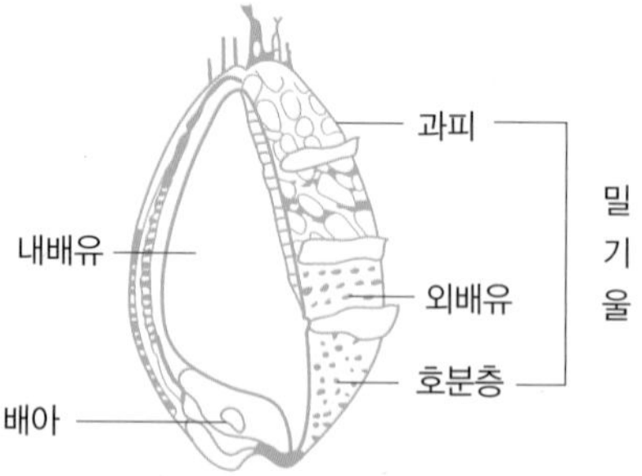

그림 12-2 밀의 구조

셀프 라이징 플라워와 프리믹스

- self-raising flour : 미국의 Food Regulations(1985)에 의하면, 발효제로 베이킹파우더를 첨가하여 잘 혼합한 밀가루를 self-raising flour라 말한다. 이 밀가루는 조직감과 부피 향상이 좋아 케이크, 비스킷, 페이스트리 등을 제조하기에 적당하다. 종류로는 white self-raising flour와 wholemeal self-raising flour 등이 있다. 만약, 구할 수 없으면 1컵의 보통 밀가루에 2티스푼의 베이킹파우더를 첨가하면 같은 결과를 얻을 수 있다.
- premix : 프리믹스는 밀가루에 곡류, 유지, 전분 및 각종 식품첨가물 등의 원료를 배합하여 가정 및 베이커리 업소에서 간단히 빵을 만들 수 있도록 한 것이다.

호 밀

라이맥이라 불리며, 보리와 비슷하지만 입자가 더 가늘며 우리나라에서는 거의 재배하지 않는다. 이것으로 만든 빵은 갈색으로 흑빵이라 불리며 북유럽의 주식이다.

밀의 단백질은 8~13%이나 품종과 재배방법 등에 따라 달라진다. 경질밀, 겨울밀, 조기수확한 품종의 밀에 단백질이 더 많다. 밀단백질의 주성분은 글리아딘과 글루테닌의 혼합물인 글루텐이다. 밀단백질의 아미노산 조성은 글루탐산과 프롤린이 많고 리신은 적으며, 당질은 밀의 주성분으로 90% 이상이 전분인데 주로 배유부에 들어 있으며, 펜토산은 배유 중에 2% 정도로 단백질보다 15~20배나 큰 점성을 지닌다. 특히, 듀럼밀(triticum, durum)은 단백질이 많아 입자가 거칠며, 파스타를 만들거나 피자를 구울 때 뿌리는 용도로 이용한다. 지질은 배아에 들어 있고 리놀레산, 올레산, 팔미트산 등의 지방산으로 구성된다. 배아유에는 비타민 E, B_1, B_2가 많고, 무기질은 칼륨과 인이 많으며 칼슘은 적다.

밀가루는 건부량(습부량)이 13% 이상(35% 이상)이면 강력분, 10~13%(25~35%)이면 중력분, 10% 이하(19~25%)이면 박력분으로 분류한다. 박력분은 글루텐이 더 적은 케이크 밀가루와 좀 더 많은 과자 밀가루로 나눈다. 강력분은 반투명한 유리질의 경질밀로 만들며, 박력분은 분상질의 연질밀로 만든다. 국내산 밀가루는 글루텐이 부족한 중간질밀로 만들어 면류 제조에 적당하다. 밀가루의 등급은 회분량을 기준으로 나누며, 껍질이 많이 섞일수록 회분 함량이 증가한다. 한국 농산물 검사규격에서 1등급은 회분 함량이 0.45% 이하, 3등급은 0.66~1%로 되어 있다.

3) 보 리

보리

보리(대맥, barley)는 한랭하고 거친 지역에서 잘 자라는 일·이년생 초본식물이다. 겉보리(피맥)와 쌀보리(나맥), 2줄보리와 6줄보리로 구분하는데, 겉보리는 입자에 과피와 부피가 밀착되어 도정하기 어렵고 고추장, 엿기름, 보리차, 맥주 제조에 이용한다. 쌀보리는 부피가 쉽게 분리되어 도정하기 쉽고 밥에 넣는다. 또 2줄보리는 맥주 제조에 이용한다. 단백질은 쌀보다 많으며 주성분은 호르데닌(hordenin)과 호르데인(hordein)이다. 아미노산은 리신과 함황 아미노산이 적다. 섬유소는 쌀보다 2~5배 많아 소화율이 낮고 소량의 탄닌 때문에 떫은맛이 나며, 색도 검은편이다. 그러나 섬유소가 많고 탄수화물이 적어 당뇨 환자에게 좋으며, 혼식하면 쌀에 부족한 비타민 B_1을 보충할 수 있다. 특히, 식이섬유의 일종인 베타글루칸(β-glucan)이 다량 함유되어 콜레스테롤 억제 및 변비 예방에도 효과가 있다. 보리를 이용한 가공식품으로는 엿기름, 보리면류, 보리가루, 맥주, 음료 등이 있으며, 압맥(누른 보리)이나 할맥(자른 보리)으로 가공하여 이용하면 소화율을 높일 수 있다.

4) 잡곡류

우리나라에 쌀이 귀하던 옛 시절 밥 대신 먹었던 잡곡류에는 옥수수, 귀리, 메밀, 조, 수수, 기장 등이 있다(표 12-5). 그러나 잡곡은 주식의 범위에서 벗어나 간식, 차, 누룽지로 탈바꿈하고 있다. 소비자들이 원료나 성분을 보고 제품을 구매하는 식으로 기호가 변화되었기 때문이다.

표 12-5 잡곡류의 특성

종류	특성
옥수수 (corn, maize)	 완숙한 옥수수일 경우 콘플레이크, 옥수수가루, 옥수수전분, 엿, 과자, 빵, 죽을 제조하며, 곡류 중 가장 단백질 함량이 적다. 주 단백질은 제인(zein)인데, 필수아미노산인 리신, 트립토판이 매우 적은 단백가 42의 불완전 단백질로 지속적으로 다량을 먹으면 펠라그라라는 피부염의 원인이 된다. 전분은 70%, 지질은 1% 내외이며 옥수수유의 지방산은 리놀레산, 올레산, 팔미트산이고 비타민 E를 함유한다. 황색종은 비타민 A의 전구체인 크립토잔틴을 함유한다.
귀리 (연맥, oat)	 보리와 비슷하지만 더 가늘고 길며 세계 10대 슈퍼푸드로 선정되면서 이용이 증가하고 있다. 일부는 도정 후 제분하여 가루로 이용하거나 낱알을 증기 가열 및 압착하여 박편상으로 만든 오트밀로 이용한다.
메밀 (buck-wheat)	 종실은 삼각형의 과피에 쌓여 있으며, 껍질을 벗긴 후 제분하여 이용한다. 제분율은 65~70%이고 면 이외에 과자나 묵의 원료로도 사용된다. 종실을 찌고 건조해서 도정하면 밥에 넣을 수 있다. 메밀의 단백질 함량은 13%로 다른 곡류에 비해 리신이 많다. 비타민 B_1과 B_2 이외에 루틴이 메밀가루 100g 중 5~6mg 함유되어 있어 혈관을 강화하는 효과가 있다.
조(italian millet)	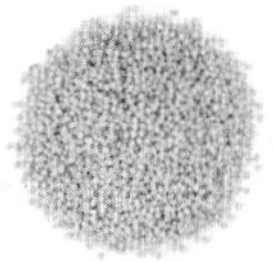 곡류 중 가장 작은 종실로 메조와 차조로 나뉘며, 다른 곡류에 비해 수확량이 적다. 껍질을 벗긴 좁쌀을 밥에 넣어 먹는다. 칼슘 함량이 많아 우유가 적게 생산되는 지역의 임산부에게 권장되며, 수용성 비타민의 공급원으로도 우수하다.
수수(sorghum)	 수수는 트립토판과 시스틴이 부족하며 단백질의 소화율은 60% 정도이다. 곡식용 수수와 사탕수수로 분류되며 사탕수수는 13% 내외의 당을 함유하여 제당 원료로 이용된다. 한편, 수수는 듀린(dhurrin)이라는 청산배당체가 함유되어 생으로 먹으면 중독현상을 일으킨다.

잡곡을 함유한 간식

호밀식빵, 칠곡식빵, 잡곡김밥, 오곡두유, 오곡셰이크, 오곡시리얼, 통밀스낵, 옥수수수염차, 율무차, 메밀차 등이 있다.

잡곡 누룽지

현미를 잘게 분쇄하여 잡곡과 약 9 : 1의 비율로 혼합한 뒤 소량의 물과 함께 솥에서 가열하여 제조한다.

2. 두 류

두류에는 대두와 같이 단백질과 지질이 풍부하고 당질이 적은 것과 팥, 강낭콩, 잠두와 같이 당질과 단백질이 많고 지질이 적은 것이 있다.

1) 콩

콩

콩(대두, soybean)은 고온다습한 기후에서 재배되는 작물로 옛 고구려의 영토인 만주와 한반도가 원산지로 알려져 있다. 오곡의 하나로 종피, 식용부위인 자엽(종실)과 배로 구성되어 있고, 황·흑·청색을 지닌다. 단백질과 지질이 풍부하여 우수한 식품이나 조직이 단단하므로 소화율을 높이고 맛있게 먹기 위하여 콩기름, 콩나물, 콩가루, 청국장, 두부, 동결두부, 유부, 된장, 간장, 인조육으로 가공한다.

단백질은 약 40%를 함유하며 주 단백질은 글로불린계의 글리시닌(glycinin)이다. 메티오닌 등 함황 아미노산은 적으나 아미노산 조성이 우수한 작물로 리신이 비교적 많아 쌀이나 밀의 단백질 부족을 보충할 수 있다. '밭에서 나는 고기'라 비유되고, 가열과 가압에 의해 단백질의 가공 특성이 변하므로 이 성질을 이용하여 인조육을 만들고 육류 대체 소재로 이용한다.

또 20% 내외의 지질을 함유하며, 지방산 조성은 리놀레산 등의 불포화지방산 함량이 85% 정도로 높고, 팔미트산, 스테아르산 등의 포화지방산 함량은 15% 정도로 적다. 콩기름은 폭넓은 온도 범위에서 액상으로 유지되어 이용도가 높으며, 불포화지방산이 많아 혈중 콜레스테롤의 축적을 억제하고 토코페롤의 존재로 항산화작용도 한다. 그러나 갈아놓은 콩은 산화효소인 리폭시게나아제(lipoxygenase)에 의하여 공기 중에서 산화되어 콩비린내를 생성하므로 빠른 시간 안에 소비하는 것이 좋다.

전분은 1% 이하로 매우 적고, 소량의 스타키오스나 라피노오스 같은 소당류가 포함되어 있다. 비타민은 B_1, B_2가 많으나 발아하면 종실에 부족했던 비타민 C가

표 12-6 건조두류의 일반 성분(가식부 100g 중)

식품명	열량 (kcal)	수분 (%)	단백질 (g)	지질 (g)	탄수화물 (g)	무기질			비타민				
						칼슘 (mg)	인 (mg)	철 (mg)	A (μg)	B_1 (mg)	B_2 (mg)	니아신 (mg)	C (mg)
대두(노란콩)	409	11.2	36.21	14.71	32.99	260	660	6.66	11	0.553	0.384	1.64	3.27
붉은팥	352	8.9	19.3	0.1	68.4	82	424	5.6	tr	0.54	0.14	3.3	0
강낭콩	350	10.4	21.2	1.1	63.9	99	338	8.9	0	0.41	0.31	1.9	0
완두콩	363	8.1	20.7	1.3	67.1	85	248	5.8	522	0.49	0.25	1.7	0
잠두	341	10.98	26.12	1.53	58.29	103	421	6.7	32	0.555	0.333	2.832	1.4
땅콩	525	10.8	25.74	42.57	18.36	67	425	3.07	4	0.389	0.212	10.514	0
녹두	352	9.4	24.51	1.52	60.15	100	441	4.11	243	0.156	0.358	1.634	5.29

– : 수치가 애매하거나 측정되지 않음
tr : 식품성분함량이 미량 존재
자료 : 농촌진흥청 국립농업과학원(2017), 식품성분표 제9차 개정

10mg/100g 정도 생성된다.

생콩 중에는 단백질의 소화를 저해하는 트립신저해제나 적혈구를 응집시키는 헤마글루티닌(hemagglutinin)이 들어 있어 생으로 먹을 수 없으나 가열하면 그 저해작용은 없어진다. 또한 사포닌은 거품을 형성하고 약한 용혈작용을 하며 이소플라본, 펩티드, 피트산 등 생리활성 물질은 암, 심장질환, 골다공증, 신장질환의 예방 및 노화 방지에 탁월한 효과를 지닌다.

2) 팥

팥

팥(소두, small red bean)의 주성분은 콩과 달리 전분으로 세포 내 단백질에 단단히 싸여 있다. 가열하면 단백질이 응고되면서 전분의 호화를 방해하므로 부드럽게 삶으려면 시간이 많이 걸린다. 글로불린계 파세올린(phaseolin)이라는 단백질이 20% 정도 함유되어 있으며, 비타민 B_1, 칼륨이 많다. 사포닌이 소량 함유되어 가

열 시 거품을 발생시킬 수 있다. 안토시아닌 색소가 함유된 붉은색은 액운을 막는 효과가 있어 동지팥죽을 쑤어 문지방이나 장독대에 뿌리기도 하였다.

팥을 이용한 가공품으로는 팥밥, 팥칼국수, 팥죽, 과자, 떡 등이 있으며, 레토르트 식품으로 만든 즉석팥죽이 일본 등으로 수출되고 있다.

블랙푸드(black food)

검은색을 띤 자연식품 또는 이것으로 만든 음식으로 대개 항산화 효과가 있는 안토시아닌 색소가 함유되어 있다. 카카오 함량이 높은 다크초콜릿이 건강식품으로 급부상하면서 관심을 받기 시작한 것도 이 때문이다.

자연식품에는 검은콩, 흑임자, 흑미, 흑마늘, 가지, 흑토마토, 포도, 오디, 블루베리, 김, 수박씨, 오징어먹물, 캐비아가 있다. 가공식품으로는 다크초콜릿, 검은콩 현미스낵, 검은콩 청국장, 흑초, 흑마늘 음료, 블랙체리잼 등이 있다.

블랙푸드의 예

3) 기타 두류

그 밖에도 강낭콩, 완두콩, 잠두, 땅콩, 녹두 등의 두류가 있다(표 12-7).

표 12-7 기타 두류의 특성

종류	특성
강낭콩 (kidney bean)	신장 모양의 종실은 팥과 같이 전분이 주성분이며, 건조시 단백질은 20% 정도다. 어린 꼬투리는 비타민 A, B_1, B_2, C가 풍부하여 채소로서 서양요리에 이용된다. 특수 성분으로 청산배당체가 함유되어 있으나, 양이 적고 가열에 의해 무독화된다. 흰 팥소, 떡, 과자 제조에 이용된다. 
완두콩(pea)	껍질이 부드러운 연협종은 풋콩이라 부르고, 채소로서 중국요리에 많이 이용된다. 껍질이 단단한 경협종은 그린피스라 부르는 미숙한 종실을 수확하여 밥에 넣거나 통조림, 수프로 이용한다. 주성분은 전분으로 단백질, 섬유소, 비타민 A도 풍부하다. 주 단백질은 글로불린계의 레구민(legumin)이다. 
잠두(broad bean)	누에 모양을 하고 누에가 고치를 지을 즈음에 익어 간다고 누에콩이라고도 부른다. 비타민 A, B_1, B_2, C를 비롯한 단백질, 지방, 당질 등 각종 영양소를 고르게 함유하고 있다. 미숙한 상태에서는 채소로, 잎은 약용으로 그 밖에 제과, 통조림, 안주로 이용한다. 
땅콩(peanut)	낙화생이라 불리며, 볶으면 지질이 43%에서 48%로 증가한다. 비타민 B_1과 니아신 함량도 매우 높다. 단백질은 20% 정도 함유되어 있으며, 아라킨(arachin)과 콘아라킨(conarachin)이 주 단백질이다. 간식, 안주, 땅콩버터, 낙화생유로 이용되며, 기름을 짜낸 땅콩박에서 곰팡이독인 아플라톡신(aflatoxin)이 검출된 적이 있다. 
녹두(mung bean)	형태가 팥과 비슷하지만 크기가 더 작고, 종실은 녹색이 일반적이다. 전분이 주성분이며, 칼슘, 인, 철, 칼륨 등이 쇠고기보다 많다. 청포묵, 녹두죽, 빈대떡, 숙주나물, 떡고물, 당면 제조에 이용된다. 

3. 서 류

서류는 근채류에 속하나 당근, 무와 같은 근채류에 비해 전분이 많으므로 채소와는 별도로 서류라 부른다. 지하의 뿌리나 줄기에 다량의 전분과 기타 다당류를 저장한다. 비타민 함량은 적으나 무기질 함량은 많다. 곡류나 두류에 비해 저장성이 나쁘나

표 12-8 서류의 일반 성분(가식부 100g 중)

식품명	열량 (kcal)	수분 (%)	단백질 (g)	지질 (g)	탄수화물 (g)	무기질			비타민				
						칼슘 (mg)	인 (mg)	철 (mg)	A (μg)	B_1 (mg)	B_2 (mg)	니아신 (mg)	C (mg)
고구마	108	60.6	1.01	0.11	37.19	15	49	0.45	32	0.065	0.027	0.591	7.12
감자	50	81.9	2.01	0.04	15.08	9	33	0.58	0	0.06	0.027	0.314	10.51
유색감자	63	77.8	2.8	tr	18.5	5	56	0.8	tr	0.17	0.03	0.9	31
돼지감자	35	81.4	2.18	0.09	14.92	17	100	0.53	0	0.044	0.088	0.472	1.34
토란	53	80.8	2.08	0.14	15.77	11	55	0.59	10	0.081	0.022	0.63	1.21
산마	47	83.1	1.84	0.12	14.05	9	52	0.44	0	0.119	0.053	0.677	3.84
곤약	6	96.5	0.2	tr	3.0	75	10	0.5	0	0	0	0	0

－ : 수치가 애매하거나 측정되지 않음
tr : 식품성분함량이 미량 존재
자료 : 농촌진흥청 국립농업과학원(2017). 식품성분표 제9차 개정

주식 또는 주식 대용으로 이용된다. 가공식품으로 이용되며 전분이나 알코올 공업의 원료로 이용되기도 한다. 고구마, 감자를 비롯하여 돼지감자, 토란, 마, 곤약, 카사바 등이 있다(표 12-9).

1) 고구마

고구마

고구마(sweet potato)는 메꽃과에 속하는 저장용 덩이뿌리이다. 당질이 30% 내외로 주식 대용이 가능하며 예로부터 구황작물로 이용되었다. 가열에 의한 조직감의 차이로 촉촉하고 질척한 물고구마와 물기없이 퍽퍽한 밤고구마로 나눈다. 주단백질은 이포메인(ipomain)이며, 황색의 육질은 카로틴이다. 저장하거나 천천히 구우면 β-아밀라아제에 의해 전분이 맥아당으로 분해되므로 감미가 증가한다. 고구마는 흑반병에 걸리면 이포메아마론(ipomeamarone)에 의한 검은 반점이 생성되어 쓴 맛을 내므로 먹지 못하게 된다. 또한 상처가 나면 유액을 분비하는데 그 성분은 얄라

표 12-9 기타 서류의 특성

종류	특성
돼지감자 (jerusalem artichoke)	국화감자 또는 뚱딴지로 부르며, 우리나라 전역에 야생하고 있다. 돼지의 먹이로 이용되어 붙은 이름이다. 주성분은 소화되지 않는 이눌린으로 산, 효소로 분해하면 과당을 얻을 수 있다. 알코올 생산자원으로도 유망하다. 
토란(taro)	주성분은 전분이며, 미끈미끈한 점성은 갈락탄이라는 다당류이고, 아린맛은 호모겐티스산(homogentisic acid)이다. 피부에 닿을 때 가려워지는 것은 수산칼슘의 침상결정 때문으로 소금물에 데치거나 쌀뜨물에 담가 전처리 후 조리하면 좋다. 특히, 껍질에 수산칼슘이 많으므로 조금 두껍게 벗기면 좋다. 토란대는 말려 저장채소로 이용한다. 
마(yam)	고구마와 비슷한 덩이줄기로 들에 자생하거나 재배한다. 강한 점성은 글로불린계 단백질과 만난이라는 다당류가 결합한 당단백질이다. 토란처럼 수산칼슘의 침상결정이 있다. 마쇄 시 티로시나아제에 의하여 갈변될 수 있으므로 껍질을 벗긴 뒤 식초에 담근다. 찌거나 구워 먹고 갈아서 마신다. 
곤약(konjak)	구약감자의 뿌리에서 생성된 가루를 묵처럼 젤리화하여 만든 제품이다. 주성분은 글루코만난으로 분해하면 포도당 1분자와 만노오스 2분자가 생성되며, 혈중 콜레스테롤치를 낮추는 작용을 한다. 수분이 대부분(97%)이며 열량은 거의 없으나(6kcal/100g) 조금만 먹어도 포만감을 주므로 다이어트 식품으로 이용된다. 또한, 칼슘 함량이 높으며 산에 녹으면 잘 흡수된다. 
카사바(cassava)	마니오크라고도 불리며 30~50cm의 덩이줄기가 달린다. 주성분은 전분으로 이를 타피오카 또는 마니오카 전분이라 부른다. 타피오카는 카사바를 세척·마쇄·침전·건조시켜 만든 하얀 가루로 칼슘, 비타민 C가 풍부하다. 그러나 리나마린(linamarin)이라는 시안배당체가 들어 있어 조직 파괴 시 유독한 청산이 생성되므로 먹기 전 물에 담가 독을 제거한다. 빵, 알코올 음료 제조에 이용된다. 

핀(jalapin)이다. 이런 상처는 고온다습한 조건에서 저장하는 큐어링(curing)을 하면 새로운 코르크층 표피가 형성되어 치유되며, 부패균의 침입도 막을 수 있다.

고구마는 즙, 가루 또는 절간(얇게 말린) 고구마의 형태로 엿, 과자, 잼, 당면, 알코올 제조에 이용한다.

2) 감 자

감자

감자(potato)는 가지과에 속하는 1년생 식물로 비대해진 덩이줄기를 섭취한다. 고구마에 비해 수분과 단백질은 많고 당과 지질은 적다. 유색감자(자주감자, 붉은 감자)는 안토시아닌 색소가 풍부하여 항산화 기능이 우수하므로 생채소로 즙을 내거나 샐러드용으로 이용해도 좋다. 감자는 가열에 의한 조직감의 차이로 점성감자와 분성감자로 나눈다. 점성감자는 단백질이 많아 익히면 투명하고 촉촉하므로 잘 부서지지 않는다. 반면에 분성감자는 전분이 많아 하얗고 파삭파삭하여 부서지기 쉽다. 주단백질은 투베린(tuberin)으로 독일, 폴란드, 러시아에서는 빵과 같이 주식으로 이용한다. 껍질의 녹색 부위나 싹튼 부위는 유독 성분인 솔라닌(solanin)이 있어 중독될 수 있으므로 잘라내고 조리한다. 또한 썩기 시작하면 셉신(sepsin)이라는 독성물질이 생성되나 썩은 감자는 먹지 않으므로 문제되지 않는다. 감자는 껍질을 벗기거나 자르면 티로시나아제(tyrosinase)가 산소와 만나 갈변색소인 멜라닌(melanin)을 생성하여 갈변된다. 따라서 조리 직전 손질하거나 물에 담가 산소를 차단시킨다.

감자는 전분, 물엿, 포도당의 원료로 이용하거나 포테이토칩, 프렌치프라이 등의 간식으로 이용하고, 분말화하여 빵의 품질 개량제로도 이용한다.

4. 채소류

신선한 채소는 무기질과 비타민의 보고로 식탁에 푸짐함을 주고 먹을 때 아삭아삭 씹는 맛을 부여한다(표 12-10).

채소의 생육기간은 2~10개월 정도이다. 생육적온은 15~30℃로 평균기온 15~18℃를 좋아하는 호냉성 채소와 18~30℃의 따뜻함을 좋아하는 호온성 채소로 나눈다. 또한 식용 부위, 색상, 식이섬유 함량에 따라 분류하기도 한다(표 12-11). 채소는 수확

표 12-10 채소의 특성

종류	특성
수분	90% 이상 함유하여 신선도 판정의 기준이 되나 저장성 감소의 원인도 된다.
열량	탄수화물, 단백질, 지질 함량이 적어 에너지원으로의 가치는 적다.
비타민	A와 C가 풍부하며 B_1과 B_2 함유로 인체의 각종 생리기능을 조절한다.
무기질	칼륨, 칼슘, 마그네슘, 인, 철을 함유하여 체내 완충작용을 담당한다.
섬유소	식이섬유가 풍부하여 정장작용 및 변비 예방효과가 우수하다.
색소	엽록소, 플라보노이드, 카로티노이드를 함유해 아름다운 빛깔을 제공한다.
효소	소화를 돕기도 하지만 대부분 갈변의 원인이 된다.

표 12-11 채소의 분류

분류 요인	분류
식용 부위	• 엽채류 : 시금치, 배추, 양배추, 상추, 쑥갓, 부추, 들깻잎 • 경채류 : 파, 콩나물, 죽순, 샐러리, 아스파라거스, 두릅 • 근채류 : 무, 당근, 양파, 마늘, 우엉, 연근 • 과채류 : 호박, 오이, 가지, 고추, 토마토, 참외, 수박
색상	• 안토잔틴계 : 양파, 우엉, 연근, 마늘, 무 • 안토시안계 : 가지, 비트, 적양배추, 적상추 • 클로로필계 : 시금치, 풋고추, 배추, 오이, 부추, 브로콜리 • 카로티노이드계 : 호박, 당근, 고추, 파프리카
온도 적응성	• 호냉성 채소 : 무, 마늘, 케일, 근대, 배추, 시금치 • 호온성 채소 : 오이, 가지, 토마토, 고추, 호박
식이섬유	• 고식이섬유계 : 적양배추, 붉은고추, 쑥, 깻잎, 파슬리 • 저식이섬유계 : 양파, 양상추, 수박, 토마토

후에도 증산작용과 호흡작용이 왕성하므로 품질이 저하되기 쉽다. 따라서 저장온도를 낮추어 대사와 호흡작용을 억제하고 향기 성분의 손실을 감소시킬 수 있다. 최근에는 냉장상태를 유지하여 신선도의 변화 없이 생산자로부터 소비자에게 공급되는 콜드체인시스템이 일반화되어 채소의 유통 및 저장이 편리해지고 계절에 따른 제약성도 없어졌다.

1) 엽경채류의 종류와 특성

시금치

- **시금치(spinich)** : 비타민 A, C와 철이 풍부하다. 빈혈 예방에 효과가 있는 엽산이 들어 있고, 수산(oxalic acid)은 칼슘과 결합하여 불용성의 수산칼슘을 형성하므로 칼슘의 흡수를 저해하나 데치면 상당부분 제거된다.

배추

- **배추(chinese cabbage)** : 십자화과 채소로 섬유소가 풍부하여 정장작용이나 변비 예방에 효과적인 김치의 주재료이다. 삶으면 황화합물이 분해되어 유황 냄새가 난다.

양배추

- **양배추(cabbage)** : 싹양배추(브루셀 스프라우트), 적양배추와 함께 겨자과에 속하는 채소이다. 바깥쪽의 녹색 잎은 질기지만 내부의 흰 잎보다 식이섬유와 비타민 C가 많으므로 생으로 먹는 것이 좋다. 또한 각종 효소를 함유하고 있어 위장장애에 효과적인 항궤양 식품으로 알려져 있다. 황을 함유하여 독특한 향미를 지니며, 독일 요리로 식초에 절인 양배추 요리인 사우어크라우트(sauerkraut)가 유명하다.

상추

- **상추(lettuce)** : 적색이나 녹색의 잎상추와 함께 결구종인 양상추도 이용한다. 신선한 맛과 씹는 느낌이 좋아 쌈으로 생식한다. 잎, 줄기의 절단 시 잠을 유도하는 유백색의 점액 락투신(lactucin)이 분비된다. 비타민 C는 적으나 비타민 A, 철이 많다.

쑥갓

- **쑥갓(crown daisy)** : 독특한 향과 연한 줄기, 산뜻한 맛이 특징이다. 비타민 A, 칼슘이 많고 비타민 C는 아스코르비나아제가 들어 있어 파괴되기 쉽다. 상추, 깻잎과 더불어 쌈채소로 이용하며, 국물 있는 음식에 향을 위해 넣는다.

부추

- **부추(chinese chive)** : 솔(전라도), 정구지(충청도)로 불리며, 알릴디술피드라는 향기 성분을 함유해 육류나 어류 조리 시 첨가하면 냄새 제거에 효과적이다. 칼슘, 철, 비타민이 풍부하다.

- **들깻잎(perilla leaves)** : 단백질, 칼슘, 철, 비타민 A, B_1, B_2가 풍부한 채소로 들깨보다 조성이 우수하다. 특히, 베타카로틴의 함량은 7,500μg 이상으로 채소 중 단연 으뜸이다. 독특한 향은 페릴라 알데히드(perilla aldehyde), 리모넨 페릴라 케톤(limonene perilla ketone)에 의한다.

들깻잎

- **냉이(shepherd's purse)** : 들과 밭에 흔한 두해살이풀로 어린 순과 뿌리를 이용한다. 잎이 갈라져서 지면에 붙어 자라는 특징을 가진 대표적인 봄나물로 냉이국이나 무침으로 먹는다. 단백질, 칼슘, 철, 비타민 A, B_1, B_2, C가 풍부하다.

냉이

- **파(welsh onion)** : 매콤한 특유의 향은 알릴디술피드로서 육류와 어류의 냄새 제거에 효과적이다. 파란 잎 부위에는 비타민 A가, 줄기 부위에는 비타민 C가 많으며 대파, 쪽파, 실파로 나눈다.

파

- **죽순(bamboo shoot)** : 대나무의 지하경에서 돋아나는 어린 싹으로 아린맛 성분인 호모겐티스산이 함유되어 있어 물에 담가 우려낸 뒤 이용한다. 단백질, 섬유소, 비타민 B_1, B_2가 많다.

- **아스파라거스(asparagus)** : 녹색, 흰색과 자주색의 갓 자라난 새싹 줄기를 먹는다. 아미노산이 비교적 많으며 이 중 47%가 아스파라긴(asparagine)이다. 만니톨, 비타민 B_1, B_2가 많고 혈관 강화작용을 하는 루틴과 쓴맛을 주는 사포닌을 지닌다.

아스파라거스

- **셀러리(celery)** : 향기 성분은 세다놀리드(sedanolide)이며 비타민 C, A, 칼슘이 많다. 줄기는 샐러드, 수프, 소스 제조에 이용한다. 씨앗은 수증기 증류하여 정유를 얻거나 분말로 정제하여 소금과 섞은 셀러리 소금(salt) 제조에 이용한다.

셀러리

- **두릅(Aralia elats, bud)** : 이른 봄 가시가 많은 두릅나무에서 새순을 꺾어 내는 나무두릅과 독활이라고 부르는 땅두릅으로 나눈다. 단백질, 섬유소, 비타민 A, B_2가 많다.

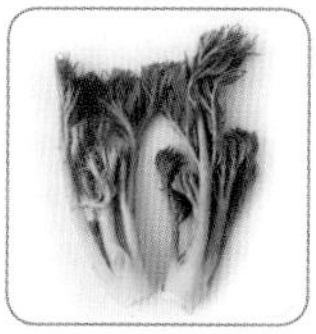
두릅

표 12-12 채소류의 일반 성분(가식부 100g 중)

식품명	열량 (kcal)	수분 (%)	단백질 (g)	지질 (g)	탄수화물 (g)	무기질			비타민				
						칼슘 (mg)	인 (mg)	철 (mg)	A (μg)	B_1 (mg)	B_2 (mg)	니아신 (mg)	C (mg)
시금치	30	89.4	3.1	0.5	6.0	40	29	2.6	2876	0.12	0.34	0.5	60
배추	11	95.6	1.1	0	2.7	29	18	0.5	5	0.2	0.03	0.4	10
양배추	26	89.7	1.68	0.08	7.92	45	35	0.27	13	0.035	0.033	0.573	19.56
청상추	13	94.9	0.97	0.1	3.66	32	28	0.46	424	0.037	0.01	0.462	0.24
쑥갓	14	94.6	1.93	0.17	2.35	91	36	0.79	2,472	0.029	0.088	0.155	10.4
부추(재래종)	19	93	1.8	0.3	4.1	28	23	3.4	87	0.16	0.08	0.6	5
들깻잎	42	84.3	4.46	0.5	8.89	296	83	1.91	7,565	0.329	0.508	0.3	2.73
냉이	37	86.2	4.23	0.27	8.06	193	90	13.24	939	0.07	0.318	0.535	24.29
대파	19	92.8	1.78	0.15	4.80	24	30	0.82	277	0.066	0.094	0.143	3.55
죽순	23	91.6	3.48	0.22	3.77	14	66	0.39	14	0.043	0.165	0.271	8.03
미나리	17	93.1	0.9	0.16	5.15	34	49	0.29	308	0.01	0.093	0.362	1.93
아스파라거스	14	94.6	1.9	0.1	2.8	22	61	0.5	321	0.12	0.13	0.8	5
셀러리	14	93.9	1.04	0.07	3.95	88	36	0.28	683	0.041	0.089	0.805	10.6
두릅	22	91.4	2.4	0.22	4.79	80	67	8	534	0.01	0.261	0.353	9.83
조선무	13	95.3	0.63	0.09	3.36	23	37	0.18	4	0.059	0.021	–	7.34
당근	25	91.1	1.02	0.13	7.03	24	42	0.28	5,516	0.037	0.062	0.882	3.01
양파	20	92	0.95	0.04	6.68	15	27	0.2	2	0.035	0.011	0.099	5.88
마늘	102	65.3	7.03	0.12	26.65	8	124	0.82	0	0.118	0.276	0.613	11.86
연근	55	80	1.63	0.07	17.28	28	75	0.8	0	0.087	0.124	0.136	28.35
생강	32	88.2	0.97	0.15	9.82	18	33	0.95	19	0	0.052	0.497	1.5
애호박	17	93.1	1.07	0.09	5.14	15	38	0.23	270	0.038	0.08	0.348	3.11
오이(개량종)	12	95.2	1.22	0.02	3.05	18	39	0.2	61	0.002	0.034	0.091	11.25
가지	15	93.9	1.13	0.03	4.36	16	35	0.26	52	0.035	0.163	0.366	0
홍고추	71	77.4	3.12	2.73	15.34	14	81	0.75	3,537	0.39	0.383	2.539	122.74
풋고추	23	91.1	1.71	0.19	6.42	15	38	0.5	458	0.008	0.076	0.558	43.95
토마토	16	93.9	1.03	0.18	4.26	9	29	0.19	380	0.013	0.037	0.311	14.16
수박	30	91.1	0.79	0.05	7.83	6	12	0.18	853	0.024	0.03	0.285	–
브로콜리	28	89.4	3.08	0.2	6.32	39	68	0.8	264	0.033	0.143	1.024	29.17
꽃양배추	19	92.4	1.9	0.1	4.7	12	40	0.6	0	0.07	0.09	0.3	99

– : 수치가 애매하거나 측정되지 않음

자료 : 농촌진흥청 국립농업과학원(2017), 식품성분표 제9차 개정

2) 근채류의 종류와 특성

- **무(radish)** : 아밀라아제가 함유되어 소화가 잘 되며, 수분이 많다. 무청에는 β-카로틴과 비타민 C가 많다. 트랜스-4-메틸티오-3-부테닐이소티오시아네이트에 의하여 매운맛을 지닌다. 이 매운맛은 휘발성이 강하고, 수용액 중에서 불안정하여 차츰 소실되는 특성을 지닌다.

무

- **당근(carrot)** : 주황색이 진할수록 β-카로틴이 많다. 생으로 섭취하면 소화흡수율이 10%에 불과하나 익히거나 기름에 튀기면 30~50%로 증가한다. 아스코르비나아제가 들어 있어 다른 채소(무, 오이)와 함께 조리할 때나 으깨고 즙을 낼 때 비타민 C가 파괴된다. 잎에도 비타민 C, 정유성분이 함유되어 있다.

당근

- **양파(onion)** : 비늘 줄기에 함유된 자극적인 방향 성분은 프로필 알릴 디술피드(propyl allyl disulfide)다. 이는 가열로 분해되어 단맛이 강한 프로필 메르캅탄(propyl mercaptan)이 되며 설탕의 50배에 해당하는 단맛을 지닌다. 껍질에는 항산화제로 작용하는 안토잔틴계 색소인 케르세틴(quercetin)이 들어 있다.

양파

- **마늘(galic)** : 강한 살균력과 독특한 풍미를 지닌 향신료로, 항균효과 및 항암작용 1순위의 식품으로 꼽힌다. 채소로서는 단백질, 인, 비타민 B_1, B_2, C와 식이섬유가 풍부하다. 매운맛은 알리인(alliin)이 알리나아제에 의하여 가수분해된 알리신(allicin) 때문

마늘

곡류와 채소의 복합식품

곡류와 채소를 주 원료로 하는 복합식품으로 채소면, 인스턴트면, 채소식빵, 채소과자 및 팽화식품, 채소쌀가루 및 영양죽류, 영양순대(채소+쌀+돼지고기) 등이 있다. 영양소와 풍미가 상호 보완된 기능성 식품으로 식품가공기술과 영양지식이 결합된 제품들이다.

이며, 이는 비타민 B_1이 함유된 식품과 함께 먹으면 알리티아민(allithiamine)이 되어 흡수율이 향상된다.

- **생강(ginger)** : 독특한 맛과 향으로 식품의 냄새제거에 이용된다. 매운맛 성분은 진저론(gingeron), 진저롤(zingerol), 쇼가올(shogaol)이며, 향기 성분은 정유에 속하는 진기베렌(zingiberene)이다. 이들은 병원균에 대한 살균 및 항균작용을 지니므로 생선회에 곁들여 먹으면 좋다.

생강

- **연근(lotus roots)** : 가을에 수확하여 구멍의 크기가 고른 것이 좋다. 전분이 주성분이며 비타민 C가 많다. 폴리페놀류가 많아 산화효소에 의한 갈변이 일어나므로 자르면 물에 담그거나 바로 조리한다.

연근

3) 과채류의 종류와 특성

- **호박(pumpkin)** : 애호박, 청둥호박, 쥬키니, 단호박 등이 있고 잎, 꽃, 씨도 먹는다. 과육의 황색은 베타카로틴과 잔토필이며 기름으로 조리하면 체내 흡수가 잘 된다. 표피층에 아스코르비나아제를 함유하나 열 처리 시 불활성화된다.

호박

- **오이(cucumber)** : 어린 오이에는 비타민 C가 26mg% 들어 있으나, 수확기에는 반 이하로 감소한다. 그나마 아스코르비나아제를 지녀 당근보다는 약하지만 파괴될 수 있다. 수분과 사과산이 많으며, 꼭지의 쓴맛 성분은 쿠쿠르비타신(cucurbitacin)이다.

오이

- **가지(eggplant)** : 크기와 색상(청자색, 녹색, 백색)이 다양하다. 청자색은 안토시아닌계 나수닌(nasunin)과 히아신(hyacin)에 의하며, 조리할 때 명반을 넣으면 변색이

방지된다.

- **고추(pepper)** : 체내에서 위액 분비, 혈액순환 및 지방산화 촉진 효과가 있다. 풋고추, 홍고추, 청양고추가 있고, 서양에는 파프리카, 피망 외에 매운맛의 할라피뇨, 하바네로, 타바스코 등이 있다. 매운맛은 캅사이신, 붉은색은 캅산틴, 캅소르빈이다. 고추와 고춧잎 모두 비타민 A, C가 많다. 피망은 비타민 C가 풍부하고 단맛이 난다. 파프리카는 피망보다 크고 과육이 두꺼워 씹는 맛이 좋고 싱그러운 향을 지니며, 빨강, 노랑, 주황색의 카로티노이드 색소와 비타민 C가 풍부하다.
- **토마토(tomato)** : 토마토, 방울토마토, 흑토마토가 있다. 성숙함에 따라 엽록소는 감소하고 리코펜(lycopene)과 카로틴은 증가한다. 리코펜은 비타민 A로 전환되지는 않으나 항산화력을 지니며, 루틴도 들어 있다. 흑토마토는 리코펜, 비타민 C, 카로틴이 더 풍부하다.
- **수박(water melon)** : 즙이 풍부한 장과류로 수분, 포도당과 과당이 많다. 과육의 붉은색 색소는 카로티노이드계의 리코펜과 α-카로틴이다. 칼륨, 인이 풍부하며 이뇨작용을 한다.

가지

고추

토마토

수박

4) 화채류의 종류와 특성

- **브로콜리(broccoli)** : 양배추의 변종으로 가지 끝에 녹색 꽃눈이 빽빽하게 들어찬 꽃봉오리이다. 여러 개의 작은 덩어리가 모여 큰 녹색의 꽃봉오리를 이룬다. 살짝 데쳐 샐러드로 이용하거나 기름에 볶아 비타민 A의 흡수율을 높여 먹는다. 비타민 A, B_2, C, 단백질이 풍부한 항암식품이다.
- **콜리플라워(cauliflower, 꽃양배추)** : 원줄기의 끝에 젖빛이 도는 흰색의 꽃봉오리가 달리며 이를 식용한다. 비대한 꽃자루에 두툼한 꽃들이 빽빽이 무리 지어 달려 하나의 덩어리를 이룬다. 이 꽃봉오리

브로콜리

콜리플라워

를 식용하는데, 끝 부분이 단단하고 즙이 많을 때 먹는다.

5. 과일류

과일은 채소에 비하여 각종 유기산이 풍부하며 포도당, 과당, 설탕 등 단맛 성분과 조화를 이루어 상쾌한 맛을 제공한다. 특유의 향기를 지니고, 펙틴질을 함유하여 잼, 젤리와 음료를 제조할 수 있다. 또한 각종 소화효소를 지니므로 후식으로 적당하며 육류의 연화를 위해 고기 재울 때 넣는다. 과일은 표 12-13과 같이 크게 4종류로 분류한다.

최근 들어 CA저장(controlled atmosphere storage) 기술이 빠른 속도로 보급되면서 과일의 저장기간이 연장되고 있다. 이는 저장실 내부의 온도를 낮추고(0~4℃), 산소는 2~3%로 줄이며, 이산화탄소의 비율은 2~5%로 증가시켜 급격한 조직변화와 숙성을 지연시키고, 부패 및 손상을 방지하는 기술이다. 수확 후 호흡량이 급상승하는 사과, 배, 바나나, 망고, 살구, 감귤류, 토마토, 아보카도 등은 호흡상승기 이전에 미리 수확하여 CA저장에 의해 숙성시킨 후 판매하면 좋다. 반면에 호흡 상승률이 낮은 레몬, 파인애플, 수박, 포도, 딸기 등은 숙성 후 수확하여 판매하는 것이 좋다.

복숭아

사과

- **복숭아(peach)** : 백육종은 연하고 산미가 적고 감미가 강한 즙액을 지닌다. 황육종은 카로틴 함량이 더 많으며, 통조림에 이용한다. 수분과 당분 이외에 구연산, 사과산, 펙틴이 들어 있고, 안토시아닌계 크리산테민(crysanthemin)에 의한 붉은색을 지닌다.
- **사과(apple)** : 과당과 포도당이 대부분이고, 전분은 미숙과에 약간 존재하다가 성숙하면 없어진다. 펙틴과 사과산이 들어 있고 비타민은 적으며 폴리페놀류의 존재로 갈변되기 쉽다.
- **배(pear)** : 석세포는 다당류인 펜토산으로 이루어진 막세포로서 분해하면 자일로오스와 아라비노오스가 생성된다. 고온보존 시 생리

표 12-13 과일의 분류

분류	과육의 형태	종류
핵과류	단단한 핵이 존재하며 핵 안에 종자를 함유하고 있다.	복숭아, 살구, 자두, 매실, 대추, 앵두
인과류	씨방에 종자를 함유하며 배꼽 반대편에 꼭지를 지닌다.	사과, 배, 감, 감귤류
장과류	과피는 유연하며 육질은 다량의 즙을 함유하고 있다.	딸기, 포도, 무화과, 석류, 바나나, 파인애플
견과류	외과피가 단단하며 종자 부위는 식용이 가능하다.	밤, 호두, 은행, 잣

장해에 의한 흑변현상과 껍질 제거 시 산화효소에 의한 갈변현상이 일어난다. 고기 양념에 갈아 넣거나 후식으로 먹으면 소화가 잘 된다.

배

- **감(persimmon)** : 비타민 C가 많고 포도당과 과당이 주성분이다. 덜 익은 감의 떫은맛은 수용성 탄닌인 시부올(shibuol)이다. 단감에도 탄닌은 있으나 익으면 불용성으로 변하여 떫은맛을 느끼지 못한다. 감잎은 비타민 C가 많아 차로 제조된다.

감

- **딸기(strawberry)** : 비타민 C의 급원으로 안토시아닌계 프라가린(fragarin)에 의한 붉은색과 에스테르에 의한 좋은 향기를 지닌다. 회색 곰팡이의 생성으로 실온에서 하루 이상 보존하기 어렵다. 특히 꼭지와 그 밑의 하얀 부분까지 잘 도려내고 먹으면 약품 처리로부터 안전하다.

딸기

- **감귤류(citrus fruit)** : 온주밀감, 하귤, 오렌지, 유자, 레몬, 자몽, 금귤 등이 있다. 과피에는 정유 시트랄(citral)과 리모넨(limonene), 쓴맛 성분 나린긴(naringin), 과즙 추출 시 백탁의 원인인 헤스페리딘(hesperidin)을 함유한다. 구연산과 당이 많으며, 특히 익을수록 당의 증가로 단맛이 증가한다. 비타민 C는 사과, 배, 포도, 복숭아보다 8~10배 더 많다.

감귤

- **포도(grape)** : 주석산, 사과산을 함유하며 탄닌이 들어 있어 떫은맛이 나고, 과피에는 왁스층이 한 겹 입혀져 있다. 과피의 보라색은

포도

안토시아닌계의 에닌(oenin)과 그 분해산물인 에니딘(oenidin)에 의한다. 항암성분인 레스베라트롤을 함유하며 씨에서 기름을 분리한다.

- **바나나(banana)** : 열대과일로 미숙할 때 수확하여 추숙한 후 이용한다. 추숙 중 과피는 잔토필과 카로틴에 의해 황색으로 변하고, 탄닌이 불용화되어 떫은맛이 없어지며, 프로토펙틴의 분해에 의하여 과육이 연화된다.

바나나

- **키위(kiwi fruit)** : 양다래라고 불리는 후숙 과일로 비타민 B_1, C, 칼슘이 풍부하다. 가지에서 떼어낸 부위에는 심이 있어 딱딱하다. 껍질에는 갈색 털이 나 있고 과육은 녹색에 검은색의 씨가 박혀 있다. 잘 익으면 부드러운 단맛과 신맛을 지니며, 액티니딘(actinidin)이라는 효소를 함유하여 연육효과를 지닌다. 주로 뉴질랜드에서 수입해오며, 최근에는 우리나라도 제주도와 전라남도에서 참다래가 생산된다.

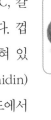

키위

표 12-14 과일류의 일반 성분(가식부 100g 중)

식품명	열량 (kcal)	수분 (%)	단백질 (g)	지질 (g)	탄수화물 (g)	무기질			비타민				
						칼슘 (mg)	인 (mg)	철 (mg)	A (μg)	B_1 (mg)	B_2 (mg)	니아신 (mg)	C (mg)
복숭아(백도)	46	85.8	0.59	0.04	13.1	4	24	0.11	3	0.022	0.023	0.29	2.1
사과(부사)	49	85.2	0.2	0.03	14.36	4	11	0.1	25	–	0.019	0.388	1.41
배(신고)	43	87	0.3	0.04	12.35	1	12	0.05	0	0.016	0.049	0.147	2.76
단감	48	85.6	0.41	0.04	13.66	6	15	0.15	81	0.057	0.051	0.305	13.95
딸기	34	89.7	0.8	0.2	8.9	7	30	0.4	tr	0.03	0.02	0.5	71
감귤	34	89.7	0.63	0.04	9.44	13	12	0.12	57	0.04	0.026	0.4	29.06
포도(캠벌얼리)	54	83.5	0.71	0.13	15.01	9	20	0.17	67	0.072	0.057	0.292	0.09
바나나	79	76.1	1.1	0.1	21.94	7	26	0.29	25	0.049	0.075	0.493	5.94
키위	61	82.8	0.8	1	14.8	30	24	1	25	0.13	0.03	0.5	72
밤	133	61.5	3.28	0.5	33.39	16	69	0.84	29	0.082	0.065	1.638	15.98
은행	180	49.6	4.69	1.53	42.78	7	161	0.9	270	0.119	0.033	2.887	16.89

– : 수치가 애매하거나 측정되지 않음
tr : 식품성분함량이 미량 존재
자료 : 농촌진흥청 국립농업과학원(2017), 식품성분표 제9차 개정

표 12-15 열대과일의 종류와 특성

식품명	특성
코코넛 (Coconut)	• 야자수 열매로 500mL 내외의 수분 함유 • 코코넛밀크는 과육에서 분리한 즙으로 열대지방에서 요리용으로 사용 • 코코넛오일은 건조과육(copra)에서 채취한 기름으로 식품, 의약, 화장품으로 이용 • 버진코코넛오일은 포화지방산(C_6–C_{12})을 함유하여 24℃의 융점을 지님 
아보카도 (Avocado)	• 울퉁불퉁한 흑록색의 영양가 높은 과일 • 과피는 엽록소, 카로티노이드가 풍부함 • 과육은 19%의 지질을 지녀 '숲의 버터'로 부르며 긁어내 빵에 발라 먹거나 샐러드로 이용 
망고 (Mango)	• 맛이 좋아 '열대과일의 여왕'으로 부름 • 애플망고, 그린망고, 망고로 분류 • 과육은 카로틴, 자당, 과당이 풍부 
람부탄 (Rambutan)	• 과피는 성게 모양의 많은 돌기를 함유 • 과육은 단맛과 신맛을 지녀 통조림으로 제조 • 과즙에 비타민 C 풍부 
망고스틴 (Mangostin)	• 과피의 안토시안 색소가 손에 묻어나오며 염료로 이용 • 자주색의 두꺼운 껍질 속에 마늘쪽 같은 하얀 과육 함유 
파파야 (Papaya)	• 완숙과보다 미숙과에 연육효소인 파파인(papain) 함유 • 과육은 베타카로틴과 비타민 A, C 풍부 
롱간스 (Longans)	• 포도송이처럼 달려 있으며 단맛이 강함 • 하얀 과육에 검은색의 큰 씨앗이 들어 있어 '용의 눈'으로 부름 
리치 (Lychee)	• 독성이 있어 공복에 다량 섭취 시 발작을 일으킬 수 있음 • 희고 투명한 과육 안에 큰 갈색 씨를 함유하여 통조림, 음료로 활용 
용과 (Pitaya)	• 선인장 열매로 가지에 열매 달린 모습이 여의주 물은 용의 형상이라 하여 드래곤후르츠(dragon fruit)라 부름 • 주홍색 과육에 검은 씨가 박혀 있음 • 백육종과 적육종으로 분류하며 적육종은 안토시아닌 색소 함유 
블루베리 (Blueberry)	• 익을수록 녹색 → 청색으로 색이 진해짐 • 안토시아닌이 풍부하여 항산화성이 우수하므로 껍질채 섭취함이 바람직함 • 레스베라트롤, 비타민 C, K가 풍부함 
두리안 (Durian)	• 교통 및 숙박시설에 반입이 금지될 정도로 자극적인 냄새를 지님 • 그러나 과육은 부드럽고 달콤한 맛을 지녀 '과일의 왕'으로 부름 

표 12-16 열대과일의 일반 성분(가식부 100g 중)

식품명	열량 (kcal)	수분 (%)	단백질 (g)	지질 (g)	탄수화물 (g)	무기질			비타민				
						칼슘 (mg)	인 (mg)	철 (mg)	A (μg)	B_1 (mg)	B_2 (mg)	니아신 (mg)	C (mg)
아보카도	187	71.3	2.5	18.7	6.2	9	55	0.7	53	0.1	0.21	2	15
망고	57	82.9	0.72	0.1	15.97	7	17	0.18	1,392	0.035	0.054	0.299	14.85
파파야	36	88.9	0.7	0.1	9.8	22	12	0.8	53	0.09	0.02	0.3	37
리치	63	82.1	1	0.1	16.4	2	22	0.2	0	0.02	0.06	1	36
블루베리	45	86.6	0.55	0.09	12.57	9	12	0.23	26	0.017	0.131	0.317	0
두리안	133	66.4	2.3	3.3	27.1	5	36	0.3	36	0.33	0.2	1.4	31

– : 수치가 애매하거나 측정되지 않음

자료 : 농촌진흥청 국립농업과학원(2017), 식품성분표 제9차 개정

- **밤(chestnut)** : 주성분은 전분이며, 단백질, 칼슘, 비타민 B_2, C, 니아신이 풍부하다. 과육의 표층에는 카로티노이드계 색소인 루테인이 들어 있다. 속껍질에는 엘라지산(ellagic acid)이라는 떫은맛 성분이 있고, 통조림 제조 시 백반을 소량 넣으면 알루미늄 이온과 복합염을 형성하여 부서지지 않는다.

밤

- **은행(ginkgo nut)** : 황색의 자극적인 냄새를 지닌 외종피 속에 들어 있다. 외종피는 알레르기 반응을 일으키는 징코산(ginkgoic acid)을 포함한다. 은행잎도 의약품 제조에 이용된다. 시안배당체를 함유하여 다량 섭취 시 중독증상이 나타날 수 있다.

은행

6. 해조류

해조류는 바다에 사는 녹조류, 갈조류, 홍조류를 말하며, 우리나라를 비롯하여 일본과 중국에서 주로 식용한다. 녹조류는 얕은 바다에서 살며 갈조류, 홍조류 순으로 생

육환경이 깊어진다. 일반적으로 요오드나 칼륨 등 무기질과 비타민이 풍부하고, 수용성 식이섬유가 많은 알칼리성 식품이며, 당질로는 만니톨, 알긴산, 라미나린, 카라기난, 한천 등 육상식물에서는 볼 수 없는 특수한 다당류가 들어 있다.

김

- **김(laver)** : 홍조류로 단백질은 40%, 카로틴, 비타민, 철, 요오드가 많다. 구울 때의 청록색은 붉은색의 피코에리트로빈(pycoerythrobin)이 청색의 피코시아닌(pycocyanin)으로 바뀌기 때문이다. 저장 중 붉은색으로 변하는 것은 습기에 의해 엽록소가 분해되기 때문으로 구워도 녹색으로 변하지 않는다. 디메틸술피드(dimethyl sulfide)에 의해 독특한 향과 맛을 낸다.

미역

- **미역(sea weed)** : 갈조류로 카로틴, 칼슘과 갑상선 호르몬의 주성분인 요오드가 많아 청소년기 성장발육과 산모의 노폐물 제거에 좋다. 색소는 카로티노이드계 푸코잔틴(fucoxanthin)이며, 데칠 때 녹색으로 변하는 것은 카로티노이드 색소에 둘러싸인 엽록소가 녹아나오기 때문이다.

다시마

- **다시마(sea tangle)** : 갈조류로 검은색에 녹갈색을 띠며 두껍고 광택나는 것이 좋다. 점질물인 알긴산과 혈압강하작용을 하는 라미나린(larminarin), 칼슘, 요오드 함량이 풍부하고, 글루탐산을 다량 함유하여 맛이 좋으므로 국물 내기에 이용한다. 표면의 하얀 가루는 감미 성분인 만니톨이다.

파래

- **파래(sea lettuce)** : 녹조류로 11~3월에 생산되며 양식용 김발에도 착생하여 파래김이 생산된다. 선명한 녹색을 띤 것이 싱싱하고 상큼한 향과 맛을 지닌다. 단백질, 칼슘, 철, 식이섬유, 엽록소와 카로틴이 풍부하나 리신과 메티오닌은 부족하다. 그늘에 말려 살짝 굽거나 날 것 그대로 섭취하는 것이 좋다.
- **매생이(seaweed fulvescens)** : 생육조건이 매우 까다로운 녹조류로 수온이 낮은 12~2월 남해안 청정지역에서 생산된다. 파래보다 가늘고 길며 검푸른 색으로 칼륨, 칼슘, 요오드 등의 무기질, 엽록소와 식이섬유가 풍부하다. 참기름을 한 방울 떨어뜨

린 시원하고 담백한 국물은 숙취해소에 효과가 좋다.

클로렐라

- **클로렐라(chlorella)** : 담수 녹조류의 일종인 2~10μm의 단세포 생물로 광합성 작용이 활발하고 증식속도가 매우 빠르다. 일반 채소보다 10배가 많은 엽록소, 45%의 단백질과 8가지 필수아미노산이 풍부하여 미래의 단백질원으로 기대된다. 건조하여 타정이나 가루 제품으로 이용하며 새로운 기능성 식품소재 내지 건강보조식품으로 이용되고 있다. 그러나 제품의 녹색이 연해진다면 엽록소가 변질되는 것이므로 섭취하지 않는 것이 좋다. 원래는 셀룰로오스로 구성된 단단한 세포벽을 지녀 소화율이 낮은 편이나 클로렐라 제품들은 세포벽 처리기술을 이용하여 소화흡수율이 75~80%로 향상되었다.
- **한천(agar)** : 홍조류인 우뭇가사리의 즙을 응고·동결·융해·건조하여 제조한다. 아가로오스(70%)와 아가로펙틴(30%)으로 구성되며 각한천, 실한천과 분말한천의 형태로 판매된다. 미생물의 배지, 젤리, 양갱, 과자, 다이어트 식품, 캡슐의 제조에 이용된다.
- **알긴산(alginic acid)** : 갈조류인 미역이나 다시마로부터 추출한 다당류로 주성분은 D-만뉴론산(D-mannuronic acid)이다. 증점제나 안정제로서 아이스크림 속에 큰 결정이 생기는 것을 방지하며, 디저트 푸딩, 겔 제조에 이용된다. 사람에게는 분해효소가 없어 소화되기 어려우며 몸에 해로운 중금속을 몸 밖으로 배설시키는 작용을 한다.

표 12-17 해조류의 일반 성분(가식부 100g 중)

식품명	열량 (kcal)	수분 (%)	단백질 (g)	지질 (g)	탄수화물 (g)	무기질			비타민				
						칼슘 (mg)	인 (mg)	철 (mg)	A (μg)	B_1 (mg)	B_2 (mg)	니아신 (mg)	C (mg)
재래김	163	10.4	41.8	1.5	36.4	265	690	15.3	11,690	0.65	1.13	9.8	16
미역	126	16	20	2.9	36.3	959	307	9.1	3,330	0.26	1	4.5	18
다시마	110	12.3	7.4	1.1	45.2	708	186	6.3	576	0.22	0.45	4.5	18
한천	154	20.1	2.3	0.1	74.6	523	16	7.8	–	0	0	0	0
파래	144	15.2	23.8	0.6	46.7	652	150	17.2	–	0.4	0.52	10	10
클로렐라	174	10.3	45.3	7.2	25.7	117	1,536	73.4	–	–	–	–	–

– : 수치가 애매하거나 측정되지 않음

자료 : 농촌진흥청 국립농업과학원(2017), 식품성분표 제9차 개정

알긴산의 제조 및 기능

묽은 황산으로 씻은 갈조류를 묽은 알칼리성의 온수로 추출한 액을 산성으로 만들 때 생기는 침전물이다. 불용성이지만 나트륨염으로 만들면 물에 녹는다. 점성이 높아 식품첨가물로 이용되며 칼슘원으로 우수하고 유해 금속을 체외로 배출시키는 효과도 지닌다.
최근에는 미역이나 다시마에서 추출한 알긴산이 빵, 비스킷, 잼과 마말레이드 등에 첨가되고 있다.

- **카라기난(carrageenan)** : 홍조류로부터 추출한 다당류로 갈락토오스가 주성분이다. 칼륨이나 알칼리 처리로 겔을 형성하며 보수성이 잘 유지되므로 아이스크림이나 푸딩에 첨가한다.

7. 버섯류

고대인들은 버섯을 신의 음식, 요정의 화신이라 불렀으며, 중국인들은 불로장생 영약으로 생각했다. 그러나 버섯은 엽록체를 지니지 않아 자신의 생활에 필요한 영양분을 만들 수 없으므로 고목이나 노목에 기생하는 균류이다. 영양기관인 균사체와 번식기관인 자실체로 되어 있으며, 고목이나 부식토 밑에 솜털 모양의 가는 균사로 생육하고 있다가 우기에 수분이 충분하거나 적당한 환경조건이 형성되면 자실체가 싹을 틔운다.

- **표고버섯(oak mushroom)** : 생표고와 건표고로 나누며 대부분 인공재배한다. 건표고는 갓의 펴짐 정도에 따라 화고, 동고, 향고, 향신으로 구분한다(표 12-18). 에르고스테롤이 함유되어 비타민 D의 공급원이며, 비타민 B_1, B_2, 니아신도 많다. 핵산 성분인 구아닐산(5′-GMP)은 특유의 맛난맛을 준다. 향기 성분인 렌티오닌(lenthionine), 항암·항종양 성분인 렌티난(lentinan)이 들어 있다. 에리타데닌

표 12-18 표고버섯의 종류

종류	특성
화고	• 갓의 펴짐이 거의 없고 육질이 두꺼우며 거북등처럼 갈라져 하얀색이 많이 보임 • 백화고 : 봄에만 수확하므로 성장기간이 길고 귀한 고가의 버섯 • 흑화고 : 갓이 약간 갈라지고 봄, 가을에 채취
동고	• 갓의 펴짐이 50% 이하인 것으로 봄, 가을에 채취
향고	• 갓의 펴짐이 50~60%로 동고보다 큰 편
향신	• 향고가 크게 자라 갓이 벌어진 것으로 육질이 얇으며 여름철 우기에 채취

(eritadenine)은 콜레스테롤을 체외로 배출시키는 효과를 지닌다.

- **송이버섯(pine mushroom)** : 다른 버섯은 죽은 나무에서 발아하여 생활하지만 송이는 살아 있는 소나무의 뿌리와 함께 땅 속에서 사는 독특한 버섯이다. 자연산은 갓이 피지 않아 두껍고 향이 진하고 자루가 길고 밑부분이 굵을수록 좋다. 등급별로 가격이 다른데 A등급은 길이 8cm 이상에 갓이 펴지지 않고 자루의 굵기가 균일한 것이다. 특유의 방향성분은 메틸 신나메이트(methyl cinnamate)와 1-octene-3-ol이며, 맛성분으로 5′-GMP와 비타민 B_2, 니아신, 철이 풍부하다.

표고버섯

- **양송이버섯(agaricus bisporus)** : 송이에 비해 갓이 부드럽고 자루는 짧다. 백색이나 크림색이지만 수확 시 베어낸 자리나 상처를 입은 자리는 산화효소에 의하여 갈변된다. 과숙하여 갓이 펴지고 검게 변하면 상품으로서의 가치가 떨어지므로 갓과 자루가 구별될 무렵 또는 주름을 싸고 있는 피막이 터지기 전에 수확한다. 비타민 B_1, B_2, 에르고스테롤, 니아신이 들어 있다.

양송이버섯

- **느타리버섯(oyster mushroom)** : 참나무, 버드나무, 오리나무 등의 뿌리에서 자라난다. 늦가을에 많이 나오며 열량이 적어 성인병 예방과 다이어트에 좋다. 성숙할수록 빛깔이 연해지며 살이 두텁고 탄력이 있다. 그러나 살이 연하여 상하기 쉬우므로 물에 데쳐 보관하고 결대로 찢어 이용한다. 최근에는 톱밥을 넣은 병에서 재배하여 색은 더 진하나 작은 애느타리버섯을 판매한다.

느타리버섯

- **새송이버섯(king oyster mushroom)** : 대가 굵고 길며 통통하고 상대적으로 갓은 작고 윗부분이 평평하다. 다른 버섯에는 없는 비타민 B_{12}가 소량 들어 있다. 수분이 적어 다른 버섯보다 저장성이 좋다. 조직이 치밀하여 씹는 맛이 자연산 송이버섯과 유사하나 느타리버섯 계열로 큰(왕)느타리버섯이라 부른다.

새송이버섯

- **팽이버섯(winter mushroom)** : 팽나무버섯, 겨울버섯으로 불리며, 갓이 희고 작으며 대가 가지런하고 탄력적인 것이 좋다. 뿌리 부분이 짙은 갈색인 것은 습기가 많고 보관기간이 길어 상한 것이다. 생육온도가 6℃로 낮아 저온에서도 갓의 개산율이 높으므로 진공포장으로 억제한다. 빛에 크게 영향을 받지 않으므로 집에서도 톱밥을 넣은 병재배 방식으로 키우며, 값이 저렴하다.

팽이버섯

표 12-19 버섯류의 일반 성분(가식부 100g 중)

식품명	열량 (kcal)	수분 (%)	단백질 (g)	지질 (g)	탄수화물 (g)	무기질			비타민				
						칼슘 (mg)	인 (mg)	철 (mg)	A (μg)	B_1 (mg)	B_2 (mg)	니아신 (mg)	C (mg)
표고버섯	18	90.8	2	0.3	6.1	6	28	0.6	0	0.08	0.23	4	tr
송이버섯	21	89	2.05	0.15	8.12	1	33	1.85	0	0.016	0.402	3.758	1.18
양송이버섯	15	91.7	3.56	0.19	3.71	2	112	0.88	0	0.057	0.423	4.551	0
느타리버섯	18	90.5	2.68	0.08	6.00	0	104	0.66	0	0.15	0.196	5.454	0.63
새송이버섯	21	89	3.09	0.16	7.05	2	103	0.38	0	0.038	0.26	4.66	0
팽이버섯	20	89.2	2.2	0.22	7.54	2	83	1.03	0	0.075	0.184	1.204	0

– : 수치가 애매하거나 측정되지 않음
tr : 식품성분함량이 미량 존재
자료 : 농촌진흥청 국립농업과학원(2017), 식품성분표 제9차 개정

CHAPTER 13

동물성 식품

- 수조육류
- 우유류
- 난 류
- 어패류

동물성 식품은 축산물과 수산물로 분류한다. 축산물에는 수조육류, 우유류, 난류 및 이들의 가공품이 있으며 수산물에는 어류, 패류와 그 가공품이 있다.

동물성 식품은 단백질, 지방, 비타민과 무기질이 풍부하고 특히 필수아미노산이 골고루 들어 있으며, 그 함유 비율이 인체가 요구하는 조성과 비슷하므로 영양적으로 우수하다.

1. 수조육류

식용 수조육류는 육류와 조류의 가축과 들짐승류 및 야생조류 등의 가식부가 이용되고 있으며, 그림 13-1과 같이 분류할 수 있다.

수조육류는 종류, 부위, 성별, 연령에 따라 영양조성이 다르고, 그 성질도 다르다. 그러나 신선육은 단백질, 지방, 무기질(인, 황 등), 비타민(B 복합체 등)의 중요한 급원으로 우리들에게 필요한 기본 식품이다. 특히 단백질의 영양가가 높은 것은 곡류를 주식으로 하는 한국인의 식생활에서는 중요한 식품이다.

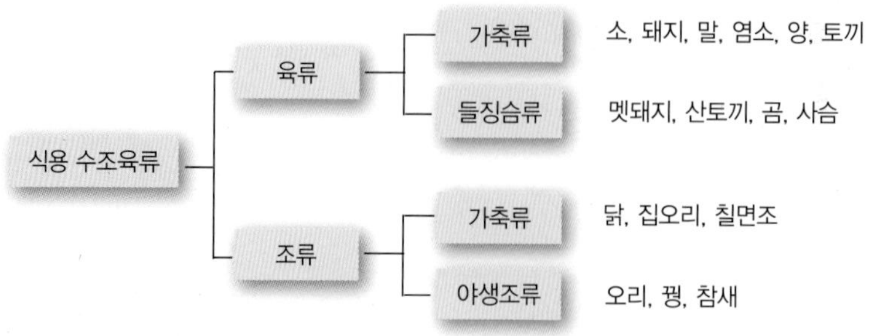

그림 13-1 식용 수조육류의 분류

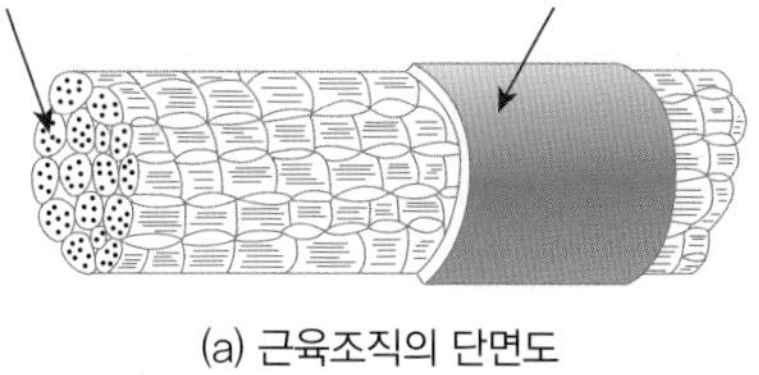

(a) 근육조직의 단면도

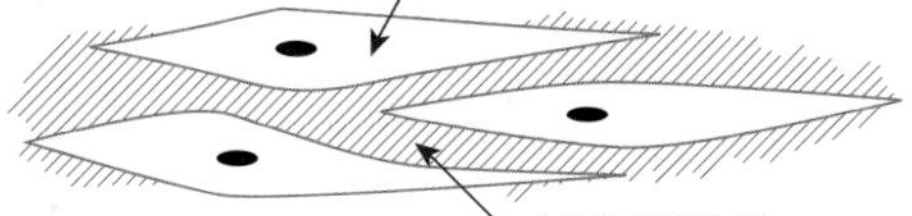

(b) 근원섬유단백질과 근장단백질

그림 13-2 근육조직의 구조

1) 근육 조직

근육 조직(muscle tissue)은 동물조직의 약 30~40%를 차지하며 기능에 따라 골격근(횡문근), 내장근(평활근)과 심근으로 나뉜다. 이 중 주로 식용으로 이용되는 것은 가로무늬가 있는 골격근이다. 근육 조직은 미오신(myosin)과 액틴(actin)단백질이 화합하여 근원섬유(myofibril)를 만들고, 근원섬유는 약 2,000개가 모여 근섬유(muscle fiber) 또는 근섬유 다발을 만들며, 근섬유는 다시 근육(muscle)을 만들어 건(tendon, 힘줄)에 의해 뼈에 부착된다(그림 13-2).

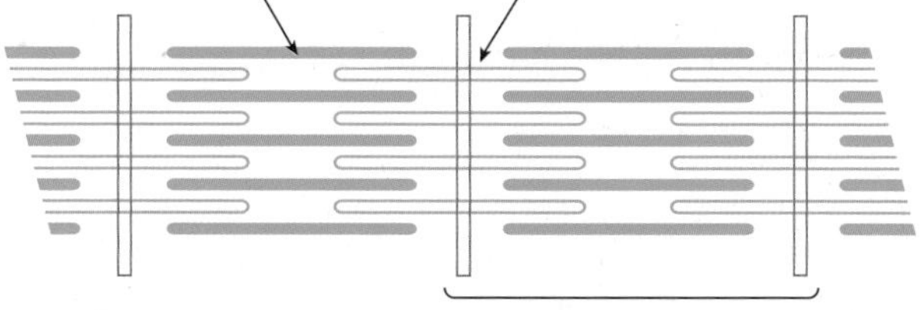

그림 13-3 근육 수축에 의한 액토미오신의 형성

표 13-1 수조육류의 일반 성분(가식부 100g 중)

식품명		열량 (kcal)	수분 (%)	단백질 (g)	지질 (g)	회분 (g)	탄수화물 (g)	무기질			비타민					폐기율 (%)
								칼슘 (mg)	인 (mg)	철 (mg)	A (μg)	B_1 (mg)	B_2 (mg)	니아신 (mg)	C (mg)	
한우	등심	298	55.3	15.61	26.3	0.69	–	11	147	2.24	0	0.019	0.345	1.754	0.8	0
	갈비	292	56.4	16.5	24.4	0.8	1.9	9	110	3	0	0.03	0.27	0.9	0	–
	살코기	199	58.2	18.62	14.09	0.8	0	5	160	2.23	5	3.925	0.149	2.005	0.48	0
수입육	등심	177	69.44	20.07	10.07	0.96	0	14	222	0.84	0	0.078	0.28	6.617	0	29
	갈비	162	71.15	18.86	9.01	0.97	0.07	13	184	0.86	0	0.07	0.23	6.68	0	35
	살코기	105	76.64	20.04	2.16	1.12	0	22	215	1.02	0	0.08	0.28	7.91	0	25
부산물	간	124	72.8	19	4.6	1.4	2.2	6	165	8	9455	0.27	2.23	14.7	20	0
	곱창	137	79.2	9	11.3	0.4	0.1	12	97	2.1	15	0.05	0.11	1.4	0	0
	꼬리	239	62.7	17.4	19	0.9	0	22	165	1.5	6	0.07	0.12	4.2	0	50
돼지고기	뒷다리	113	73.4	21.3	3.34	1.11	0	3	216	0.74	2	0.377	0.349	3.411	0.31	0
	등심	125	71.6	24.03	3.6	1.12	0	4	222	0.38	1	0.273	0.179	1.796	0.52	0
	삼겹살	373	50.3	13.27	35.7	0.69	0	6	143	0.42	19	0.662	0.092	4.901	0.44	0
	간	119	73.4	18.7	3.9	1.4	2.6	16	327	18.2	–	0.25	2.59	11.8	13	0
	머리고기	264	57.4	20.6	20.3	1.5	0.2	14	72	0.4	0	0.09	0.11	1.5	0	0
	족발	212	64.99	23.16	12.59	0.68	0	70	75	0.58	0	0.026	0.106	1.13	0	29
닭고기	살코기	106	73.1	24	1.4	1.4	0.1	11	110	1.1	47	0.2	0.21	2.9	0	35
	가슴살	98	76.2	22.97	0.97	1.13	0	4	251	0.28	10	0.203	0.054	10.815	0	0
	날개	168	70.8	18.78	10.53	0.78	0	17	155	0.56	45	0.132	0.072	5.681	0	35
	다리	144	75.1	19.41	7.67	0.88	0	16	176	0.75	25	0.111	0.039	3.749	0	28
오리고기		236	64.6	16.63	18.99	0.72	0	16	155	1.56	35	0.069	0.01	3.299	0.23	0
칠면조고기		143	72.69	21.64	5.64	0.98	0.13	11	183	0.86	94	0.91	0.41	3	0	0.13

– : 수치가 애매하거나 측정되지 않음

자료 : 농촌진흥청 국립농업과학원(2017), 식품성분표 제9차 개정

근원섬유는 굵은 필라멘트인 미오신과 가는 필라멘트인 액틴이 일정한 순서로 배열되어 있다(그림 13-3). 근육이 수축되는 것은 미오신과 액틴이 겹쳐져 액토미오신(actomyosin)이 형성되어 근육의 길이가 짧아지기 때문이며, 이완되는 것은 액토미오신이 미오신과 액틴으로 분리되기 때문이다.

2) 수조육류의 일반 성분

수조육류는 일반적으로 수분 72~75%, 단백질 20~25%이며, 종류와 부위에 따라 표 13-1과 같은 성분을 나타낸다.

그러나 동물의 성별과 연령에 따라서도 성분 함량은 달라진다. 어린 동물의 고기에는 결합조직이 적으므로 고기는 연하나 지방 함량이 적어 맛은 떨어지며, 늙은 동물의 고기는 결합조직이 많고 근육 간의 지방 함량이 낮아 고기가 질기고 맛이 없다.

(1) 단백질

식육단백질은 근장단백질(구상단백질, globular protein), 근원섬유단백질(섬유상단백질, fibrous protein), 결합조직단백질(stroma protein)로 나뉜다(표 13-2). 일반적으로 수조육류의 필수아미노산 조성은 트립토판(tryptophan)과 메티오닌(methionin)만이 표준 단백질보다 약간 부족할 뿐, 나머지는 모두 표준 단백질보다 우수하다.

(2) 지 질

식육지질은 축적지방과 조직지방으로 구분된다. 축적지방은 에너지원으로 이용되며 중성지방으로서 팔미트산(palmitic acid), 스테아르산(stearic acid), 올레산(oleic acid), 리놀레산(linoleic acid) 등의 고급지방산이며 내장 주위의 결합조직과 근육 사이의 피하지방조직에 존재한다. 조직지방은 에너지원으로 이용되지 않으며, 중성지방 이외에 인지질 및 콜레스테롤 등 스테로이드, 탄화수소 등이 들어 있으나 그 함량은 적다.

필수지방산인 리놀레산의 함량은 쇠고기보다 돼지고기에 더욱 많고, 지질의 함량은 근육조직의 성분 중 함량의 변동이 가장 현저하다(표 13-3).

표 13-2 식육 단백질의 종류

종류	구성	성질
근장단백질 (약 30%)	미오겐(myogen, 73%) 미오글로빈(myoglobin, 2%) 헤모글로빈(hemoglobin) 각종 해당체 효소 등	• 근원섬유간의 육장 내에 용해되어 있는 단백질로 수용성이다. • 미오겐은 55~65℃에서 응고되며 저농도의 염용액으로 추출된다.
근원섬유단백질 (약 60%)	미오신(myosin, 55%) 액틴(actin, 20%) 트로포미오신(tropomyosin) 액토미오신(actomyosin) 등	• 미오신은 굵은 필라멘트에 존재하고 액틴과 트로포미오신은 가는 필라멘트에 존재한다. • 액토미오신은 미오신과 액틴이 혼합되어 형성된 것으로 근육의 수축이완을 일으키며, 육제품의 보수성과 결착성에 관여한다.
결합조직단백질 (약 10%)	콜라겐(collagen, 47%) 엘라스틴(elastin, 3%) 레티큘린(reticulin) 등	• 근육이나 지방조직을 둘러싸고 있는 얇은 막, 근육이나 내장기관 등의 위치를 고정하고 다른 조직과 결합하는 힘줄, 인대(ligament) 등이다. • 고기의 질긴 정도와 밀접한 관계를 가지고 있으며 동물의 나이가 많아짐에 따라 함량이 높아진다. • 콜라겐은 평행하게 배열되어 있는 백색이고 신축성이 적으며 장시간 물과 함께 가열하면 가용성인 젤라틴(gelatin)으로 분해되어 소화가 가능하다. • 엘라스틴은 고무와 같은 탄력이 있는 황색 조직으로 망상구조를 하고 있으며 보통의 조리 온도에서는 분해되지 않는다.

콜라겐

동물의 결합조직을 만드는 주요 단백질이다. '아교'의 의미에서 교원질이라고도 한다. 우족을 끓인 국물을 식히면 응고되는데 이것은 콜라겐이 가열 변성되어 젤라틴으로 변화한 것이다.

각종 식육지질의 융점은 30~55℃, 요오드가는 32~80이다. 지질의 융점은 맛과 관계가 깊고, 돼지기름이 쇠기름에 비해 입안에서 촉감이 좋은 것은 돼지기름의 융점이 쇠기름에 비해 낮고, 사람의 체온에 가깝기 때문이다. 닭의 기름은 융점이 더욱 낮으므로 식어도 먹기 좋다.

동물성 지질은 고기의 산패 속도와 관계가 있어, 특히 가열육이나 지질이 산화되면 냉장육의 경우 풍미가 떨어진다.

표 13-3 동물성 지질(가식부 100g 중)

식품명		지질 (g, FAT)	지방산(Fatty acids)					콜레스테롤 (mg, CHOLE)
			총지방산 (g, FAFREF)	총필수지방산 (g, FAESSF)	총포화지방산 (g, FASATF)	총단일불포화 지방산 (g, FAMSF)	총다중불포화 지방산 (g, FAPUF)	
쇠고기	한우(살코기)	14.09	12.19	0.31	5.15	6.4	0.36	60.73
	미국산(살코기)	2.16	1.56	–	0.65	0.69	0.22	83
돼지고기	돼지고기(삼겹살)	35.7	34.12	3.9	14.42	15.37	4.17	68.55
	돼지고기(등심)	3.15	3	0.55	1.17	1.23	0.58	67.85
닭고기	닭고기(가슴살)	0.97	0.92	0.18	0.36	0.36	0.2	56.11
	닭고기(날개)	10.53	10.06	1.69	3.17	5.06	1.73	94.76
양고기	양고기(갈비)	34.39	31.98	–	15.16	14.13	2.69	76
	양고기(살코기)	5.94	5.06	–	2.13	2.39	0.54	66
오리고기	오리고기(껍질 포함)	18.99	18.15	3.38	6.17	8.39	3.45	91.45
	오리고기(살코기)	3.07	2.94	0.49	1.17	1.22	0.53	97.86

– : 수치가 애매하거나 측정되지 않음
자료 : 농촌진흥청 국립농업과학원(2017), 식품성분표 제9차 개정

(3) 탄수화물

근육 중의 당질은 주로 글리코겐(glycogen)의 형태로 간이나 근육에 약 0.5~1.0% 이하로 함유되어 있으며, 해당(glycolysis)과정을 거치면서 젖산이 되므로 고기의 사후강직과 관계가 깊다. 글리코겐의 함량은 동물의 종류, 성별, 연령과 부위 등에 따라 다르다.

(4) 무기질

근육 내의 무기질 함량은 1% 내외이며 인, 황, 칼륨이 많고 칼슘, 마그네슘 등이 적어서 산성 식품이다. 철의 함유량은 적으나 흡수 이용률이 높으므로, 육류는 철의 좋은 급원이다. 특히 칼슘, 마그네슘, 아연은 고기의 보수성(保水性)과 관계가 깊다.

(5) 비타민

근육 내에는 비타민 B 복합체가 많으며, 간에는 비타민 A, B_1, B_2, C, D 등이 풍부하

동물성 지질의 융점과 요오드가

구분	쇠고기	돼지고기	양고기	닭고기
융점(℃)	40~50	33~46	44~55	30~32
요오드가	32~47	46~66	31~46	58~80

다. 특히 돼지고기에는 비타민 B_1의 함량이 다른 육류의 몇 배나 된다. 일반적으로 근육보다는 내장기관에 비타민이 더 많이 저장되어 있다.

(6) 색 소

수조육류의 적색은 주로 근육색소인 미오글로빈(myoglobin)과 혈색소인 헤모글로빈(hemoglobin)에 의하며 동물의 종류와 연령, 근육의 종류에 따라 달라진다.

헤모글로빈은 혈액 내에서 산소를 각 조직에 운반하며, 미오글로빈은 산소를 근육 내에 보유하여 근육의 수축과 이완작용을 가능하게 한다. 쇠고기는 돼지고기보다 미오글로빈의 함량이 많기 때문에 짙은 붉은색을 나타낸다.

신선한 고기를 공기 중에 방치하면, 미오글로빈은 공기 중의 산소와 결합하여 선홍색의 옥시미오글로빈(oxymyoglobin)이 되고 계속 방치하면 갈색의 메트미오글로빈(metmyoglobin)으로 변한다. 고기를 가열하면 글로빈이 변성되어 떨어져 나가고 헤마틴 또는 헤민으로 변화하여 갈색과 회색의 가열육이 된다(그림 8-17 참조).

가열한 소금절임 육제품이 아름다운 적색을 띠는 것은 소금절임 발색제로서 넣은 아질산염에 의해 니트로소미오크로모겐(nitrosomyochromogen)이 생성되기 때문이다(그림 8-18 참조).

식육에 세균이 번식하면 녹색을 띠게 된다. 이것은 미오글로빈이 분해되어 녹색의 술포미오글로빈(sulfomyoglobin)을 생성하기 때문이며 식용으로는 부적당하다.

(7) 냄 새

식육의 냄새 성분은 아세톤(acetone), 아세트알데히드(acetaldehyde), 포름알데히드

(formaldehyde) 등의 카르보닐 화합물(carbonyl compound)과 유기산, 황화수소(H_2S), 암모니아(NH_3) 등의 염기성 물질이다.

고기가 부패하면 요소가 분해되어 암모니아 냄새와 각종 단백질 분해물에 의한 나쁜 냄새가 생긴다.

육류를 가열할 때 생기는 냄새는 육류 중에 있는 아미노산과 당의 아미노카르보닐 반응(aminocarbonyl reaction)에 의한 것이다.

(8) 맛

고기를 잘라서 가열처리하여 침출한 성분 중 단백질, 펩티드(peptide), 유리아미노산, 뉴클레오티드(nucleotide), 히포크잔틴(hypoxanthine), 질소화합물, 지질, 이노신산(inosinic acid) 등의 유기산, 저분자 탄수화물, 색소 등의 총칭을 추출성분(extractives)이라 한다. 이러한 물질들은 고기의 맛난맛 성분으로 단백질 대사의 중간산물이다.

질소화합물의 추출성분은 주로 크레아틴(creatine)과 크레아티닌(creatinine)이며, 요소(urea), 요산(uric acid) 등이 소량 존재한다. 연령이 높은 동물일수록 그리고 운동량이 많은 동물의 근육일수록 질소화합물 추출 성분이 많다.

3) 육류의 사후강직

동물은 도살 후 시간이 경과되면 근육이 신축성을 잃고 단단해져 강직상태로 되는데, 이것을 사후강직(사후경직, rigomortis)이라 한다.

강직 중의 고기는 질기고 맛이 떨어져 식용에 부적합하며 가열 조리해도 연해지지 않는다. 그러나 사후강직 이후의 고기는 시간이 경과함에 따라 강직되었던 근육이 차차 풀려 수일 후에 부드럽게 된다.

동물이 도살되어 산소의 공급이 중단되면 최초 1~3시간 동안은 ATP의 수준이 높게 유지되는데, 이것은 크레아틴인산염(creatin phosphate, CP)으로부터, 또 글리코겐으로부터 ATP가 생성되기 때문이다. ATP는 수축된 근육을 이완시키는 데 관여하기 때문에 ATP 수준이 높게 유지되는 동안은 근육이 유연하고 신전성이 높은 상태로 유지된다. 시간이 경과됨에 따라 근육조직의 글리코겐이 혐기적 대사인 해당과정을 거쳐 젖산이 생성되어 근육조직의 pH가 7.0~7.2에서 6.5 정도로 떨어지게 된다. 근육의 pH가 약 6.5가 되면 산성에서 활성화되는 포스파타아제(phosphatase)에 의해 크레아틴인산염(CP)의 인산이 분해되고, ATPase에 의해 ATP가 분해되어 ADP와 인산이

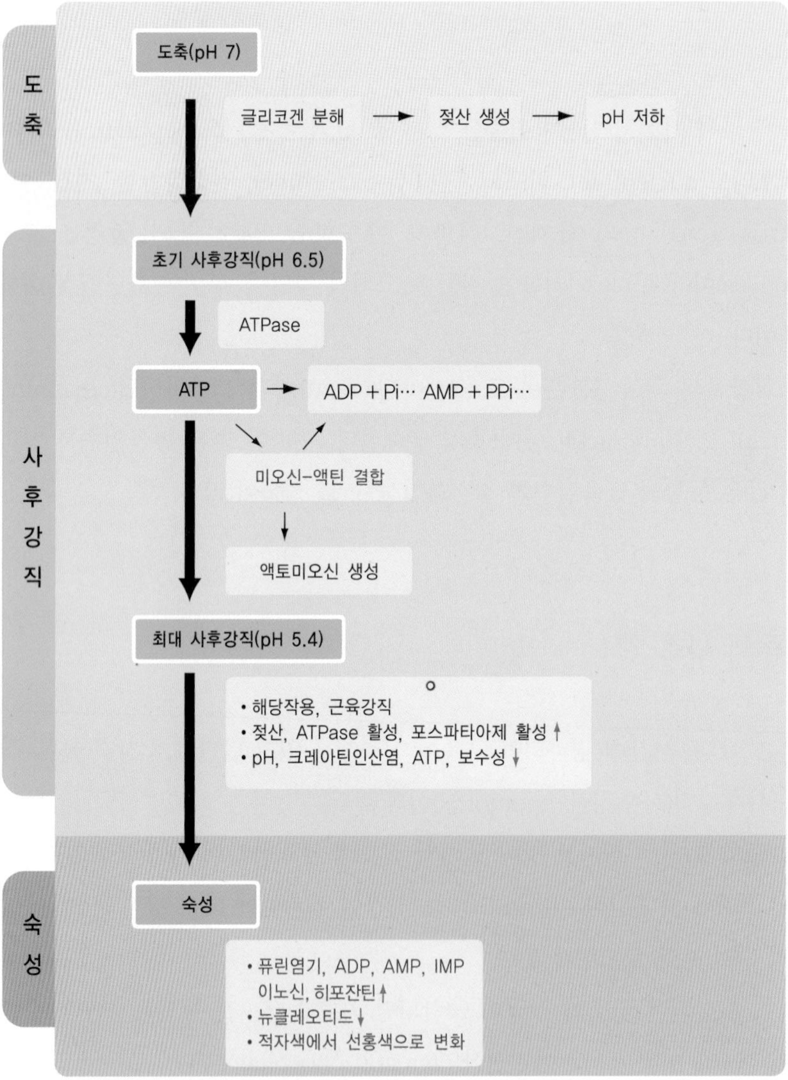

그림 13-4 수조육류의 사후강직과 숙성

된다. 근육의 pH는 인산에 의해 더욱 낮아지며 pH 5.4 정도에서 최대 강직 상태가 된다. 사후강직이 일어나면 근육의 부드럽고 유연하던 성질은 없어지고 굳고 뻣뻣하게 된다(그림 13-4).

사후강직이 일어나는 시기와 기간은 동물의 종류, 영양수준, 도축방법, 도살 후 환경, 온도 등에 따라 다르나 어류 1~4시간, 조류 6~12시간, 말과 소는 12~24시간, 돼지는 2~3일 만에 최대 강직상태에 이른다.

고기의 사후강직 상태는 고기의 맛, 색, 연한 정도, 즙의 함유에 영향을 미치며, 강직의 풀림은 근육 내의 pH, 온도, 글리코겐 함량, 축적된 젖산량에 의해 영향을 받는다.

4) 육류의 숙성

육류는 0~4℃의 온도에 저장하면 근육 자체 내에 존재하는 효소에 의해 경직된 육류 단백질이 분해되어 연해지고 풍미가 높아진다. 즉, pH 5.4 정도가 되면 젖산의 생성이 중지되고, 산성에서 활성을 갖는 단백질 분해효소에 의해 단백질이 분해되기 시작하는데, 자체의 성분이 자체의 효소에 의해 분해되는 현상을 자가소화(autolysis)라 한다. 자가소화가 일어나면 가용성 단백질, 펩티드, 각종 아미노산 등 수용성 질소화합물이 증가하여 고기가 연해지고 맛이 좋아진다. 이러한 과정을 숙성(ripenning, aging)이라 한다. 이때 생성된 아미노산과 칼슘(Ca^{2+}), 칼륨(K^{+}) 이온의 농도 변화는 고기의 보수성을 높여준다.

숙성이 완료되는 기간은 쇠고기의 경우 0℃에서 10일, 5℃에서 7~8일, 10℃에서 4~5일, 15℃에서 2~3일이 걸린다.

육류의 숙성은 일종의 연화법이며 숙성 중 뉴클레오티드(nucleotide)가 분해되어 퓨린염기(purine base)가 생성되며, ADP(adenosine diphosphate)는 AMP(adenosine monophosphate)로 분해된 후 IMP(inosine monophosphate)를 거쳐 이노신(inosine), 히포잔틴(hypoxanthine)으로 분해되기 때문에 맛이 좋아진다.

고기를 숙성시키면 공기 중의 산소가 조직에 침투해서 적자색의 고기를 선명한 적색으로 변화시킨다.

5) 쇠고기

(1) 성 분

쇠고기의 수분 함량은 60~80%로 변동이 크며, 돼지고기에 비해 조금 많은 편이고 붉은살 부위에 많다. 도살 후 시간이 경과함에 따라 수분은 감소한다.

단백질 함량은 보통육이 약 20%이며 대부분이 근육단백질이다. 아미노산 조성은 대단히 우수하나, 트립토판과 메티오닌이 다소 부족하므로 트립토판이 많은 고구마나 시금치 등과 함께 조리하면 효과적이다.

지방 함량은 부위에 따라 차이가 커서 적은 부위는 4~6%, 많은 부위는 40% 이상이고 근육조직의 지질은 중성지방, 인지질, 콜레스테롤 등을 함유하고 있다.

탄수화물은 대부분 글리코겐이며 글리코겐의 양은 소가 도살되기 직전이나 추운 곳에 있었거나 굶주린 경우에는 그 함량이 적다.

무기질로는 인, 황, 칼륨이 많아 대표적인 산성 식품이고, 비타민은 비타민 A, B_1,

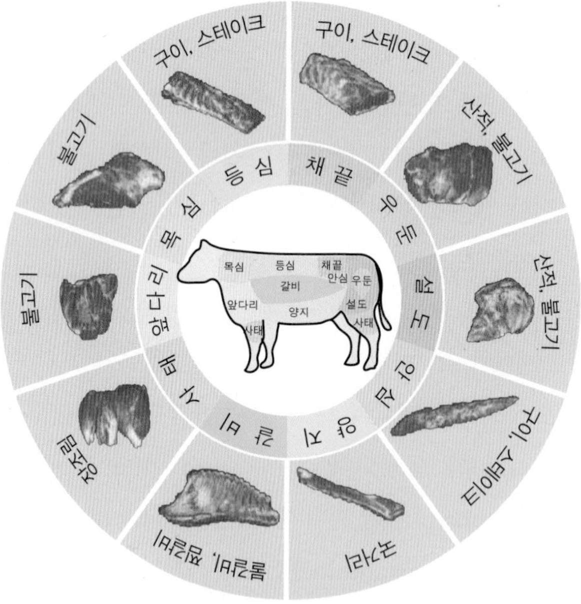

그림 13-5 쇠고기의 부위별 용도

자료 : 축산유통종합정보센터(http://www.ekapepia.com)

표 13-4 쇠고기의 분할상태별 부위명칭

대분할 부위명칭	소분할 부위명칭	대분할 부위명칭	소분할 부위명칭
안심	안심살	우둔	우둔살 홍두깨살
등심	윗등심살 꽃등심살 아래등심살 살치살	설도	보섭살 설깃살 설깃머리살 도가니살 삼각살
채끝	채끝살	양지	양지머리 차돌박이 업진살 업진안살 치마양지 치마살 앞치마살
목심	목심살	사태	앞사태 뒷사태 뭉치사태 아롱사태 상박살
앞다리	꾸리살 부채살 앞다리살 갈비덧살 부채덮개살	갈비	본갈비 꽃갈비 참갈비 갈비살 마구리 토시살 안창살 제비추리

B_2, C, D, E가 근육보다 간에 많이 함유되어 있으며, 특히 비타민 A와 철이 다른 육류에 비해 풍부하다.

쇠고기는 한우, 한우 거세소, 우유용 젖소, 수입소 등으로 분류하며, 한우의 수컷은 육질이 단단하여 사육할 때 거세하여 기른다. 젖소는 우유 생산용으로 사육하며, 착유가 끝난 후에는 고기로 이용한다. 수입 쇠고기는 미국, 호주, 뉴질랜드로부터 동결육 또는 냉장육의 형태로 수입되고 있다.

(2) 부위별 조리용도

쇠고기는 세계적으로는 상당히 오래 전부터 먹어 왔는데, B.C. 3000~2000년의 이집트에서 쇠고기를 먹는 모습이 피라미드의 벽화에 남아 있다.

소는 몸집이 크고 부위에 따라 특징이 있으므로 각기 조리법이 다르다.

쇠고기의 부위별 명칭 및 조리 용도는 그림 13-5, 표 13-4와 같다.

6) 돼지고기

(1) 성 분

돼지고기의 수분함량은 55~70%로 쇠고기의 수분함량보다 약간 적다.

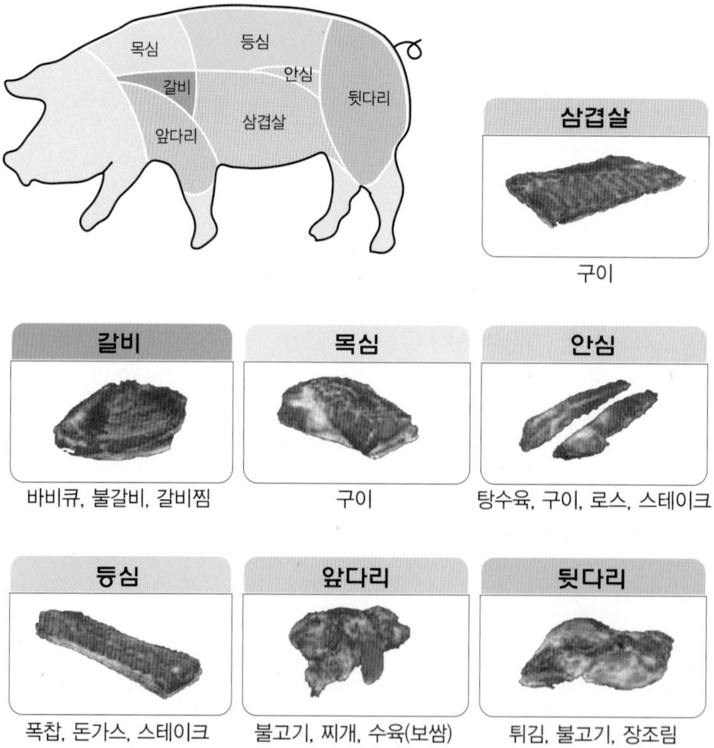

그림 13-6 돼지고기의 부위별 용도

자료 : 축산유통종합정보센터(http://www.ekapepia.com)

단백질함량은 17~22%로서, 안심이나 등심이 삼겹살에 비해 높으므로 외국에서는 안심, 등심이 선호도가 높으나, 우리나라에서는 지방함량이 높은 삼겹살을 선호하므로 영양면이나 경제면 모두에서 개선해야 할 식생활 문제이다.

아미노산 조성은 쇠고기와 마찬가지로 필수아미노산이 풍부하다. 돼지고기의 근육섬유는 섬세하여 고기가 부드럽다.

지방함량은 고기의 육질을 좌우한다. 지방의 색이 순백색이며, 단단하고 방향(芳香)을 가진 것이 상등품이다. 돼지고기는 쇠고기에 비하여 리놀레산이 풍부하다. 돼지 지방의 융점은 쇠고기의 융점보다 낮아서 입안에서 비교적 잘 녹는다.

무기질은 고기의 보수성과 관계가 깊으며 고기에 식염이나 인산염 등을 적당히 가하면 보수성과 결착성이 커진다.

돼지고기는 비타민 B가 많은데, 특히 비타민 B_1의 함량은 쇠고기의 10배 정도이며 안심과 등심 부위에 많다.

돼지고기의 복부 삼겹살은 지방이 많으므로 베이컨 가공용으로, 뒷다리살은 지방이 적고 단백질과 수분이 많으므로 햄 가공용으로 이용된다.

표 13-5 돼지고기의 분할상태별 부위명칭

대분할 부위명칭	소분할 부위명칭	대분할 부위명칭	소분할 부위명칭
안심	안심살	뒷다리	볼깃살 설깃살 도가니살 홍두깨살 보섭살 뒷사태살
등심	등심살 알등심살 등심덧살	삼겹살	삼겹살 갈매기살 등갈비 토시살 오돌삼겹
목심	목심살	갈비	갈비 갈비살 마구리
앞다리	앞다리살 앞사태살 항정살		

(2) 부위별 조리 용도

돼지의 선조인 멧돼지는 아시아나 유럽에 널리 분포하며 신석기시대의 정착과 함께 가축화되었다. 중국에서는 B.C. 2200년경에 돼지가 사육되었으며, 고대 그리스에서는 햄 등의 육가공품으로도 가공되고 있다. 이슬람교나 유대교, 힌두교에서 돼지는 부정한 것으로 취급되어 먹지 않는다.

돼지고기의 부위별 조리 용도는 그림 13-6, 표 13-5와 같다.

7) 닭고기

(1) 성 분

닭고기는 근육섬유가 미세하며 조리 시 부위에 따라 고기의 색이 달라진다. 닭고기에는 수분 73%, 단백질 21%, 지방 5% 및 다른 수조육류에 비하여 3배나 많은 비타민 A가 들어 있다.

그림 13-7 닭고기의 부위별 용도

자료 : 축산유통종합정보센터(http://www.ekapepia.com)

표 13-6 닭고기의 분할상태별 부위명칭

부위명칭	특성
가슴살	• 소나 돼지고기의 안심부위에 해당한다. • 지방이 매우 적어 맛이 담백하고 근육섬유로만 되어 있어 색이 흰 것이 특징이다. • 살이 부드러우며, 너무 오래 가열하면 퍼석퍼석해지기 쉽다. • 광택이 있는 분홍색이 신선한 것이며 끈적끈적하거나 즙이 나오는 것은 피하도록 한다.
넓적다리살 (장각)	• 활발히 운동하는 부위이므로 근육이 많으며 약간 단단한 편이다. • 적당한 지방과 글리코겐이 있어 감칠맛을 낸다. • 충분히 가열해도 부드럽다. • 지방이 투명하고 광택이 나는 것이 좀 더 신선한 것이다.
다리살 (단각)	• 운동을 많이 하는 부위이므로 탄력이 있고 근육이 단단하다. • 특유의 색이 짙은 것이 특징이다. • 지방과 단백질이 조화를 이루어 쫄깃쫄깃하며, 모양이 좋아 뼈와 함께 조리하는 경우가 많다.
날개	• 색이 희고 살은 적지만 날개살 끝의 지방과 육질의 결합조직이 젤라틴 상태로 되어 있어 쫄깃하며 맛이 좋다. • 콜라겐 성분이 함유되어 피부에도 좋다. • 모공이 튀어나와 껍질이 전체적으로 까칠까칠한 것이 신선하며, 오래될수록 표면이 밋밋해지고, 점액 성분 등으로 번질번질해진다.
어깨살 (닭봉)	• 날개 위쪽의 어깨부위이다. • 단백질이 많고, 육질이 연한 편이며 지방은 적어 맛이 담백하다. • 날개부위에 비해 먹기 쉬워 아이들에게 인기가 높다. • 껍질이 전체적으로 까칠까칠한 것이 신선하다.

(2) 부위별 조리 용도

닭고기는 B.C. 3000년에 인도에서 사육되었고, 여기에서 동남아시아나 중국, 이란에서 지중해연안제국, 유럽으로 확산되었다. 육류 중에서 가장 소비가 많은 것이 닭고기이다.

닭고기의 안심과 가슴살은 다리부분의 근육보다 혈액량이 적어서 백색을 띠며, 고기 사이에 지방이 섞여 있지 않으므로 쉽게 분리할 수 있고, 맛이 담백하며 매우 연하다. 닭고기의 부위별 명칭과 특성은 표 13-5, 부위별 용도는 그림 13-7과 같다.

8) 양고기

양고기는 근육섬유가 미세하여 암갈색을 띠며, 특유한 냄새가 있으나 육질이 단단하며 소화가 잘된다.

우리나라에서는 호주나 뉴질랜드 등에서 냉동 양고기를 수입하여 소시지의 원료로 사용하고 있으나, 외국에서는 어린 양고기를 즐겨 먹는다.

2. 우유류

우유는 포유동물의 유선에서 분비되는 액체로 거의 모든 영양소가 들어 있는 완전식품에 가까우며, 소화·흡수도 잘되는 알칼리성 식품이다. 우리가 먹는 우유는 목장에서 착유된 원유를 살균처리하여 「축산물 가공처리법」에 규정된 규격에 맞도록 제조된 시유(city milk)이다.

시유는 백색우유와 가공우유로 구분한다. 우유에는 원유를 살균처리한 일반우유와 인체에 필요한 영양소(비타민 A, 비타민 D, Ca, Fe, Se, DHA 등)의 성분을 강화한 우유, 용도에 맞도록 조성을 변화시킨 우유(유당분해우유, 다이어트용 저지방·무지방우유), 균질우유, 풍미우유(초코우유, 바나나우유, 딸기우유, 멜론우유) 등이 있다. 최

ESL 우유(유통기한 연장우유, Extended Shelf Life)

시중에서 판매되고 있는 살균시유는 냉장고에 보존하였을 때 보통 유통기한이 5일 정도이다. 멸균우유는 상온에서 6주간 유통이 가능한 우유이다. 그러나 맛과 향이 살균우유에 비해 떨어지므로 소비자들로부터 환영받지 못한다.

ESL 우유는 125~130℃에서 2~4초간 초고온 살균하여 7℃에서 우수한 저장성을 갖는 우유로 미국에서 개발하였다. 원유에서 우유까지 전 제조과정의 미생물 오염원을 차단함으로써 시유의 맛과 향을 유지한 채 유통기한을 약 40~60일까지 연장한 우유이다.

표 13-7 우유류 및 유제품의 일반 성분(가식부 100g 중)

식품명	열량 (kcal)	수분 (%)	단백질 (g)	지질 (g)	회분 (g)	탄수화물 (g)	무기질			비타민					폐기율 (%)
							칼슘 (mg)	인 (mg)	철 (mg)	A (μg)	B_1 (mg)	B_2 (mg)	니아신 (mg)	C (mg)	
저지방우유	42	90.1	3.43	0.9	0.71	4.86	116	87	0.03	13	0.017	0.127	0.256	0.27	0
우유(보통우유)	66	87.4	3.08	3.32	0.67	5.53	113	84	0.05	55	0.021	0.162	0.301	0.79	0
인유(모유)	65	88	1.1	3.5	0.2	7.2	27	14	0	45	0.01	0.03	0.2	5	0
산양유(염소유)	62	88.4	3.16	3.62	0.79	4.03	149	134	0.03	67	–	0.034	0.21	0.33	0
요구르트(액상)	69	83.2	1.29	0.02	0.26	15.23	45	33	0.02	0	0.015	0.064	0.02	0.46	0
전지분유	514	2.7	25.46	27.32	5.45	39.07	977	770	0.13	418	0.168	1.064	0.913	8.41	0
조제분유 (2단계)	522	2	12.63	25.38	3.06	56.93	635	374	5.72	481	0.627	0.671	5.231	93.29	0
탈지분유	364	4.3	33.88	0.97	7.69	53.16	1,414	1,068	0.15	0	0.158	1.314	1.266	10.1	0
연유(가당)	382	16.3	7.76	7.84	1.8	66.30	273	238	0	95	0.051	0.453	0.177	2.19	0
무당연유	129	74.5	5.56	5.73	1.09	13.12	165	158	0.28	169	0.026	0.317	0.126	0	0
크림 (38% 유지방)	380	55.3	2	39.2	0.4	3.1	64	48	0.4	266	0.13	0.11	0.6	0	0
아이스크림 (12% 유지방)	212	61.3	3.5	12	0.8	22.4	130	110	0.1	100	0.06	0.18	0.1	tr	0
치즈(모차렐라)	286	46	28.02	16.89	3.7	5.39	957	535	0.13	44	0.028	0.327	0.242	0.06	0
치즈(체다)	294	49.3	18.76	21.3	4.47	6.17	626	857	0.09	57	0.059	0.17	0.079	0.07	0
버터	761	15.3	0.59	82.04	0.26	1.81	16	19	0.03	522	0	0.046	0	0	0

– : 수치가 애매하거나 측정되지 않음

tr : 식품성분함량이 미량 존재

자료 : 농촌진흥청 국립농업과학원(2017), 식품성분표 제9차 개정

근에는 저온살균에 의한 고급 우유도 개발되고 있다.

원유에서 지방을 분리한 것을 크림(cream), 나머지를 탈지유(skim milk)라고 하며, 크림을 분리하지 않는 것을 전유(whole milk)라고 한다. 크림으로는 버터를 만들며, 이때 부산물로 나오는 것을 버터밀크(butter milk) 또는 유장(milk plasma)이라고 한다. 치즈를 만들기 위하여 우유의 단백질과 지방을 효소로 응고시켜 분리한 것을 커드(curd)라고 하며, 커드를 분리하고 남은 것을 유청(milk serum) 또는 훼이(whey)라고 한다.

신선한 우유의 비중은 1.028~1.034이며, pH는 6.4~6.6이다.

1) 우유의 성분

우유는 일반적으로 수분 85~90%, 단백질 2.7~4.4%, 지질 3%~4%, 당질 4.0~5.5%, 회분 0.5~1.1%를 함유하지만 젖소의 품종, 연령, 착유간격 및 방법, 비유기, 계절, 사료, 환경, 온도 등에 따라 달라진다. 이중 가장 변동이 심한 성분은 지방 함량이다.

(1) 단백질

우유의 단백질은 필수아미노산을 균형 있게 함유하고 있다. 우유의 주단백질은 카제인(casein)이고, 유청단백질에는 락트알부민(lactalbumin)과 락토글로불린(lactoglobulin) 등이 있다. 우유 단백질의 종류와 비율, 특성은 표 13-8과 같다.

(2) 지 질

우유의 지질은 3~4% 정도 함유되어 있고 저지방 우유에는 2% 정도이며, 크림에는 대단히 높은 정도로 함유되어 있다. 우유 중의 지질은 지방구의 형태로 O/W형의 에멀

표 13-8 우유단백질의 종류 및 특성

종류		비율	특성
카제인	α_s 카제인	75~80	• 응유효소인 레닌(rennin)을 첨가하면 자체 내에 함유된 칼슘과 결합하여 칼슘 카제네이트(calcium caseinate)로 되고 다시 인산칼슘과 복합화합물(calcium phosphocaseinate complex)을 만들어 침전된다. 또한 카제인은 등전점이 pH 4.6이므로 우유에 산을 가하면 백색의 침전이 된다. • 우유를 산과 레닌에 의한 응고 성질을 이용하여 만든 식품이 치즈(cheese)이다. • 열에 비교적 안정하여 보통 조리 온도에서는 응고하지 않는다.
	β 카제인		
	k 카제인		
	γ 카제인		
유청단백질	β 락토글로불린	20~25	• 유청단백질에는 락트알부민(lactalbumin), 락토글로불린(lactoglobulin), 혈청알부민(serum albumin), 면역글로불린(immunoglobulin), 효소, 프로테오스(proteose), 펩톤(pepton) 등이 있다. • 락트알부민은 물에 녹고 산에는 응고하지 않는다. • 락트알부민과 락토글로불린은 60℃ 이상의 온도에서 변성되고 응고되므로, 우유를 직접 불 위에서 가열하면 쉽게 침전물이 생겨 냄비 밑바닥에 가라앉는다.
	α 락토글로불린		
	혈청알부민		
	면역글로불린		
	락토페린		
	리소자임		

전(emulsion)으로 분산되어 있으며, 미세하게 유화되어 있어 소화·흡수가 매우 좋다.

우유의 지질은 거의 트리글리세리드(98%)이고 인지질, 지용성 비타민, 스테로이드(steroid)로 되어 있다. 인지질은 레시틴(lecithin)과 세팔린(cephalin)으로 지방구의 피막을 형성한다. 우유를 가공할 때 레시틴 분자 중의 콜린(choline)이 산화되어 트리메틸아민(trimethylamin)을 생성하므로 산화 변패를 일으키는 원인이 된다. 우유지질은 특히 다른 지질에 비하여 부티르산, 카프로산, 카프릴산, 카프르산과 같은 저급 포화지방산을 상당량 함유하고 있는 것이 특징이다. 이들 저급 지방산들은 우유와 유제품, 특히 버터의 독특한 풍미뿐만 아니라 우유에서 발생할 수 있는 이취미(off-flavor)와도 관계가 있다.

(3) 탄수화물

우유 중의 주요 당질은 유당이고 4~5% 함유되어 있으며, 그 밖에 미량의 포도당과 갈락토오스가 들어 있다.

유당은 장내 젖산균을 증식시켜 유해균 번식을 억제하므로 정장작용을 하며, 생성된 젖산은 칼슘의 흡수를 촉진한다. 유당은 150~160℃에서 캐러멜화하므로 연유의 갈색은 열처리 과정에서 유당이 캐러멜화한 것이다.

우유와 관련 있는 질병으로는 우유를 수천 년 동안 먹어 온 서구인에서는 거의 나타나지 않으나, 유아기가 지나면 거의 우유를 먹지 않는 동양인이나 아프리카의 흑인에게는 장내에서 유당분해효소가 후천적으로 퇴화되어 유당을 소화시키지 못하고 장기에서 복통이나 설사를 일으키는 유당불내증(lactose intolerance)과 유당이 전혀 분해되지 않고 그대로 소변에 섞여 나오는 유당뇨증(lactourea), 열성 유전질환으로 갈락토오스가 포도당으로 대사되는 과정에서 생긴 선천성대사이상증인 갈락토세미아(galactocemia) 등이 있다.

(4) 무기질

우유 중의 주요 무기질은 칼슘이며, 그 밖에 칼륨, 인, 염소, 나트륨, 마그네슘 등도 많으나 철과 구리가 부족하다.

칼슘에 대한 인의 비율이 거의 1:1로서 체내 이용이 양호하다.

우유의 칼슘은 카제인과 결합하여 카제인의 안정성에 영향을 줄 뿐만 아니라 인산칼슘, 구연산칼슘 등의 형태로 존재하거나 물에 녹아서 존재한다.

(5) 비타민

우유 지방에는 지방구에 용해되어 있는 지용성 비타민 A, D, E, K와 유청에 용해되어 있는 수용성 비타민 B 복합체와 비타민 C 등이 함유되어 있다. 이 중 비타민 B_2(리보플라빈)는 다량 함유하고 있으나 광선에 의해 파괴되기 쉬우며, 유청이 엷은 녹황색을 띠게 하는 원인이 된다. 우유의 비타민 C는 함량이 적고 살균과정에서 파괴되기 쉽다. 우유 제품에 비타민 C의 첨가는 지방의 산화를 억제하며 산화취가 생기는 것을 막는다.

비타민 D는 소량 들어 있으며 프로비타민(provitamin)인 에르고스테롤(ergosterol) 및 7-디히드로콜레스테롤(7-dehydrocholesterol)의 형태로 들어 있다. 비타민 A는 카로틴(carotene)의 형태로 우유의 색에 영향을 주며 사료 중의 카로틴 함량에 따라 그 함량이 달라진다.

(6) 색 · 맛 · 냄새 · 효소

우유의 유백색은 카제인과 인산칼슘이 교질 용액으로 분산되어 광선에 반사된 색이며 크림색은 카로틴과 리보플라빈이 함유된 것이다.

우유의 담황색 농도는 사료의 종류와 소가 얼마나 카로틴을 비타민 A로 전환시켰는가에 의해 좌우된다. 우유의 단맛은 유당 때문이며 사람의 젖에는 우유에 비해 유당이 더 많으므로 맛이 더 달다.

우유의 방향 성분은 아세톤(acetone), 아세트알데히드(acetaldehyde), 디메틸술피드(dimethyl sulfide) 등이며, 버터는 디아세틸(diacetyl), 치즈는 β-메틸 메르캅토프로피오네이트(methyl mercaptopropionate)이다.

우유를 끓이면 불쾌한 냄새가 나는 것은 락트알부민(lactalbumin) 중 황화수소기(-SH)가 유리되어 황화수소를 발생하기 때문이다.

우유의 지방 가수분해효소(lipase)는 카제인 표면에 부착되어 있어서 균질화된 유지방을 가수분해시켜 지방산을 유리시키기 때문에 산패취를 낸다.

2) 우유의 처리

(1) 살균처리

우유의 살균 방법은 표 13-9와 같다. 우유를 멸균하면 영양성분이 많이 파괴되므로 단기간에 소비되는 시유(city milk)는 주로 유해 미생물을 제거하는 살균처리하여 급속히 7℃ 이하(보통 4℃)로 냉각시켜 보관한다. 충분히 살균처리된 우유는 포스파타아제(phosphatase) 시험에서 음성반응을 보인다.

> **포스파타아제 시험**
>
> 살균처리한 우유에 0.1%의 생유를 가하여도 양성반응을 보일 정도로 예민해서 우유의 살균 여부 측정에 많이 이용된다.

(2) 균질처리

우유의 균질처리(homogenization) 목적은 생유 중의 지방구가 시간이 경과함에 따라 뭉쳐서 크림층을 형성하는 것을 방지하는 데 있다. 우유를 살균처리한 후 압력을 가하여 균질기의 작은 구멍을 통하여 나가도록 하여 지방구의 크기를 작게 분쇄시켜 0.1~2.2μm 정도로 작고 균일하게 만든다(그림 13-8). 우유를 균질처리하면 성분이 균일하게 되고, 맛도 좋아진다. 또한 지방구가 세분되어 표면적이 커지고 그 표면을 인지질, 카제인, 유청단백질이 둘러싸므로 지방구는 안정해진다. 이 지방구가 잘 분산된 균질유는 향미와 점도가 증가하여 농도가 더 진하게 느껴지며, 열 또는 산에 쉽게 응고되어 소화도 잘된다. 그러나 지방구의 표면적이 커져서 산패되기 쉽다.

3) 연 유

연유(condensed milk)는 우유의 수분을 증발시켜 1/2~1/3로 농축시킨 무당연유와 자당을 첨가한 가당연유가 있다.

표 13-9 우유 살균법의 종류와 특성

종류	살균온도(℃)	살균시간	특성
초고온 살균법 (Ultra High Temperature Heating Method, UHTH법)	120~140	2~3초	• 대량으로 많은 우유를 안전하게 순간 처리할 수 있다.
고온 단시간 살균법 (High Temperature Short Time Method, HTST법)	70~75	15초	• 유산균도 거의 대부분 사멸된다.
저온살균법 (Low Temperature Long Time Method, LTLT법)	62~65	30분	• 생유의 영양소 파괴를 최소로 한다. • 병원성 미생물은 완전히 사멸되지만, 유산균의 일부는 존재한다.

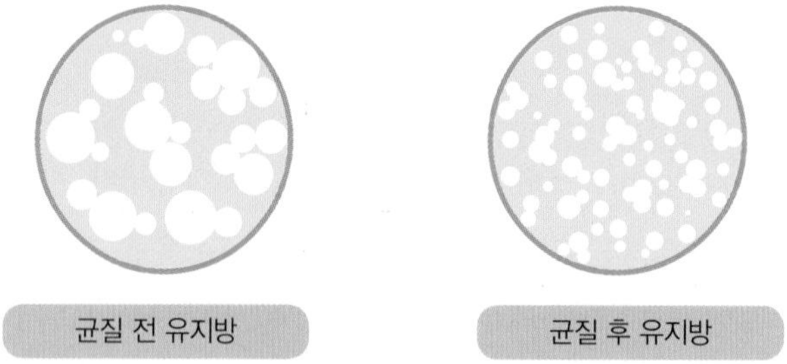

그림 13-8 균질 전후의 유지방

(1) 가당연유

가당연유(sweetened condensed milk)는 우유에 15%의 자당을 가하여 원액 용량의 1/3이 되도록 농축시킨 것이며, 최종 당 함량은 42%가량 되므로 저장성이 높고 단맛이 강하다.

(2) 무당연유

무당연유(evaporated milk)는 신선한 우유를 50~55℃의 진공상태에서 50~60%의 수분을 증발시켜서 7.9% 이상의 고형분이 함유되도록 한 것으로 보전성이 없기 때문에 통에 넣고 밀봉한 다음 가열살균한다. 살균과정에서 카제인이 응고되는 것을 방지하기 위해 95℃에서 10~20분간 예열처리한 다음 균질열처리를 거쳐 밀봉하고 114~120℃로 가열한다. 이 상태에서는 실온에 장기간 보존할 수 있으나 일단 개봉하면 냉장보관해야 한다. 무당연유는 장시간 가열에 의해 단백질이 응고되기 쉽고 갈변하기 쉬우며, 지방이 분해되어 신선도가 떨어지고 단백질이 침전되기 쉽고 무기질이 분해되기 쉽다.

4) 분 유

분유(dry milk)는 시유를 농축 건조시켜 분말로 만든 것이며 전지분유, 탈지분유, 조제분유 등이 있다.

(1) 전지분유

전지분유(dry whole milk)는 우유를 60~65℃에서 30분간 가열 살균하고 1/2~1/3로 농축시킨 다음 80~120℃에서 분무 건조시킨 것을 통에 담아 질소(N_2) 가스를 넣고 밀봉한 것인데 가스충전을 하므로 지방의 산화가 방지되고 우유의 향기와 비타민 A를 보존할 수 있다.

전지분유는 지방이 26% 이상이고 수분은 5% 이하이다.

(2) 탈지분유

탈지분유(nonfat dry milk)는 살균처리한 탈지유를 진공하에서 수분의 2/3를 증발시킨 후 뜨거운 공기 속에서 분무하여 건조시킨 것이다. 지방의 산화로 인한 이취 발생이 전지분유에 비해 적으므로 많이 이용되고 있다.

(3) 조제분유

조제분유(process milk)는 우유의 조성을 모유에 가깝도록 한 것으로서 유아의 영양원으로 발육을 좋게 한다. 우유를 주성분으로 유당, 유청단백질, 식물성 지방, 비타민류 등을 첨가한 것이다.

5) 크 림

우유를 오랫동안 가만히 놓아두거나 원심력으로 분리하면 유지방 함량이 많은 부분이 위로 뜨게 되는데, 이것을 크림(cream)이라 하며, 유지방 함량에 따라 용도가 달라진다(표 13-10).

표 13-10 크림의 종류와 특성

종류	유지방 함량	용도 및 특성
사우어 크림 (sour cream)	18% 정도	• 소스, 제빵, 제과 등 • 젖산에 의해 신맛이 난다.
커피 크림 (coffee cream)	18~20%	• 커피 등
휘핑 크림 (whipping cream)	40% 정도	• 생크림 케이크 장식, 과일과 함께 디저트로 사용
크림 분말 (cream powder)	50% 이상	• 소스, 제빵, 제과 등
플라스틱 크림 (plastic cream)	80% 정도	• 아이스크림, 버터의 원료

6) 아이스크림

아이스크림(icecream)은 유지방과 고형분을 적당한 비율로 배합하고 감미료, 향료, 유화제, 안정제, 색소 및 물을 원료로 섞어서 동결한 것이다. 동결과정 중 조직을 부드럽게 하기 위하여 공기를 균일하게 혼입하며, 난황을 유화제로 사용하여 기포를 작고 균일하게 해준다.

조직과 경도를 개선하기 위해 젤라틴(gelatin), CMC(Carboxy Methyl Cellulose), 한천, 카라기난 등의 안정제를 사용한다.

7) 버 터

우유에서 분리한 크림을 교반(churning)하면 유출된 지방이 뭉쳐서 좁쌀 크기로 엉키게 된다. 버터(butter)는 이것을 계속 이겨서 유화시킨 식품(W/O형)으로, 지방이 80% 이상이고 수분과 미량의 단백질을 포함한다. 지방분이 99.5% 이상으로 정제된 것을 버터유(butter oil)라 하며, 버터층에서 분리된 수용액은 버터밀크 음료로 사용한다.

8) 발효유

발효유(cultured milk)는 주로 탈지유에 당류를 첨가하고 저온 살균한 후 젖산균을 첨가하여 배양해서 만든 음료이며, 액상발효유와 호상발효유가 있다. 발효유 제품은 젖산균에 의해 우유에 있는 유당을 분해하여 젖산을 만드므로, 다른 유해한 세균을 자라지 못하게 하여 저장성이 좋아진다. 또한 향미 물질을 생성하며, 콜레스테롤의 흡수를 적게 하고 비타민을 합성할 뿐만 아니라 혈청면역반응과 지방 가수분해효소(lipase)의 활성을 촉진하고 항암작용에 효과가 있다. 대표적인 발효유 제품이 요구르트(yoghurt)이다.

(1) 요구르트

살균처리한 탈지유 또는 부분적인 탈지유에 젖산균인 *Streptococcus thermophilus, Bacterium bulgaricum, Plocamobacterium yoghourtii*균을 첨가하여 42~46℃에서 배양하여 산도 0.9~1.0%가 되도록 제조한 발효유이다.

(2) 애시도필러스 밀크(acidophilus milk)

살균처리한 신선한 우유에 순수한 호산성 유산간균(*Latobacillus acidophilus*)을 넣어 38℃에서 배양한 발효유이다. 소화관 내의 부패균을 억제하여 불필요한 장내 발효를 방지하므로 소화관 장애에 유효하다. 대표적인 것으로는 유산균우유가 있다.

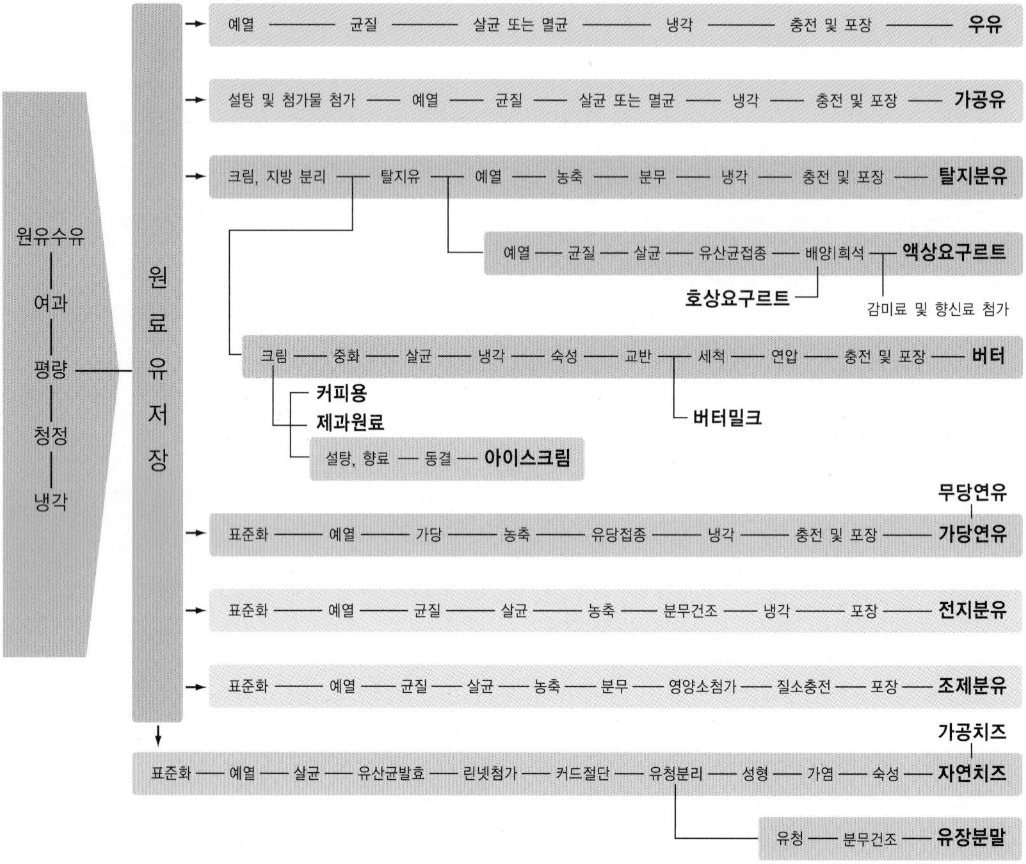

그림 13-9 유제품의 가공 과정

(3) 버터밀크(butter milk)

탈지유에 유산연쇄상구균(*Streptococcus lactis*)을 20~22℃에서 배양하여 산도가 0.8~0.9% 정도 되도록 조절한 발효유이다.

그 외에도 프로즌 요구르트(frozen yoghurt), 다이어트용 요구르트, 요구르트 시리얼(yoghurt cereal), 요구르트에 장내에서 증식되는 비피더스균을 가하여 정장작용을 강화한 것, 농축된 과즙을 함께 넣어 균을 접종시킨 것 또는 발효 후 익힌 과실을 썰어 넣은 것도 있다.

9) 치 즈

치즈(cheese)는 우유, 탈지유, 크림, 버터밀크 등을 원료로 응유효소인 레닌(rennin)이나 젖산균을 첨가하여 커드(curd)를 만들어 유청을 제거하고 고형상으로 만들어 발효 숙성시킨 카제인 응고물이다. 이것을 자연치즈(natural cheese)라 한다.

가공치즈(process cheese)는 2종 이상의 자연치즈를 분쇄한 후 가열·용해·유화한 것으로 가열하면 치즈의 휘발성 향기성분이 휘발되고 성분의 화학변화가 일어나므로 자연치즈보다 풍미가 약하다. 우리나라의 치즈는 대부분 가공치즈이다.

치즈는 칼슘이나 인의 함량이 높은 유제품이며, 숙성시킴에 따라 독특한 풍미가 생성되고 소화되기 쉬워진다. 치즈는 경도에 따라서 수분 함량 50~75%의 연질치즈, 40~50%의 반경질치즈, 30~40%의 경질치즈, 30~35%의 초경질치즈로 분류한다 (표 13-11).

표 13-11 자연치즈의 분류

<table>
<tr><th>굳기(수분%)</th><th colspan="2">숙성에 관여하는 미생물</th><th>치즈의 종류</th></tr>
<tr><td rowspan="2">연질
(50~75)</td><td colspan="2">곰팡이</td><td>카망베르(camembert), 브리(brie), 엘파에즈(elpaese)</td></tr>
<tr><td colspan="2">숙성시키지 않은 것</td><td>코티지(cottage), 크림(cream), 뉴프샤텔(neufchatel)</td></tr>
<tr><td rowspan="2">반경질
(40~50)</td><td colspan="2">세균</td><td>브릭(brick), 문스터(munster), 틸시트(tilsit), 하바티(havarti), 림버거(limburger), 포르트듀칼루트(port ducalut)</td></tr>
<tr><td colspan="2">곰팡이</td><td>로크포르(roquefort), 고르곤졸라(gorgonzola), 시틸톤(stilton), 블루(blue)</td></tr>
<tr><td rowspan="3">경질
(30~40)</td><td rowspan="3">세균</td><td>큰 치즈 눈</td><td>에멘탈(emmenthal), 그루에르(gruyere)</td></tr>
<tr><td>작은 치즈 눈</td><td>고우다(gouda), 에담(edam), 삼소에(samsoe), 핀보(fynbo), 프로볼로네(provolone), 카시오카발로(caciocavallo)</td></tr>
<tr><td>치즈 눈이 없는 것</td><td>체다(cheddar), 콜비(colby), 체셔(cheshire)</td></tr>
<tr><td>초경질
(30~35)</td><td colspan="2">세균</td><td>그라나(grana), 파마산(parmesan), 로마노(romano), 삽사고(sapsago)</td></tr>
</table>

3. 난 류

난류는 달걀, 오리알, 칠면조알, 메추리알 등이 있으나 달걀이 가장 많이 이용되고 있다.

난류는 단백질, 지방, 무기질, 비타민 등 여러 가지 영양소를 많이 함유하고 있어서 단일 식품으로 영양 가치가 우수하기 때문에 식생활에 많이 이용된다. 그러나 비타민 C와 탄수화물은 매우 부족한 편이며 콜레스테롤 함량이 높은 편이어서 최근에는 콜레스테롤 함량이 적은 기능성 달걀이 많이 나오고 있다. 또 비타민, 무기질 등 특정 성분이 많이 함유된 사료를 집중 투여하여 그 맛이나 조성을 조절할 수 있는 여러 가지 영양란이 나오고 있다.

1) 달걀의 구조

달걀은 크게 난각, 난백, 난황의 세 부분으로 구성된다. 난각은 달걀 내용물을 싸고

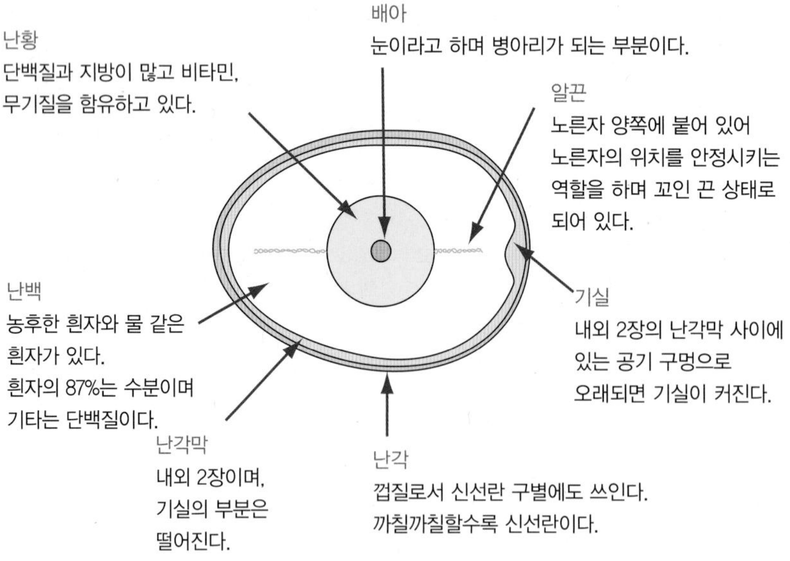

그림 13-10 달걀의 구조

있으며 전체 무게의 10% 정도 된다. 겉에 많은 구멍이 있고 난각막은 두 층으로 되어 산란 직후 차가워짐에 따라 두 층이 분리되어 기실(air chamber)을 형성하며 산란 후 시일이 경과함에 따라 기실은 점점 커진다.

난백은 달걀 전체 무게의 60% 정도 되며, 양쪽 끝에는 생성과정에서 생긴 알끈(charazae)이 나와 있어 난황이 난의 중심부에 위치하도록 지지하고 있다. 난황은 난황막에 싸여 있고 전체 무게의 30%이며, pH는 6.2~6.5이고 가열하면 유동성이 없어진다.

2) 달걀의 성분

난황은 고형분을 약 50% 함유하며 지질과 단백질이 많다. 난백은 87% 정도의 수분이 있으며 나머지는 대부분 단백질이다(표 13-12).

표 13-12 달걀의 일반 성분(가식부 100g 중)

식품명	열량 (kcal)	수분 (%)	단백질 (g)	지질 (g)	회분 (g)	탄수화물 (g)	무기질			비타민					폐기율 (%)
							칼슘 (mg)	인 (mg)	철 (mg)	A (μg)	B_1 (mg)	B_2 (mg)	니아신 (mg)	C (mg)	
달걀	130	75.9	12.44	7.37	0.88	3.41	52	191	1.8	136	0.078	0.469	0.103	0	14
난황	315	50.9	14.7	23.45	1.63	9.32	151	508	5.24	431	0.22	0.475	0.023	0	0
난백	45	87.5	10.87	0.02	0.58	1.03	5	11	0	0	0	0.41	0.091	0	0

– : 수치가 애매하거나 측정되지 않음

자료 : 농촌진흥청 국립농업과학원(2017), 식품성분표 제9차 개정

(1) 단백질

① 난백단백질

난백단백질은 물 같이 묽은 수양난백과 농후난백으로 나뉘며, 난백의 종류에 따라 특성이 달라진다(표 13-13).

표 13-13 난백단백질의 종류 및 특성

종류	특성
오브알부민 (ovalbumin)	전체 단백질의 약 60%를 차지하는 당단백질이며, 약 65℃ 정도의 열에 의해 쉽게 응고한다. 알부민(albumin)은 많은 동·식물 조직에 존재하는 단순단백질의 일종이며, 물이나 묽은 염용액, 묽은 산 및 묽은 알칼리에 녹고 유기용제에는 녹지 않는다.
콘알부민 (conalbumin)	전체 단백질의 약 10%를 차지하며 철, 구리와 결합력이 강하고 금속과 결합한 콘알부민은 안정화되므로 결정화되기 쉬우며, 분해효소나 그 외의 변성처리법에 대하여 저항력이 크다. 약 55~60℃의 열에 응고한다. 난백단백질 중 가장 불안정한 단백질로 변성되면 기포성이 약화된다.
오보글로불린 (ovoglobulin)	전체 단백질의 약 0.4%를 차지하며 거품 형성에 관여한다. 특히 글로불린(globulin) G_1은 라이소자임(lysozyme)이라 부르며 특정한 세균을 용해시키는 용균작용을 갖는 효소단백질이다. 65℃ 열에 응고하며 장내 세균을 정상화하는 목적으로 유아용 조제분유에 첨가하기도 한다.
아비딘 (avidin)	비타민 B 복합체의 일종인 비오틴(biotin)과 결합하여 비오틴의 활성을 감소시킨다. 열에 의해 쉽게 변성되므로 달걀을 85℃에서 5분간 가열하면 불활성화된다.
오보뮤코이드 (ovomucoid)	전체 단백질의 약 10%를 차지하는 당단백질이다. 단백질 소화효소 트립신(trypsin)의 작용을 억제시키는 트립신 저해작용이 있다. 열에는 응고하지 않는다.
오보뮤신 (ovomucin)	10~12%의 글루코사민(glucosamine)을 함유하는 당단백질이며 용액 중에서 높은 점성을 보이고, 난백의 기포성과 관계가 있어 거품을 안정시키는 역할이 있다. 내열성이 강하여 pH 7.6에서 100℃로 30분간 가열해도 활성을 잃지 않는다.

② 난황단백질

달걀의 영양소는 난황이 가장 많은 부분을 차지하고 있는데, 2/3는 지방이며 1/3은 단백질로 구성되어 있다. 달걀의 아미노산 조성은 필수아미노산을 모두 가지고 있어서 영양학적으로 매우 우수하다. 난황 단백질은 인과 결합된 인단백질이며, 결합된 지질의 양에 따라 밀도가 달라진다.

난황단백질의 주성분은 비텔린, 리베틴, 포스비틴 등이 있다(표 13-14).

(2) 지 질

달걀의 지질은 난백에는 거의 없고, 중성지질, 인지질, 스테롤(sterol) 및 당지질로 난황에 함유되어 있다. 중성지질을 구성하는 주된 지방산으로는 올레산(oleic acid)이 약 50%로 가장 많고 팔미트산(palmitic acid), 리놀레산(linoleic acid), 스테아르산

표 13-14 난황단백질의 종류와 특성

종류	특성
리포비텔린 (lipovitellin)	지방 함량은 16~23%, 인의 함량은 1%이다.
리포비텔레닌 (lipovitellenin)	저밀도 지단백질로 지방 함량은 86~89%, 인의 함량은 0.29%이다(난황 지질의 95%를 차지한다). 난황의 1/3을 차지하며, 대부분 레시틴이다.
리베틴 (livetin)	수용성이며 95℃ 이상으로 가열하면 거의 완전히 응고한다. 난황에 있는 효소 대부분은 리베틴에 속한다.
포스비틴 (phosvitin)	난황 단백질의 약 10%를 차지하고 있으며, 인의 함량이 9.7%로 비교적 높다.

(stearic acid) 등이 있다.

달걀의 대표적인 인지질은 레시틴(lecithin)과 세팔린(cephalin)이며, 이들은 유화제로서 작용하여 수중유적형(O/W)의 유탁액을 만든다.

(3) 탄수화물

달걀에서 당류는 거의 유리상태로 존재하지 않는다. 난백에는 다당류가 단백질과 결합하여 존재하며, 난황에는 포도당, 만노오스, 갈락토오스가 유리상태로 존재한다.

(4) 무기질 및 비타민

난황은 칼슘, 인과 철이 비교적 많이 함유되어 있다. 그중 칼슘은 대부분 난각에 있으므로 이용 가치가 없다.

완숙란의 난황 표면이 흑록색을 띠는 것은 난백 중에 들어 있는 황화합물이 가열

표 13-15 달걀의 열량(가식부 100g 중)

종류	열량(kcal)	종류	열량(kcal)
삶은 달걀(전란)	80	스크램블 에그	145
수란(1개)	80	달걀 흰자	15
기름으로 프라이된 달걀	135	달걀 노른자	165
달걀 오믈렛	135		

중에 황화수소를 발생하고 이들과 난황 중의 철(Fe)이 반응하여 황화제1철(FeS)을 생성하기 때문이다.

비타민은 C를 제외한 A, B_1, B_2, D, E 등 각종 비타민을 함유하고 있으며, 특히 비타민 A 및 B_2가 많다.

(5) 색 소

신선한 난백이 옅은 녹색을 띠고 있는 것은 리보플라빈 때문이며, 난백이 유탁상태로 있는 것은 난백 중에 탄산가스가 용해되어 pH가 낮아짐으로써 단백질이 용해되어 교질상으로 분산되어 불투명하게 된 결과이므로 pH가 상승하면 담황색은 투명해진다.

난황의 노란색은 주로 카로티노이드 색소의 일종인 잔토필(xanthophyll)류이고 그 밖에 카로틴과 크립토잔틴(cryptoxanthin)도 소량 함유되어 있다. 잔토필과 크립토잔틴은 체내에서 비타민 A로 전환되지 않는다. 난황의 색소 함유량은 주로 닭의 먹이에 의해 좌우되므로 녹황색 채소를 많이 먹은 닭의 난황색은 진하다. 난황의 색은 달걀 껍질의 색과는 관계가 없다.

3) 달걀의 조리가공 특성

(1) 열응고성

달걀을 가열하면 난백은 60℃에서 반투명하게 되면서 62~65℃에서 유동성을 잃어 겔화되고, 70℃에서 부드럽게 응고하며 80℃ 이상에서는 완전히 응고한다.

난황은 65℃에서 응고되기 시작하여 70℃에서 반숙상태로 응고되어 난백의 응고 온도보다 높다. 그 이상의 온도에서는 광택이 없으며 부스러지기 쉬운 상태가 된다. 달걀의 열응고성은 단백질의 농도, 용액의 pH, 염 및 당의 유무에 따라 달라진다(표 13-16).

(2) 난황의 유화성

난황은 그 자체가 O/W(수중유적)형의 유탁액이며 강한 유화력을 가진 천연의 유화식

표 13-16 가열 온도에 따른 달걀의 응고상태

온도(℃)	난백의 응고상태	난황의 응고상태
55	투명액상으로 거의 변화가 없음	변화 없음
59	유백색, 반투명 약한 젤리상태	변화 없음
62	유백색, 반투명 젤리상태	변화 없음
63	유백색, 반투명 젤리상태	약간의 점성(거의 변화 없음)
65	백색, 반투명 젤리상태	점성이 있는 부드러운 풀상태
70	부드럽게 응고, 형체 형성	점성이 있는 반숙상태
75	부드럽게 응고, 형체 형성	탄력이 있는 단단한 반숙상태
80	단단하게 완전히 응고	가벼운 점성이 있지만 약간 부슬부슬해짐
85	단단하게 완전히 응고	점성과 탄력이 없어지고 부슬부슬해짐
90	단단하게 완전히 응고	흰색에 가까우며 부슬부슬해짐

품이다.

난황의 지방유화성은 지단백질에 의한 것이며 이것에 포함되어 있는 레시틴이 분자 내에 친수기나 친유기를 동시에 가지고 있기 때문에 계면활성제로 작용하여 유화액을 안정화시킨다. 난백의 유화력은 난황의 약 1/4 정도이다.

달걀의 유화성을 이용한 것에는 마요네즈, 케이크, 아이스크림, 크림 퍼프 등이 있다.

(3) 난백의 기포성

난백을 교반하여 생긴 거품의 얇은 막은 공기와 접촉하면 굳어진다. 즉, 기포의 표면에 단백질의 분자가 흡착되어 이것이 공기와 접하면서 표면장력에 의해 변성되고 기포막이 두껍고 탄력성이 있어 안정한 상태가 유지된다. 그러나 지나치게 교반하면 변성하여 이액현상이 나타난다.

기포는 식품의 질감을 가볍게 하고, 부풀게 하며 결정의 형성을 방해하는 등으로 사용되며 내열제로서의 역할도 있다.

난백의 기포에 관여하는 단백질은 주로 콘알부민과 글로불린이고, 단백질 용액의 등전점에서는 용해도와 점도가 가장 낮아지므로 기포의 형성력은 최대에 달한다. 난백의 기포성은 pH 4.5~5.0에서 가장 크다.

난백의 젓는 정도에 따라 일어나는 기포의 상태변화는 표 13-17과 같이 4단계로 구분된다.

표 13-17 휘핑시간과 기포의 상태변화

단계	기포의 종류	특징	용도
1단계	거친 기포	약간 휘핑된 기포로 기포가 크고 부드러우며 투명하고 쉽게 흘러내린다.	전병의 코팅
2단계	촉촉한 기포	볼을 기울이면 천천히 흘러내리는 정도이며 기포는 보다 미세하고 촉촉하며 윤기가 난다.	엔젤 푸드 케이크, 부드러운 머랭
3단계	단단한 기포	충분히 휘핑한 기포로 상당히 단단하다. 안정성이 좋기 때문에 오랫동안 방치해도 기포가 파괴되거나 변하지 않는다.	단단한 머랭, 별립법 케이크, 마시멜로우, 오믈렛, 수플렛
4단계	건조한 기포	휘핑이 지나친 상태로 상당히 하얗고 퍼석퍼석하고 불투명한 기포로 안정성이 결핍된다.	–

4) 달걀의 품질판정법

(1) 신선도 판정법

일반적으로 달걀의 품질과 신선도는 다음과 같이 측정된다.

① 비 중

달걀의 신선도를 식염수에 의하여 판정하는 방법으로, 신선란의 비중은 1.08~1.09이므로 신선한 달걀은 10% 식염수에 가라앉는다.

② 투시검란법

투광기를 사용하여 기실 크기의 측정, 난백 및 난황의 상태를 조사하는 방법이다.

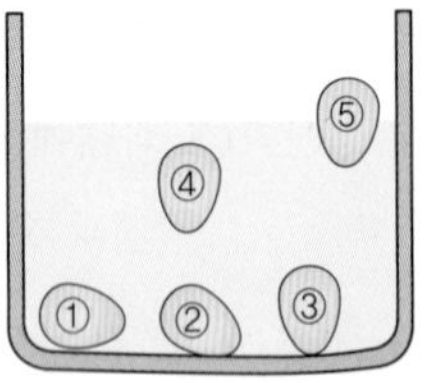

① 산란 직후의 신선한 것　② 1주일이 경과된 것
③ 보통 상태　④ 오래된 것
⑤ 부패한 것

그림 13-11 식염수로 달걀의 신선도를 판정하는 법

달걀이 오래되면 알끈이 약화되어 난황의 위치가 한쪽으로 치우치게 되며, 달걀 내부의 수분 증발로 기실이 커지게 된다.

③ 할란검사법

달걀을 깨어 수평한 유리판 위에 놓고 검사하는 방법이다.

- **난황계수(yolk index)** : 달걀을 깨서 난황을 평평한 유리판 위에 놓았을 때 난황의 최대 높이를 난황의 평균지름으로 나눈 값을 난황계수라고 한다. 신선란의 난황계수는 0.36~0.44이다. 37℃에서 3일간, 25℃에서 8일간, 2℃에서 100일간 경과하면 난황계수가 0.3 이하가 되며, 0.25 이하이면 난황이 터지기 쉽다(그림 13-12).
- **난백계수(albumin index)** : 달걀을 깨서 난백을 평평한 유리판 위에 놓았을 때 난백의 최대 높이를 난백의 평균지름으로 나눈 것을 난백계수라 한다. 신선란의 난백계수는 0.14~0.17이며 오래된 달걀일수록 난백계수가 작아진다.
- **호우(haugh) 단위** : 미국에서 할란의 질을 판정하는 데 가장 보편적으로 이용하며 난백의 높이(mm)를 H, 달걀의 중량(g)을 W로 하였을 때, 100 log(H−1.7 W+7.6)으로 계산된 값을 호우(haugh) 단위라고 한다. 신선한 달걀의 호우 단위는 86~90이다.
- **농후난백의 비** : 전 난백의 무게에 대한 농후난백의 중량의 백분율로 신선한 달걀의 농후난백은 전 난백 무게의 약 60%이다.
- **pH의 변화** : 달걀이 신선할 때 난백의 pH는 7.6 정도이나 이산화탄소가 증발하여 pH가 9.0~9.7 정도로 올라간다.

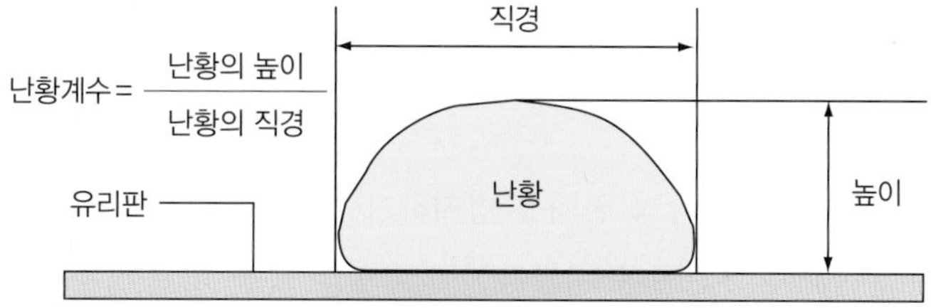

그림 13-12 난황계수

(2) 달걀의 외부 품질검사

달걀의 품질판정법은 나라에 따라 다르나 달걀의 명칭, 품질규격 등을 규정한 것이다.

① 크 기

달걀의 크기는 닭의 품종, 연령 및 환경조건에 따라 다른데, 표준 크기의 달걀이 상품성이 높고 균일한 것일수록 수송과 보존에 유리하다. 우리나라의 경우 특란, 대란, 중란, 소란, 경란의 5가지로 구분하고 있다.

② 난각질

우수한 달걀의 난각 두께는 0.31~0.34mm, 난각 강도는 3.5~5.2kg/cm^3이다.

③ 난각색

닭의 품종에 따라 갈색란, 백색란, 청색란, 담갈색란 등이 있으나 우리나라의 경우 갈색란이 대부분을 차지하고 있다.

④ 모 양

달걀의 장경(L) 및 단경(S)을 측정한 난형계수(공식 : S/L×100)로 산출되는데, 일반적으로 달걀은 타원형으로 난형계수 70 전후이다.

5) 달걀의 저장법

달걀의 저장 목적은 부패를 방지하기 위한 것이며, 넓은 의미의 달걀 저장법에는 다음과 같은 것이다.

- **냉장법** : 미생물 오염과 무균적 변패를 방지하기 위한 가장 기본적이고 중요한 방법은 냉장법이다. 달걀은 5℃에서 저장하면 일주일은 충분히 품질을 보장할 수 있다. 온도와 습도관리가 적절하다면 8~10개월간 저장이 가능하다.

- **가스저장법** : 저장 시 외부 환경의 이산화탄소 분압이 높으면 달걀 내에서 이산화탄소의 방출이 억제되어 무균적 변패가 예방된다.
- **액체침지법** : 오래된 방법으로 석탄수와 규산소다액 속에 침지하여 난각기공을 폐쇄하여 저장한다. 1년 이상 저장해도 외관과 조직의 변화는 없으나 내부로 액체가 침투하여 풍미가 저하되므로 현재는 사용되지 않는다.
- **밀폐포장법** : 통기성이 없는 소재로 된 용기나 봉지에 달걀을 넣어 밀봉하는 방법으로 내부를 진공, 상압, 가스치환하여 각 조건을 얻을 수 있다.
- **난각코팅법** : 난각의 기공을 각종 피복제로 피복하여 이산화탄소의 방출을 방지하고, 무균적 변패 및 미생물 침입을 방지하는 방법이다.

4. 어패류

최근에는 국민소득의 증대에 따라 고급 어종에 대한 수요가 크게 증가하고, 수산식품이 저지방 고단백의 건강식품으로 인식되고 있어 어패류 소비는 계속 증가하고 있다.

특히 정어리 등의 등푸른 생선에 많이 함유되어 있는 EPA(eicosapentaenoic acid)와 DHA(docosahexaenoic acid)는 혈전이나 동맥경화의 예방효과뿐만 아니라 광범위한 생리기능을 갖고 있다. 이들은 혈압강화, 혈관확장, 혈중 콜레스테롤치 저하, 노인성 치매 예방 및 두뇌를 좋게 하는 작용이 있는 것으로 밝혀져 성인병 예방 차원에서 어류가 재조명되고 있다.

1) 어패류의 성분

어패류의 일반 성분은 종류, 어종, 부위, 계절, 연령 등 많은 차이가 있지만 일반적으로 수분 70~85%, 단백질 15~25%, 지질 1~10%, 탄수화물 1%, 회분 1~2% 정도이다

(표 13-18, 표 13-19).

(1) 단백질

어류의 단백질은 근장단백질, 근원섬유단백질, 결합조직단백질로 되어 있다. 각 생선

표 13-18 해수어류의 일반 성분(가식부 100g 중)

식품명	열량 (kcal)	수분 (%)	단백질 (g)	지질 (g)	회분 (g)	탄수화물 (g)	무기질			비타민					폐기율 (%)
							칼슘 (mg)	인 (mg)	철 (mg)	A (μg)	B_1 (mg)	B_2 (mg)	니아신 (mg)	C (mg)	
꽁치	132	70.9	22.7	4.7	1.3	0.4	42	241	1.7	21	0.02	0.28	6.4	1	44
정어리	160	69.2	20	9.1	1.5	0.2	94	224	1.9	21	0.03	0.35	8.1	1	45
청어	201	66.3	16.3	15.1	1.9	0.4	35	304	0.8	67	0.03	0.25	6.3	1	42
연어	98	75.8	20.6	1.9	1.5	0.2	24	243	1.1	18	0.19	0.15	7.5	1	39
송어	112	73.8	21	3.4	1.7	0.1	35	263	1.3	26	0.46	0.12	9.8	1	36
참도미	76	79.3	18.4	0.1	1.4	0.8	33	270	0.5	9	0.26	0.15	4.8	1	55
가다랭이	118	70.3	25.9	1.8	1.7	0.3	15	282	1.8	12	0.21	0.17	15.3	1	34
방어(성어)	80	75.6	18.4	0.8	1.5	0.4	16	289	0.7	14	0.15	0.16	7.8	1	41
고등어	172	68.1	20.2	10.4	1.3	0	26	232	1.6	23	0.18	0.46	8.2	1	41
전갱이(성어)	124	72.6	20.7	4.8	1.8	0.1	24	208	0.9	6	0.14	0.2	5.3	1	43
새우(대하)	76	80	18.1	0.6	1.2	0.1	74	210	1.4	tr	0.02	0.06	1.9	1	46
게(꽃게)	71	80.6	16.19	0.7	2.08	0.43	127	137	0.74	–	0.04	0.12	–	0	76
농어	88	78.5	18.2	1.9	1.2	0.2	58	196	1.5	36	0.18	0.13	3.1	1	48
갈치	140	72.7	18.5	7.5	1.2	0.1	46	191	1	20	0.13	0.11	2.3	1	33
명태	74	80.3	17.5	0.7	1.5	0	109	202	1.5	17	0.04	0.13	2.3	tr	61
대구	79	78.6	19.5	0.3	1.3	0.3	35	193	0.4	23	0.12	0.16	2.4	1	52
삼치	104	76	20.08	2.93	2.05	0	5	211	0.1	–	0.08	0.06	–	0	56
상어(돔발)	286	80	17.9	23.5	1	1.1	72	314	2.4	–	–	–	–	–	–
복어(까치복)	79	78.6	19.3	0.2	1.4	0.5	10	238	4.4	3	0.08	0.15	6.2	1	57
조기(참조기)	110	76.3	19.02	4.04	1.3	0	19	158	0.43	–	0.05	0.21	–	–	42
전어	100	75.7	19.2	2.7	2.2	0.2	141	311	1.2	0	0.02	0.29	6.1	0	48

– : 수치가 애매하거나 측정되지 않음
tr : 식품성분함량이 미량 존재
자료 : 농촌진흥청 국립농업과학원(2017), 식품성분표 제9차 개정

표 13-19 담수어류의 일반 성분(가식부 100g 중)

식품명	열량 (kcal)	수분 (%)	단백질 (g)	지질 (g)	회분 (g)	탄수화물 (g)	무기질			비타민					폐기율 (%)
							칼슘 (mg)	인 (mg)	철 (mg)	A (μg)	B_1 (mg)	B_2 (mg)	니아신 (mg)	C (mg)	
메기	107	78.4	15.1	5.3	1.1	0.1	26	190	0.8	48	0.2	0.07	2.3	1	54
미꾸라지	87	78.6	16.2	2.8	2.2	0.2	736	437	8	189	0.1	0.65	7.9	2	0
뱀장어(장치)	211	67.1	14.4	17.1	1.1	0.3	157	193	1.6	1,050	0.66	0.48	4.5	1	14
칠성장어	245	60	21	18	0.7	0.3	9	117	18	7,508	0.85	6	4.7	0	20
붕어	87	78.9	18.1	1.8	1.1	0.1	56	193	2.4	7	0.31	0.15	2.6	1	57
붕어(삶은 것)	223	39.7	15.7	4.4	11.6	28.6	315	814	59.5	–	–	–	–	–	0
은어(자연산)	106	77	16.7	4.5	1.6	0.2	31	276	1.3	27	0.12	0.15	3.1	2	44
잉어	105	76.9	17.5	4	1.3	0.3	50	225	1.4	11	0.35	0.12	3.3	1	52

–: 수치가 애매하거나 측정되지 않음

자료 : 농촌진흥청 국립농업과학원(2017), 식품성분표 제9차 개정

에 따른 단백질의 조성은 표 13-20에 나타나 있다.

육류 단백질에 비하여 근장단백질의 함량이 높고 결합조직단백질의 함량이 낮아서 부드러우며, 필수아미노산을 풍부히 함유하고 있다. 특히 리신의 함량이 높으나 조개류는 트립토판, 메티오닌 등 필수아미노산의 함량이 낮다.

근원섬유단백질은 전체 단백질의 약 75%이며 액틴, 미오신, 트로포미오신(tropomyosin) 등으로 되어 있다. 액틴과 미오신은 2~6%의 염 용액에서 액토미오신

표 13-20 어육의 단백질

(단위 : %)

어종 \ 단계	근장단백질	근원섬유단백질	결합조직단백질
도미	31	67	2
대구	21	76	3
잉어	23~25	70~72	5
가자미	18~24	73~79	3
고등어	30	68	2
병어	32	65	3
오징어	10~20	77~85	2~3

을 형성한다. 생선살을 반죽하여 만드는 어묵 등을 제조할 때 독특한 탄력은 바로 이 액토미오신의 성질에 의한 것이다.

결합조직단백질에는 콜라겐과 엘라스틴이 있다. 어육의 콜라겐의 아미노산 조성은 수조육류와 비슷하나 세린(serine)과 트레오닌(threonine)을 더 많이 함유하며 프롤린(proline)과 히드록시프롤린(hydroxyproline)은 더 적게 함유하고 있다.

① 혈합육과 보통육

어류의 가식부는 주로 횡문근으로 되어 있고 연체동물의 근육은 평활근으로 되어 있다. 어류의 근육은 보통 붉은 육색으로 된 근육부분과 암갈색의 진한 육색으로 된 근육 부분이 섞여 있다. 앞의 것을 보통육(ordinary meat, white meat), 뒤의 것을 혈합육(dark meat, red meat)이라고 한다. 혈합육은 어패류에만 존재하는 특유한 근육으로서 보통육과는 성분이나 생리적인 성격이 다르며 그 함량 비율은 표 13-21과 같이 1~30%까지 다양하다.

혈합육은 고등어, 정어리, 꽁치나 운동이 활발한 붉은살 생선에 많고 그림 13-13과 같이 양측의 측선에 따라 암적갈색의 혈합육을 가진다. 그러나 가다랭이는 내측에 혈합육이 있다. 혈합육의 색은 다량의 미오글로빈과 시토크롬(cytochrome)에 의한 것이다. 혈합육은 보통육에 비하여 지질과 비타민 B_1, B_2, 칼륨, 철 등은 많고 수분, 단백질이 적다(표 13-22).

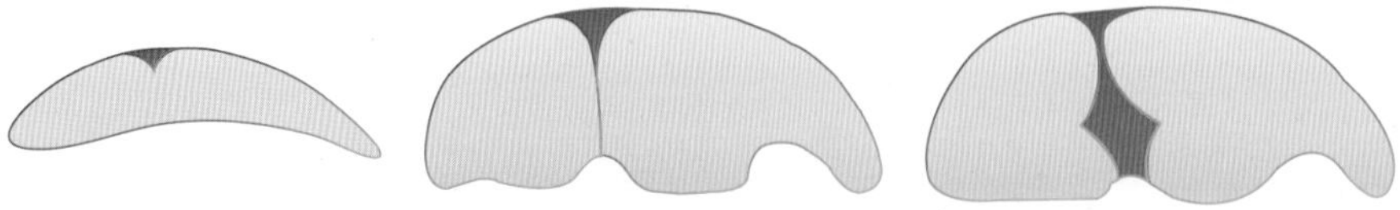

그림 13-13 생선 종류에 따른 혈합육의 삽입 모양

표 13-21 보통육에 대한 혈합육의 비율

어종	정어리	꽁치	고등어	방어	별상어	삼차	가물치
혈합육(%)	31.3	23.3	18.1	16.4	6.9	4.5	0.5

표 13-22 보통육과 혈합육의 조성 비교

(단위 : %)

종류	수분	단백질	지질	당
보통육	77.4	20.4	2.1	1.25
혈합육	69.9	17.5	12.5	1.20

② 적색어와 백색어

적색어와 백색어는 근육색소의 함량에 따라 나뉘어지며 가다랭이, 다랑어, 방어, 꽁치 등의 적색어는 육즙 내에 미오글로빈과 단백질을 많이 함유하고 있으므로 가열하면 단단해진다.

적색어에 많이 함유된 히스티딘(histidine)은 부패과정 중에 알레르기(allergy) 중독의 원인이 되는 히스타민(histamine)으로 변화한다.

백색어에는 도미, 농어, 쥐치, 대구, 가자미, 잉어 등이 있으며 근육 수축이 빠르고 미오겐(myogen) 함량이 적기 때문에 가열하면 연해진다.

(2) 지 질

어류의 지질은 대부분이 트리글리세리드(triglyceride)와 인지질로 구성되어 있다. 불포화지방산이 20~40%나 되며, 특히 고도의 불포화지방산인 EPA, DHA가 함유되어 있다.

어패류의 지질을 구성하는 지방산은 20~30%의 포화지방산 중 팔미트산이 가장 많다. 나머지는 액상의 불포화지방산으로 어유라고 부른다.

어유에 많이 함유된 고도 불포화지방산, 특히 ω−3계열 지방산의 EPA나 DHA 등은 앞에서 설명한 것처럼 동맥경화성 질환이나 혈전성 질환 등의 예방 및 치료에 효과가 있으며, 또 노화 방지와 대장암, 유방암 등의 예방 및 치료에 효과가 있는 것으로 알려져 있다. 따라서 지방산의 양적인 면뿐만 아니라 불포화지방산의 질적인 면도 중요하게 취급된다.

(3) 무기질과 비타민

어류의 무기질에는 인과 황이 많으며 나트륨, 칼륨, 구리, 마그네슘 등도 많다. 비타민은 A와 D가 많다.

(4) 색 · 맛 · 냄새

어패류의 색소는 헤모글로빈, 미오글로빈, 시토크롬 등 수용성 단백질과 지용성인 카로티노이드로 분류된다. 연어, 송어, 불가사리, 새우, 게 등의 붉은색이 카로티노이드 색소이다.

어패류는 조리하면 독특한 맛 성분이 생긴다. 그중 2~5%가 추출물(extracts)이며 그 외에는 글루탐산(glutamic acid) 등의 유리아미노산, 이노신산(inosinic acid) 등의 저분자 질소화합물, 숙신산(succinic acid, 패류), 베타인(betaine, 낙지, 새우)과 타우린(taurine, 오징어)이다.

TMAO(trimethyl amine oxide)는 해수어의 추출물에 함유되어 있으며 해수어에 널리 분포하나 담수어에는 거의 함유되어 있지 않다. 생체내에서 암모니아의 해독물질 또는 요소와 함께 삼투압 조절물질로서 이용된다. TMAO는 감미가 있으며 pH 4.5 부근에서 강한 완충능력을 가지는데 시간이 경과함에 따라 세균에 의해 쉽게 환원되어 해수어의 비린내 성분인 트리메틸아민(trimethylamine, TMA)으로 되고 선도 판정의 좋은 지표가 된다. 담수어가 해수어보다 비린내가 강하게 나는 것은 리신에 의해 생성된 피페리딘(piperidine) 때문이다.

(5) 독성 성분

복어의 독성분은 테트로도톡신(tetrodotoxin)으로 난소, 간 등의 내장에 존재하며, 신경독을 일으킨다. 테트로도톡신은 독성이 매우 강해 치사율이 높은 편이다. 열대와 아열대 해역에서 서식하는 어류 중 일부는 시쿠아톡신(ciguatoxin)이라는 독성 성분을 가지고 있으며, 이것은 신경독을 일으킨다.

패류의 독성 성분으로는 홍합, 섭조개, 가리비, 대합조개 등에 들어 있는 삭시톡신(saxitoxin)과 바지락, 모시조개 등에 들어 있는 베네루핀(venerupin)이 있다.

2) 어패류의 사후강직과 자기소화

어패류는 수조육류와 마찬가지로 사후 산소의 공급이 중단되면 해당과정에 의해 글리코겐이 분해되어 젖산이 생성되고, pH가 낮아져 사후강직이 일어나게 된다. 사후강직이 일어나는 시간은 어종에 따라 다른데, 일반적으로 고등어나 가다랭이 같이 운동량이 많은 어종이 운동량이 적은 어종에 비해 사후강직이 빨리 시작된다. 어류를 사후강직 후에도 방치하면 어류 근육조직 중에 있는 효소에 의하여 단백질이 분해되는데 이를 자기소화(자가소화, autolysis)라 한다.

수조육류의 경우는 자기소화에 의해 육질이 연화되고 풍미가 좋아지는 장점이 있으나 어육에서는 원래 조직이 연하고 자기소화에 의해서 오히려 풍미가 떨어지는 경우가 많으므로 일반적으로 어획 직후부터 사후강직 중에 있는 것까지를 선도가 좋다고 표현하며, 가능한 한 자기소화가 일어나지 않도록 처리하고 있다.

어패류는 가수분해효소의 작용으로 자기소화되면 아미노산, 펩티드 등의 질소화합물이 증가하므로 부패하기 쉽게 된다.

3) 수산물의 선도 판정방법

어패류의 선도는 어패류의 가치를 결정하는 가장 중요한 요인이며, 선도 판정법에는 관능적 방법, 물리적 방법, 세균학적 방법, 화학적 방법이 있다.

(1) 관능적 방법

관능적 감별방법은 매우 간편하므로 객관성은 부족하나 많이 이용되고 있다(표 13-23).

(2) 물리적 방법

어육의 경도 측정방법과 전기저항 측정방법이 있으며, 신속히 판정할 수는 있으나 어류의 종류와 개체에 따른 차이가 많아 정확도가 떨어진다.

(3) 세균학적 방법

어패류에 부착된 생균수로 선도를 판정하는 방법으로 1~2일이 소요되며 결과에 오차가 커서 실용성이 적다. 보통 식품 1g당 생균수가 107~108이면 초기부패로 판정한다.

(4) 화학적 방법

화학적인 선도 판정방법으로는 암모니아, 트리메틸아민(trimethylamine, TMA) 또는 이들을 생성물로 하는 휘발성 염기질소를 측정하는 것이고, 그 외에 인돌(indole), 휘발성 유기산, 휘발성 환원물질, 히스타민(histamine) 등을 정량 분석하는 방법도 있다.

- **휘발성 염기질소의 증가** : 생선이 부패하면 암모니아와 아민류가 많이 생기므로 45℃에서 휘발하는 염기성 질소의 총량을 측정한다. 상어를 제외한 모든 생선은 30~40mg%를 부패의 시작으로 본다.
- **암모니아 및 아미노산의 증가** : 암모니아는 30mg%, 아미노산은 80mg% 이상이 되면 부패된 것으로 판별한다. 그러나 상어, 가오리, 홍어는 예외로 한다.
- **트리메틸아민의 증가** : 질소로서 2~3mg%를 초기부패로, 4~6mg% 이상은 부패한 것으로 판별한다. 세균이 번식하기 시작하면 트리메틸아민옥시드(TMAO)는 환원하여 트리메틸아민(TMA)이 되어 함량이 증가된다.

표 13-23 관능적 판정법에 의한 어패류의 선도 기준

선도 / 부위	신선한 것	신선도가 떨어진 것
피부	탄력이 있고, 특유의 색과 광택이 있다.	색과 광택이 흐리다.
비늘	윤택, 단단히 붙어 있다.	군데군데 떨어져 있다.
눈	맑고, 아름다우며 밖으로 튀어나온 듯하다.	혼탁하며 속으로 함몰하며 흐리다.
아가미	선홍색, 단단한 조직으로 되어 있다.	회녹색, 점착성, 부패취가 있다.
냄새	해수나 담수의 갯내음이 난다.	비린내, 악취가 난다.
복부	제 위치에 있고 탄력이 좋다.	항문에서 장의 내용물이 침출되어 있다.
어육	탄력, 투명감, 광택이 있으며 뼈와 껍질이 단단히 붙어 있다.	눌렀을 때 자국이 오래 남고 뼈에서 쉽게 분리된다.

- **pH의 변화** : 신선한 생선의 pH는 7.0 전후인데 사후 자기소화로 젖산과 인산이 쌓이면 pH가 5.4~5.6으로 저하된다. 그후 선도가 저하됨에 따라 pH가 서서히 증가되어 pH 6.0~6.2를 초기부패로 pH 6.2~6.5를 부패로 본다.

4) 어패류의 종류

(1) 해수어류

- **다랑어(tuna)** : 고등어과에 속하며 참치라고도 한다. 참다랑어는 주로 횟감으로, 기타 종류는 통조림 원료로 이용된다.
- **대구(cod)** : 참대구와 명태가 있는데 모두 겨울에 가장 맛이 좋다.
- **꽁치(half beak)** : 봄, 가을에 많으며 특히 가을 산란기가 기름이 많고 가장 맛이 있다.
- **정어리(sardine)** : 동해안에 많고 식용 이외에 비료용으로도 사용한다.
- **멸치(anchovy)** : 수온이 20~25℃인 남해안의 통영연안에 많이 서식하고 주로 건제품으로 가공된다.
- **청어(herring)** : 동해안에서 많이 잡혔으나 근래에는 소량씩 잡힌다.

(2) 담수어류

- **미꾸라지** : 논이나 개울물에서 자라며 가을이 제철이고 추어탕을 만든다.
- **뱀장어** : 여름이 제철이며 지질과 비타민 A가 많이 들어 있다.
- **잉어** : 암회색의 온수성 물고기로 여름에 많이 잡힌다.
- **붕어** : 잉어과에 속하나 입 주위에 수염이 없는 것이 잉어와 다르다.
- **메기** : 머리가 크고 입가에 수염이 있다. 고기는 담백하고 겨울에서 봄에 걸쳐 맛이 좋다.
- **쏘가리** : 농어과에 속하며 머리와 등에 불규칙한 회적색의 반점이 있다.

(3) 갑각류

- **새우류** : 대하, 중하 등이 있으며, 보리새우류에는 보리새우, 점새우, 곤쟁이 등이 있다.

- **게류** : 왕게는 영일만 이북의 동해안에 분포하며 꽃게는 서해안에 많이 분포한다.

(4) 연체동물

- **문어류** : 겨울에 제맛이 나며 우리나라 전 연안에 분포한다. 꼴뚜기는 이른 봄에 난소가 찼을 때 젓을 담근다.
- **오징어류** : 동해안에 분포하며 내장을 제거한 후 건조시키기도 한다.

(5) 조개류

- **조개류(패류)** : 백합과에 속하는 바지락, 피조개, 꼬막, 홍합, 굴 등이 있다. 어류에 비해 글리코겐이 많으며 비타민은 A, B_1, B_2, C 등이 있다. 굴은 서해안에서 많이 생성되며 11~4월까지 맛이 좋고 비타민 A, B_1, C 이외에 철이 많다.

  모시조개, 대합 등에는 비타민 B_1의 분해효소인 아노이리나아제(aneurinase)가 들어 있어 날것으로 먹는 것은 좋지 않으나 이 효소는 가열에 의해 불활성화된다. 조개류와 갑각류는 내장의 자가소화가 강하게 작용하므로 죽으면 빨리 상한다.
- **전복류** : 전복과 소라가 있다. 루신(leucine), 아르기닌(arginine), 글루타민산 등을 많이 함유하여 특유한 맛을 낸다.

(6) 기 타

- **해삼** : 청삼과 적삼의 두 종류가 있으며 체표면에 돌기가 돋아 있어 모양이 오이와 비슷하다.
- **멍게** : 우리나라 전 연해의 암초에 분포한다.

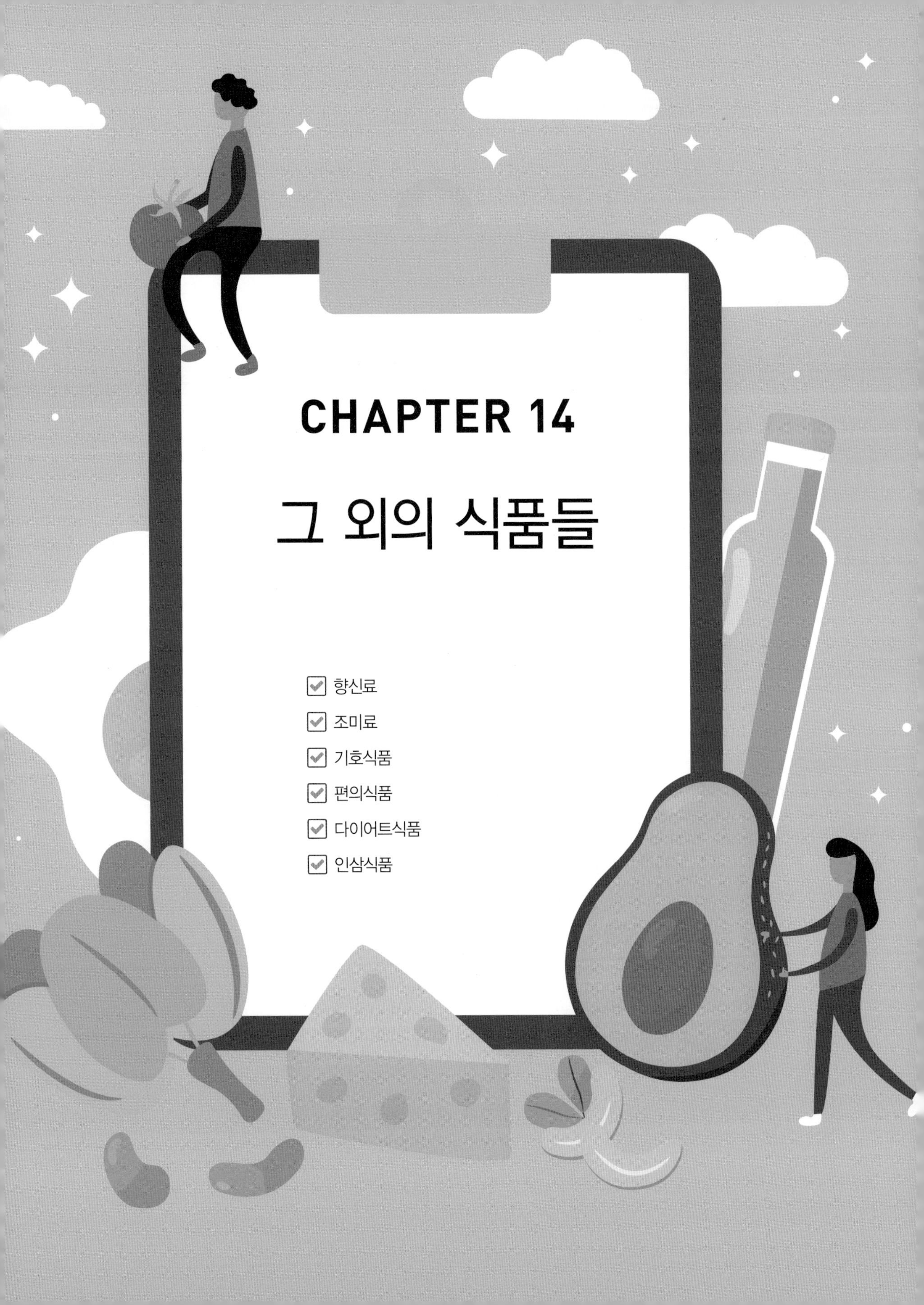

CHAPTER 14

그 외의 식품들

- 향신료
- 조미료
- 기호식품
- 편의식품
- 다이어트식품
- 인삼식품

생활수준의 향상과 식문화의 서구화 현상이 두드러지고 건강에 관심이 높아지면서 기호식품과 건강식품 및 천연식품에 대한 소비가 증가하고 있다. 영양소 공급뿐 아니라 심리적·생리적 욕구를 충족시키며 식품의 기능성과 자연성이 강조되고 있다.

1. 향신료

향신료(香辛料, spices)란 식품에 향미를 부여하는 데 쓰이는 향과 맛을 가진 재료를 말하며, 식품을 조리·가공할 때 풍미가 생기고 육류의 독특한 냄새 제거에도 매우 효과적이다. 또한 미각을 자극하며 소화작용을 돕는 역할도 한다.

1) 향신료의 종류

향신료는 식물의 과실, 종자, 나무껍질, 꽃, 뿌리, 줄기 등을 건조하여 만든다.

천연의 향신료는 주로 자극성을 지닌 향신료와 향기를 지닌 향신료로 구별한다. 또 여러 가지 향신료를 혼합한 종합 향신료도 있다. 일반적으로 사용되는 향신료와 그에 함유된 기본 성분은 표 14-1과 같다.

2) 향신료의 작용

향신료에는 많은 화학적 효과가 있다. 특히 옛날부터 향신료의 항산화 효과를 각종 육류, 어패류, 유지식품 등의 품질 유지에 널리 이용하여 왔다.

- **교취작용** : 고기, 생선의 냄새를 없앤다. 마늘, 생강, 월계수 등이 있다.

표 14-1 향신료의 종류 및 성분

종류	소재	성분
올스파이스(allspice)	열매	유게놀(eugenol)
아니스(anise)	종자	아네톨(anethol)
셀러리(celery)	줄기 · 종자	δ-리모넨(d-limonene)
카라웨이(caraway)	열매	카르본(carvone), 리모넨(limonene)
카다몬(cardamon)	종자	시네알(cineal), 리모넨(limonene), 테르피넨(terpinene)
쿠민(cumin)	과일	쿠미닐 알코올(cuminyl alcohol)
시나몬(cinnamon)	나무껍질	신남알데히드(cinnamaldehyde)
클로브(clove)	꽃봉오리	유게놀(eugenol)
딜(dill)	열매	카르본(carvone), 리모넨(limonene)
페넬(fennel)	열매	아네톨(anethol)
갈릭(garlic)	뿌리	디알릴디술피드(diallyldisulfide)
진저(ginger)	지하경	진저론(gingerone)
머스터드(mustard)	씨	시니그린(sinigrin), 시날빈(sinalbin)
페퍼(pepper)	열매	피페린(piperine), 리모넨(limonene)
파프리카(paprika)	열매	카로틴(carotene)
로럴(laurel)	잎	시네올(cineol), 유게놀(eugenol), α-피넨(pinene)
너트메그(nutmeg)	열매	캄펜(camphene), 디펜텐(dipentene), 게라니알(geranial)
파슬리(parsley)	과일 · 잎	아피올(apiol)
세이지(sage, clary)	잎	살벤(salven), 피넨(pinene), 시네올(cineol), 보르네올(borneol)
타임(thyme)	잎	카라크롤(caracrol), 티몰(thymol)
터머릭(turmeric)	뿌리	글루탐산(glutamic acid)

- **무향작용** : 식욕을 돋아주는 향을 만든다. 모든 향신료(allspice), 계피, 너트메그(nutmeg) 등이 있다.
- **식욕증진작용** : 신맛과 향으로 식욕을 증진시킨다. 후추, 겨자, 고추(red pepper) 등이 있다.
- **착색작용** : 파프리카(paprika)의 적등색, 고추의 적색, 카레가루(turmeric)의 황색 등을 나타낸다.

표 14-2 조미료의 분류

구분	종류
단맛	설탕, 엿, 맛술, 인공감미료, 벌꿀
감칠맛	간장, 된장, 치즈, 주류, 인공조미료
신맛	식초, 젖산
짠맛	소금, 간장, 된장
매운맛	고추, 카레가루, 후추

2. 조미료

조미료는 음식물의 맛을 좋게 할 목적으로 이용되는 것으로 종류는 대단히 많으나 표 14-2와 같이 분류할 수 있다.

3. 기호식품

기호식품은 영양적인 면보다는 정신적인 면에서 그 역할이 많은 식품이다. 주로 음료가 여기에 해당되며 비알코올성인 차, 커피, 코코아, 콜라 등과 알코올성인 주류 등으로 구분할 수 있다.

1) 차

차(茶, tea)는 상록관목인 나무의 어린 잎이나 어린 싹으로 제조한 기호음료를 말하며 차 종류에는 가공법에 따라 우롱차, 홍차가 있다. 향미가 떫은맛이 강한 품종으로는 홍차 제조에 적합하고 탄닌보다 색소화합물이 많은 것은 녹차 제조에 적합하다.

홍차는 찻잎을 따서 18~24시간 재워서 수분 함량이 거의 1/2로 줄어들면 압착 롤러에 넣어 즙액과 효소를 짜낸 다음 발효시키는데, 이때 특유의 향미와 색소가 생성된다. 발효 숙성이 완료되면 더는 발효되지 않도록 열 건조시킨다.

우롱차는 약간 재우고 반 발효시킨 다음 건조·압착·가열 처리를 한 것으로 홍차와 녹차의 중간 제품이라 할 수 있다.

녹차는 채엽 직후 증기로 찌거나(찐차) 볶아서(볶음차) 발효가 일어나지 않도록 하여 압착 롤러로 즙액을 짜내어 건조시킨 것이다. 특히 녹차는 발효를 하지 않은 비발효차이므로 발효 중에 일어나는 불안정한 화합물의 파괴가 없어 발효차인 홍차나 부분발효차인 우롱차에 비해 활성이 크다.

녹차에 함유되어 있는 탄닌은 카테킨류(catechins)로서 항산화 활성을 지닌 폴리페놀 화합물이다. 그 외에 각종 비타민류(A, B, C, E, K, P 등), 특히 비타민 C가 많으며, 카페인(caffeine), 클로로필(chlorophyll), 안토시안(anthocyans), 플라보노이드(flavonoids), 펙틴, 글루탐산을 포함한 아미노산류, 무기질, 효소류, 유기산 등을 함유하고 있다.

2) 커 피

커피(coffee)는 아프리카 고원지대에 있는 것을 이슬람교 수도자가 발견한 후 널리 보급되었다고 하며, 지금은 브라질, 콜롬비아, 멕시코, 동남아시아 등에서 많이 재배되고 있다.

커피는 열대성 상록 교목의 열매를 볶아 분쇄하여 뜨거운 물로 추출한 음료이다. 인스턴트 커피는 커피콩을 삶아 그 침출액을 농축 건조시킨 것이다. 주로 열처리과정에서 방향 성분의 생성, 캐러멜화, 미각 성분의 증가 그리고 용해도의 증가 등 변화가 발생한다. 기호에 따라 열처리 정도를 다르게 하며 여러 품종을 혼합하여 사용한다. 커피의 맛은 주로 카페인(쓴맛, 생두 중 1~1.5%), 탄닌(떫은맛, 4~9%)에 의하며 특히 카페인은 흥분작용과 이뇨작용이 있다. 색은 탄닌의 중합물인 캐러멜(caramel), 멜라노이딘(melanoidin)에 의한 것이다. 방향성분은 카페인이 변화된 것으로 커피향을 지닌 카페올(caffeol)과 유기산인 초산, 에스테르류, 아세톤류, 알데히드류, 케톤류, 페놀류 등이다.

3) 청량음료

청량음료란 정제된 물에 유리탄산 또는 유기산을 함유하여 마실 때 청량감을 주는 음료를 말하며, 일반적으로 알코올을 함유하지 않은 음료를 뜻한다.

(1) 탄산음료

탄산음료의 탄산가스 압력은 신맛이 강한 과즙에서는 비교적 낮게 한다.

- **사이다(cider)** : 사이다는 1853년 영국 해군에 의해 동양 최초로 일본에 레모네이드(청량음료)가 전래된 것으로 사과를 발효시켜 만든 사과술(apple wine)을 뜻하지만 우리나라에서 시판되는 사이다는 과일향(fruit essence)을 넣은 감미 탄산음료를 말한다.
- **콜라(cola)** : 콜라는 10대 청소년층에서부터 인기가 있었던 음료이며 콜라향은 일반적으로 온화한 자극제인 카페인을 함유한다. 향료를 사용할 때 유화제를 사용하여 음료와 향료가 분리되는 것을 막아야 한다.

(2) 과즙음료

- **천연과즙** : 과일로부터 추출한 과즙을 희석하지 않은 과즙, 또는 이것을 농축한 농축과즙을 원래의 상태로 환원한 것이다.
- **과즙음료** : 천연과즙의 신맛을 조정한 당액으로 희석한 것으로 천연과즙이 50% 이상인 것을 말한다.
- **과육 함유 청량음료** : 과즙음료와 같으나 천연과즙이 10~50%의 것을 말한다.

- **과립 함유 과실음료** : 과립음료는 70년대에 일본에서 개발한 음료로, 먹는 식감과 특유의 상쾌함으로 남녀노소가 즐긴다.

(3) 과육음료

과육을 파쇄한 후 거칠고 큰 고형물을 제거한 퓌레(purée)를 원료로 한다.

(4) 유성음료

기존 탄산음료와 달리 탈지분유를 넣어 '부드러운 맛'을 강조한 우유탄산음료를 말한다.

4) 알코올 음료

알코올 음료는 알코올 성분이 1% 이상인 음료를 말한다. 그 제조방법에 따라 양조주, 증류주, 혼성주 등으로 분류한다.

- **양조주(발효주)** : 양조한 것을 직접 또는 여과하여 마시는 술로 단발효주와 복발효주로 나눈다. 단발효주는 원료 속의 주성분인 당분이 효모의 작용에 의해서 만들어진 술로 포도주, 사과주 등의 과실주가 있다.

  복발효주는 원료 속의 주성분인 녹말질이 당으로 분해되지 않는 상태이자 당화 작용을 필요로 하는 것으로 단행 복발효주와 병행 복발효주로 나눈다.

  단행 복발효주는 당화와 발효의 공정이 뚜렷하게 구별되는 술로 맥주가 있으며, 병행 복발효주는 당화와 발효의 공정이 뚜렷이 구별되지 않고 두 가지 작용이 병행해서 이루어지는 것으로 청주, 약주, 탁주 등이 있다.
- **증류주** : 증류주는 양조주와 그 술 찌꺼기를 증류한 것이다. 처음부터 증류하기 위한 목적으로 만든 술덧을 증류한 것으로 고형분이 적고 주정도 높은 소주, 위스키, 진, 고량주, 럼, 보드카, 브랜디 등이 있다.
- **혼성주** : 양조주 또는 증류주를 조미료, 향료, 색소 등을 가해 다시 제조한 것으로 재제주, 합성주, 약용주, 칵테일류 등이 있다.

4. 편의식품

복잡하고 바쁜 현대에는 식생활의 간편화에 따라 조리가 완성된 식품 또는 반조리된 식품 등의 새로운 형태를 지닌 식품이 개발되었으며 그 종류도 다양하다. 이러한 식품은 조리의 절약, 특히 조리시간을 줄이고 휴대와 운반이 쉽고 저장성이 있는 가공식품으로 이것을 편의식품(convenience food)이라 한다.

1) 냉동식품

냉동식품이란 전처리를 한 후 급속냉동을 하여 포장한 규격품으로 간단한 조리에 의하여 식탁에 올릴 수 있는 것을 말하며, 소비자가 구입하기까지 −18℃ 이하로 저장된 식품을 말한다.

냉동식품은 품질이 좋은 재료를 선택하여 전처리하고, 유통·보존 온도를 −18℃ 이하로 하여 저온에서 신선도를 유지하는 식품으로 저장성이 매우 높다.

냉동식품의 특징은 보존성이 높고 계절에 관계없이 공급할 수 있고 가격의 변동이 별로 없으며, 경제적·위생적이라 할 수 있다. 종류는 비교적 많기 때문에 형태, 먹는 방법에 따라 해동 및 조리방법이 다르지만 포장지에 조리방법이 표시되어 있어 매우 편리한 식품이다.

2) 레토르트 파우치 식품

레토르트 파우치(retort pouch) 식품이란 조리가 끝난 식품을 폴리에스테르 필름(polyester film), 공기와 광선을 차단하는 알루미늄 포일(aluminium foil), 접촉성과 가열 밀봉이 용이한 폴리프로필렌 필름(polypropylene film)의 유연한 포장주머니(pouch)에 넣어 밀봉한 후 가압가열살균솥(retort)에서 습열로 살균한 것으로 통조림,

병조림과 같이 저장성을 가진 식품이다. 또한 가열하지 않고 먹을 수 있고 열탕 중에 3~5분 넣었다가 즉시 먹을 수 있는 식품을 말한다.

이 식품의 특징은 방부제와 같은 첨가물을 사용하지 않고도 장기간 보존이 가능하여 보존성이 좋으며 포장 그대로 몇 분간 가열한 후 곧 섭취할 수 있어 간편하다는 것이다. 통조림에 비해 살균시간이 단축되고 색, 조직, 풍미 및 영양가 손실이 적고 운반과 휴대가 편리하다.

3) 인스턴트 식품

편의식품 중에서 냉동식품, 레토로트식품을 제외한 것을 인스턴트식품(instant food)으로 구별하였으며, 보존성을 증진시키기 위하여 진공건조나 부분건조에 의하여 수분을 제거한 건조식품(탈수 식품) 등이 여기에 해당된다. 일반적으로 물을 가하면 원래 식품과 같은 품질이 되는 것을 말하며, 환원식품이라고도 한다. 즉, 즉석면(인스턴트 라면 등), 즉석카레, 인스턴트 커피, 분말 주스, 분말 장류, 즉석된장 등으로 빠른 시간에 조리가 끝날 수 있는 것이다.

최근에는 건조기술이 발달함에 따라 채소에도 자연건조가 아닌 진공동결건조법이 적용되고 있다. 이 건조채소도 풍미, 영양가 등의 물리적·화학적 변화가 적으며 복원성이 크기 때문에 품질이 좋은 것으로 기대된다.

5. 다이어트식품

다이어트식품이란 식생활에 의하여 크게 영향을 받는 당뇨병, 심장병, 신장병 등의 생활습관병이나, 비만 이외에 임산부나 영유아 등 의학적으로 영양적 배려를 필요로 하는 사람들을 위하여 일반적인 식품에 특수한 방법으로 특정의 영양소를 가감하여 적절하게 조정한 식품을 말한다.

특히 저칼로리식품이란 적은 양의 칼로리 섭취를 필요로 하는 당뇨병, 비만증 등이 있는 사람을 위한 식품으로 보통 같은 식품의 50% 이하 칼로리를 가지면서 거의 같은 정도의 수분 함량을 함유하고 있는 것을 말하며, 저칼로리 다당류(한천, 셀룰로오스, 만난, 인슐린, 펙틴 등) 및 설탕 대체 감미료(aspartame)를 사용하여 조제한 비스킷, 빵, 면류, 쿨릿, 아이스크림, 젤리류, 잼, 음료, 소스, 크림 등의 식품이 이에 해당한다.

6. 인삼식품

'고려인삼'은 우리나라 고유의 특산물로, 그리고 천혜의 상품으로서 이미 세계적으로 그 진가가 널리 알려져 한국 인삼의 고유명사가 되었다.

최근 인삼에 대한 세계인의 인식과 관심이 높아졌으며, 동양에서 신비의 영약으로 알려져 온 인삼에 대한 약리적 효능·효과가 세계 여러 나라의 학자들에 의하여 과학적으로 입증되고 있다.

또한 인삼은 보신과 보약의 생약적 차원에서 진일보하여 자연 건강보조식품 또는 기능성 식품으로서 인식이 전환되어 이용되는 등 인삼에 대한 관심이 세계적으로 확산되고 있다.

인삼은 재배 조건이 까다로운 식물로서 4~6년의 장기간이 소요되는 다년생 식물로 직사광선을 싫어하여 음지에서 재배해야 하며, 생육이 느려 연작이 안 된다. 또 속효성 비료나 화학비료를 사용할 수 없으며 병충해에 약하다. 인삼의 특유 성분으로 알려진 사포닌의 함량은 인삼의 종류, 재배 연수, 부위에 따라 차이가 많이 난다. 인삼에 존재하는 미량 성분 중에는 생리활성을 갖는 것이 많이 밝혀지고 있는데, 그중에는 항산화력을 지닌 페놀 화합물과 항암효과가 인정된 폴리아세틸렌(polyacethylene)이 있다. 그리고 인삼의 효능은 질병에 대한 치료보다는 질병에 대한 예방 목적으로 이용되고 있다. 한편 원기회복, 소염항균작용, 신경강장제, 간기능

강화작용, 이뇨작용, 지혈작용, 강심작용, 항암작용 등의 많은 질병에 대한 효능도 있음이 밝혀지고 있다.

CHAPTER 15

독성 성분

- 동·식물성 독소
- 곰팡이독
- 세균성 독소

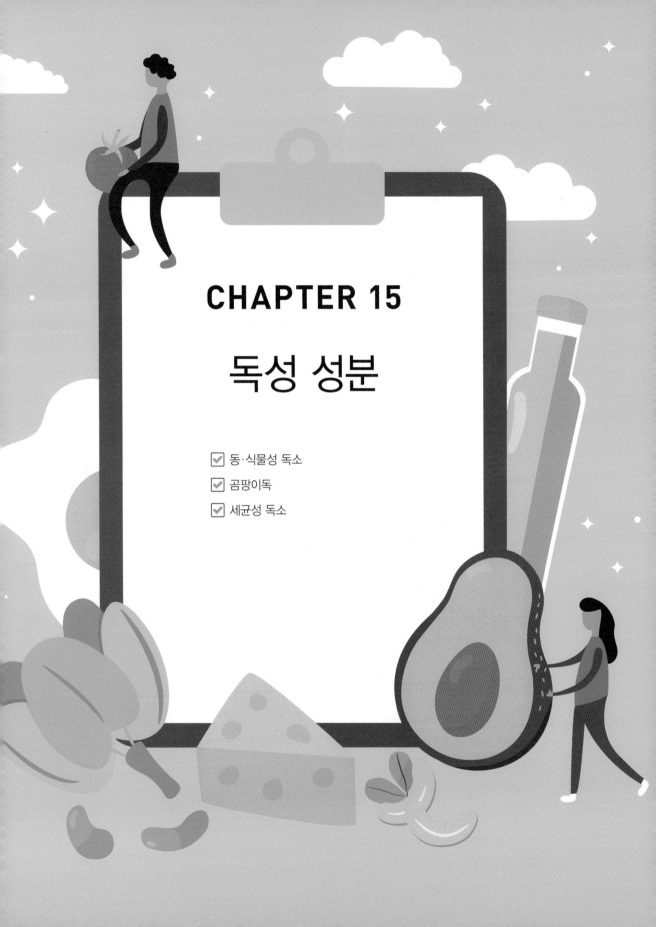

식품에는 천연적으로 생성되거나 축적된 유독 성분이 들어 있다. 저장과 유통 중에 미생물에 의해 생성된 유독 성분도 들어 있다. 이들 독소들은 섭취 당시에는 건강을 해칠만한 양이 아닐지라도 반복 섭취되어 발암, 기형유발, 영양장애, 뇌·신경장애, 위장 증후군 등 유해효과를 나타낼 수 있으므로 각별히 주의해야 한다.

1. 동·식물성 독소

동·식물성 독소는 계절이나 먹이사슬의 변화에 의해 일시적으로 생성되거나 특정 환경조건에서 저장할 때 생성되지만, 독버섯처럼 본래부터 함유하고 있는 것도 있다. 이들 자연독은 유독부위를 제거하고 조리하거나 유독시기를 피하여 섭취하여야 한다. 또한 평상시 식용하는 식품과 모양이 비슷하여 식용 가능한 것으로 오인할 수 있으므로 무분별한 채취나 어획을 피하고, 감별 지식도 익혀두어야 한다. 대개 동물성 자연독은 해산동물인 어패류에 함유되어 있고 식물성 자연독은 육상식물 중에 함유되어 있으며, 몇 가지 중요한 종류를 살펴보면 표 15-1, 표 15-2와 같다.

2. 곰팡이독

곰팡이독은 곰팡이에 의해 생성된 유독 대사산물로 진균독(mycotoxin)이라고도 부른다. 곰팡이독을 경구적으로 섭취하면 사람이나 가축에게 급·만성 건강장애를 일으키는데 이를 곰팡이 중독증(mycotoxicosis, 진균중독증)이라 하며 다음과 같은 특징을 지닌다.

표 15-1 동물성 자연독의 분류

종류	소재	특성
테트로도톡신(tetrodotoxin)	복어	• 산란 전 난소, 간, 내장에 함유
삭시톡신(saxitoxin)	섭조개, 홍합, 대합	• 마비성 조개독
베네루핀(venerupin)	모시조개, 바지락	• 간장독
도모이산(domoic acid)	진주담치	• 기억상실성 조개독
브레브톡신(brevetoxin)	굴	• 신경성 조개독
오카다산(okadaic acid)	가리비, 민들조개	• 설사성 조개독
시구아톡신(ciguatoxin)	곰치, 부시리	• 열대·아열대의 유독 어류에 함유
테트라민(tetramine	조각매물고둥, 갈색띠매물고둥	• 권패류의 타액선에 함유
네오수루가톡신(neosurugatoxin)	수랑	• 소형 권패류의 중장선에 함유

표 15-2 식물성 자연독의 분류

종류	소재	특성
아마니타톡신(amanitatoxin) 무스카린(muscarine) 팔린(phaline)	알광대버섯 외 광대버섯 외 독우산광대버섯 외	• 가장 맹독성, 흰알광대버섯에도 함유 • 맹독으로 땀버섯에도 함유 • 강한 용혈작용에 의해 적혈구 파괴
솔라닌(solanine) 셉신(sepsine)	싹튼 감자 부패 감자	• 발아부위나 녹색부위는 제거 후 섭취 • 부패 시 섭취하지 않으므로 피해 없음
고시폴(gossypol)	목화씨(면실)	• 항산화 성분이나 면실유 정제 시 제거
아미그달린(amygdalin)	청매	• 풋매실, 풋복숭아에 함유된 청산배당체
듀린(dhurrin)	수수	• 어린 잎이나 줄기에 함유된 청산배당체
4-메톡시피리독신 (4-methoxypyridoxine)	은행	• 다량 섭취 시 강직성 경련 유발
프타퀼로시드(ptaquiloside)	고사리	• 물로 우려내고 삶은 후 섭취 권장
리신(ricin), 리시닌(ricinine)	피마자 기름	• 적혈구 응집작용
시쿠톡신(cicutoxin)	독미나리	• 식용 미나리로 오인하여 섭취
테물린(temuline)	독(지내)보리	• 보리와 유사한 독보리의 종자에 함유

- 탄수화물이 풍부한 곡류에 의해 많이 발생한다.
- 계절과 관계되어 발생한다(봄·여름에는 *Aspergillus* 속, 겨울에는 *Fusarium* 속).
- 고온다습하면 많이 발생한다.
- 약제요법이나 항생물질에 의한 효과가 없다.
- 전염성이 없다.

곰팡이독을 생산하는 곰팡이와 원인식품은 표 15-3과 같다.

표 15-3 식품 곰팡이독의 종류

구분	종류	원인 곰팡이	소재
간장독	아플라톡신(aflatoxin)	*Asp. flavus,* *Asp. parasiticus*	땅콩 등 견과류 쌀, 보리, 옥수수
	아이슬란디톡신(islanditoxin) 루테오스키린(luteoskyrin)	*P. islandicum*	이집트산 황변미
	rubratoxin(루브라톡신)	*P. rubrum*	옥수수
	sterigmatocystin (스테리그마토시스틴)	*Asp. versicolor*	곡류
	ochratoxin(오크라톡신)	*Asp. ochraceus*	옥수수
신장독	citrinin(시트리닌)	*P. citrinum*	태국산 황변미
신경독	citreoviridin(시트로비리딘)	*P. citreoviride*	대만산 황변미
	patulin(파툴린)	*P. patulum* *P. expansum*	맥아뿌리
맥각독	에르고타민(ergotamine) 에르고톡신(ergotoxin) 에르고메트린(ergometrin)	*Claviceps purpurea*	호밀, 밀, 보리
광과민성피부독	sporidesmin(스포리데스민)	*Sporidesmium bakeri*	셀러리, 건

3. 세균성 독소

우리 주변에서 발생하는 식중독의 80% 이상은 세균에 의하여 발생한다. 특히, 식품의 보관온도가 병원성 세균의 오염에 적당하다면 빠른 속도로 증식하여 식중독을 유발한다. 또한 대사산물로 다음과 같은 독소를 생성하면 독소형 식중독을 유발할 수도 있다.

(1) 보툴리눔균의 nerotoxin

*Clostridium botulinum*이 생산하는 신경독으로 80℃에서 20분, 100℃에서 1~2분 가열하면 쉽게 불활성화된다. 독소는 신경전달을 저해하여 근육을 마비시키며 심하면 호흡근 마비에 의한 질식으로 사망한다. 원인식품은 나라별로 다소 다르나 햄, 소시지 등의 식육제품, 집에서 만든 과채류 통조림이나 병조림, 생선 가공품 등에서 생성된다.

(2) 황색포도상구균의 enterotoxin

*Staphylococcus aureus*가 생산하는 enterotoxin은 장관독으로 열에 강해 218~248℃에서 30분간 가열해야 활성을 잃는다. 따라서 한 번 생성된 독소는 일반 조리온도로는 도저히 파괴할 수 없다. 원인식품은 서구에서는 우유, 크림, 버터, 치즈와 육류, 달걀이며, 우리나라는 식생활의 차이로 쌀밥, 도시락, 떡, 빵, 과자류 등 전분질식품에서 생성된다.

(3) 웰치균의 enterotoxin

*Clostridium perfringens(welchii)*는 배양 중 포자를 형성할 때만 enterotoxin을 생산한다. B~E형의 포자는 90℃에서 30분 또는 100℃에서 5분이면 파괴되나 A형, F형은 100℃에서 1~4시간을 가열해도 파괴되지 않는다. 원인식품은 가열 후 밀폐상태로 실온에 방치한 동·식물성 단백질로 레스토랑, 케이터링, 뷔페식당 등 대규모로 음식을 준비하는 업체에서는 주의해야 한다.

(4) 세레우스균의 enterotoxin

*Bacillus cereus*는 포자를 형성하는 식품의 부패균으로 설사형과 구토형 독소를 생성한다. 장관에서 균이 증식하면서 enterotoxin을 배출하며, 원인식품으로 설사형은 향신료를 사용한 식품이나 요리로 육류, 채소수프, 바닐라소스, 푸딩 등이고, 구토형은 쌀밥, 볶음밥 등이다.

(5) 장관출혈성 대장균의 verotoxin

*Enterohemorrhagic E. coli*는 장관출혈에 의한 점혈변과 심한 복통을 일으키며 베로톡신(verotoxin)을 생성하여 적혈구를 파괴하여 용혈성 요독증, 만성 신부전증을 일으킨다.

특히 O-157 : H7이라 불리는 대장균은 1982년 미국에서 햄버거에 의한 식중독으로 최초 보고된 이후 간 고기, 살균이 부족한 우유, 사과주스, 샐러드, 마요네즈도 원인식품으로 분류되었다.

(6) 장관독소원성 대장균의 enterotoxin

*Enterotoxigenic E. coli*는 열대지방을 여행하는 사람들에게 나타나는 여행자 설사증의 원인균으로 저개발국가의 신생아와 어린이에게도 탈수를 동반한 설사증을 일으킨다. enterotoxin을 생산하며 60℃에서 10분 가열로 활성을 잃는 이열성 독소와 100℃에서 30분간 가열에도 활성을 나타내는 내열성 독소로 나눈다.

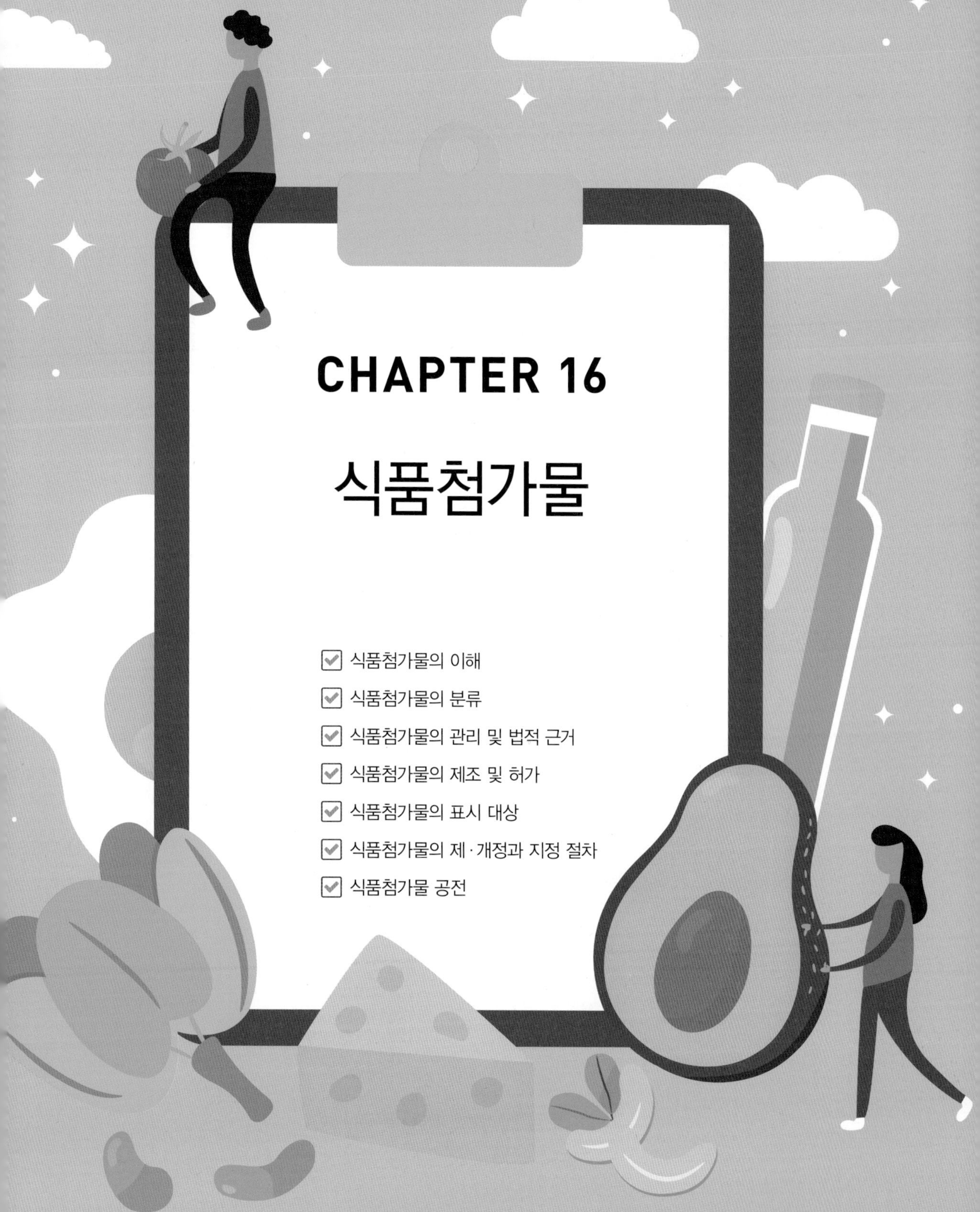

CHAPTER 16

식품첨가물

- 식품첨가물의 이해
- 식품첨가물의 분류
- 식품첨가물의 관리 및 법적 근거
- 식품첨가물의 제조 및 허가
- 식품첨가물의 표시 대상
- 식품첨가물의 제·개정과 지정 절차
- 식품첨가물 공전

1. 식품첨가물의 이해

1) 식품첨가물의 정의

식품첨가물(food additives)은 식품의 조리·가공 또는 제조과정에서 식품의 상품적·영양적·위생적 가치를 향상시킬 목적, 즉 식욕증진, 영양강화, 품질개량 및 보존성 향상 등의 목적으로 첨가되는 물질로서 오늘날 식품산업의 발달함에 따라 그 사용이 증가하고 있다.

우리나라 「식품위생법」 제2조에서는 식품을 제조·가공·조리 또는 보존하는 과정에서 감미(甘味), 착색(着色), 표백(漂白) 또는 산화방지 등을 목적으로 식품에 사용되는 물질(이 경우 기구(器具)·용기·포장을 살균·소독하는 데에 사용되어 간접적으로 식품으로 옮아갈 수 있는 물질 포함)로 식품첨가물을 정의하고 있다.

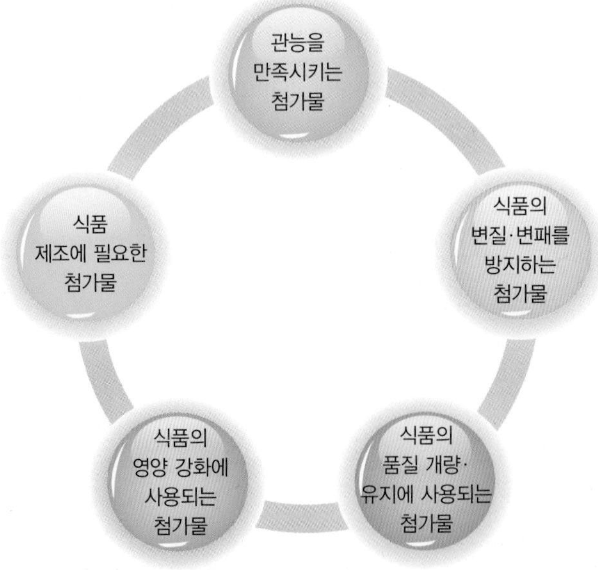

그림 16-1 식품첨가물의 사용목적

2) 식품첨가물의 사용 목적

식품첨가물은 식품의 풍미나 외관을 좋게 하고, 식품의 보존성 향상, 식중독 예방, 품질 향상 및 영양강화를 목적으로 사용되며, 또한 식품의 제조 및 가공공정을 개선할 목적으로 사용된다.

2. 식품첨가물의 분류

1) 합성 여부에 따른 분류

(1) 화학적 합성품

화학적 합성품이란 화학적 수단에 의하여 원소 또는 화합물에 분해반응 이외의 화학반응을 일으켜 얻는 물질을 말하며, 식품첨가물의 대부분은 화학적 합성품이다. 화학적 합성품은 화학물질 등으로부터 화학적으로 합성된 것뿐만 아니라 동물, 식품, 광물 등 천연물 또는 그 추출물을 원료로 하여 이에 화학반응을 일으켜서 얻은 것도 포함된다.

이러한 화학적 합성품은 적은 양이라도 장기간에 걸쳐 섭취할 경우에는 인체에 해를 끼칠 우려가 있으므로 주의해서 취급해야 한다. 따라서 「식품위생법」에서는 화학적 합성품에 대해 보다 엄격히 규제하고 있다.

(2) 천연 첨가물

일반적으로 천연의 동·식물 및 광물 등을 추출한 다음 첨가물로서의 유효성분만을 분리·정제하여 얻어지는 것으로, 발효시켜 얻어진 효소류 등도 포함된다. 우리가 매일 섭취하는 식품인 천연의 동·식물은 모두 조상들의 오랜 경험을 통하여 분별·제거되었기 때문에 화학적 합성품보다는 안전한 것으로 생각되고 있다.

2) 사용 목적에 따른 구분

- 식품의 기호성을 향상시키고 관능을 만족시키는 목적 : 감미료, 산미료, 조미료, 착향료, 착색제, 발색제, 표백제 등
- 식품의 변질을 방지하는 목적 : 보존료, 산화방지제, 살균제 등
- 식품의 품질을 개량하거나 일정하게 유지하는 목적 : 품질개량제, 밀가루 개량제
- 식품 가공선을 개선하는 목적 : 팽창제, 유화제, 호료, 소포제, 용제, 추출제, 이형제
- 기타 : 여과보조제, 중화제 등

표 16-1 용도 및 목적에 따른 분류

용도	분산질	대표적인 첨가물
산미료	식품에 신맛을 부가하거나 산도를 증가시키는 것	구연산, 빙초산
산도 조절제	식품의 산도 또는 알칼리도를 변경하거나 조절하는 것	수산화나트륨, 탄산나트륨, 황산칼슘
고결방지제	식품의 입자가 서로 응집되는 경향을 감소시키는 것	결정셀룰로오스, 이산화규소
소포제	거품이 생성되는 것을 방지하거나 감소시키는 것	규소수지
산화방지제 (항산화제)	지방의 산패와 색깔 변화와 같은 산화에 의한 품질저하를 방지하여 식품의 저장 기간을 연장시키는 것	• 천연 항산화제 : 루틴, 포도종자추출물, 참깨유불검화물, 차추출물, 차카테킨, 토코페롤 • 화학적 합성품 : TBHQ, BHA, 에리토브산 및 그 나트륨염
증량제	식품 자체의 열량에는 영향을 주지 않으면서 식품의 용적에 기여하는 공기 또는 물 이외의 물질	프로필렌글리콜
착색료	식품에 색깔을 부여하거나 원래의 색깔을 다시 재현시키는 것	• 합성색소 – 합성 타르 색소 12종, 그 aluminum lake 8종, β-carotene, 삼이산화철, 이산화티타늄, 수용성 아나토, 철클로로피린나트륨, 동클로로피린나트륨, 동클로로필, 리보플라빈, 리보플라빈낙산 에스테르 등(리보플라빈 및 그 에스테르를 제외하고는 사용기준이 있음)

(계속)

용도	분산질	대표적인 첨가물
착색료	식품에 색깔을 부여하거나 원래의 색깔을 다시 재현시키는 것	• 천연색소 – 식물성 색소 : 클로로필, 카로티노이드, 안토잔틴, 안토시아닌, 플라보노이드 등 – 동물성 색소 : 헤모글로빈, 미오글로빈 등
색도유지제	식품의 색깔을 안정, 유지 또는 강화시키는 것	아질산나트륨
유화제	기름과 물처럼 식품에서 혼합될 수 없는 2가지 이상의 물질을 균일한 혼합물로 만들거나 이를 유지시켜 주는 것	• 화학적 합성품 : 글리세린지방산에스테르, 소르비탄지방산에스테르, 스테아릴젖산칼슘[빵, 과자(한과류 제외), 식물성 크림에 한함] • 천연유화제 : 레시틴, 사포닌, 카제인, 수용성 다당류(알긴산, 카라기난 등)
유화염	가공치즈 제조 시 지방의 분리를 방지하기 위하여 치즈단백질을 재배열시키는 것	스테아린산칼슘
연화방지제	과채류의 조직을 단단하게 하는 것 또는 겔 형성제와 반응하여 겔을 형성하거나 강화시키는 것	구연산칼륨
향미증진제	식품의 맛과 향을 강화시키는 것	L–글루탐산, 글리신, 에리스리톨
밀가루 개량제	밀가루의 제빵 적성이나 색깔을 개량하기 위해 밀가루에 첨가하는 물질	• 과산화벤조일(희석)(밀가루 0.3g/kg 이하) • 과황산암모늄(밀가루 0.3g/kg 이하) • 염소(밀가루 2.5g/kg 이하) • 이산화염소(수)(밀가루 0.03g/kg 이하)
기포제	액체 또는 고체 식품에 가스상을 균일하게 퍼져 있게 하는 것	퀼라야추출물
젤 형성제	젤 형성을 통하여 식품에 조직감을 부여하는 것	젤라틴, 염화칼륨
피막제	식품의 외형에 보호막을 만들거나 광택을 부여하는 것	몰포린지방산염, 밀납
습윤제	습도가 낮은 공기에 의해 식품이 건조되는 것을 방지하는 것	글리세린, 프로필렌글리콜
보존료	미생물에 의한 오염으로부터 식품을 보호하여 저장기간을 연장시키는 것	소브산, 안식향산 아질산나트륨
충전제	식품 용기로부터 식품에 주입하는 공기 이외의 가스	질소, 이산화탄소, 이산화질소, 수소
팽창제	가스를 방출함으로써 반죽의 부피를 증가시키는 물질 또는 이들 물질의 화합물	효모, L–주석산수소칼륨, 탄산수소나트륨, 탄산칼슘, 황산암모늄
발색제	식품성분과 반응하여 색소를 고정하거나 색상을 나타내는 것	아질산나트륨, 질산나트륨, 질산칼륨

(계속)

용도	분산질	대표적인 첨가물
감미료	식품에 단맛을 주는 것으로, 설탕이 아닌 것	• 합성감미료 : 사카린나트륨, 아스파탐, 아세설팜칼륨, 글리실리진산이나트륨 • 천연감미료 : 감초추출물, D-자일로오스, 만니톨, 스테비올배당체
증점제	식품의 점도를 증가시키는 것	구아검, 잔탄검
표백제	색소를 파괴하여 흰 식품으로 만들거나 책색료로 착색하기 전에 표백하여 그 식품이 완성되었을 때 색을 아름답게 하기 위한 것	• 산화형 표백제 : 과산화벤조일 • 환원형 표백제 : 아황산나트륨, 차아황산나트륨
살균제	미생물을 단시간 내에 사멸시키는 작용을 하는 것	과산화수소, 오존수, 차아염소산나트륨
이형제	빵의 제조과정에서 빵 반죽을 분할기에서 분할할 때나 구울 때 달라붙지 않게 하여 모양을 유지하는 데 사용되는 것	유동파라핀, 피마자유
껌기초제	껌에 적당한 점성과 탄력성을 가지게 하여 그 풍미를 유지하는 데 중요한 구실을 하는 것	에스테르검, 로진, 검레진
효소제	반응속도를 높여 주는 생체 촉매	글루코아밀라아제, 셀룰라아제, 리파아제
가공보조제	어느 특정한 목적에 사용되는 것이 아니라 식품의 제조·가공과정이나 기타의 목적으로 널리 사용되는 것	n-핵산
영양강화제	식품의 영양 강화를 목적으로 사용되는 것	황산동, 아스코르브산, 아미노산류, 비타민류, 무기질류
향료	상온에서 휘발성이 있어서 특유한 방향을 느끼게 하여 식욕을 증진할 목적으로 식품에 첨가하는 물질	바닐린, 멘톨, 계피산, 개미산라닐, 글리신
기타	위 용도 이외의 것	활성탄 등

3. 식품첨가물의 관리 및 법적 근거

1) 「식품위생법」 제6조(기준·규격이 정하여지지 아니한 화학적 합성품 등의 판매 등 금지)

기준·규격이 정하여지지 아니한 화학적 합성품인 첨가물과 이를 함유한 물질을 식품첨가물로 사용하거나 기준·규격이 정하여지지 않은 식품첨가물이 함유된 식품을 판매하거나 판매할 목적으로 제조·수입·가공·사용·조리·저장·소분·운반·진열을 금지하고 있다. 다만, 식품의약품안전처장이 제57조에 따른 식품위생심의위원회의 심의를 거쳐 인체의 건강을 해칠 우려가 없다고 인정하는 경우에는 그러하지 아니한다.

2) 「식품위생법」 제7조(식품 또는 식품첨가물에 관한 기준 및 규격)

① 식품의약품안전처장은 국민보건을 위하여 필요하면 판매를 목적으로 하는 식품 또는 식품첨가물에 제조·가공·사용·조리·보존 방법에 관한 기준과 그 식품 또는 식품첨가물에 성분에 관한 규격을 정하여 고시한다.

② 식품의약품안전처장은 제1항의 규정에 따라 기준과 규격이 고시되지 아니한 식품 또는 식품첨가물의 기준과 규격을 인정받으려는 자에게 제1항 각 호의 사항을 제출하게 하여 「식품·의약품분야 시험·검사 등에 관한 법률」 제6조 제3항 제1호에 따라 식품의약품안전처장이 지정한 식품전문 시험·검사기관 또는 같은 조 제4항 단서에 따라 총리령으로 정하는 시험·검사기관의 검토를 거쳐 제1항에 따른 기준과 규격이 고시될 때까지 그 식품 또는 식품첨가물의 기준과 규격으로 인정할 수 있다.

③ 수출할 식품 또는 식품첨가물의 기준과 규격은 제1항 및 제2항에도 불구하고 수입자가 요구하는 기준과 규격을 따를 수 있다.

④ 제1항 및 제2항에 따라 기준과 규격이 정하여진 식품 또는 식품첨가물은 그 기준

에 따라 제조·수입·가공·사용·조리·보존하여야 하며, 그 기준과 규격에 맞지 아니하는 식품 또는 식품첨가물은 판매하거나 판매할 목적으로 제조·수입·가공·사용·조리·저장·소분·운반·보존 또는 진열하여서는 아니 된다.

3) 「식품위생법」 제14조(식품 등의 공전)

식품의약품안전처장은 제7조 제1항에 따라 정하여진 식품 또는 식품첨가물의 기준과 규격, 제9조 제1항에 따라 정하여진 기구 및 용기·포장의 기준과 규격을 실은 식품 등의 공전을 작성·보급하여야 한다.

4. 식품첨가물의 제조 및 허가

1) 식품첨가물의 제조

식품첨가물은 현행 식품첨가물 공전의 해당 품목의 규격과 기준에 적합하게 생산해야 한다.

2) 식품첨가물의 영업허가

- 근거 법령 : 「식품위생법」 제37조
- 허가 기간 : 식품의약품안전처장 또는 특별자치시장·특별자치도지사·시장·군수·구청장

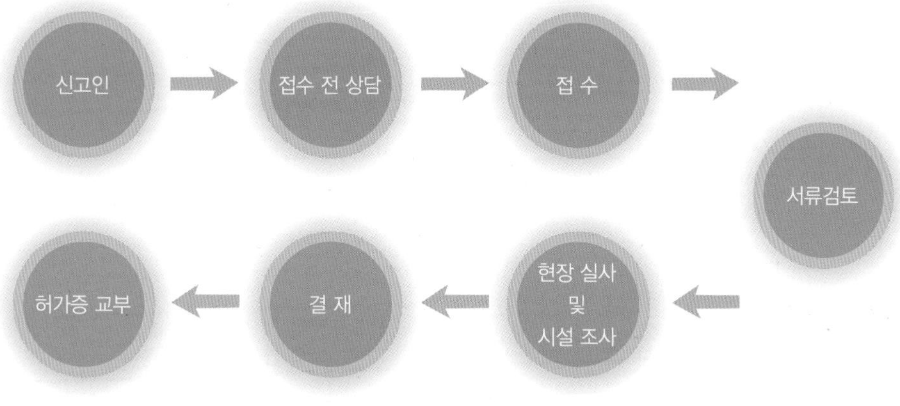

그림 16-2 첨가물의 영업허가 절차

(1) 영업허가 절차

① 식품첨가물의 제조업, 가공업, 운반업, 판매업 및 보존업의 시설기준에 맞는 시설을 갖추어야 한다(「식품위생법」 제36조).

② 영업 종류별 또는 영업소별로 식품의약품안전처장 또는 특별자치시장·특별자치도지사·시장·군수·구청장의 허가를 받아야 한다(「식품위생법」 제37조 제1항).

(2) 실적 보고

식품 또는 식품첨가물을 제조·가공하는 영업자는 총리령으로 정하는 바에 따라 식품 및 식품첨가물을 생산한 실적 등을 식품의약품안전처장 또는 시·도지사에게 보고하여야 한다(「식품위생법」 제42조).

3) 식품첨가물의 기준

표시기준 : 식품첨가물의 위생적인 취급을 도모하고, 소비자에게 정확한 정보를 제공할 수 있도록 표시사항을 일정 장소에 일괄적으로 표시하도록 규정하고 있다.

표 16-2 식품첨가물의 유통(취급 시 주의해야 하는 식품첨가물)

식품첨가물명	사용용도
수산화암모늄	산도 조절제, 팽창제
초산	산도 조절제, 조미료, 보존료
빙초산	산도 조절제, 보존료
염산	산도 조절제
황산	
수산화나트륨	
수산화나트륨액	
수산화칼륨	
차아염소산나트륨	살균제, 표백제
표백분	
글리세린	습윤제, 착향료, 증점제
염화마그네슘	영양강화제, 연화방지제, 두부응고제
염화칼륨	

① 표시사항

- 제증명·영업 허가(신고) 기관명
- 영업 허가(신고)번호·업소명 및 소재지
- 제조연월일·내용량, 성분, 원재료명 함량

② 꼭 표시해야 할 식품첨가물

- 합성 감미료(4종)
- 합성 착색료(21종)
- 보존료(13종)
- 산화 방지제(9종)
- 표백제(5종)
- 합성 살균제(4종)
- 발색제(3종)

5. 식품첨가물의 표시 대상

- 식품 제조·가공법
- 즉석 판매 제조·가공업
- 식품첨가물 제조업의 허가를 받아 제조 제조·가공하는 식품첨가물
- 식품 소분업으로 신고를 하여 소분하는 식품 또는 식품첨가물
- 수입 식품 또는 식품첨가물

6. 식품첨가물의 제·개정과 지정 절차

1) 식품첨가물의 고시

① 화학적 합성품은 식품의약품안전처장이 기준과 규격을 고시한 것이어야 식품첨가물로 사용할 수 있고 판매가 가능하다.
② 기준과 규격이 고시되지 않은 식품첨가물(천연 첨가물)에 대해서는 한시적 기준 규격 인정 절차를 통하여 식품첨가물의 기준과 규격을 한시적 인정한다.

2) 식품첨가물의 지정

① 식품첨가물의 지정 절차

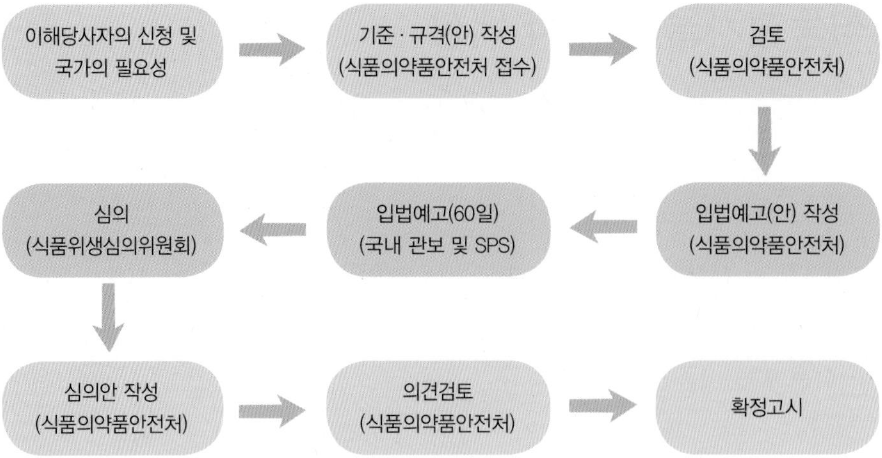

그림 16-3 식품첨가물의 제 · 개정과 지정 절차

② 식품첨가물 지정 시 필요사항

필요한 정보	안정성 검토(독성 시험)
• 첨가물명 • 지정의 요성 • 화학적 구조, 분자량 • 용도 및 용법, 용량 • 제조방법 • 기준 규격 및 시험 방법 • 안정성 자료(독성 등) • 기존에 인정되어 있는 경우 : 외국의 규격, 사용 기준 자료 • 식품에 사용된 예	• 급성 독성(LD_{50})(1~2주) • 아만성 독성(1~3개월) • 만성 독성 시험(2년 이상) • 특수 독성 시험 (변이원성, 발암성, 생식독성)

식품첨가물의 안전성을 신청한 사용방법 등으로 입증 또는 확인한다.

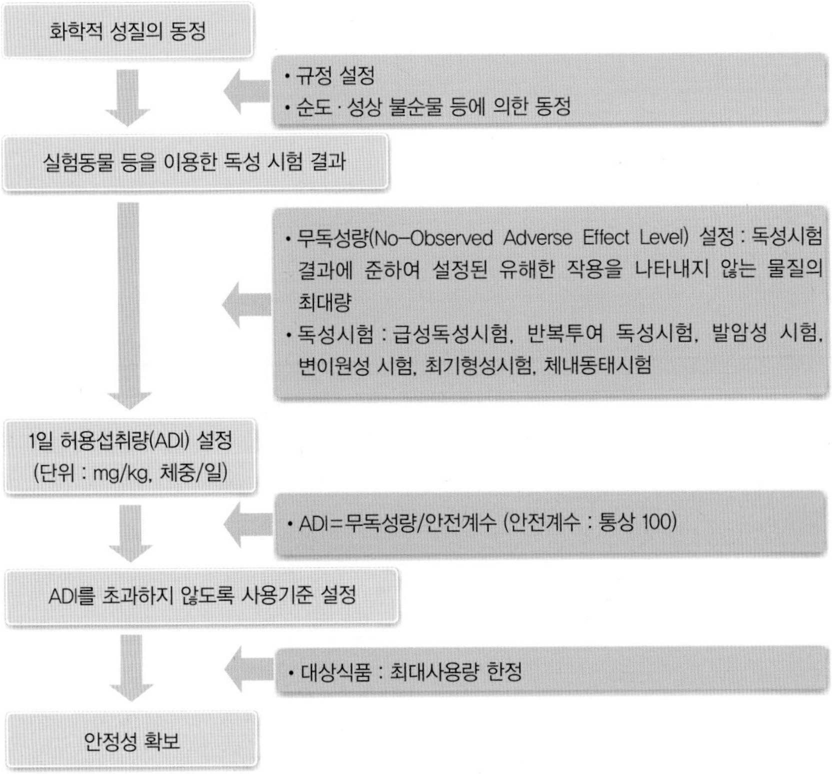

그림 16-4 안정성 평가

③ 일일허용섭취량(ADI, Acceptable Daily Intake)

- 사람들이 일생 동안 매일 섭취해도 안정한 양으로, 동물을 사용한 독성 시험에서 작용을 나타내지 않는 투여량에 안전계수 1/100을 적용하여 산출한다.
- 각 식품을 통해서 섭취되는 식품첨가물의 합계량은 그 첨가물의 일일허용섭취량을 초과하지 않도록 식품첨가물의 사용 기준이 정해진다.
- 일일허용섭취량 표시 예
  - 사카린나트륨 : 0~5mg/kg(b.w.)*   * b.w : body weight(체중)
  - 안식향산나트륨 : 0~5mg/kg(b.w.)
  - BHT : 0~0.5mg/kg(b.w.)
  - 아질산염(이온) : 0~0.07mg/kg(b.w.)

7. 식품첨가물 공전

근 거	「식품위생법」 제7조 제1항에 따른 「식품첨가물의 기준 및 규격」에 의거하고 있다.
목 적	식품첨가물의 제조·가공·사용·보존 방법에 관한 기준과 성분에 관한 규격을 정함으로써 식품첨가물의 안전한 품질을 확보하고, 식품에 안전하게 사용하도록 하여 국민 보건에 이바지함을 목적으로 한다.
구 성	식품첨가물에 대한 기준과 규격을 정하고 있으며, 총칙, 품목별 규격 및 기준, 일반 시험법, 시약, 시액, 용량 분석용 표준 용액 등으로 구성된다.
성 격	식품첨가물의 성분 규격, 사용 기준, 표시 기준, 보존 기준, 제조 기준 등을 수록한 공정서이다.
내 용	식품첨가물의 품질과 순도에 관한 규격으로 한국명, 영어명, 구조식 또는 시성식, 분자식, 분자량, 성분의 함량, 성상, 확인 시험, 순도 시험, 건조 검량, 강열 잔류물, 정량법 등으로 구성되어 있다.

이 외의 식품첨가물에 대한 정보는 식품의약품안전처 홈페이지(www.kfda.go.kr)의 '식품첨가물정보'에 식품첨가물 데이터베이스, 식품첨가물 공전, 식품 중 식품첨가물 분석법, 식품첨가물의 지정절차에 관하여 자세히 제시되어 있다.

참고문헌

강신주(1989). 식품학. 형설출판사.

강인수 외(2001). 식품학. 도서출판 효일.

권태봉 외(2001). 식품학 개론. 신광출판사.

김경삼 외(1999). 기초식품학. 지구문화사.

김관우(2000). 식품화학. 광문각.

김광수 외(2000). 식품화학. 학문사.

김대곤 외(2000). 식품학. 삼광출판사.

김동훈(1997). 식품화학. 탐구당.

김상순·김순경(1994). 식품학. 수학사.

김순동 외(2000). 식품화학. 학문사.

김형수·김용희(1994). 식품학 개론. 수학사.

남궁석 외(2000). 식품학 총론. 진로연구사.

남궁석(2005). 도해 식품학. 광문각.

농수축산신문(2000). 2000 한국식품연감.

문범수·이갑상(1996). 식품재료학. 수학사.

박원기(1991). 한국식품사전. 신광출판사.

박원기(1994). 기본식품화학. 신광출판사.

변광의 외(2001). 식품·음식 그리고 식생활. 교문사.

송재철 외(2000). 최신 식품학. 교문사.

송재철(1994). 식품재료학. 교문사.

송태희 외(2019). 식품학. 교문사.

식품의약품안전처(2016). 트랜스지방 위해평가.

심상국·양종범(1999). 식품학. 고문사.

심창환 외(2000). 최신 식품학. 도서출판 효일.

안명수(2001). 식품과 조리원리. 신광출판사.

이경애 외(2008). 식품학. 파워북.

이서래·신효선(1997). 개정증보 최신식품화학. 신광출판사.
이성우 외(1995). 식품화학. 수학사.
이주희 외(2019). 과학으로 풀어 쓴 식품과 조리원리(4판). 교문사.
이혜수 외(2001). 조리과학. 교문사.
이혜수·조영(1999). 조리원리. 교문사.
일반 관리영양사 국가시험 교과연수회(1987). 식품학 총론. 제일출판사.
장현기 외(2000). 식품화학. 진로연구사.
조신호 외(2011). 식품화학(2판). 교문사.
조신호 외(2014). 식품화학(3판). 교문사.
최혜미 외(2001). 21세기 영양학 원리. 교문사.
통계청 보도자료(2008. 1. 25). 2007 양곡년도 가구부분 1인당 쌀 소비량.
한국대학식품영양관련학과 교수협의회(2001). 식품학. 문운당.
한국영양학회(2000). 한국인 영양권장량 제7차 개정. 중앙문화사.
한명규(1996). 최신 식품학. 형설출판사.
현영희 외(2000). 식품재료학. 형설출판사.
현화진 외(2007). 쉽게 보는 식품칼로리와 영양성분표. 교문사.

管理榮養士國家試驗教科研究會編(2000). 食品學總論. 第一出版.
管理營養士養成施設協會. 食品學總論. 第一出版株式會社坪城12年.
久保田紀久技·森光康次郎 편(2006). 食品學. 東京化學同人.
渡辺忠雄·榎本則行編最新(1995). 食品學 總論·各論. 講談社サイエンティフィク.
森田潤司食·成田宏史 편(2004). 食品學總論. 化學同人.
安共勉·桐山修八(1989). 食品科學. 三共出版株式會社.
種村安子·江藤義春 외(2007). 食品學總論. 東京教學社.

Bennion, M.(1995). *Introductory Foods, 10th ed.*. Prentice Hall.

Bennion, M.(2000). *Introductorytory Foods, 11th ed.*. Prentice Hall.

Bower, J.(1992). *Food Theory and Applications, 2nd ed.*. Macmillan.

Brown, A. (2000). *Understanding Food*. Wadswuorth.

De Man, J. M.(1999). *Principles of Food Chemistry*. Van Nostrand Reinhold.

Fennema, O. R.(1996). *Food Chemistry, 3rd ed.*. Marcel Dekker.

Gaman, P. M. and Sherrington, K. B.(1990). *The Science of Food, 3rd ed.*. Pergamon Press.

George charalumbous(1989). *Food emulsifiers*. Elsevier.

George Stainsby(1982). *Colloids in food*. Eric Dickinson, Applied science publishers.

Hui, Y. H.(1998). *Encyclopedia of food science and technology*, Vol.4. John Wiley & Sons, Inc.

Nieman, D. C.(1990). *Nutrition, 1st ed.*. Boston, WCB press.

Pau, P. C.(1986). *Food theory and applications*. John wiley & Sons, Inc.

Potter, N. N.(1986). *Food Science, 4th ed.*. Avi Publishing Company, Inc.

Wickham, S. J.(1982). *Human nutrition A self - Instructional Text*. Prentice Hall Pub.

http://onrpark.onnuri.co.kr

http://www.cipotato.org

http://www.dreamwiz.com

http://www.hanwool-commercial.co.kr

http://www.mannanlife.co.kr

http://www.mfds.go.kr

http://www.nces.go.kr

http://www.yorizori.com

저자 소개

조신호

전 부천대학교 식품영양과 교수

조경련

전 한양여자대학교 식품영양과 교수

강명수

전 대구미래대학 호텔조리과 교수
수성대학교 보육교사교육원 강사

송미란

전 전주기전대학 식품영양과 교수

주난영

배화여자대학교 전통조리과 교수

임은정

한양여자대학교 식품영양과 교수

이정은

대구과학대학교 식품영양조리학부 교수

새로 쓰는
식품학

2020년 3월 9일 초판 발행 | 2024년 7월 20일 초판 4쇄 발행

지은이 조신호 · 조경련 · 강명수 · 송미란 · 주난영 · 임은정 · 이정은 | **펴낸이** 류원식 | **펴낸곳** **교문사**

편집팀장 성혜진 | **표지 디자인** 김재은 | **본문편집** 벽호미디어

주소 (10881)경기도 파주시 문발로 116 | **전화** 031-955-6111 | **팩스** 031-955-0955
홈페이지 www.gyomoon.com | **E-mail** genie@gyomoon.com
등록 1968. 10. 28. 제406-2006-000035호
ISBN 978-89-363-1910-6(93590) | 값 24,000원

* 저자와의 협의하에 인지를 생략합니다.
* 잘못된 책은 바꿔 드립니다.